도시주거의 비판적 휴머니즘

Critical Humanism in Urban Dwelling

민병호

Spacetime

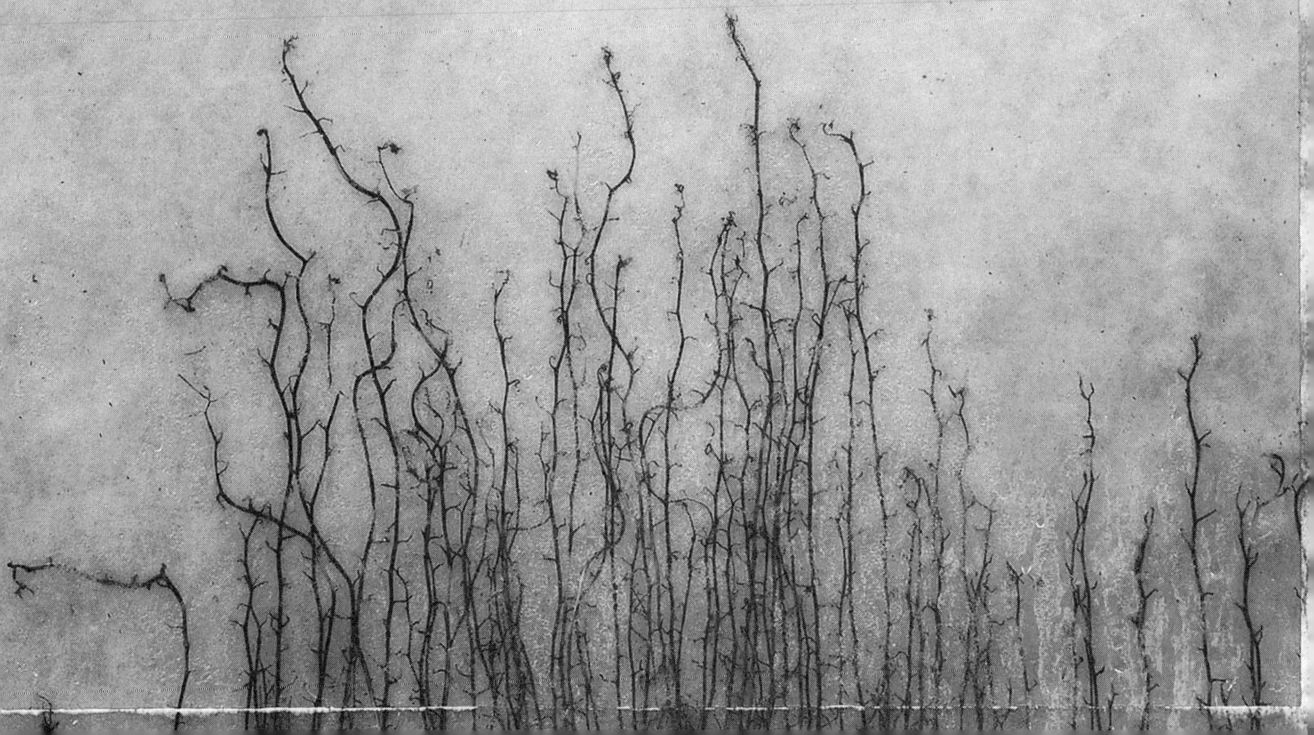

도시주거의 비판적 휴머니즘_인간중심계획의 실천도식

현기에게

preface

서 문

자기 존재를 가만히 돌이켜보면 그것의 부분 부분이 어떤 장소와 시간으로 연상되는 것을 느낀다. 인간의 감각과 행동과 지성은 시공간의 범계를 벗어나기 어렵다. 어떤 공간과 시간 하나에 대해 말하려 하면 거의 틀림없이 인간 실존의 어떤 현상 하나를 같이 말하게 된다. 또 가슴 속에 간직한 지난 경험 하나를 생각할 때면 어김없이 어떤 공간과 시간의 이미지가 함께 그려진다. 도시건축과 주거계획은 공간과 시간의 세계를 만들어가는 일이다. 그리하여 인간의 삶 이런저런 부분을 건드리게 된다. 인간의 생존과 생활과 사회와 역사가 도시주거 시공간과 공존의 숙명을 지니고 있음을 말한다. 도시주거계획은 어쩔 수 없는 삶의 실무이다. 인간 삶과 공생한다.

당연히, 이 숙명적 공생관계를 푸는 일은 도시주거를 논하는 우리에게 하나의 중대한 과업이다. 하지만 동시에 이것은 우리의 딜레마이다. 우리는 물론 우리 작업의 결과가 때로는 인간 실존을 위협할 수 있음을 안다. 하지만 이 문제에 관한 한 우리는 '능력 없음' 의 표찰을 칼처럼 항상 목에 차고 다닌다. 물론 우리가 만든 외형적 세계가 결국은 사용자 일상이라는 것에 양도되어 사람들의 내면적 세계로 재창조된다는 사실도 잘 안다. 하지만 우리는 우리 전문체제의 작업범주를 정확히 일차 작업으로 한정한 후 이차 작업에 대해서는 전혀 모른체한다. 물론 우리 작업이 어쩔 수 없이 물질과 인간을 넘나들고 시공간과 의식을 연결하는 쉽지 않은 것임을 누구보다 잘 안다. 하지만 우리는 물질과 인간을 하나로 묶는 이 방법에 대해 한번도 제대로 머리를 맞대고 의논해본 적이 없다 (사실 우리는 은근히 이 어려운 문제를 피해왔다). 그리하여 우리 영혼은 휴머니즘을 외치지만 몸과 손은 방법을 모른다. 물질과 의식 사이에, 시공간과 삶 사이에는, 건너기 힘든 강물이 있다.

하지만 이제 도시를 계획하고 주거지를 설계하는 우리들은, 세계와 인간을 갈라놓는 이 시대 수많은 파워들, 문화적 독재들 틈에서 인간을 저버리고 파워의 시중을 드는 일은 그만하고 싶다. 전문지식과 물질언어와 계량지표를 앞세워 인간 삶의 그 유연함을 강제로 족쇄 채우면서, 말로만 인간 삶의 질이 우리 손에 달렸음을 강조하는 허세도 그만하고 싶다. 전문가인양하며 사람들 일상세계의 역사와는 무관한 각종 전략과 도구로 스스로를 훈장처럼, 갑옷처럼 치장하는 일도 이젠 그만하고 싶다. 지금처럼, 기술논리와 미학원리의 무슨 형이상학적 줄타기 같은 프랙티스로는 어림없다. 휴머니즘에 대한 알량한 감상주의 슬로건도 소용없다. 인간을 위한다는 신념만으로는 부족하다. 아무나 내비치는 인본주의적 상식은 제일 먼저 버려야 한다. 이 모든 것을 대신하여 우리에게 필요한 것은 시공간과 인간을 하나로 묶어 해명할 수 있는 우리의 튼튼한 논리이며 이 굳건한 논리에 의해 인간과 하나되는 우리의 실천도식이다. 시공간 물질세계와 인간 의식세계를 잇는 어떤 이론적이며 실천적인 가교이다. 이 논리가 있으면 우리는 진정으로 인간적인 건축을 한번 해볼 수 있을 것 같다.

나는 이 인간적인 논리와 실무가 21세기의 필연이며 지금 우리의 숙명이라고 주장한다. 이젠 인간을 모르고 실무하거나 비인간적인 실무는 그만두었으면 한다. 앞으론 인간을 모르면 실무를 제대로 하기는 어려울 것도 같다. 나는 도시주거계획의 여하한 다른 관점들을 이차적, 기술적 문제로 간주하며 오직 도시주거 속 살아가는 사람들에게 초점을 맞출 것을 권장한다.

하지만 혹자는 절대절명이라 할 수 있는 이 인간적 숙제를 위한 시작을 인간 체험에 대한 외적 세계의 영향에서 찾으려 애쓰고 있다. 환경의 힘. 우리는 환경을 다루는 사람들이고 환경은 사람들 주위를 맴돌며 혹은 사람들 위에서 끊임없이 사람들의 존재와 생활을 두드리는 것임으로, 인간은 그 속에서 왜소한 존재임으로, 외적 세계가 인간에게 어떻게 힘을 쓰는지를 살펴봄으로써 문제가 드러난다고 말한다. 물질적, 외적 세력의 영향력을 '가치판단' 할 수 있다고 믿는다. 인간에 대한 환경의 융단폭격, 그 속에서의 문제와 가치판단에 힘입어 거주자 체험과 일상을 위한 우리들 실무의 실천도식을 만들 수 있다고 생각한다.

아, 인간중심 작업에서 먼저 경계해야 할 것은 우리 자신 안에 있었던가! 우리 스스로도 어쩌지 못하는 타성들. 물질 상위주의, 전문 지배주의, 전문체제의 규범적 관성, 주민 체험에 대한 근거 없는 가정, 법칙이나 원론에 대한 집착과 타성들. 우리가 먼저 버려야 할 것들이 너무 많다. 여기에서 분명히 구두점을 찍고 싶다. 우리 전문가들은 인간에 대한 어떤 영향력도 결코 자기 잣대로 '가치판단' 할 수 없다고, 그 판단은 인간의 몫이며, 삶의 문제이며, 사람들의 눈과 몸에 비쳐진 세상에 의해 비로소 가능한 것이라고. 외적 세계 어떤 한 조각이 어떤 한 사람에게 영향을 미친다면 이 문제는, 그 어떤 다른 사람의 것이 아닌, 영향을 받는 그 사람의 내면세계, 그 의미의 생활세계 안에서 정의되는 것이다. 힘은 환경이 아니라 인간 안에 있다.

결국 이 책은 환경 쪽에 서서 인간을 조망하는 통상과학을 정면으로 반박하면서, 인간 쪽에서 외적 세계를 조망하는 시각으로 우리 절대절명의 숙제를 풀어나가고 있다. 이 책은 환경의 반대쪽, 인간의 시각에 의해 비로소 진정한 휴머니즘의 건축이 가능하다고 믿는다. 인간의 편에 서서 깊은 골 저쪽 세계에 다리를 놓으면, 그 외적 물질세계로 둘러싸인 채 그 세계와 다툼을 벌이는 인간의 내적 경험이 명백히 모습을 드러낸다. 인간 그 속에서 진행하는 여러 장면들이 드러나는데, 이 장면들은 인간이 살아가면서 자기 요구와 목표와 가치를 엮어내고 이것을 삶의 행동으로 실현하는 치열한 투쟁의 과정을 단계별로 보여준다. 행동을 실현하여 자기 가치를 취득하기 위해 애쓰는 인간의 노력을 보여주며, 환경의 자원을 이용하고 둘레의 여러 험한 '공간' 들로부터 소중한 가슴 속 '장소' 를 만들어내는 능력을 보여준다. 바로 이런 인간의 투쟁과 노력과 능력이 비로소 우리 작업을 인간적인 것으로 만들어준다.

인간은 전문적 독선이 자기 삶에 강제하는 그 외적 세계의 병리현상까지도 자기 속에 수용하고 자기 내면에서 자정(自淨)하는 어떤 독특한 치유능력을 지니고 있다. 의식의 자유와 경험의 풍요로움에 대한 욕구를 저해하는 전문적 강제를 극복하고, 오히려 그로부터 자기 삶의 의미를 생성해내는 능력을 보유하고 있다. 외적 세계와 다투는 삶의 전투현장에서 인간은 모든 더러움을 스스로 씻어내고 삶의 의미에 관한 소중한 열매를 하나씩 육성한다. 우리는 이것을 경험이라 부르며, 이런 종류의 인간경험에 대한 경외심을 우리는 비판적 휴머니즘이라 부른다. 이런 경험은 세계와 자신을 잇는 의미를 형성하는 경로이며, 이런 경험은 대상과 자기라는 두 세계를 하나로 혼입하는 과정이다. 그리하여 의식이 시공간의 사물 속에 빙의憑依되고 시공간은 또 인간 의식에 관한 정보를 상징한다. 가교로서의 인간경험 안에서 두 가지 세계는 상호 불가분이며 정확히 중첩되어 있다. 자기 삶의 의미로 만드는 하나의 시공간적 생활세계, 인간은 비로소 외적 세계의 기계적 메커니즘으로부터 자신을 해방한다.

일상세계에 편재하는 인간의 이 너무나도 현실적인 세상살이의 능력을 우리 전문가들만 모르고 있다. 이 능력을 이제라도 전문체제로 포용함으로써 우리와 인간 사이 점점 멀어져 가는 간극을 견제해야 한다. 인간 능력을 거울삼아 우리 전문가의 인식체계와 작업방식을 재구성해야 한다. 말하자면 우리 내부의 문제를 해결하기 위해 우리 속으로 가지 않고 인간 속으로 가야 할 필요가 있다.

이 책은 그 방법의 하나이다. 인간의 내면 세계 속 경험과정에 관한 개념적 원리, 이론적 논리를 하나 제시하였다. 또 이 논리를 우리 실무에 적용하도록 실천도식으로 번역하였다. 사람들이 자기 자신과 외적 환경을 의미라는 다리로 융합함으로, 우리의 실천도식도 환경과 인간 두 세계의 통합을 타진하는 실무방안을 담고 있어야 한다. 여기에서 우리에게 중요한 것은 인간경험이 어떻게 도시주거 시공간 안에서 자기 의미를 한 톨씩 생산해내는가를 이해하는 일이다. 인간이 도시주거 외형적 세계 안에서 스스로의 삶을 정의하고 유지하는 중요한 방편으로 이용하는 이 '이성적 변환' 의 과정을 이해함으로써 우리는 도시주거의 외형을 어떻게 계획해야 하는가에 관한 중대한 실천적 암시를 터득할 수 있다. 익명의 세계를 자기 삶의 의미로, 딱딱한 '공간' 을 자기 영혼의 '장소' 로, 기계적 세계를 자기 생활세계로. 우리는 이 책을 통해 인간의 이성적 경험에 관한 이론적 논의가 도시주거계획의 실천도식으로 자연스럽게 전환되는 흥미로운 현상을 보게 될 것이다. 우리가 통상 두 개의 독립적인 패러다임으로 오해하고 있는 인간세계와 실무세계는 실상은 하나의 연속적인 선 위에 존재하고 있었던 것이다.

제대로 공부를 시작한 이래 나는 작은 발자취라도 인본주의 세계 밖으로 나가려는 스스로를 크게 경계해 왔다. 선배와 동료와 후배들이 내가 소중하다고 믿는 이 중심을 함께 이해해 주었으면 하는 바람이 컸다. 아직 완숙하지는 않지만 그래도 나 자신의 용어와 방법으로 인간에 대해 말하고 싶었다. 그것이 이 책이다. 문헌에서는 인간을 이해하고 고려하는 계획**design with people in mind**, 인간을 위한 계획**design for people**이라고 적고 있다. 대신 나는 '비판적 휴머니즘', '실천도식', 'PCPND' 라는 세 가지 말로 내 학술적 인생을 통틀어 어떤 맥락을 집요하게 붙들며 생각하고 연구했다.

비판적 휴머니즘은 인간의 자기지시적 경험과 자정화 능력을 중시한다. 인간이 공간 속 행동을 통해 삶의 의미를 만들어 환경에서 장소의 자기 생활세계를 창조해내는 그 자율을 존중한다. 실천도식은 장소, 행동, 자원 등 세 가지 개념들의 구조가 제시하는 도시주거계획의 방법론적 암시이다. 우리가 제공하는 자원이 인간의 자율행동을 가능하게 하고, 인간은 뜻있는 자기 일상의 붓을 들어 회색의 공간을 하나씩 채색해 나갈 것이다. PCPND**People-Conscious Process for Neighborhood Design**는 이 두 가지, 하나의 사상과 하나의 도식에서 출발한 인간중심 도시주거계획의 한 계획방법이다. 이 책은 이렇게 사상과 이론에서 출발하여 실천도식을 거쳐 계획방법론으로 끝난다.

하나, 생활세계: 광활하고 험난한 인간 밖의 외적 세계. 그 속에서의 삶은 나름대로 하나씩의 생활세계를 만든다. 생활세계는 바깥 세상에 대한 내 인식적 거울이다. 그것은 분명히 세상의 요약이며 분류인데, 단순한 압축은 아니다. 그것은 나와 그 세계 사이 대면과 조우와 충돌이 빚어내는 각가지 뜻과 의미로 번역된 내 관념의 세계이다. 의미의 체계이다. 나는 이 간단한 나의 의미의 망으로 광대한 세계를 내 인식 속에 담는다. 이 세계를 생존하는 인간은 모두 자기 생활세계를 가지고 있다. 서울 개포동 구룡마을의 독거노인 김 할머니도, 매우 섬세한 우리 중학생 동욱이도, 그리고 평범한 주부 하영이 엄마도.

나름대로 가지고 있는 자기 번역세계 속 의미는 여러 갈래이다. 대개 매일매일의 최적기능, 작은 욕망과 바람을 하나씩 채워나가는 일상의 행위들, 여러 대상으로부터 받아 소화해내는 감정들, 다른 사람들과의 의사소통, 커다란 사회적 이념과의 관념적 싸움, 이성의 문화적 유산, 그리고 수많은 상징들. 이것이 우리가 이 책에서 제시하려는 생각의 하나이다. 후설과 슈츠의 현상학, 하버마스의 비판이론 이 두 계보의 중간에 서서 이제 우리 도시주거의 현상과 실무를 조망하는데, 우리는 이것을 비판적 휴머니즘이라 부르고 싶다.

둘, 장소: 도시주거로 보면 우리는 명백히 볼 수 있다. 우리 삶의 사건과 현상 낱낱이, 그 감정과 인식과 관념 하나하나가, 정말 어느 것 하나 시공간의 물질세계 속에서 이루어지지 않는 것이 없다는 것을. 마치 햇빛 받은 나무의 그늘을 받아주는 대지처럼, 도시주거 시공간은 삶의 모든 의미들을, 그 생활세계 전체를 온전히 떠받쳐준다. 이제 삶의 경험을 거친 시공간의 무대는 결코 익명의 것, 정리되지 않은 무대가 아니다. 그것은 내 영혼의 공간이며 내 삶의 역사를 말해주는 가슴 속 장소이다. 곰곰 생각해보면 우리 삶을 구성하는 기쁘고 슬픈 사연들은 모두 하나씩 장소를 가지고 있다. 사랑의 추억, 절망의 순간들, 아련한 지난 시절, 각각은 어떤 장소와 분간할 수 없게 얽혀있다. 우리는 삶의 사건 하나하나를 마치 꽃꽂이처럼 도시주거의 시공간마다에 정확하게 꽂고 있는 것이다. 이런 생각들 중에 우리는 프로샨스키, 스토콜스, 칸터, 시몬 등 이래로 정리되어 온 장소이론들을 앞의 생활세계에 대한 생각들과 하나의 코드로 조율할 수 있다. 그렇다. 생활세계, 그 의미체계는 허상의 관념 구조가 아니라 실상의 시공간 구조, 장소의 네트워크인 것이다. 삶의 의미는 장소 속에 있고, 장소가 생활세계를 만든다.

셋, 행동: 그리하여 우리는 비판적 휴머니즘과 도시주거 실무를 서로 연결하게 된다. 생활세계는 전자의 개념적 요체이며, 장소는 후자의 실천목표이다. 결국 장소가 어떻게 만들어지는가를 알면 우리는 휴머니즘의 도시주거 실무를 실천할 수 있다. 이제 말로만, 관념으로만 외치던 도시주거의 휴머니즘이 정확한 칼과 방패를 갖추게 될 수 있다. 우리는 해답을 우선행동이라는 개념에서 찾았다. 인간행동은 몽상이나 무의식이나 지각경험과는 다르며, 그것은 정확하게 장소와 생활세계를 잇는다. 행동은 틀림없이 저 외적 세계를 경험하는 하나의 채널인데, 그것은 정확하게 시공간 속에서 만들어져 삶의 의미로 끝난다. 이것은 얼마나 명백한가, 행동은 사물을 그저 보거나 만지지 않고 그것을 이용한다. 더욱이, 행동은 일상을 구성하는데, 일상을 잘게 썰어 몇 가지 행동으로 나누면 그 중에는 더 중요한 것과 덜 중요한 것이 있다. 여러 일상행동 중에서 당신은 어떤 것에 치중하고 있는가? 당신의 존재와 의미와 가치는 어떤 행동들에 더 의지하는가? 우선행동은 내 일상의 행동 중에서 특히 중요한 일상이다. 그것은 내가 생각하는 여러 요구와 가치 중에서 특히 중대하며 소중한 가치를 위해 진행한다. 따라서 그것은 내게 특별한 뜻과 의미를 전해준다. 그리하여 그것은 내 생활세계, 그 의미의 체계를 구성하게 된다. 이런 생각들이 우리로 하여금 바커의 생태적 행동이론 그리고 리틀과 에몬스의 자기과제 이론이 그어놓은 그 공고한 선에서 한발 더 나아갈 수 있도록 도와주었다.

넷, 자원: 집을 잘 지으려면, 정말 인간적이며 인간다운 집이라 하면, 우선행동이 맘껏 일어나는 집이어야 한다. 도시주거 실무가 진정으로 휴머니즘의 그것이 되려면 사람들이 스스로 소중하게 바라는 것을 바라게 하고 그 바람을 일상으로 실현할 수 있도록 해야 한다. 우선행동은 우리가 생각하는 바람직한 삶의 모습인데, 다행히도 이 모습들은 전적으로 우리가 만든 도시주거환경을 이용하고 있다. 환경의 자원으로부터 자유로운 행동은 하나도 없다. 이를테면 우리의 섬세한 중학생 동욱이의 이상적 삶 하나는 소중한 친구(들)과 어울리는 것인데, 이 소중한 사건에는 찻집보다는 학원 옆 분식집이 좋겠고, 그것이 학원버스 타는 곳에 가까우면 좋겠고, 분식집 밥이 맛있었으면 더 좋겠고, 옆에 편의점이 있으면 더 좋고, 그 옆에 작은 도시마당이 있으면 좋고, 그 마당은 어른들의 시각이나 기성의 이념들이 가려진 곳이면 좋다. 이런 '환경의 속성' 들이 허락되면 동욱이의 일상이 탄생하고 하나의 장소가 탄생한다. 의미가 탄생하고 그것이 생활세계를 이룬다. 이런 환경의 속성들이 허락되지 아니하면 행위도 없고 장소도 없으며 의미도 없고 생활세계도 없다. 이 환경의 속성들을 나는 자원이라 불렀는데, 여기에서 나는 그 굳건한 깁슨의 어포던스라는 언덕을 넘기 위해, 어포던스의 개념을 보다 실무적인 또 다른 개념 즉 자원으로 발전시키기 위해 애를 무던히도 쓰게 된다.

우리 실무는 자원을 만들면 된다. 자원은 우선행동, 바람직한 삶의 모습, 이상적 도시주거의 일상을 찾으면 찾아진다. 그리하여 우리는 자원으로 풍요로운 장소들, 우선행동들로 가득한 장소들, 소중한 요구와 목표와 가치가 실현되는 장소들, 삶의 의미가 흘러 넘치는 장소들, 생활세계를 구현하는 장소들을 만들 수 있다. 당신은 당신의 일생에서 몇 개의 장소를 만들었나요? 이것은 꿈이 아니다. 이것은 이론으로 뒷받침된 우리의 실천의지이다. 이제 우리는 우리가 만든 도시주거환경 속에서 사람들이 스스로 바라는 행동을 자기 방식대로 수행할 수 있을 것으로 기대할 수 있다. 사람들 바라는 꿈이 현실이 되어 삶의 뜻과 일상의 의미가 될 것을 예상할 수 있다. 그것이 장소로 알알이 박혀 진실된 생활세계를 만들 것을 확신할 수 있다. 그런 도시주거 환경을 설계해볼 수 있다. 이것이 이 책이 제안하는 인간 삶에 관한 진실로 인간적인 방법 하나이다.

이 책은 현기에게 헌정한다. 험한 세상에서 작은 자기 세계를 만들려 애쓰는 그를 나는 매일 본다.

나는 그 아이가 이 험준한 작업에 성공할 것을 믿는다. 덧붙여, 인간을 이해하는 선배와 후학, 항상 인간을 생각하는 나를 자기 가슴 가까이 대해주는 가족 같은 나의 동료들, 시공문화사의 김기현 대표와 직원분들, proof-reading에 참가한 제자들, 그리고 내 가족......모두에게 깊은 애정과 감사의 뜻을 전한다. 이 책의 어떤 작은 부분에라도 공감하는 독자가 계신다면 이는 나의 공이 아니라 주님의 능력이다.

2006년 5월, 원천에서, 민병호

주) 책에는 인간 경험에 대한 여러 주장과 논의가 있는데, 여기에서 인간은 개인(한 사람)과 집단(한 무리)을 포함하는 포괄적인 개념임을 명백히 하고 싶다. 경험은 개인적 과정이며 동시에 집단에 의해 공유되는 과정이다. 한 집단이 공통적으로 경험하는 대상 안에서 집단은 하나의 공통의미를 조성한다. 연구는 개인과 대상의 상관관계뿐만 아니라 개인과 집단의 관계를 포함하는 다(多)수준적 시각을 갖출 필요가 있다. 본문에서 개인을 말할 때 그 단어를 집단으로 치환해도 논조나 주장의 타당성은 전혀 흐트러지지 않는다.

책의 여러 부분은 학술논문으로 작성된 바 있는 것들이다. 내용의 한 가닥을 붙잡아 하나의 작은 논문으로 정리하고 다른 가닥은 또 다른 논문으로 만들어 이미 몇 개의 논문이 있다. 이런 가닥들을 하나의 큰 줄거리로 꿰는 작업은 지금은 은퇴하신 일본 오사카 대학의 후나하시 쿠니오(舟橋國男) 교수가 요청한 책의 공동집필에 의해 실현되었다. 이것은 2004년의 일이다. 후나하시 교수는 나의 학술적 멘토이자 동료로서 항상 내 정신의 뱃머리를 지키는 분이다. 2001년 나의 연구년 기간에는 오사카 대학에서 연구할 수 있도록 예산과 공간을 지원했었다. 그 분에 대한 감사의 마음을 옳게 전할 길이 없다.

연관된 학술논문을 모조리 영문으로 써왔기 때문에 용어들도 모두 영문으로 먼저 만들어졌다. 용어마다 각각 국문으로 번역하는 일은 정말이지 자신 없는 작업이다. 그렇다고 번역을 아니 할 수는 없고, 하자니 국문이 의미를 포획하지 못한다. 혹시 누군가 미리 수고롭게 번역해놓은 용어를 찾아 그대로 적을 수도 있겠지만, 그 일은 고단할 뿐 아니라 내가 동의하지 않는 번역과 맞닥뜨렸을 때 도저히 어찌할 바 모르는 상황이 되기 십상이다 (예컨대 Herbert Blumer의 symbolic interactionism은 상징적 상호작용론과 상징적 교섭론으로 번역되어 있다). 더욱이 내가 스스로 영문부터 만들어 해외에서 발표한 용어에 이르러서는 다만 내 상식이 허용하는 가장 적합하다고 믿는 국문용어를 구상할 밖에 없다. 용어는 연구에서는 시작이며 끝이다. 용어는 실무에서도 함의와 은유의 수단이며 의사소통의 채널이다. 한마디 용어로 수백의 내용을 전달할 수 있다. 독자는 부디 여기 국문용어가 보이는 미숙함을 너무 탓하지 말길 바란다. 대신, 앞뒤의 서술과 문맥으로 그리고 영문을 참조하여 풀어 이해해주기 바란다.

contents **목 차**

Chapter 1. 비판적 휴머니즘 제언

인간을 배려하는 계획은 쉽지 않다. 사람을 향한 계획은 우리의 이상이지만 실천은 생각만큼 간단치 않다. 이 어려움은 우리 도시 전문가, 주거 실무자들이 가지고 있는 휴머니즘의 혼돈에서부터 시작된다. 우리는 이 혼돈의 한 가닥이 우리 영혼 속의 휴머니즘 정신과 우리가 실제로 행하는 실무 사이에 존재하는 깊은 간극에서 야기되는 것으로 본다. 불행히도, 우리 실무의 현실은 우리의 정신이 향하는 이상적인 방향에서 크게 어긋나있다. 이것은 오로지 우리 전문가의 문제이며 도시주거 사용자의 것은 아니다. 아래 내용은 이 문제를 설명하고자 한 것이다. 도시주거환경을 인간 외적 세상의 실체로 보고, 이 세상에 대한 인간경험의 행로를 한번 살펴보려 한다. 경험에 의해 인간은 외부 세상을 자기 내면으로 끌어들여 하나의 의식세계로 번역한다. 그리고 이 내면의 세계를 통해 다음 차례의 지각과 인식과 행동을 스스로 지시한다. 이 내적 세계가 어떻게 형성되는가를 해명하면 우리 전문가들의 '인간을 배려한 실천적 책무' 가 무엇인지를 간파할 수 있다. 이 실천의 문제와 관련해서 우리는 '의미' , '행동' , '장소' 와 같은 몇 가지 중요한 개념들 사이의 상관관계를 중하게 볼 것이다. 이것은 '비판적 휴머니즘' 에서 발원하는 여러 갈래의 시각 중 하나임을 미리 말한다. 행동, 자원, 장소와 같은 손에 잡히는 개념들이 비판적 휴머니즘에 관한 우리의 이론적 논의를 가능하게 할 것이며, 결국은 그 논의를 구체적인 실천적 방법도식으로 번역하는 일에 결정적인 도움을 줄 것이다. 이 장에서는 우리의 휴머니즘 정신이 일관성 있게 방법론적 실천도식까지 연결되는 그 큰 흐름을 전체적인 그림으로 보여주려 한다. 커다란 문제를 테이블에 던져놓고 간략히 그 구조를 소개하기로 한다.

우리 실무에 인간은 없다!

우리 실무가 존재하는 이유는 인간의 삶에 있다. 하지만 그 동안 우리는 어떻게 우리 스스로를 인간으로부터 멀어지게 만들었는가? 인간이 대적하는 외적 세계의 지배력으로 전향하여, 이제는 우리가 스스로 인간과 대적하고 있는 것은 아닌지. 하지만 문제는 직시하되 우리는 이것을 비관으로 보지는 않는다. 문제 속에서 우리는 앞으로의 밝은 방향을 암시하는 실마리를 찾고자 한다. 이를테면 비판적 휴머니즘을 말한다.

패러독스: 정신과 실천의 간극

A양의 대학 생활은 나름대로 목표와 신념으로 가득했다. 인간과 그들의 역사를 위해 집을 짓는다! 건축을 접해 가면서 집 짓는 법들을 배웠다. 하지만 교육은 방향이나 대답을 주지 못했다. 오히려 배우는 단계가 거듭될수록 의혹이 더께처럼 쌓였다. 여러 이론과 주장들을 접했는데, 돌이켜보면 하나하나가 집 짓는 방법을 구체적으로 정해놓은 크고 작은 공식이었다. 공식들을 따르자니 평이하기는 하지만, 어쩐지 그 방법이 본질을 말하는 것 같지는 않다. A양의 두터운 신념으로서는 명쾌한 공식들 안에 숨어있는 지나친 단순함을 좀처럼 용납하기 힘들다. 사람 사는 집이야 좀 달라야 하지 않겠는가. 방법도 좋지만, 집 짓는 일에 대해서는 목표가 우선이고 방법들은 이 목표를 좇아서 마련되어야 할지 모른다. 목표를 잡는 일에는 우리 시대의 도시와 주거에 관한 진실한 고민이 필요한 것일지 모른다. 하지만 어디에서 문제의 실마리를 찾아야 할지, 우리는 진정 무엇을 위해 어떻게 집을 지어야 하는 것인지, A양은 우울하다.

1-1. 2005년 3학년 설계스튜디오

B군은 일찍이 취업을 걱정하지 않았다. 취업은 그에게 있어 당연한 순리임으로 순리대로 세상 일을 시작하여, 이제 바야흐로 이 세계에 내 신념의 집들을 지어보자고 다잡은 지 어언 몇 년이다. 세상 첫발은 굳건했는데 세상은 그렇게 녹녹하지 않다. 끊임없이 부과되는 집 짓는 일의 업무 속에서 '나는 왜 이렇게 짓고 있는가' 에 대한 회의

懷疑의 무게가 가볍지 않다. 하여, 선배들의 전례를 보자 치면 그들은 대개가 서로 유사하여 정체를 분간하기 힘들다. 사례들의 고심이 반복된 흔적 속에는 순리와 진실이 숨어있음도 한데, 또 어찌 보면 가설이 단순하고 치장이 과한듯하여 서운하다. 그들의 교훈을 좇다 보면 화려한 재주만을 모사하기 십상이다. 설계지침이나 계획원리 같은 것들은 또 어떤가. 지침이라 함은 집 짓는 사람들 자신이 책임 있는 전문가로서 스스로에게 정의하는 인간과 미래에 관한 자성적 독트린이 아닌가. 그들이 턱 하니 벌려놓은 설계방법에 관한 법전 앞에서 주눅이 드는 자신을 바라보면서, 한편으로는 그 방법이 좀처럼 믿음직스럽지 않다는 의구심을 떨쳐버릴 수 없다. 이 속에서, 이를테면, 신념에 찬 설계자로서 B군이 해야 할 일의 최대치는 이 고지식한 법전의 파문을 감수하더라도 본질을 찾아 험하고 고독한 길을 떠나야 하는 것은 아닌지? 다른 사람들이 주는 단순 명쾌한 지시에 적응하고 있는 이 나른한 안이安易를 훌훌 털어버리고 미지의 목표를 향한 지도를 펼쳐 들어야 하는 것은 아닌지? 하지만 인간의 삶이란 무엇인지, 주거의 미래란 무엇인지, 지금의 B군은 어쩐지 두렵고 혼란스럽다.

집을 짓는 우리에게는 통상 두 가지쯤의 큰 문제가 있다. 하나는 우리가 걸어가야 할 길이 잘 보이지 않는다는 것이다. 이것은 목표와 방향의 공감의식에 관한 문제이다. 집 짓는 전문가로서 우리의 영혼이 공감하는 패러다임 '정신' 에 대한 것이다. 또 하나의 문제는, 길은 보이지만, 그 찾아가는 행로가 명쾌하지 않다는 것이다. 이것은 방법과 도구의 창출에 관한 문제이다. 정신의 '실천' 을 위한 능력에 대한 것이다.

A양과 B군에게 문제를 하나 내었다, "과연 무엇을 위해 집을 지으려 하는가?" 이 질문에 대한 소신을 명확하게 제시하지 못하면 두 사람은 집 짓는 전문가로서의 길을 포기하고 다른 미래를 찾아 나서야 한다. 하물며 오류의 답을 내놓고 스스로도 깨닫지 못한다면 이들은 아마도 영원히 이들의 클라이언트인 인간에게 도움보다는 해를 미치는 존재가 될 것이다 (독자 여러분도 이 문제를 곰곰 생각해보기 바란다. "당신은 과연 무엇을 위해 집을 짓는가?"). 전문가로서의 이 불행한 인생으로부터 미리 벗어나기 위해서는 집은 어떤 것이 되어야 하는가에 대한 명제를 반드시 풀어내야만 한다. 그리고 그 해답이 스스로 꺼내 보이는 실천수단들을 겸허하게 습득해야 한다.

이쯤 해서 하나의 패러독스를 지적해보자. 이것은 우리의 영혼과 행동, 정신과 실천 사이의 고질적인 간극에 관한 것이다.

도시를 연구하고 도시의 주거를 계획하는 우리 각자의 영혼에는, 혹여 스스로는 알아차리지 못할지라도, 이미 휴머니즘이 준비되어 있다! 우리는 각자 집 짓는 목적에 대한 나름대로의 해답을 가지고 일한다. 그리고 이 목적에 대한 논의의 마지막에는 틀림없이 인간의 시대와 역사와 경험과 행복에 관한 궁극적인 인간적 형이상학에 대해 이야기한다. 흔히 '살기 좋은 집'이라든가 '이 집을 사람들이 좋아하겠어?' 라는 통상언어들 속에는 집에서 살아가는 평범한 사람들에 대한 따뜻한 우려가 있다. 궁극적 목표이며 대상인 거주자에 대한 그리고 시민과 시대에 대한 집착과 근심은 우리 중 누구에게도 건재하다.

그러므로 어느 누가 인간성의 부족이나 인간애의 결핍을 들어 우리를 폄하할 수 있단 말인가. 정신의 궤적을 스스로 더듬어가면 우리 영혼이 인간에 대한 정서와 공감으로 가득하다는 것을 금세 알게 된다. 우리에게도 갈등과 충돌이 없지는 않다. 그러나 그것은 이념을 실천하는 방법에 관한 관심의 충돌이지 우리 정신의 근저 깊은 곳에 상재하는 이념 자체에 관한 충돌은 아니다. 따라서 우리 중 누구도 집의 궁극적인 클라이언트가 인간임을 부인하지 않는다. 그리하여 노인과 주부, 가족과 청소년, 어린 아이들의 평범한 일상이 전하는 메시지에 수긍한다. 이미 가슴은 휴머니즘의 정서로 가득 차있다. 결국 우리 모두는 같은 입으로 '인간을 위해 집을 짓는다' 고 말하고 있는 것이다.

하지만 여기에 패러독스가 있다. 인간적 정서에 인도되어 조성된 현실 도시주거환경의 많은 부분들은 그다지 인간적이지 않다. 건전한 의욕만으로는 부족한 것이어서, 정신이 성실성을 담보할 수는 있을지언정 실행과 결과까지 보증할 수는 없는 것인가 보다. 우리가 지금까지 지어놓은 집들의 많은 부분은 사실은 인간을 위한다는, 사람을 향한다는 정신을 올바르게 구현하지 못하였다. 건전한 영혼으로 지탱해온 우리들 작업의 실질적인 결과 중 일부는 스스로 보기에도 미심쩍다. 실행은 왜 고결한 휴머니즘 정신을 뒤따르지 못하는가?

우리는 가로와 도시의 수많은 외부공간의 활성화를 외친다. 그것이 생활과 활동을 전제함은 우리 스스로에게도 명백하지만, 현실에서는 인간활동이 왜 외부공간을 외면하는 것인지를 알지 못한 채 우리는 아직도 수많은 광장과 가로와 공원을 만들어내고 있다.

우리는 건강한 사람이나 허약한 사람이나 모두 자유롭게 이동할 수 있는 보행의 도시, 활기찬 도시를 만들자고 말한다. 그것이 인간의 삶과 건강과 자유에 관한 것임은 알지만, 한편으로는 사람들이 과연 우리가 만든 보행공간을 우리가 예상한 방식으로 활기차게 사용할 것인가에 대해서는 자신 있게 말하지 못한다.

우리는 주거형식의 다양성과 주거방식의 자유로운 선택을 찬미하며 지금의 이 획일성을 개탄한다. 그러나 우리 도시주거는 여전히 획일적이고, 우리는 주민의 어떤 다양한 삶의 방식들이 어떤 주거방식을 왜 선택하는가에 관한 생활과 가치와 선택의 메커니즘을 이해하지 못한다. 우리는 인간생활의 변화에 순응하는 유기적인 집을 지어야 한다고 말한다. 그러나 생활이 어떻게 변화하는지는 잘 알지 못하며, 따라서 이 현실에서 우리의 집들은 아직도 딱딱하고 고집스럽다. 우리는 기존의 것을 보존하고 지역의 지리적이며 문화적인 특성을 살려내어 그 맥락을 잇는 집을 지어야 한다고 말한다. 이 말의 속 뜻이 삶의 역사나 인간의 의미에 관한 것임을 진정 모르는 것은 아니지만, 우리는 우리가 말하는 그 문화적 맥락이 실제 인간 역사의 궤적과 일치할 것임을 종교적 신념처럼 가정한다.

1-2. 용인 구성 2005년

우리는 또 도시주거의 미려한 경관이 결국은 인간의 이성과 감성을 위한 것이며 따라서 그것이 사용자의 소유임을 인정한다. 하지만 우리는 우리가 계획하는 하나의 경관요소가 인간의 이성과 감성 속에서 어떻게 작용하는지에 대해서는 잘 알지 못한다.

우리는 인간의 생존과 생산적 진화를 위해 지속가능이라는 거대담론을 제시한다. 그러나 현실에서 비-지속가능적 개발은 우리의 일상적 실행을 지배하는 역-패러다임으로 건재하다. 우리는 자연이 인간과 하나가 되어야 함을 인정한다. 그러나 이 거대담론이 미시적 일상생활에서 발현되는 인간의 의지, 이성, 동반의식에 의존한다는 사실은 잘 알지 못한다. 그리하여 자연을 자연적인 모양으로 만드는 기술에는 능숙할지언정 그것을 인간을 위한 자연으로 만드는 기술에는 능통하지 못하다.

우리는 사람들 사이에서 사회적 교류와 의사소통이 자유롭게 생성되는 사회적 이상도시를 꿈꾼다. 이 꿈 속에서 우리는 공동체 의식이 우리 전문가의 정신이 아니라 인간들의 고유한 정신의 작동임을 인정한다. 계층간 의미 있는 의사교류가 필요하며, 이것이 미시집단의 고유한 정체성을 보유한 상태에서 사회적 프로그램에 토대를 두고 정의되는 계층간 사회적 거리에 관한 것임을 우리는 잘 안다. 그러나 실제로 우리는 공동체 의식이 사람들의 정신 속에서 어떻게 작동하는지 알지 못한 채 우리의 전문적 가설에 집착한다. 사람들의 사회 속에서 공통의 의미이나 의사소통의 자유가 어떤 뜻을 가지고 작용하는지에 대해서는 무관심한 채 물리적 거리나 기계적 통합에 집착한다.

우리는 우리의 전문지식이 마땅히 이 사회의 소수계층에게 혜택을 주어야 한다고 믿는다. 그러나 세상의 자본과 기술과 관료체제로부터 우리 스스로의 영혼 조차 해방시키지 못하고, 우리는 아동과 노약자와 장애자와 빈곤층과 이주집단의 도시주거적 소외를 방관한다. 우리는 도시와 주거를 만들 때 그것이 거주자의 입장에서 만족할 만한 것인지, 주민의 요구사항은 반영되었는지를 근심한다. 그러나 우리 클라이언트의 미묘하고 변화무쌍하며 예민한 그 입장이나 요구사항이 어떤 것인지를 정확히 알지 못하고, 우리가 만든 집은 인간의 입장과 끊임없이 충돌한다.

우리는 도시주거의 문제가 결국 인간 삶의 어느 한 부분에서 유발되는 것임을 모두 인정한다. 그러나 우리는 문제의 원인에 대한 논의는 뒷전에 두고 해결에 성급하다. 해결책은 슬로건처럼 두리뭉실해지고, 들춰보면 세밀한 제안은 없다. 우리의 '인간적' 실행에 대한 제안은 초보적이고 유아적이다. 잘 말하면 만병통치약이고, 못 말하면 어느 증상에도 제대로 효과가 없는 처방이다. 사람들은 왜 외부공간에 나서지 않으며 왜 걷지 않는가? 그들은 어떻게 아파트라는 획일적 주거에 순응하며 살아가는가? 도시의 경관은 인간경험에 있어서 무엇이 문제인가? 사람들은 왜 도시주거의 자연공간으로 진출하여 그 풍부한 경험의 잠재력을 개발하려 하지 않는가? 주민들은 지금 공동체의 파괴 속에서 어떤 다른 공동체를 만들어가는 것인가? 이를테면 도시 빈곤층의 주거경험은 어떤 것이며 어떻게 치유될 수 있는가? 우리의 아이들은 지금 어디에서 웅크리고 있는가? 도시주거에 대한 인간의 입장은 어떤 것인가? 다양한 삶의 방식들을 담아내는 건축, 인간의 시간들이 흔적으로 각인된 도시, 인간생활의 기억들로 충만한 장소들은 왜 만들어지지 못하는 것인가?

A양과 B군이 증언한다. 그들의 우울함과 혼란스러움의 원인이 여기에 있다. 삶을 담는 물리적 장치로서의 집에는 삶이라는 구체적 실재에 관한 현실적 메시지가 없다. 어찌된 일인지, 이 현실의 현상들은 집 짓는 전문가들의 고결한 영혼의 그 형이상학적 이상理想을 반영하지 않는다. 삶의 질, 건전하고 쾌적한 주거, 건강, 행복, 생활양식, 생존, 경험. 영혼이 증언하는 이런

인간적 용어들은 진정 삶과 생활의 현장에서부터는 묘하게 벗어나 있다. 그 괴리가 만만치 않게 보인다. 여기에서 우리는 이 패러독스의 이유를 곰곰 생각해보아야 한다. 우리의 휴머니즘 정신이 실무에서 실천으로 현생되지 않는 원인은 어디에 있는가?

C씨의 집 짓는 일도 어언 장구한 해를 거듭하여 이제 한 나라에 그 이름을 걸만도 하다. 세계의 여러 집들을 둘러보아도 이제는 나른한 오수처럼 익숙하다. 새롭게 집 짓는 업무가 시작되어 마음을 다잡아 보아도 도무지 그 생경함이 오래가지 않는다. 지금껏 그가 지은 집에 들러 그 가운데 서면 뿌듯한 자긍심 한 구석으로 옆구리를 따라 허전한 바람이 서늘하다. 내가 이룩하고자 했던 것은 무엇이었나? 보이는 것은 물체들이다. 딱딱한 건물들과 그 속을 가른 정연한 칸막이들. 그들 사이를 빼곡히 채운 바닥과 나무들. 기능이라는 허구. 이름뿐인 시설들의 나열. 그려내려 한 것은 선線뿐이었지 생활은 아니었다. 그토록 자신의 힘으로 창출하고자 했던 스카이라인과 입면과 동선과 조경은 어디로 간데없고, 그곳에는 평생을 살아가는 인간들의 진솔한 스토리만 가득하다. 결국 그 창출이라는 것은 집 속에서 귀 기울여 들어야 하는 깔깔대며 노는 아이들 소리, 정감 어린 주부들의 이야기 소리, 살아가는 사람들이 각자의 시간을 몇 가지 색으로 채워나가는 그런 소리들의 몫인 것을. 이제야 어렴풋이 알 것 같다. C씨는 이제 얼마 남지 안은 자신의 시간을 어떤 색으로 채워야 할지를 곰곰 생각해야 한다.

1-3. 용인 상현 2005년

1-4. 수원 우만 영구임대단지 2005년

비판적 휴먼을 향하여

우리는 앞으로 여러 이론들을 제시하게 될 것이다. 또 이들을 이어 맞춰 하나의 일관된 이론적 주장으로 엮어나갈 것이다. 이 일을 위해 앞으로 많은 용어와 개념들이 제시될 것인데, 이 모든 논의가 지향하는 중심의 뜻은 오직 하나, '비판적 휴머니즘' 에 있다. 이 뜻은 두 실존세계 사이의 역학에 주목한다. 하나는 인간의 순수한 존재가치와 능력이며, 또 하나는 인간 밖에서 움직이는 외적 시스템, 즉 자본주의와 관료행정주의 그리고 기술과학이나 언론매체와 같은 거대체제들이다. '비판적' 이라 함은 이 역학이 '일방적' 이라는 사실에서 기인한다. 일방적이라 함은 역학의 불공평과 불균형을 뜻한다. 천칭의 한쪽을 기울게 하는 힘은 인간 밖의 세계가 서로 연합하여 인간에게 가하는 절대적 세력에서 나온다. 하나는 이 세력이 인간경험 안에 존재하지만 잘 보이지 않고 명백히 느껴지지 않는다는 것이고, 또 하나는 이것이 인간의 존재가치나 의도와 어긋나는 방향으로 혼자 작동을 계속한다는 것이며, 또 하나는 이 힘이 인간의 현실생활 그리고 순수의식과 영혼까지도 끝없이 지배하려 든다는 것이다. 그리하여 이 역학구도 속 인간성의 의미는 추락하고 거대체제는 인간 위에서 인간존재의 가치를 결정한다.

첫째, 자본주의는 세상의 모든 실체와 가상과 문화와 영혼을 상품화할 수 있다고 믿는다. 세계의 현상들이 수단−결과의 방정식으로 해명될 수 있고 또 비용−효과의 산식으로 간략히 정돈되어야 한다고 믿는다. 자본주의는 인간성 조차도 상품으로 내다팔 수 있는 교묘한 상술을 개발하였고 인간을 자본의 막대한 힘과 매력의 휘하에 감금하였다.

둘째, 과학기술은 더 이상 순수한 지식 추구를 목적으로 삼지 않는다. 인간의 존재가치나 인간사회의 질서에 관한 순수한 과학적 논의는 먼 지난 날의 이상에 불과하다. 이제는 오히려 인간의 영혼을 유혹하여 새로운 필요성을 교육하고 그 옆에서 자본의 막대한 매력과 연합한다. 이제 자본에 기대지 않는 과학기술은 없고 자본의 취득을 추구하지 않는 과학기술도 없다.

셋째, 관료주의는 자본과 과학기술의 이런 날렵한 움직임들에게 탄탄한 제도적 장치를 제공한다. 인간생활과 의식적 양식들이 복잡해짐으로 예외의 삶을 제도적으로 해명하고자 한다. 그리고 이런 예외의 이탈적 가치관들을 체계적으로 제거할 필요성을 강조한다. 인간의 삶을 몇 페이지로 요약하고 이를 체계화하여 이 체계대로 사는 삶이 모두의 목표임을 가정한다. 관료행정주의는 나름대로의 기계적 공식으로 진화를 거듭하여 이제는 자신을 딱딱한 갑옷으로 무장하였으며, 이런 괴팍한 자기 변모로 인해 스스로를 인간 영혼의 유연함으로부터 격리되도록 방치하였다.

여기에, 넷째, 매스미디어는 어떤 한 가지 사실이나 가치를 인간 전체의 보편적 원리로 만들기 위해 애쓴다. 언론미디어는 혼자 움직이는 독불장군인데, 이들이 자주 범하는 심각한 오류 중 하나는 이들이 인본주의나 인간성 회복과 관련된 기제에는 그다지 관심이 없다는 것이다. 더욱이 자신들의 일반화 논리가 평범한 인간들의 복잡한 일상의식들에 얼마나 가혹한 영향력을 행사하는지 스스로 조차도 심각하게 깨닫지 않으려 한다. 하지만 지면紙面이나 공중에서 허구화된 사람일지라도 현실에서 가까이 대면하면 그 사람의 진실한 인간적 면모를 이해할 수 있게 될 것이다.

실천적 전문가, 비판적 지식인들은 이 상치구도에서 중간 조정자로서의 역할을 가진다. 종교, 법률, 의학, 경영 등 여타 전문분야와 마찬가지로, 우리 도시주거 전문가들의 입장도 정확히 인간과 시스템의 중간에 있다. 한 쪽으로는 인간의 편에 서서 인간에게 가해지는 거대체제의 지배력을 제어한다. 또 한 쪽으로는 인간이 스스로 자기 의식과 세계를 구축하도록 전문지식을 제공한다. 이런 '인간적' 인 사명이 없이는 전문체계의 존재 이유가 없다. 거대세력에 맞선 인간은 자기 통솔력을 유지하고 자기 세계를 직조하기 위해 전문가의 협조를 필요로 한다. 전문가의 협조 없이는 의식의 상처를 치유하기 어렵다. 전문지식을 이용하지 않고는 의식의 자유를 유지하기 어렵다. 전문체계와 인간세계는 상보의 관계, 공생의 관계를 갖는다!

동시대 전문 지식인의 실패는 본래의 자기 숙명과 역할을 스스로 포기한다는데 있다. 인간과의 공생 상보 관계를 스스로 잘라내고, 자신의 순수 사상을 혼자 포기해버리며 기성 체제의 편안한 힘이 주는 달콤한 매력으로 전향한다는데 있다. 사실 베버의 비관적 지적 이래로, 이 시대 자본주의와 관료주의, 기술과학과 언론홍보같은 기성 시스템의 막대한 힘은 증강 일로에 있다. 이들 거대세력은 인간의 영혼을 지배하려 들고, 인간정신으로 하여금 끊임없이 체계와 질서 속으로 편입할 것을 강제한다. 전문 지식인으로서는 이 거대세력에 반하여 자신의 중간자적 입장을 지켜내고 인간을 끝까지 변호하는 일이 순탄치 않음을 절감하게 된다. 그리하여 자본과 제도와 기술과 언론 등의 사상적 아집에 동조하고 그 독재적 획일사상에 입당하여 이들의 지배력을 넓히는데 일조한다. 이 기생의 뇌물로서 전문 지식인은 지배의 편안한 기류에 합류할 수 있고, 그 기류 속에서 자신들의 고유한 세력을 함께 재배하는 일에 몰두하게 된다.

이 시대 전문 지식인은 이제 거대 지배력의 언덕 위에 서서 저 아래 인간들을 조망한다. 인본주의나 인간성 회복을 위한 투사로서의 용맹과 실천의지는 이제 없다. 인간과 거대체제 사이의 균형을 위한 고단한 여정도 없다. 바야흐로 인간은 그들이 다루는 여러 일 중 하나의 작은 요소일 뿐이다. 그들의 기계적 업무와 기능적 산식의 수많은 변수 중 하나일 뿐이다. 말로는 인간이 자기 업무의 목표이며 자신이 도달해야 할 이상이라 말하지만 실천에서는 인간을 모른다. 전문가는 오히려 인간이 스스로 일어설 기회를 박탈하는 일에 앞장서고 있다. 인간과 자신 사이의 거리가 이제는 멀다. 우리 전문가들의 실천사상과 일상대화 속에 이제 진정한 인간은 없다!

그러나 우리는 여기에서 한 가닥 희망을 본다. 인간은 그 어떤 지배력으로부터도 자신의 영혼과 의식을 해방하는 능력을 가지고 있다. 이 능력이 인간을 최종 승리자로 만들 것이며, 이것이 우리로 하여금 지금 비판적 휴머니즘을 제안하게 만드는 원동력이다. 이를테면, 자본과 기술과 제도와 매스미디어의 냉혹한 보편논리로 가공된 험한 현실세상 속에서 인간은 자기 영혼의 싹을 키운다. 이것은 마르크스와 하버마스가 말한 인간 생존의 힘이며 투쟁능력이다. 이 역사적, 유전자적 능력이 인간으로 하여금 거대한 획일적 체제 속에서 끊임없이 자기 성찰에 전념하도록 돕는다. 자기 성찰은 정신과 의식의 해방을 가능하게 한다. 그리하여 자본, 제도, 과학, 기술, 언론, 미디어, 상품 등의 혼탁한 논리에서 벗어난 진정한 문화와 영혼의 지식이 창출된다. 이제 인간은 자기 고유의 의미로 자신의 생애와 생활을 직조할 수 있다. 그리고 각가지 의미와 가치로 가득한 자기 존재의 세계를 육성해나간다. 자신의 고유 언어로 이 세계를 스스로 정의한다.

이 온전한 자기 내면세계를 가지고 이제 인간은 타인의 의식세계와 의사소통을 시도한다. 자기 의미를 타인의 지식 속에 던져놓고 의식 속에서 공동의 의미를 엮어나가고자 힘쓴다. 다른 사람들도 자기와 같은 방식으로 현실을 보고 있으며, 자기와 것과 중복 가능한 의미들을 만들어나가며, 자기의 것과 매우 흡사한 의식세계를 만들어간다고 믿는다. 자기 의식을 다른 사람들의 의식과 연합하며 이 연합의 관계 속에서 의미 있는 의사소통 혹은 의사통합이 탄생할 것을 기대한다. 이것이 우리가 말하는 의식의 해방이며 인간의 비판적 능력이다. 이것은 결코 저절로 성사되는 것이 아니다. 이것은 인간이 스스로 헤쳐 나가는 피투성이의 싸움과 상처에 의해 이룩한 존귀한 성과이다. 그리고 우리 전문 지식인들 모두는, 지금은 설사 본래 사명의 많은 부분을 잊었다 해도, 그나마 이 인간의 피나는 싸움을 지원하는 일에서 만은 끝까지 포기해서는 안 된다.

이 책을 통해 우리는 도시주거 속 비판적 휴머니즘을 향한 하나의 일관된 이론적 체계를 제시하려고 한다. 이것은 실패한 비판적 지식인으로서 우리가 얼떨결에 만들어 놓은 험악한 도시주거환경 속에서 인간이 어떤 나름대로의 방식으로 자기 의미의 세계를 창출해나가는가를 경외의 눈으로 이해하려는 노력이다. 그리하여 우리가 어떤 방법으로 우리 스스로를 본연의 임무로 회복시킬 수 있는지를 타진하려는 노력이다.

짜증나는 건축, 혼란한 도시, 사고와 손실들, 딱딱하고 무심한 건물들, 놀 곳 없는 아이들, 갈 곳 없는 청소년들, 멀고 험한 길들. 무관심하고 이기적이 되어버린 타인, 억눌린 서민, 메마른 땅. 하지만 인간은 이 험악한 환경 속 깊은 구석에서 어떤 쓸모를 찾아내어 이용한다. 험난한 세상 속에서도 자기 목표와 가치와 의지를 세우고 이를 행동으로 실천해나간다. 이것이 삶이다.

외부 세계의 힘은 인정하지만 그것의 조종과 강제는 배제하고 자율적 의지에 의해 행동의 여정을 결정한다. 이 행동실천과 현실참여의 행로에서 도시주거계획의 보편적 원리나 인간경험에 관한 단일 진리는 아무런 효용이 없다. 진리는 다원적이다. 개인의 생활과 내면세계 속에서 세상은 자신이 보는 각도, 개인의 가치, 세상에 관해 스스로 해석한 지식에 의해 새롭게 정의된다. 행동을 통해 도시주거 공간 속 자기의 존재와 일상에 관한 의미를 터득하고, 이 의미를 재료로 삼아 자기 고유의 의식세계, 지식체계를 건축한다. 이렇게 의미로 직조된 생활세계가 도시 주민의 자기 성찰과 해방을 가능하게 한다.

의미의 생활세계는 험난한 도시주거환경 속 인간 생존의 등불이다. 이 초라하지만 고귀한 등불을 수많은 외적 시스템의 견고한 입김들이 위협한다. 인간세계를 멀리 떠나 이 기성 시스템의 입김 속에 자신을 안착한 우리 도시주거 전문가들이 인간을 위해, 사람을 향해 해야 할 일이 무척 많다. 우선 지배적 기성체제와의 연합을 스스로 견제하고 인간 자율과 해방의 정신을 존중하며 인간세계와 공명하는 도시주거의 형상을 궁리해야 한다. 이 작업의 버팀목 중 하나가 비판적 휴머니즘이다. 이것이 우리가 지금부터 우리들의 진정한 영혼의 언어로 논의하고자 하는 이 책의 내용이다.

> 자신의 손으로 노동을 해서 자신의 삶을 보존하려는 다중의 노력을 통해 인간은 자신의 고유한 역사 발전의 주체가 된다. 그러나 인간은 자신을 그 발달의 주체로서 인식하지 못한다. 인류가 성취한 역사적 발전은 가소성可塑性을 가진 인간성의 자기 형성을 포함한다. 역사적 발전은 지식의 형성 그리고 새로운 수준의 앎의 성취를 포함한다. (Young, 1990, 이정화, 이지헌 역, 34쪽)

양면적 범주화의 위기

우리의 정신과 실천 사이 이 간극은 어디에서 오는가?

어느 시대에서나 비판적 지식인은 휴머니즘의 정초定礎로서 인간의 정신을 지켜왔다. 그들은 동시대의 휴머니즘을 시대적 언어로 정의한다는 사명을 충실히 수행해왔다. 그들은 인간의 삶 속에 침투한 외적 지배체제의 껍질을 벗기고 인간의 이성적 자유를 위한 파수꾼으로서 역할을 지니고 있다.

이 시대의 과학과 기술은 도시주거의 지식인이자 전문가인 우리에게 커다란 혜택이며 동시에 매력이다. 과학과 기술은 우리가 지향하는 전문성의 토대이며 의사결정의 효율성을 높이는 적절한 지식기반을 제공한다. 따라서 우리 전문가 집단은 과학기술에 대한 경외와 함께 그 발전을 위한 한 부분의 책임도 가지고 있다.

우리는 한 쪽의 휴머니즘과 또 다른 쪽의 과학기술 이 두 가지 양면성을 존중하며 우리 스스로의 영역을 '양면적 범주화' 로 규정한다. 양면의 범주를 동시에 가진 대개의 다른 전문분야와 같이 우리에게도 어느 한 쪽에서 시작하여 다른 쪽으로 향하는 방향성 그리고 양쪽의 절묘한 조화가 만들어내는 균형성이 필요하다. 한편의 경계 안에 서되 항상 다른 한편을 응시해야 하며, 현실에 들어서서는 휴머니즘과 기술 어느 한 쪽에 치우치지 않고 둘의 조화와 균형을 위해 애써야 한다. 하지만 이 조화의 묘수 앞에는 항상 시련이 있다.

그 시련은, 첫째, 우리 책무의 범주 안에 있는 이 두 가지 세계가 여러 면에서 본질적으로 상이하다는 점에서 온다. 경험론에서 발현한 과학기술의 세계는 분석적이며 도구적이다. 합목적성에 기반한 목적-수단의 형식적 합리성을 추구한다. 실증과 객관을 존중하고 일체의 가치를 배제한다. 반면에 관념론에 가까운 휴머니즘의 세계는 인간의 종합적, 해석적, 해방적 의식을 존중하며 개인 관념의 이성적 합리성을 추구한다. 개인의 정신적 사유는 주관적인 것이다. 다분히 개인적 가치의 관점에 따라 좌우된다.

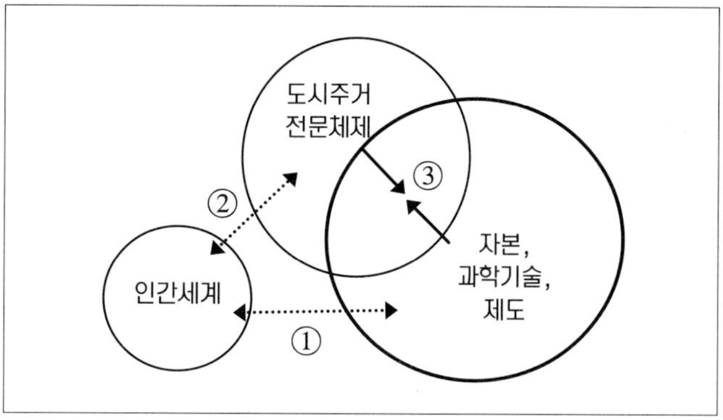

1-5. 양면적 범주화의 위기

이 두 세계의 관계는 사유철학과 과학철학의 여러 사조를 통해서 조화보다는 갈등으로 그리고 통합의 가능성보다는 영원한 평행선으로 규정되어왔다. 따라서 대개는 로크나 데카르트처럼 어느 한 쪽에 치우치거나, 마르크스 혹은 베버와 같이 그 갈등을 온 몸을 던져 해명하거나, 하버마스 혹은 듀이와 같이 두 세계의 조화를 궁리하는데 무진 애를 쓰기 마련이다. 어울리기 힘든 두 세계의 중간에 선 우리 도시주거 전문가들에게는 그 이음새를 찾는 일이 명백히 숙명이지만, 한편으로는 이 이분법의 한계를 극복하는 일이 여간 어려운 일이 아니다.

좀더 현실적인 또 다른 시련은 본래 우리 분야가 생존을 위해 과학과 기술, 정치와 제도 그리고 자본에 비굴해지는 면이 있다는 것이다. 우리가 순수하게 존중하고 의탁했던 과학기술은 이시대 또 다른 거대세력인 자본과 결탁하여 기술자본주의를 형성한다 (과학 기술의 부분 부분이 모두 상품화를 추구한다). 우리가 순수한 동반자 관계를 유지해왔던 정치제도나 행정조직은 과학기술의 전문성과 연합하여 기술관료주의를 구축한다 (제도는 이제 전문성의 옷을 입는다). 우리 세계의 밖에서 큰 힘들의 이합집산이 소용돌이를 치며 바삐 움직이고 있고, 그 가운데에는 자본주의적 이데올로기의 막강한 힘이 존재한다. 우리들 앞에 놓여진 진정한 문제는 기술자본, 기술관료, 자본제도적 이데올로기가 우리 분야의 전문적 토양을 지배하고 우리는 마침내 이들의 속국이 되기 쉽다는데 있다.

이 두 번째 시련에서 생기는 부수적인 문제들이 또 여럿이 있다. 우선은 이런 이데올로기의 형성과정에서 과학기술이 스스로 인간을 배척하고, 관료주의가 또 인간을 외면하며, 자본주의도 물론 인간을 무시한다는데 있다 (그림1-5의 ①). 인간세계는 그들의 지배세력을 키우는데 있어서 어쩔 수 없는 희생양이 된다. 말하자면 기술자본주의와 같은 자본 이데올로기는 거추장스런 인간성의 작은 가지들을 모두 잘라내고 한두 가지의 큰 인간상을 이념화하며 이를 중심으로 자신들의 체제와 지배력을 키우는데 몰두한다. 우리의 머리와 어깨 위에서 움직이는 거부하기 힘든 이 지배세력들 앞에서 우리는 그들이 세워놓은 인간상을 좇아가도록 강요 받는다. 그들이 인간으로부터 멀어지면서 우리 비판적 전문가들도 인간으로부터 멀어지도록 관계 지워진다 (그림1-5의 ②). 본래 우리가 가졌던 순수한 인간정신을 끝끝내 고수하려 든다면 우리는 이 외적 세계의 현실적 메커니즘에서 도태되고 말 것이다.

이 시련에서 생기는 또 다른 문제는 우리 스스로가 이 힘의 전장戰場 속에 적극적으로 참여하려 든다는데 있다. 이 시대 많은 비판적 지식인이 스스로 과학기술, 정치 행정, 자본의 주인으로 자처하는 것처럼, 도시주거 전문가들도 자신의 독특한 전문성으로 과학자본이나 기술관료에 봉사하는 일에서 자기 정당화를 찾는다. 그리고 이 지배력에 대한 봉사를 실천 혹은 현실참여라고 오해한다 (진정한 '실천' 은 인간과 그들의 사회와 역사를 위한 참된 봉사의 길을 찾는데 온 힘을 쏟는 것에 있음에도 불구하고). 그 험한 전문성과 제도와 자본의 삼각구도 안에서 살아남기 위해서는 애틋하고 섬세한 인간성의 논의를 멀리해야 한다. 대신 자기 전문체제를 견고히 다지고 다른 전문성과 명백한 경계를 유지하는 자기방어적 힘의 논리에 더 치중해야 한다. 그리고 보다 강한 외적 지배력, 그 자본과 관료주의와 기술이데올로기를 등에 업기 위한 전문분야간 경쟁에 뛰어들어야 한다. 우리 고유의 체질을 과학기술이나 제도 혹은 자본이 가지고 있는 매우 현실적인 체질로 개선하려 들며, 이 체질 개선을 우리 전문분야의 생존 전략으로 믿는다 (진정한 생존은 인간을 위한 참된 계획을 실현하는데 있음에도 불구하고). 그리하여 수단–목적의 효율성을 앞세우고, 분석적이며 도구적인 방법론을 양산하며, 형식적 절차와 기계적 지식에 관한 많은 규범을 만들어낸다. 이를 통해 우리 전문체제를 독특한 고유체계로 형식화하고 하나의 지배세력으로 체계화하는데 노력을 집중한다. 또한 여기에 외부로부터 풍부한 기술적, 제도적, 자본적 지원을 기대한다. 스스로 규범화하고 형식화한 절차와 지식을 고스란히 교육 전수하여 체제의 유지에 힘쓰는 한편 (앞의 'A' 양과 'B' 군의 고초를 상기하기 바란다), 인간에 관한 전통적인 책무와 관심은 스스로에게도 점점 희미해진다. 우리 스스로가 인간으로부터 멀어지는 것을 방관하고 서서히 그 방관의 자세에 능숙하게 적응한다.

이 양면적 범주화의 위기가 여기에서 말하고자 하는 첫 번째 이유이며, 우리의 정신과 실

1-6. 일본 마쿠하리 베이타운 6번가

천 사이에서 발견되는 간극의 발원지가 된다. 우리는 분석과 도구와 형식적 힘의 세계를 향해 달려가면서도 고결한 휴머니즘을 향한 우리의 숙명을 호주머니 속에서 끝까지 움켜쥐고 있으려 애쓴다. 차라리 인간에 관한 모든 영혼을 고스란히 포기하고 현실의 목적-수단적 합리성에 목숨을 건 냉철한 투사가 될 수도 있을지언정, 우리는 스스로에게 책임이 있다고 믿는 이 휴머니즘을 끝끝내 놓지 못하고 비판적 지식인의 전통적 양심을 저버리지 못한다. 그리하여 이 숙명적인 양면성의 세계 안에서 우리는 자신의 전문적 규범과 인간 고유의 생활규범이 정면으로 대치하는 상황을 속수무책으로 방조한다.

외적 세계의 팽창과 분화: 분리의 위기

우리가 안고 있는 이 휴머니즘의 문제 즉 간극의 문제는 사실 우리가 스스로 혹은 의도적으로 만들어낸 것은 아니다. 이것은 오히려 하나의 시대적 현상으로서, 이 세계의 팽창과 분화의 논리로 설명할 수 있다. 인간 외부에는 사물, 사건, 현상, 타인, 이념, 제도, 전문지식, 자본과 같은 외적 세계가 존재한다. 우리 도시주거분야도 물론 하나의 전문체제로서 인간 외부세계에 속한 존재이며, 그 체제 속에서 나름대로 분화와 분리현상을 경험한다. 이런 팽창 분화의 시대 상황 안에서 우리가 눈을 부릅뜨고 지켜나가지 않으면 우리의 휴머니즘 정신은 흔적도 없이 분쇄되어 버릴 것이다.

하나의 동질적 단일사회 이를테면 게마인샤프트적 전통사회나 키부츠와 같은 집단공동체를 가정하면, 그 안에서는 인간생활과 외적 세계 사이에서 견실한 융합을 볼 수 있다. 공동체 안에서 세상의 현상에 대한 이견이나 갈등은 거의 없다. 외부의 모든 현상이 구성원에게 총체적으로 이해된다. 이와 반대로 현대 인간의 삶이 경험하는 외적 세계는 다양화, 복합성, 모호성으로 규정된다. 이는 산업화, 전문화, 기술주의, 자본주의, 관료주의 등에 따른 급격한 시대 변화에 의해 인간 외적 세계가 팽창하면서 그 안에서 상세한 분화과정이 진행되었기 때문이다.

전체 인식세계의 팽창은 이 시대의 엄연한 사실이다. 세계구조가 그 내용과 규모를 키워가면서 그 안의 일부 부문들은 거대한 형태로 비대해진다. 우리 주변을 둘러보자. 기술자본, 전문체계, 관료제도, 언론미디어 등은 비대화를 이룬 대표적인 선두 주자들이다. 팽창하는 세계 속에서 하나의 부문이 비대해지면 자기 정체성을 확보하기 위해 유사 부문과의 분리를 꾀한다. 동시에 자기 세력을 보다 공고히 유지하기 위해 내부적 세분화를 추진한다. 요소 세분화와 함께 거대조직의 내적 효율성을 증대하기 위해 분화 개체들 사이에는 독특하고 견고한 상호이해의 관계가 형성된다. 이를테면 우리는 전통적으로 하나의 전문세계 안에 모여있던 많은 기술분야들이 이제는 각각 독립적인 개체로 분화 발전하고 또 필요에 따라서 유기적인 협력관계를 체결하는 것을 보고 있다. 또한 이 시대의 사회적 단위개체들이 늘어나고 문화적 다양성이 증대되면서 각각의 단위들이 독특한 사회문화적 특성을 유지하면서 동시에 상황에 따라 중대 규모의 거대 집단으로 연합하는 경우를 볼 수 있다.

요약하면, (1) 현실세계가 팽창하면서 일부 부문의 비대화가 나타나고, (2) 세계는 이런 거대부문들로 구획되며, (3) 부문들 사이에는 명확한 분리현상이 나타나고, (4) 개별 부문 안에서는 작은 단위요소들로의 세분화가 나타나며 요소들은 필요에 따라 다이내믹한 관계구조를 형성한다는 것이다. 이것은 도시건축 밖의 일이기도 하지만 동시에 도시건축 안의 일이기도 하다. 팽창, 분리, 분화현상은 우리 도시주거 전문체제의 밖에서 진행되고 있으며 동시에 우리 체제 안에서도 나타난다. 우리 부문 자체도 스스로 분리하면서 동시에 세분화하고 있고 또 동시에 내외부적으로 다양한 관계를 모색하고 있다.

더욱이 우리는 이 외적 세계 안에서 반대편의 인간세계를 조망해야 한다. 외적 세계의 물질구조, 사회문화구조, 제도구조, 전문지식구조가 팽창과 분화를 거듭하는 사이에 인간은 자신이 그 긴장된 발전의 단계들로부터 소외되고 있음을 직감한다. 동시에 자신이 경험하는 세계의 복합성과 모호성이 급격히 증대되고 있음을 실감하게 된다. 이런 외적 세계의 변화 속에서 생존과 복리를 위해 인간은 자기 경험체계를 적절히 분절하여 유연한 인식구조를 유지하는 것이 유리하다. 말하자면 인간의 인식체계에도 외적 세계가 보여주는 분화 요소들의 미묘한 관계에 대응하는 인식적 분열이 나타나야 한다는 것이다.

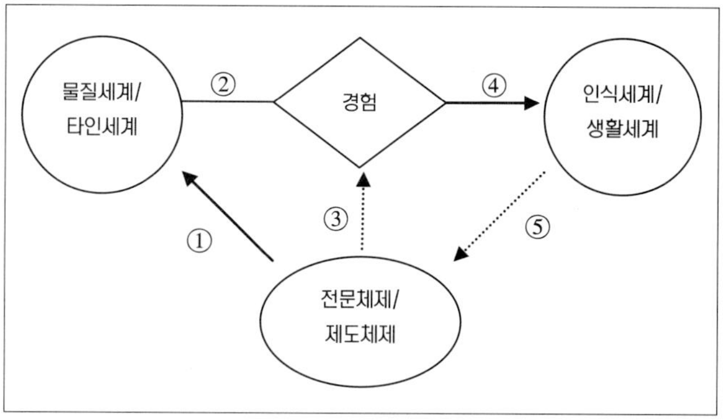

1-7. 경험대상과 영향인자 구조로 본 외적 세계의 분리

여기에서 외적 세계는 물론 인간생활의 외부 맥락을 이루는 총체적 현실이다. 그것은 물질세계(시공간적 실체)와 그 안의 타인세계(사회문화구조)로 이루어진 '대상인자' 그리고 제도체제(정치행정제도)와 전문체제(전문지식구조)로 이루어지는 '영향인자'로 구성된다.

물질세계는 시공간의 3차원적 가시 세계로서 제도나 전문지식과 같은 영향인자로부터 직접적인 영향을 받아 형성된다 (그림1-7의 ①, 마치 도시주거환경이 자본, 기술, 제도와 연합한 도시건축전문체제에 의해 계획되듯이). 물질세계는 동시에 인간의 직접적인 경험대상으로서 그 내부에 실증적 사물, 경험적 사건과 현상을 포함하고 있다 (그림의 ②). 우리가 흔히 말하는 도시주거의 모든 외형적 형상과 시공간의 물리적 세계가 여기에 속한다.

타인세계는 이 물질적 시공간 안에서 나와 우리 그리고 타인들이 만들어가는 사회문화적 제반 현상을 말한다. 인간은 물질구조 안에서뿐만 아니라 가족, 친구, 이웃, 직장동료와 같은 다른 인간들의 세계 안에서 존재한다. 나 주위에는 여러 사회문화집단이 있으며 각각 특징적인 관념과 상징을 나에게 제시한다. 그리하여 타인세계와 개인 사이에는 여러 현상에 관한 정보 그리고 어떤 사건에 연관된 의미가 공유된다 (자녀 교육에 관한 사회문화적 가치, 공공장소에서의 행동양식, 공통의 생활양식과 가치관, 모뉴멘트 건물의 상징성 등에 관한 정보 등). 타인세계는 전문가나 제도에 의해 주어지기도 하고 (체제가 사회의식을 유도하는 경우, 그림의 ①) 한 집단의 역사적 자취 안에서 자생하기도 한다. 경험자의 시각에서 보면 이것 역시, 비록 비가시적이기는 하나, 물질세계와 함께 또 다른 경험대상이 된다. 말하자면 인간은 크게 물질과 타인을 경험의 대상으로 삼으며 (그림의 ②) 경험을 통해 외적 세계에 대한 자기의 지식체계를 형성해나간다 (그림의 ④).

제도체제와 전문체제는 인간경험에 관여하는 외적 세계 안의 영향세력을 총칭한다. 물리

1-8. 서울 양재천 2005년(이오봉 사진)

적 시공간이나 타인의 사회문화적 구조를 경험하는 과정에서 인간은, 자기 목표의식 이외에도, 여러 현행 규범, 관습적 사고, 기존 가치관과 같은 의식의 외적 영향력에서 벗어날 수 없다. 이 중에서 제도전문체제는 특히 형식적이며 도구적인 규범이다. 행정체제나 관료조직, 정치신념이나 정치적 상황, 수많은 법규정들과 같은 형식화된 강제규범이 여기에 속한다. 또 과학과 기술에 기반을 둔 여러 전문지식체제의 견해들 그리고 그들이 참이라고 주장하는 세계 현상들의 패턴과 원리에 관한 짜인 지식들이 여기에 속한다.

앞서 밝힌 대로, 제도전문체제가 이 시대의 자본이나 홍보체제와 연합하면 그것이 인간경험에 미치는 영향은 더욱 막대해진다. 제도－전문지식－자본－홍보의 연합세력은 이 세계의 물질세계와 사회문화구조를 조종함으로써 한편으로는 인간의 경험대상인자 그 형태와 내용 자체를 결정한다 (그림의 ①). 우리 도시주거에서 특히 눈여겨볼 것은 이들이 우리 시대 도시나 건물과 같은 시공간적 실체는 물론이고 우리의 인식(인간이란 무엇인가, 무엇을 추구하는가), 사회의식, 상징(하나의 사물이 무엇을 상징하는가), 가치(어떤 사물이나 의식이 가치 있는 것인가), 문화체계(전통은 무엇인가, 미래의식은 무엇인가 등)까지도 막대한 영향력으로 결정해 버린다는 것이다.

덧붙여 이들 영향세력은 인간의 경험세계 안으로 들어가 경험양식에 영향을 미친다 (그림의 ③). 한 대상에 대한 경험상황에서 실제 대상의 본질과는 관계없이 경험의 범주, 내용, 방식을 좌우하려 든다. 그러나 이것은 어디까지나 간접적인 영향력의 한계 안에서 작용하는 것이다. 그 이유는, 첫째, 경험은 물질세계나 타인세계를 직접적인 대상으로 삼는 있는 것이지 그것이 제도와 전문체제를 직접 경험하는 것은 아니기 때문이다. 말하자면 전문체제의 메시지는 물질타인세계를 통해 인간에게 전달된다. 또 다른 이유로서, 둘째, 경험은 그 자체가 인간의 내면세계 안에서 진행되는 의식적 과정이기 때문이다. 인간의 내면구조에서는, 직접경험 대상인자는 물론이고, 제도나 자본, 기술이나 전문성과 같은 일체의 외적 세계가 그 본형을 잃어버린 상태에서 인간 의식에 의해 걸러지거나 희석된다. 이들은 인간에 의해 인간 속에서 변질된다.

다시 말하면, 경험세계의 내부에서 인간은 이런 막대한 외적 영향력을 소화하고 절제하며 통제할 수 있다 (이점은 뒤에서 '자기지시적 경험' 을 논할 때 자세히 설명하기로 한다).

분화는, 앞서 말한 대로, 인간의 실존을 구성하는 여러 부문에서 다각적으로 또 동시다발적으로 진행된다. 특히, 물질세계가 전문지식에 의해 주로 가시화되는 것이기 때문에, 물질세계의 팽창과 분화는 상대적으로 제도전문체제의 중요성을 증진시키는 효과를 낳는다. 이점은 매우 중요하다. 본래 자기 물질세계를 창조하는 주도력을 지니고 있던 인간이 세계의 팽창, 분화에 의해 그 창조능력을 제도전문체제에 양도했음을 뜻하기 때문이다. 따라서 이제는 전문지식을 배제하고는 시공간적 사물을 만들거나 그것의 최적 기능성을 기대하는 일이 쉽지 않다. 동시에, 시공간적 실체 안에서 자생하는 타인세계(사회문화구조와 상징)도 제도전문체제의 기술적, 제도적 영향력 아래 놓이게 된다. 인간은 물질세계, 타인세계에 대해 지녔던 직접적인 영향력을 전문체제로 양보하면서 단순히 그것을 경험하는 수동적 개체로 남게 된다. 그리고 경험과정에서 끊임없이 전문체제로부터 직간접적인 영향을 받는다.

분화된 부문들의 상호 관계구조를 조절하는 조정자가 적절한 조정역할을 수행할 경우에는 그 전체 구조가 이상적인 상태로 유지될 수 있다. 이를테면 중세 서구의 종교세력, 우리의 전통적인 유교사상, 계몽주의자들이 말하는 인간의 이성, 키부츠의 공동생존의식 등은 인간의 인식세계를 적절히 정리하는 조정자의 역할을 성공적으로 수행하였다. 현대에서는 혹시 무소불위의 막대한 기술력이나 자본력이 인식구조를 균질화하거나 단일화하는 역할을 수행하고 있을지도 모른다. 지금의 우리 상황같이, 적절한 조정자가 존재하지 않거나 조정자가 어느 한 부문으로 편향된 성향을 보이는 경우에는 부문들간에 그리고 세계와 인간의 중간에 격한 '분리' 가 나타난다. 그 사이에는 연합관계보다는 긴장관계가 형성된다. 지금의 우리 상황같이, 외적 세계의 한 부분이었으며 충실한 협력자였던 제도전문체제의 영향력이 자본이나 홍보세력의 에너지를 빌려 그 힘이 과대해지거나 극히 전문화될 때에는, 첫째, 이들이 만드는 물질세계는 인간경험과 단절되고, 둘째, 이들이 인간 경험양식을 왜곡하며, 셋째, 전체적인 인간 외적 세계와 내면세계의 분리가 초래된다.

이것이 여기에서 말하고자 하는 휴머니즘의 위기에 대한 두 번째 이유로서, 인식세계의 팽창과 분화, 인간 외적 세계와 내적 세계의 분리 등 어쩔 수 없는 이 시대의 변화에 의해 휴머니즘 정신과 전문실천행위 사이의 간극이 발생한다는 것이다. 외적 세계와 인간 내면세계의 분리는 특히 제도체제나 전문체제의 중간역할에 의해 부풀려진다. 첫째는, 인간이 외적 대상인자(물질세계와 타인세계)와 자신의 인식세계를 연결하는데 이용하는 경험이라는 자기 창의적 매개과정을 제도와 전문지식이 왜곡하거나 조종하려 든다는 것이다 (그림1-7의 ③). 따라서 경험이 인간의 자율적 과정으로 남기가 점점 힘들게 된다. 둘째는, 제도와 전문지식이 지나친 자기 세분화와 체제유지에 힘쓰는 반면, 인간 일상생활세계에 대한 본연의 임무에는 소홀해진다는 것이다. 그리하여 인간의 요구와 경험에 대한 정보를 전문체제 안에 끌어들여 이를 제도화 혹은 지식구조화 하지 못한다는 문제가 나타난다 (그림1-7의 ⑤). 셋째는, 이 두 가지 문제와 연관하여, 제도와 전문지식이 물질세계나 타인세계를 만들어낼 때 인간의 경험양식과 일상생활세계를 소외시킴으로써 외적 세계와 내적 세계를 분리하는데 직접적으로 관여하는 경우를 말한다. 이것은 전문체제가 인간을 위한 세계를 인간 대신 창조한다는 본래의 자기 책무를 유기하는 행위이다.

이 상태에서 도시주거 전문체제의 구성원으로서 우리는 모름지기 인간의 경험세계를 지배하려 들고 그들의 자율과 창의를 억누르게 된다. 우리 본연의 순수한 정신은 우리도 모르게 어떤 특권의식이나 지배의식에 전염된다. 이 병든 전문의식이 우리를 전체 세계구조의 잠재적인 조정자로서의 역할을 스스로 포기하도록 만든다 (우리 도시주거 전문가들은 진심으로 세계의 조정자가 될 능력이 있으며 또 되어야만 함에도 불구하고). 다른 한편으로, 우리는 우리 전문지식의 세포분열과 관계구조를 통해 전문체제의 강화와 유지에 더욱 많은 에너지를 투여한다 (지금 우리 분야에 존재하는 수많은 세부전공들을 상기하기 바람). 이를 위해 우리는 수단–목적의 합리성으로 자신을 더욱 튼튼하게 무장하고 도구적 인식구조를 더욱 공고히 구축한다. 이와 동시에 계량적 지표와 기술적 기준, 형식적 절차와 법규정, 전문규범언어와 계획원리지침과 같은 각종 체제구조를 견실하게 계발하는데 모든 노력을 쏟아 붓는다.

이런 자기망상적 지배의식은, 또 다른 측면으로는, 우리로 하여금 숙명으로 짐 지워진 휴머니스트로서의 본분을 쉽게 떨쳐버리지 못하게 하는 동시에 인간을 위한다는, 사람을 향한다는 어떤 왜곡된 휴머니즘적 정체성을 표방하도록 만든다. 이를테면 우리의 합리적 도구의식과 인간의 자율적 경험능력을 동일시하거나, 우리의 객관적 지표와 인간의 주관적 인식을 그리고 우리가 만드는 물질세계와 이를 경험하는 내면 지식세계를 동일화하려는 성향을 말한다. 여기에서 우리가 흔히 범하기 쉬운 휴머니즘에 관한 오해가 싹튼다.

휴머니즘에 대한 오해

제도, 과학 기술, 자본과 같은 이 시대의 거대세력은 이미 우리 세계를 지배하고 있다. 그러나 우리 중에는 이 지배력으로 전향하여 이 시대 남은 인간성을 말살하는데 앞장서고자 하는 냉혈한 용병은 많지 않다. 우리 중 대다수는 어떻든 자신의 인간적, 시대적 사명에 닿아있는 순수한 숨결을 붙잡으려 애쓴다. 다만 우리의 손과 발이 본심과는 달리 몇 가지 중대한 '비非휴머니즘' 의 족적을 남기고 있을 뿐이다.

논지의 전개를 위해 부득이 몇 가지 문제를 제기하겠지만 사실 20세기 후반 이래 우리 도시주거에는 문제보다 성과와 진전이 더 많았다. 여러 건전한 시각이 제시되었고 (생태건축, 에너지, 거주성, 생활공간, 친화 등의 개념), 각종 제도가 정비되었으며 (지구단위, 건강, 경관, 주거성능 등 관련), 실무 수준이 확연히 개선되었고 (계획치수, 설계언어, 견실시공 등 관련), 거주자 요구의 주안점도 크게 달라졌다 (구조안전이나 설비수준에서부터 교육, 건강과 같은 소프트웨어로의 전환). 주거수준은 주택 내부의 재료나 장비에서부터 도시 차원의 학교나 공원까지 절대 개선을 거듭하고 있다. 전반적으로 양의 패러다임에서 질의 패러다임으로 움직이는 급한 선회의 양상들은 대체로 긍정적인 결과를 낳았다.

이 긍정적 성과들은 우리가 인간 봉사의 건전한 영혼을 끝까지 놓치지 않았기 때문에 가능했던 결과이다. 인간의 보다 나은 실존을 향한 근본정신이 건강하고 성실한데 무슨 문제가 있으랴! 이제는 이렇게 지어진 집들이 살기 좋은 주거의 모델로서 인정되어야 할 것이다. 하지만 여기에 쉽게 수긍할 수 없는 것이 현실이다. 동시대의 도시주거가 앓고 있는 이상현상이 없지 않으며, 그 속에는 풀기 힘든 몇몇 심각한 퍼즐이 있다. 이런 부작용들을 해명하지 않으면 우리가 안고 있는 이 혼돈의 괴질은 끝끝내 우리를 괴롭힐 것이다.

이를테면 우리가 마땅히 고려해야 할 사용자 안에는 아동, 청소년, 노약자, 장애인, 빈곤층, 여성과 같은 이 사회의 소외계층이 있다. 그러나 이들은 사회적으로 소외되었을 뿐만 아니라 도시주거정책이나 주거계획실무에 의해서도 외면 당하고 있다. 소외집단들이 가지고 있는 도시주거의 어려움에 대한 이야기는 사실상 우리의 일상적 업무범위 안에 없다. 예컨대 우리는 지금까지 도시커뮤니티환경의 절대적 영향력 아래 있는 아동 거주자들의 일상생활과 성장발달을 위해 한 일이 거의 없다. 인간적 영혼을 지향한다는 우리 모토가 무색할 정도로, 그간의

1-9. 도시주거지 아이들(수원 영통 2001년, 서울 한강 1957년)

주거환경은 아이들의 외부활동을 위축시켰고 이들의 감성적, 육체적, 사회적 성장을 저해하는 위해요소들을 양산하였다.

덧붙여 지금 우리가 보는 도시주거는 공동체나 주민 커뮤니티정신을 위한 최적 해답이라고 보기 힘들다. 모여 살고 스스로 집단의 경계를 만들며 그 사회적 힘에 의해 생존의 효율을 높이는 일은 인간 본능이며 기본 요구에 속한다. 모여 사는 일 자체를 의미하는 공동주거의 뜻 속에는 그것이 인간의 커뮤니티 정신을 고스란히 담아내는 도시건축적 그릇이 되어야 한다는 취지가 내포되어 있다. 말하자면 공동주거 속에 사는 사람 하나하나가 어떤 주거공동체의 일원이 되어야 마땅하다. 공동체 정신은 제도적으로 조종된 만남이나 형식적 소속감에 의해서는 꿈적도 하지 않는 인간 내면의 심성이다. 그 정신은 이를테면 한 집단 안에서 스스로 느끼는 자기 역할의 중요성, 남들과 공유하는 감정적 의식, 소속 속에서의 자기 요구의 충족과 같은 복잡한 심리적 과정들과 연결되어 있다.[1] 하지만 이 공동체 정신을 위한 우리의 계획적 제안은 기껏 도로 위의 우연한 만남, 가까이 섞여 사는 불편함, 집회소 속 회의와 같은 저급한 수준의 사회적 소통에 초점을 두고 있다.

자연친화나 생태적 지속가능에 관한 우리 논의의 현주소 또한 만족할만한 것은 결코 못된다. 부득이한 개발의 틈에서 자연의 가치를 보존하고 동시에 지구 자원과 에너지에 관한 관

1 이를테면 McMillan and Chavis의 연구(1986)는 한 집단에 대한 개인의 소속감이 Influence, Membership, Shared emotional connection, Fulfillment of needs 등의 차원에 의해 달라진다는 것을 실증하였다. 이 연구발견은 그 후의 공동체 의식에 관한 논의에 깊은 영향을 주었다.

심을 개발가치의 상위에 둔다는 당위성에 대해서는 이견이 없어야 한다. 다만 보존 복원된 자연생태환경이 주민의 일상 생활세계와 화합하지 못해 자연은 복원되지만 인간생활은 복원되지 못하고 있다는 점에는 아쉬움이 있다. 그리고 이 와중에서 화려한 수사력을 동원하여 조성된 '유사자연'이 인간 체험과 항상 일정한 거리를 유지하는 조경적 전시물로 남는다는 점도 문제이다. 인간과 자연의 균형, 지속적 상호 생존관계를 다루는 논의에서 인간에 관한 사유는 간곳없고 자연을 기술로 보며 종종 자연생태계획을 요소로 나누어 일렬로 나열하는 일에 전념한다. 본질을 버려둔 채 화려하게 등장한 지금 같은 조경언어의 수사력만 가지고는 인간의 진정한 생태적 거주는 불가능해 보인다.[2]

전문적 센티멘탈리즘

우리에게는 이 시대 지배세력에 동참하고 자기 전문체제의 지위를 높여 특권계층으로 발돋움하려는 내부의 탐욕이 있다. 우리 안에는 또 이 시대 평범한 사람들을 위해 일해야 한다는 인간적 책무에 대한 인식이 공존한다. 이념적으로 어우러지기 힘든 두 욕망이 우리 안에서 끊이지 않고 충돌을 계속하는 틈에서 우리는 스스로를 위로하는 간편한 심리적 타협을 찾기 쉽다. 자신에 대한 이 타협은 하나의 전문적 센티멘탈리즘과 같은 형태를 취한다. 우리에게는 특정한 전문지식을 가지고 인간생활에 영향을 미친다는 전문가로서의 숙명이 있다. 그러나 이 센티멘탈리즘 안에서 우리는 스스로 전문적 실천도식을 찾지 못한 채 다만 순결한 휴머니스트의 정신을 앞세운다. 그리하여 박애주의자나 계몽주의자의 옷을 입고 자칫 '이제 저 여린 인간들을 위해 무언가를 할 수 있다'는 특권계층으로서 갖기 쉬운 자기 정당화로 빠진다. 이런 자기 정당화는 명백히 자기 스스로에게 짐 지우는, 휴머니즘의 기본정신에 대한 오해이다.

우리 영혼과 가슴에 깊이 내재된 막연한 휴머니즘적 정서의 정체는 종종 인간에 대한 박애와 동정이라는 개념으로 요약된다. 이것은 나의 정신적, 심리적, 물질적 손해를 감수한 조건 없

2 이현정(2005)이 용인 상갈 금화지구 4개 단지를 대상으로 조사한 바에 따르면 지구 내 모든 보존자연공간, 조성된 자연적 공간, 그리고 자연요소(예, 물)를 테마로 조성된 조경공간 모두에서 관찰된 주민 외부행동은 지구 전체에서 관찰된 모든 외부행동의 33.7%에 불과하다. 이 연구는 녹지의 이용빈도가 녹지 이외의 외부공간 이용에 비해 현저히 높다는 미국 일리노이 대학의 연구사례들과 대치된다는 점에서 주목할 만하다. 주민 체험의 논점에서 보면 현재 시행하고 있는 환경성능인증제도와 같은 일련의 제도장치는 최소한의 '기술적' 필터링에 불과하다.

는 애정과 헌신을 뜻한다. 또 여기에는 총체적 감정이입과 연민을 통한 무한한 이해와 공감이 전제된다. 이 정신 안에서 한 때는 주인이며 대등한 입장에 서있었던 인간 개개인은 끝 간데 없는 연민의 대상이다. 인간은 우리 순수한 영혼 안에서 자칫 그 영혼의 피지배자로 전락한다.

아마 우리는 이 순수한 희생정신을 이 시대 우리 전문가들이 갖춰야 할 휴머니즘의 전부라고 오해할지 모른다. 물론 우리 작업에 이 헌신의 정신이 앞장서야 하는 것은 사실이다. 하지만 우리에게 있어서 이것은 엄격히 말해 감정적 가장假裝에 더 가깝다. 왜냐하면 희생과 봉사의 정신은 휴머니스트 전문가가 현실에서 사용할 수 있는 실질적 재료는 아니기 때문이다. 명백히 이 정신만 가지고는 전문가가 맞닥뜨리는 도시주거 문제의 깊은 실타래를 풀어나가기 어렵다. 물론 인간을 위한 실무의 길에는 인간 속으로 자기를 몰입하는 일이 포함된다. 자신의 관념을 인간 관념의 파장과 공명시키는 매우 어렵고 고단한 작업의 연속을 말한다. 하지만 이와 동시에 인간세계와 일정한 거리를 유지한 채 그 세계를 논리와 함께 관찰하는 합리적인 시각도 필요하다. 이 두 가지 관념적, 경험적 가닥은 견고하게 서로를 감싸 안은 채 함께 진행해야 한다.

서로를 얽어 매는 관념인식과 경험인식의 연속적인 상호관계에 의해 비로소 전문가는 인간 삶의 기저에서 그 삶을 움직이는 실체를 밝혀낼 수 있다. 더불어, 그 실체가 어떻게 삶의 현상을 움직이는지에 대한 사유를 지속할 수 있으며, 전문지식에 의해 어떻게 그 실체의 진화를 도울 수 있는지에 대해 논쟁할 수 있다. 우리는 이런 작업을 위해 흔히 인식논리 혹은 방법론이라고 말해지는 일정한 사유절차와 개념구조를 공유해야 하는데, 이런 휴머니즘의 사회과학을 우리는 '인간의 이념적 해방에 관한 비판적 인간론' 혹은 '인간의 가치와 선택을 중시하는 실존적 휴머니즘'과 동일한 것으로 보아야 한다.

휴머니즘의 사회과학은 논리적 휴머니즘 혹은 비판적 휴머니즘의 기초 위에 서있다. 이 과학은 이념적 지배구조가 얼마나 인간의 가치와 생명과 행복의 권리를 외면하는지를 우선 직시한다. 거대담론, 비인간적 정책, 전문지식이 만들어낸 외적 환경에 대항하는 인간의 실존적 가치를 강조한다. 자신을 지배하는 외부의 모든 이념이나 권력조직으로부터 인간이 어떻게 의식의 자유를 획득하는지를 터득하는데 목적을 둔다. 도시주거의 전문적 이념이나 공식에 의해 만들어진 도시주거환경 안에서 인간이 어떻게 스스로 자기 본질과 삶을 정의해나가는지를 발견하는데 초점을 맞춘다. 그리하여 도시주거의 제도정책과 전문지식이 어떻게 삶을 조종하는지에 관심을 두고, 이들에 의해 제공된 공간환경이 어떻게 인간의 문화와 사상과 사회구조를 흔들고 있는지를 비판할 수 있다. 더욱이 그 주어진 공간환경 속에서 어떻게 인간이 스스로 자유로운 지각과 감정과 행동을 유지하고 있는지를 또 이런 자유 경험을 통해 어떻게 스스로 자신의 본질적 가치에 가까이 다가가는지를 탐구할 수 있다. 이것은 우리가 모든 인간적 문제를 정확히 간파하여 진정한 인간적 가치를 회복하는데 도움이 되는 도시주거환경을 세우는 일이다.

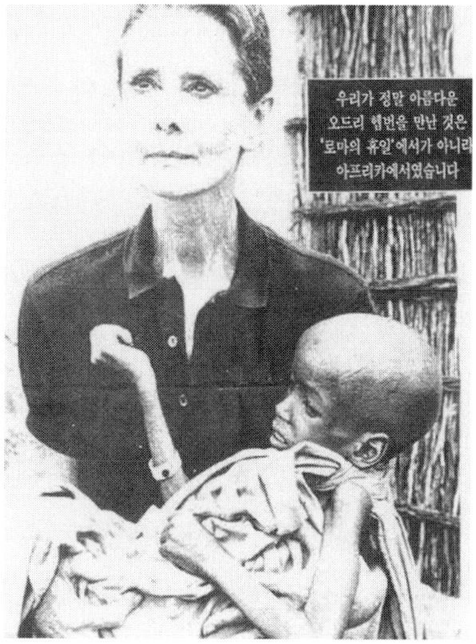

1-10. 아프리카의 오드리 헵번

영혼과 감정은 사실 모든 실행의 앞에서 움직이는 원동력이다. 하지만 영혼이 실행을 보장하는 것은 결코 아니다. 우리가 가지고 있는 첫 번째 오해가 여기에 있다. 우리 휴머니즘은 사회과학적 인식논리나 비판적 실천도식은 접어두고 혹시 영혼만 앞서가는 센티멘탈리즘은 아닌지? 사명과 입장과 상황에 따라 휴머니즘은 여러 방향으로 발현된다. 우리 고유의 사명을 위해 자신이 마더 테레사나 아프리카의 오드리 헵번이 되어야 한다는 강박관념은 접어두어도 무방하다. 우리에게 부과된 휴머니즘의 과업은 박애주의자들의 과업과 다르며, 우리 도시주거계획의 사용자 클라이언트는 그런 무한한 인간사랑의 수혜자들과 다르다. 지금 우리에게는 하나의 사회과학으로서의 휴머니즘이 필요한 것이다.

인간에 대한 기계적 오해

과학기술 그리고 기술자본주의와 기술관료주의의 본성은 이들이 기계적 논리로 무장하고 있다는 공통점에서 찾을 수 있다. 이 세계 현상의 본질을 정량화할 수 있다고 믿으며 인간을 수학적 공식으로 해명할 수 있다고 가정한다. 본래 인간의 편에 서있던 우리의 인식구조가 과학기술 쪽으로 전향하면서, 우리도 인간을 '엔지니어링' 할 수 있다고 믿게 되었다. 이른바 '사회공학' 은 우리 영혼이 기술과 자본의 힘에 지나치게 의탁하면서 그 영혼 속에서 기생한다. 기술에 의해 인간을 조종하고, 기계적 절차에 의해 인간행동을 결정하며, 형식적 규범에 의해 인간의 의식과 마음까지도 좌우할 수 있다고 여긴다.

여기에서 휴머니즘의 오해가 탄생한다. 우리는 스스로 휴머니즘이, 마치 옷을 맞춰 입는 것처럼, 인간에게 어떤 것을 재단해주는 것으로 생각한다. 그리하면 인간이 그 옷에 스스로를 맞춰 지낼 것으로 믿는다. 사실 우리는 그 동안 도시주거의 본질적 문제들을 지나친 객관과 계량의 시각으로 조망해왔다. 우리는 인간 체험과 생존이라는 오묘한 현상들을, 가치와 의미에 관한 논의를 배제한 채, 다만 실증적 보편원리로 해명하려 애써왔다. 이를테면 도시주거의 경관이 본래 하나의 문화가치를 다루는 문제임을 알면서도 우리는 경관의 가치를 보편지표로 번역하는 기술적 작업에 몰두한다. 하나의 경관이 인간에게 제공하는 체험가치, 경관이 타전하는 문화적 상징, 인간 지각에 따라 변하는 경관의 형상 등 이를테면 체험에 대한 논의는 뒷전이다. 대신에 그 체험을 법 절차나 법리기술적 처리로 제어하고자 하는 논의에 집중한다. 아마도 법이 지칭하는 경관은 우리가 진정으로 목적하는 우리 도시의 이상적 미래경관의 모습은 될 수 없을 것이다 (아직 그것이 무엇인지를 정확하게 논의해본 적이 없음으로).[3] 또 도시설계는 도시의 경험적 실재와 그 미래에 관련된 인간 삶의 시간적, 공간적 질서를 구상해야 마땅하다. 한데 실제로는 이런 본질로 도달하기도 전에 우리 도시설계는 건물 높이나 밀도와 같은 질량적 언어에 그대로 굴복해버리고 만다.

지금 우리의 휴머니즘에서는 대체로 계량이 성질을 압도하고, 수단이 목표를 선점하며, 객관이 상징을 대변한다. 1인당 주거면적 허용치로 삶의 수준을 가늠하려 하고, 4호 조합이나 입면 차폐율 혹은 층수 제한과 같은 정량지표로 삶의 가치를 규정하려 한다. 그리하여 우리는 이와 같은 계량과 형식에 의해 인간을 바꿀 수 있다고 믿는다. 인간의 행동은 물론이고 그들의 가치관과 본질까지도 수치와 공식원리로 변경 가능하다고 믿는다. 하지만 보편적 정량지표와 객관적 기능언어로 인간 삶의 그 유연한 진화를 얼마나 설명할 수 있단 말인가? 이래서는 왠지 인간거주의 문제가 제대로 풀리지 않을 것 같다. 왜냐하면 삶은 또 삶을 구성하는 일상생활의 부분들은 보편규범이나 수치논리는 물론이고 단순한 감관적 지각의 경계까지도 넘어 인간의 감정과 사고를 통해 정의되고 더 나아가 관념과 의미로 조직되는 것이기 때문이다. 예컨대 한 경관은 인간 인식작용을 통해 사람들 나름의 하나의 뜻으로 연상된다. 또 밀도는 과밀감으로

---

3 예컨대 2005년 8월 개최된 '경관법 제정을 위한 공청회'는 우리가 얼마나 제도적 시각에 편중되어 있으며 인간체험에 관한 우리의 논리가 얼마나 기계적이고 공리적인 것인지를 드러내고 있다.

지각되고 사회적 경계심으로 상징화되며 그리하여 일상의 의미에 관한 문제로까지 연관된다. 인간이 하나의 체험으로부터 얻어내는 의미, 개인이나 집단 내부의 상징체계와 같은 인간생활의 고차원적 형이상학은 결코 수학적 논리나 기계적 공식으로 해명될 수 없다. 문화적 가치, 상징적 교류, 의사소통과 같은 인간 삶의 법칙은 결코 물리적 법칙으로 이해될 수 없다.

1-11. 인간에 대한 기계적 오해

강조하건대, 지금 우리의 휴머니즘은 인간 경험의 본질을 제대로 이해하지 못하고 있다. 반면에 위태롭게도 계량, 객관, 원리, 지표와 같은 키워드로 대변되는 규범적 언어에 의존하고 있다. 이런 인식론적 오해 때문에 진심으로 인간을 위한다는 우리의 본심이 실무에서 제대로 실현되지 못하고 있다. 전문화가 곧 객관화이며 실무가 곧 지표라는 우리 사상의 근본적 오류로부터 우리 휴머니즘 정신과 실무 실천 사이에 어쩔 수 없는 깊은 골이 생겨나게 된 것이다.

인간의 해석능력에 대한 오해

인간은 감성과 사고와 행동과 의식의 자율적 존재이다. 세상을 경험하는 노선에 대한 개개인의 자율은 우리가 그들을 연민의 대상으로 보지 않고 논리의 대상으로 보는 시각에 의해 명쾌히 나타난다. 이를테면 비판적 휴머니즘으로 인간을 조망하면 그들이 가진 자율성의 크기와 모습을 엿볼 수 있다. 자율성은 스스로의 독특한 경험세계를 구축하는 과정과 절차에 있어서의 자유를 뜻한다. 인간은 세계의 경험에 대해 자유롭고 독창적이다. 자유는 적극성을 부여한다. 그들은 세상에 대해 적극적이다. 외적 세계 속에서 그 세계와 끊임없이 대면하는 인간은 자신이 선택한 대상에 대해 자신이 선택한 방법으로 그것을 경험한다. 그 개개의 방식은 우리 전문가들의 예상과는 대개 다르며 자본이나 제도나 홍보와 같은 이 세계의 기성 시스템이 정해놓은 방식과도 다르다. 그것은 인간의 방식이다. 그것은 개인이 가지고 있는 내면의 논리, 사색의 자유와 인식적 선택, 스스로 내리는 크고 작은 경험상의 결정들에 의해 정해진다. 이런 독특한 경험양식에 의해 개개인은 이 보편적 객관의 세상으로부터 자기에게 고유한 주관적 인식세계 즉 하나의 '해석된

세계' 를 창조한다. 이 해석된 세계는 물론 외적 세계의 본래 모습이 아니며, 외적 세계를 전문가가 대신 표상한 기계적, 형식적, 규범적 모습과도 다르다. 그것은 내가 생각하는 의미의 세계, 이 세상이 내게 주는 고유한 상징적 지식의 세계이다. 말하자면 삶의 의미를 말해주는 세계이다. 우리는 뒤에서 인간 경험세계에 존재하는 세 가지 지식에 대해 구체적으로 언급하게 될 것이다. 여기에서 간단히 요약하면, 해석된 세계는 세 번째 지식 즉 해석의 지식으로 조직된 세계이다.

첫 번째 지식은 하나의 대상이 본래 가지고 있는 물리적, 객관적 본질로서 그 개체의 물질적 속성으로서의 콘텐츠를 뜻한다. 예컨대 하나의 돌이 가지고 있는 광물적 분자구조, 놀이터의 정확한 규격, 놀이장비의 형태, 한 인간의 신체구조나 병리학적 특성을 말한다. 확연히 눈에 보이고 손에 잡히는 지식으로서 객관적 서술이 용이하고 그 정량적 서술이 보편성을 가지고 있는 이른바 '물질적 지식' 이다.

둘째는 그 개체에 대해 역사와 관습이 시간을 두고 부여한 통념적 속성을 뜻한다. 한 사회문화집단이 시간의 흔적으로서 그 개체에 대해 공통의 의미로 정착시킨 사회문화적 규범지식을 말한다. 하나의 돌을 보고 그것이 정원에 놓인 조경석임을 알아차리는 것은 그 돌의 의미에 대해 한 집단이 공유하는 공통의 약속 때문이다. 놀이터가 아이들의 놀이공간이며 놀이터를 언제 어떻게 사용하는가에 대한 정보도 하나의 사회문화적 정의에 속한다. 한 개인에게도 타인에 의해 그 사람의 계층이나 역할에 관한 사회관습적 통념이 부여된다. 이런 '제도적 지식' 은 모두 개체에게 부과되는 외부 지식으로서, 첫 번째 지식유형과 마찬가지로, 객관적인 방법과 보편적 통념으로 서술이 가능하다.

세 번째 지식은 한 개체에 대해 개인이나 특정 집단이 독특하게 창출해내는 그 개체에 관한 해석적 속성을 말한다. 개체 본래의 물질적 지식이 나와 무관하게 존재하고 사회문화적으로 정해지는 제도적 지식이 밖에서 나에게 부과되는 것이라면, 이 '해석적 지식' 은 나의 고유한 내면적 과정을 거쳐 탄생하는 개인적이며 주관적인 관점을 반영한다. 따라서 조경석이나 놀이터에 대해 개인 혹은 집단이 갖는 평가, 가치, 용도, 의미, 상징은 개인, 집단에 따라 다르다. 예컨대 한 초등학교 아동집단이 어떤 놀이기구에서 특정 사회게임놀이에 관한 가치를 발견한 것은 그 아동집단에게 고유한 하나의 해석적 지식이다. 한 개인에 대해 다른 개인들이 갖는 그 사람의 인성이나 사회적 기대치와 관련된 인간 대 인간 혹은 인간 대 집단의 관계의미가 매우 주관적 것으로 나타나는 이유도 그 것이 하나의 해석적 지식이기 때문이다.

우리는 종종 우리 전문체제의 독단에 빠져 자신이 실제로 어떤 대상을 위해 일하고 있는지 잊는 수가 있다. 우리는 자신의 의사가 고스란히 인간에게 전달된다고 믿는다. 그리하여 때때로 우리의 계획이 인간의 삶을 뒤바꿀 수 있다고 자신한다. 이 자신감에는 인간의 능력에 관한 치명적인 오해가 전제되어 있다. 이를테면 우리는 인간이 홀로 내리는 이 세계에 대한 해석이 세계의 질서를 왜곡시키고 문제를 어렵게 만들 뿐이라고 믿는다. 이 세계 안에는 명철한 보편적 자연원리가 존재하며 오로지 전문가에 의해 그 원리가 밝혀질 수 있다고 전제한다. 인간이 대단히 훌륭한 적응능력을 가지고 있기는 하지만 이 세계를 스스로 해석하거나 조정하는 결정력은 갖추지 못했다고 여긴다. 도시나 주거와 같은 전문분야는 전문가들이 담당해야 하며 인간은 다만 전문적 의사결정의 수혜자가 될 수밖에 없다고 가정한다. 인간에게는 충격의 완화를 위해 다소의 고통을 인내하면서 전문가들이 제정한 형식에 자신의 생활을 맞춰나가는 것 이외의 다른 대안은 없다고 주장한다.

1-12. 남양주 대성 2004년

이 어처구니 없는 가정은 명백히 오류이며 전문가의 아집이 일궈낸 독선, 체제 유지를 위한 전문세계의 야비한 전략 이외의 그 어떤 것도 아니다. 왜냐하면 도시주거의 모든 부분들과 그 전체는 사용자에 의해 사용자 고유의 내면세계 안에서 고스란히 재생산되는 것이기 때문이다. 이 세상은 인간 안에서 의미의 언어로 조리되고 정제된다. 그리하여 의미들은 사람들 개개인이 해석해낸 새로운 내용의 세계 안에서 자기 고유의 지식으로 차곡차곡 축적된다. 현실에서 볼 수 있는 인간의 감정과 인식과 행동과 관념은, 외적 시스템이나 전문체제의 지시가 아니라, 자기가 만든 이 내면세계로부터 지시를 받아 나타난다. 이것이 참된 현실이며 실재 현상이다. 이를테면 전문가들이 고안한 이 획일의 외형 안에서 사람들의 일상은 얼마나 다양하고 창의적이며 도발적인가! 얼마나 다채로운 색깔의 감정의 여울들을 만들어내는가! 인간이 내면에서 해석해낸 새로운 의미의 세계, 일상에서 몸으로 부딪혀 형성하는 경험의 세계. 이것이 전문가들이 지금까지 깨닫지 못했던 '참'의 세계이다. 인간의 창의적 재생산 능력을 인정할 때 전문가 앞에는 크게 두 가지 가능한 행로가 있다. 하나는, 지금과 대동소이하게, 어차피 인간들의 창의성은 예견 불가능하고 또 지나치게 개별적임으로 이를 간단한 모델로 정리해야 한다는 의견이다. 이 모델은 당연히 전문가들이 모여 정해야 하고, 모델에서 벗어나는 이형적 개인들은 어쩔 수 없이 스스로 적응해야 할 의무를 진다.

다른 한 가지, 보다 바람직한 견해는 전문가들이 인간에게 이 세계의 의미에 관한 모든 권리를 양도한다는 것이다. 전문가들은 의미를 사전에 미리 정할 필요도 없고 예측하기도 어려우며 더욱이 이를 강요할 수도 없다. 대신에 인간 고유의 지식들이 알알이 완성되는 과정을 납득하기 위해 인간 경험세계의 눈높이에 자신의 전문적 잣대를 일치시키는 고된 작업을 마다하지 않는다 (우리는 그 동안 이 반대의 과정, 즉 우리 작업의 결과에 인간의 눈높이를 꿰어 맞추는데 몰두해왔으므로!). 그리하여 깊은 사유와 논리를 통해 자신이 봉사하는 인간집단의 창의적 경험 속에 존재하는 인간적 원리를 이해하려 노력한다. 이를테면 자유롭고 신중한 논쟁을 통해 인간이 도시주거의 무엇을 왜 선택하며 또 반대로 도시주거의 어떤 부분을 끝끝내 외면하며 왜 외면하는지를 인내 속에서 지켜본다. 선택한 것에는 어떤 의미와 상징을 부여하는지를 이해한다. 이 자율성과 창의적 적극성이 인간의 어떤 동기와 의도에 관련된 것인지를 끈기있게 밝혀낸다.

우리는 후자를 우리 작업의 본질이며 목표라고 주장한다. 우선 우리가 스스로 갖춰야 할 기본적 양식은 도시주거의 일상적 경험자로서 인간들이 보여주는 이 창의적 경험에 대한 경외감이다. 우리가 만든 세상을 우리의 예상과 다른 방식으로 응용하는 인간의 자율성에 대한 존경심이다. 인간의 내면세계 안으로 정확히 잠입하여 나의 시선을 인간의 그것과 동등하게 조율하여 세상을 조망함으로써 가능해지는 해석의 휴머니즘. 이것이 여기에서 말하고자 하는 비판의 인본주의이며 논리의 인간론이다.

Chapter 2.

인간경험과 생활세계: 휴머니즘계획을 향한 스카우트

아마도 우리 앞에는 인간에 관한 두 가지 행로가 가능할 것 같다. 하나는 좋지 않은 것으로서, 지금 있는 '인간 없음'의 상태를 그대로 유지 혹은 방치하는 길이다. 우리 앞에는 인간에 관련된 것 이외에도 해결해야 할 수많은 문제들이 산적해있다. 인간에 관한 복잡한 문제의식에 매달리지 않아도 전문교육은 여전히 잘 진행되고 있으며, 설계와 산업도 활기차게 움직이고 있고, 지금의 도시주거 속 살아가는 수많은 사람들도 그런대로 잘 버텨가고 있다. 또 다른 하나의 길은 이것보다는 비교적 좋은 것 같다. 그것은 인간 생존가치나 삶의 질을 회복하고 개선하는 일에 좀더 적극적으로 대처하는 길이다. 인간에 자기 상식의 옷을 입혀 얼버무리는 지금의 패러다임을 극복하고 인간의 경험방식이나 내면의식과 정면으로 맞닥뜨려 그것을 인정하고 이해하고 규명하는 길이다. 이로부터 진정한 인간적 도시주거에 관한 어떤 실마리를 찾아내어 이를 어떻게든 우리 실무의 고정적인 한 부분으로 만들어보려는 길이다. 이 장은 이 두 번째 길을 위한 개념적 척후라고 여겨진다. 도시주거 속 인간경험이 무엇인지를 개념적으로 이해하고 경험의 끝이 어떤 결과로 끝마감하는지를 보여주려 한다. 가장 중요한 개념은 인간이 세상의 경험 끝에서 얻어내는 지식과 의미의 내면적 의식구조 즉 '생활세계'이다. 생활세계는 사람 속에 있고, 사람들은 너나없이 이 세계를 하나씩 차고 다닌다. 열어보면 자기가 이해하는 도시주거의 삶이 그 안에 고스란히 담겨있다.

경험의 정체: 해석 수행자로서의 인간과 의미론적 시각

지금까지의 논의는 우리에게 진정으로 필요한 진실된 휴머니즘이 시대적 위기 앞에서 위태롭게 흔들리고 있음을 말하고 있다. 이 위태로운 상황에서 우리는 휴머니즘에 대한 몇 가지 심각한 오해를 가지게 되었음을 지적하였다. 인간을 위해 집을 짓는다고 말하는 우리가 실제로는 인간적인 것과 동떨어진 작업에 몰두하게 된 이유를 제시하였다. 우리의 휴머니즘 정신과 실천행위 사이에 걸쳐있는 혼돈은 이런 위기와 오해에 기인한다. 그 깊은 간극의 원인은 바로 우리 자신 안에 있었다.

지금까지는 이 진실된 휴머니즘을 논리적 휴머니즘, 실존적 인간주의, 실리적pragmatic 인본주의, 비판적 인간론 등으로 불렀다. 이것은 지금부터 본격적으로 말하려는 하나의 해결노선이 실상 여러 철학적 견지에 영향을 받았음을 고백하는 것과 다름없다. 그러나 명백히 실존주의, 실리주의, 비판이론은 어느 한 맥락에서 일치한다. 이들은 모두 인간의 순수한 존재가치를 사유의 중심에 두고 있으며 인간의 자유와 자율과 창의와 실질가치를 논의의 화두로 삼고 있다. 우리는 이 공통의 근본원리 그 중심에 비판이론을 세우고 있다. 이것이 가장 강하고 포괄적이며 동시에 정확하다고 믿기 때문에 여기에서 소개하는 해결노선을 비판적 휴머니즘으로 부르고 있다.

다시 말하지만 이 시대 도시주거의 휴머니즘 문제는 우리의 자세와 태도에서 생겨났다. 그러나 자세의 교정에만 치중하면 휴머니즘에 관한 오해를 넘어 진정한 휴머니스트적 실천에 도달하기 힘들다. 필요한 것은 방법론적 도식이며 실천을 위한 현실적 지평이다. 비판적 휴머니즘이 우리에게 필요한 실천적 도식을 제공해줄 것으로 믿어 의심치 않는다. 우리에게 있어서 비판적 휴머니즘은 정신과 실천, 전문체제와 인간세계 사이의 간극을 충전하는 가시적인 가교가 될 수 있다. 우리의 양면적 범주를 이어주고 분화와 분리의 시대에 한 가지 화합의 사유방식을 제공할 수 있다. 그리하여 우리가 가지고 있는 모순과 혼돈을 풀어 헤치는 중요한 하나의 방침이 될 수 있을 것이다. 구체적인 방법론적 도식에 관한 논의는 뒤로 미루고 우선 여기에서는 비판적 휴머니즘의 개념적 초석 몇 가지를 제시하기로 한다.

인간의 자기지시적 경험

하나의 객관적 대상에 대한 인간들의 경험양식이 상이하게 나타나는 것은 당연하다. 그것은 대상에 대한 인간 개체의 경험이 '자기지시적' 본질을 가지고 있기 때문이다. 여기에서 자기지시적이라 함은 경험의 시각이 자기 중심적이며 대상의 의미가 가지고 있는 타당성이 자신의 기준에 의해 정해진다는 것을 말한다. 모든 경험은 개인의 필요에 의해 시작되고, 경험방식과 과정은 개인의 내면에서 결정되며, 경험의 결과 또한 개인의 문제로 정의된다. 말하자면 인간이 한 도시공간이나 어떤 커뮤니티의 사회문화적 상징에 대해 말할 때 그 내용은 자기 인식의 눈에 조망된 것으로 한정된다. 대상은 한 사람의 거울 속에서 영상으로 나타난다. 영상을 객관적으로 서술하려 해도, 혹은 화자는 자신이 객관적으로 말한다고 느낄지 몰라도, 실제로는 자기 고유의 인식적 거울 혹은 자기가 속한 어떤 집단의 시각에 비쳐진 내용을 말하는 것뿐이다.

이를테면 직장 소재지를 수도권에서 지방으로 옮긴다는 국가정책의 근본 의도에는 동의할 수 있지만 그것이 내 생활의 실리에 직접 관여하는 것일 때는 정책의도에 앞서 개인적 문제를 곰곰 생각하지 않을 수 없다. 우리는 한 문제의 내용 자체는 객관적으로 보고 말할 수 있겠지만 그 의미는 항상 자기지시적으로 해석한다. 자기 내면의 가치에서 비춰볼 때 정책은 자기 타협이나 극복이 필요한 하나의 외적 영향력이다. 이와 같은 개인적 실리에 관한 관심을 공유하는 다른 개인들이 있으면 이 문제에 대한 하나의 집단적 관점이 형성된다. 이것은 집단의 자기지시적 해석이다. 이 해석을 공유하는 사람들에게 있어서 정책의 보편적 가치는 대항 혹은 극복해야 할 외적 세계의 문제점이다.[4]

인간이 이렇게 자기지시적일 수밖에 없는 이유는 최초 경험단계부터 인간은 자신의 의식 안에서 자기 고유의 목적성을 가지고 출발하기 때문이다. 목적성은 경험의 모든 경우 안에 내재되어 있다. 친구를 만나러 가는 일, 여행, 꽃을 가꾸는 일, 이웃과의 여하한 접촉들 안에는 매우 개인적인 목적이 존재하며 그 경험을 실천하는 동기로서 자기 중심적 의도가 잠재해있다. 경험의 이 내재적 목적은 주관적 가치체계에 의해 결정되는 자기지향적인 본질을 가지고 있다. 경험의 시작에서 인간은 목적에 대응하는 어떤 향후 기대치를 예측하는데, 이 기대가치 역

---

4 2005년 8월 23일 취업포털 인쿠르트가 서울, 경기 지역의 회사원 1,586명을 대상으로 한 설문조사결과에 의하면 전체 응답자의 52%가 회사가 다른 곳으로 옮기면 퇴사하겠다고 답하고 있다 (중앙일보 2005년 8월24일).

시 자기 스스로 정하는 타당성의 범위 안에서 결정된다. 따라서 모든 경험의 목적과 결과와 가치는 '자기에게 타당한 것' 이어야 한다.

또 경험의 자기지시적 성격은 인간이 경험의 양식과 결과를 결국은 자기 언어로 표현해야 한다는 사실에서 연유한다. 여기에서 언어는 대상과 나 사이에 필요한 모든 형식의 의사소통 수단을 말한다. 언어와 인식구조의 상관관계 즉 인식을 언어로 표현하는 능력은 물론 상황이나 대상 혹은 자기의 배경과 개인적 능력에 따라 차별화된다. 그러나 어떤 경우에도 경험이 무엇을 위한 것이며 그리하여 결과적으로 무엇을 생산하였는가에 대한 내용은 자신이 지니고 있는 언어적 능력에 기초하여 정리된다. 특히나 어떻게 경험이 진행되는가에 관한 경험의 과정이나 양식까지도 언어형식으로 제한된 인식구조에 의거한다.

더욱이 경험의 모든 목적과 언어는 자신의 지식기반에 근거하여 정해진다. 여기에서 지식기반이라 함은 자기 안에 존재하는 기존의 인식구조와 가치판단기준을 말한다. 이를테면 경험의 목적은 자기가 이미 터득한 지식의 범위 안에서 그리고 자신이 상정하는 미래의 취득 가능한 지식은 자기 고유의 지적 능력의 범위 안에서 결정된다. 경험의 실질적 결과를 평가하는 과정에서도 내 세계의 지식적 토대가 유일한 근거가 된다. 그것이 타인의 것이 아닌 자기의 경험임으로 경험의 결과 또한 자기 가치에 대응하는 기준으로 평가할 수밖에 없다. 프래그머티즘의 철학자 제임스William James는 말한다. 시계의 진리는 바늘의 물리적 작동이나 그 기하학적 구조에 있는 것이 아니라 그것이 시간을 알려준다는데 있다. 시계의 진리는 그것이 내 생활에서 나의 시간적 관념에 관련된 특정한 가치를 지니고 있다는 점에 있다. "조금 후 10시가 되면 나에게 'X' 라는 가치가 있는 'A' 라는 수업이 시작된다" 와 같은 자기중심적 의미를 말한다. 이와 유사하게, 공원의 진리는 물리적 형상이나 보편적 사용규범에 있는 것이 아니라 나 혹은 나의 가족이나 친구가 그 공원에 자율적으로 부여하는 일상적 합목적성에 있다. 나의 세계에 대해 그 공원이 지시하는 하나의 가치에 관한 메시지를 말한다. 결국 인간은 자기의 목적과 인식구조에 비쳐진 세상만을 이해할 수밖에 없으며, 자신의 언어를 통해 말해지는 세상만을 자기 혹은 세상을 향해 표현할 수밖에 없다. 이것은 사회현상학자 버거Peter Berger와 럭크만Thomas Luckman이 말한 내면화internalization와 일치하는 과정으로, 외적 세계가 전달하는 객관적 정보를 자기 내면에서 자신의 정보로 번역하여 자기 인식구조에 각인하는 작업이다.

이 작업의 최종단계에서 인간은 외적 세계로부터 벗어나 자신을 중심으로 엮이는 하나의 의미체계를 형성할 수 있으며 이 의미들을 이용하여 자기의 인식구조를 개편하고 개선한다. 이런 뜻에서 경험이라 함은 자기 지향적, 자기 제한적 자율성을 통해 복잡하고 다양한 외적 세계를 걸러내고 요약하며 구조화하는, 말하자면, 자기 안으로 향한 '세계의 단축화 과정' 이라고 할 수 있다. 이 단축적 인식과정을 통해 외적 세계를 자기에게 필요하고 유관한 의미로 함축한다. 또한 여기에서 인간이 스스로 자기에게 더 중요한 것과 덜 중요한 것, 필요한 내용과 불필요한 내용, 관련된 지식과 무관한 지식, 그리고 자기세계의 의미와 타인세계의 의미를 구분하는 것이 가능해진다.

경험은 자기를 향한 의미 해석의 과정이다. 이를 통해 자신의 내면 세계에 한정되는 해석적 지식을 구축한다고 말할 수 있다. 외적 세계의 해석을 통해 구축한 자기 지식을 기반으로 하여 개인은 외적 세계로부터 자신의 고유한 내적 실재를 구축한다 (이를 집단으로 바꿔 말하면, 한 집단은 그들에게 고유한 하나의 사회적 실재를 구축한다). 이 자기중심적 해석에 의해 모든 경험의 방향은 자신에서 세계로 향한 후 다시 자신으로 회귀하는 '나—세계—나' 의 순환을 그리게 된다. 의미체계를 중심으로 한 자기지시적 회귀성향, 이것이 외적 세계의 의식화 즉 자기지시적 경험이다.

경험세계의 세 가지 지식

지금까지 말한 경험 세계의 구조 즉 물질/타인세계, 제도전문체제, 인식/생활세계의 구조로 보면 인간경험 안에는 크게 세 가지의 지식이 존재함을 알 수 있다. 인간의 경험은 (1) 물질이나 타인의 본질에 대한 객관적 지식, (2) 제도나 전문체제에 의해 관습화된 규범지식, 그리고 (3) 인간의 이성과 의식 속에서 자기지시적으로 정제된 주관적 해석지식을 다룬다. 아래에서는 이들을 각각 분석적 지식(대상에 관한 일차 지식), 제도적 지식(제도전문체제에 의해 정리된 이차 지식), 해석적 지식(내면 의식세계로 환원된 삼차 지식)으로 구분하여 설명한다.

인간 외적 세계에는 시공간이나 사물과 같은 물질의 세계, 사건이나 현상과 같은 관계의 세계, 그리고 타인들이 만든 사회문화적 세계가 존재한다. 이들은 모두 인간경험의 잠재적 대상으로서 나름대로의 본질과 본성을 가지고 있다. 이들 각각의 본질은 누구나 동의하는 객관적 방법에 의해 정의가 가능하다. 좀 전에 사용했던 시계의 예를 다시 들어보자. 우리는 모두가 동의하는 방법으로 어느 한 시계의 형태, 규격, 구성요소를 정확하게 그려낼 수 있다. 그 방법이 신뢰성이 있을 경우에 우리는 그 표현된 내용을 시계라고 믿게 된다. 마찬가지로 도시주거지의 공원이나 가로를 그 본질적 형식이나 형태에 근거하여 정확하게 서술할 수 있다. 또 이웃이나 주거단지의 경계를 매우 그럴듯한 행정적, 기술적 방법에 의해 측정할 수 있다. 사실 도시주거에 있어서 모든 경험 대상물은, 하물며 이웃이나 공동체와 같은 개념까지도, 그 자체의 물질적 본성이나 대체개념을 이용하여 객관적으로 정의할 수 있다. 이런 물질적 본질 안에는 그 존재와 작동에 관한 물리적 법칙과 보편적 원리가 존재한다. 우리는 이것을 실증적 패턴 혹은 귀납적 이론이라고 말한다. 인간 경험구조 안에서 이것은 객관성을 지닌 자연과학적, 기술적 정보로 인식되며 기계적 정확성과 일반성을 지닌 어떤 분석적 방법에 의해 판명될 수 있다. 이런 실증적 원리를 우리는 물성에 관한, 혹은 인성에 관한, 실증적 분석지식 혹은 물질의 일차지식으로 부른다.

전문체제와 제도체제는 본질적으로 위 분석적 지식을 제도화하는 임무를 가지고 있다. 여기에서 제도화란 하나의 사물이나 현상을 보편적으로 이해하고자 하는 공유의 정의체계를 만드는 작업이다. 제도화 과정에서 우리는 물질세계의 보편원리를 한 집단의 상황이나 현실여건에 맞춰 수정하며 조직한다. 이는 그 보편적 분석지식을 한 체제가 가지고 있는 현실상황에 적용하기 위한 불가피한 조치로서, 물성적 보편원리를 한 체제의 실천적 지식으로 변환하는 과정이다. 이 지식은 목적지향적, 수단적 의도로 물질본성을 현실화한 이차적 지식이며, 구조화와 정착화를 거쳐 형식으로 체계화한 제도적 지식이다. 따라서 시계를 그리라 하면 우리는 대개 시계에 관한 형식화된 공통의 규범지식을 따른다. 이와 비슷하게, 아파트 지역의 공원이나 가로에 대한 우리의 상식적인 이미지 역시 제도나 전문지식에 의해 규격화된 형식규범에 준해 만들어진다.

분석과 제도, 이 두 가지 지식은 인간에게 다소 상이한 강제성을 가지고 작용한다. 분석적 지식은 실증적 증상으로서 인간경험의 대상이며 따라서 인간에게 기회 혹은 제한으로 받아들여 질 수 있다. 말하자면 경험자는 어떤 대상을 어떤 방식으로 경험하는가를 결정할 수 있다. 이런 자기지시적 결정에 따라 인간은 일차 지식의 일부를 선택하거나 포기할 수 있다. 반면에 제도적 지식은 한 고유 상황을 위해 형식화된 규범체계를 갖추고 있기 때문에 그 상황 안에서 경험하는 인간에게는 필연적으로 영향을 미친다. 전문지식이 결정한 근린공원의 특정 계획형식에 의해 그 공원의 경험방식이 영향을 받는 경우를 말한다. 더욱이 이 지식은 외적 세계가

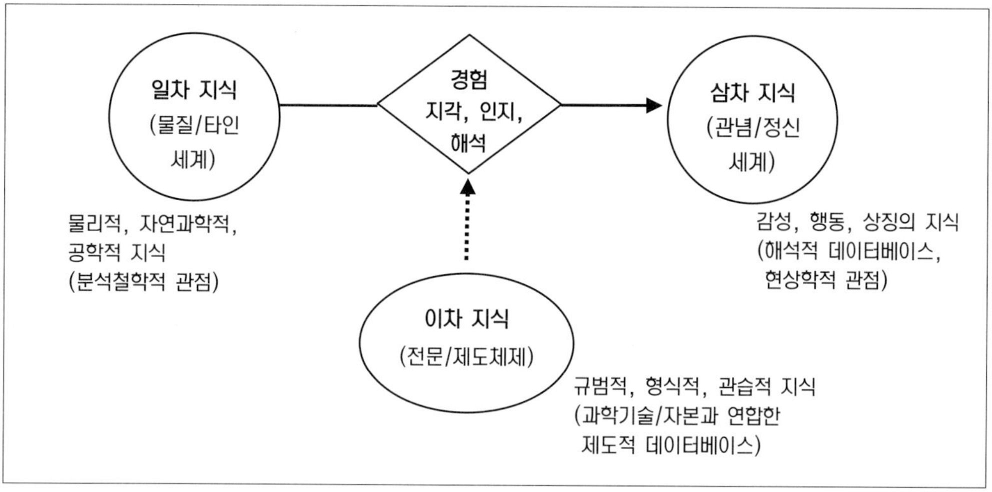

2-1. 경험세계의 세 가지 지식

지닌 객관적 본질을 한 체제가 특정한 실천적 목적을 위해 의도적으로 변환한 것이기 때문에 그 공통의 목적에 영향을 받는 경험자는 자연히 수동적 입장에서 제도적 지식을 받아들여야 한다. 이를테면 인간은 가로의 이용방식에 관한 법규를 준수해야 하며 전문가가 결정한 가로 공간계획의 이용규범을 따라야 한다는 압박을 스스로 인지해야 한다. 제도적 지식은 전문성, 관료주의, 형식주의로 무장되어 있다. 여기에서 자유로워지기 위해서 개인은 그 영향력으로부터 지리적으로 멀어지거나 이 지식에 대항하는 실천적 이니셔티브를 확보해야 한다.

이 두 가지 지식의 영향력 안에서 인간은 자기지시적 경험을 통해 외적 세계를 자기의 인식체계 안에 담는다. 일차 지식이 사물의 본질적 물성에 관한 객관적 지식이라면, 이차 지식은 사물에 대한 직유적 지식이고, 인간이 인식세계로 취득하는 삼차 지식은 사물에 대한 은유적 지식이다. 인간 내면의 삼차 지식은, 앞에서 말한 것 처럼, 자기 중심적인 주관적 정보를 말하며 자신의 존재와 목적과 가치라는 자신만의 필터를 통해 걸러낸 해석적 정보를 담는다. 따라서 이것은 자기 해석적 지식이며 외적 세계가 내면 의식에 투사된 내성적 반영 지식이다. 해석과정을 통해 복잡한 구조를 지닌 외적 세계를 자기의 의미체계로 요약한다. 그리고 자신에게 고유한 이 의미들을 이용하여 자신의 목표와 행동을 규제하며 외부에 대해 혹은 스스로에게 자신이 누구인가를 지시한다.

도시주거에서의 인간경험을 제대로 이해하기 위해서는 이 세 가지 지식을 명확히 구분할 필요가 있다.

우선 여기에서 경험이라 함은 도시주거환경(시공간적 환경과 사회문화적 환경)에 대한 지각perception, 인지cognition, 해석interpretation을 포함하는 환경과 인간과의 상호작용을 전제로 하는 개념이다. 지각 즉 흄이 말하는 인상impression은 도시주거의 외적 세계 안에 존재하는 일차 지식에 대한 인간의 일차적 접촉 교류에서 시작된다. 시각, 청각, 후각과 같은 감관을 통한 접촉은 물론이고, 환경심리학자 깁슨James Gibson이 말하는 기능적, 합목적적 교류를 포함한다. 인지는 자신이 지각한 환경을 자기 인식구조 안으로 담아내는 이해의 과정이다. 그것이 무엇인가를 깨닫는 과정이며 사물 사건의 일차 지식을 자신의 지식기반으로 흡수하는 과정이다. 해석은 앞에서 밝힌 자기지시적 경험 즉 최종의 의미론적 단계를 말한다. 지각에서 인지를 통해 해석으로 넘어오면서, 자신이 지각하고 또 자신이 인지를 통해 자기 지식으로 깨달은 그 외적 세계의 일차 지식이 자기에게 어떤 의미를 지시하는지를 자신의 이성과 관념으로 의식화하는 과정이다. 지각, 인지, 해석은 모두 제도적 지식 즉 이차 지식에 의해 영향을 받는다. 그러나 해석은 특히 '나' 혹은 '우리'의 개인적 요구, 목표, 자기과제(personal projects, Brian Little 등이 제안한 자기 삶의 주요 목적행동들 혹은 어떤 상태를 취득하기 위해 수행되는 혹은 필요하다고 상정된 일련의 행동들) 등에 좌우된다는 점에서 다른 경험과정과 다르다. 해석의 결과는 '나' 혹은 '우리'에게 고유한 가치와 상징의 정보를 담고 있다.

일차 지식이 다른 두 가지 지식과 다른 점은 일차 지식이 자연과학적 지식인데 반해 이차와 삼차 지식은 본질적으로 사회과학적 지식이라는데 있다. 일차 지식은 사물 개체가 생성되는 과정, 사물이 개별적으로 지니고 있는 독특한 물질적 속성, 다른 물질과의 구조적인 관계에 관한 법칙을 해명하는 작업을 통해 생성된다. 이 작업은 실증적 경험주의, 논리적 실증주의와 같은 인식론을 필요로 하며, 이를 테면 물리학이나 생물학, 건축공학의 사명이라고 말할 수 있다. 사회과학적 시각은, 이와 다르게, 하나의 객관적 개체에 대해 인간이 제도적, 비제도적 과정을 통해 부여하는 이른바 조성 지식을 추구하며 합목적적, 실천적 해석을 전제한다.

우리의 논의에서 보다 중요한 일은 사회과학적 범주 안에서 이차 지식과 삼차 지식을 명확히 구분하는 작업이다. 이 작업은 현대 사회과학의 역사뿐만 아니라 우리 도시주거 분야에도 매우 중요한 시사점을 가진다.

도시주거건축으로 초점을 모아 보면, 제도적 지식은 일단의 전문지식이나 제도화 혹은 공식화된 건축적 절차를 말한다. 계획원리, 설계지침, 관련법규와 같이 전문용어로 표현되고 일정한 전문적 형식을 갖춘 규범지식이다. 철학이나 사회과학의 일부 시각은, 특히 철학적 갈등론자나 사회학의 일부 구조주의자들은, 전문지식이나 규범이라고 일컬어지는 것들이 모두 인간이 스스로 행동경험을 통해 터득하는 평범한 인간들의 자발적 지식개념과 동일시될 수 있다고 가정한다. 그러나 이것은 제도전문체제의 이상 즉 이루기 힘든 꿈을 말하는 것뿐이다. 앞에서 지적한 이 시대의 팽창과 분화와 분리의 현실 안에서 전문지식은 대개 전문세계 고유의 가치관을 반영하며 그것은 대부분의 인간 일상세계와 깊게 괴리되어 있다.

기든스Anthony Giddens의 구조주의적 시각을 빌리면, 인간세계의 구조는 규칙rules에 의해 지탱되며 규칙은 인간세계의 여러 다른 맥락에서 진행되는 인간 상호작용(우리의 경우는 도시건축과 인간 사이의 상호작용)에 적용된다. 규칙은 일종의 방법론 혹은 도구로서 인간의 행동과 상호작용에 하나의 공식으로 사용된다. 규칙은 또 그 형식에 따라 크게 두 가지로 나뉘는데, 하나는 비교적 체계적으로 정리된 공식적 규범이며 또 하나는 인간 사이에 암묵적으로 생성, 인지, 사용되는 불문율로서의 비공식적 규칙이다. 기든스는 인간행동의 가이드라인으로서 대부분의 중요한 규칙은 후자인 암묵적 규칙으로 생성되는 것으로 보고 있다. 반면에 전자의 규범은 여러 경우에서 특정집단이 스스로의 가치관이나 세계관을 (자신의 의견이 옳으며 적합하다는 것을) 정당화하는 도구로 사용된다고 주장한다 (기든스는 이것을 'instruments of legitimation' 으로 부른다).

우리 역시 도시주거 안에서의 인간경험이 암묵적, 이성적, 의식적 규칙에 의해 작동한다고 믿으며 인간의 행동 역시 이런 자기지시적 규칙에 의해 유도된다고 주장한다. 전문규범은 전문적 패러다임 안에서 축적되고 교류되고 상호 소통되는 것이며 전문가들 사이에서 교육 전수되는 것이다 (대학의 도시설계, 건축학, 주거학 등 과정에서 우리가 이수하는 대부분의 전공수업이 이런 규범적 지식을 다루고 있다). 이에 반하여 인간의 경험지식은 인간 생활현장에서 형성되고 인간 사이에서 암묵적으로 소통되며 다른 인간에게 개인적으로 전수된다.

이 시대의 도시주거에서 이차 지식과 삼차 지식은 명백한 경계를 사이에 두고 격리되어 있다. 이 두 가지는 형식이나 범주의 측면뿐만 아니라 생성 주체, 기본성격, 용도, 결과 등 여러 다른 측면에 의해 구분된다. 크게 보면 전자는 제도적 합의에 의해 생성된 계량적 규범정보로 그리고 후자는 환경과의 상호작용과 자기 해석에 의해 생성된 의미정보로 구성된다. 전자는 외부에서 생성되어 부가되는 가상실재(바람직하다고 이념적으로 전제된 실재)를 보여주며 후자는 개인이나 집단의 자율적 해석에 의해 스스로 발생하는 경험실재(의미, 상징, 가치로 구성된 생활세계)를 대변한다.

표 2-1. 도시주거의 제도적 지식과 해석적 지식

	규범지식 (이차 지식)	해석지식 (삼차 지식)
주체	사회제도, 전문체제	인간, 경험세계, 상호작용 및 의사소통
성격	계량적, 객관적, 이념적	본질적, 목표중심적, 상징적
용도	수단적 세력적 (의무, 책무, 지배, 정당화)	자발적 (감성, 행동, 상징의 지시) 문화적 (생활세계의 유지보존, 가치관 생성)
형식	시스템 형식화 제도화 공식적 절차와 교육에 의한 전파	해석적 도식 지식체계와* 자아 발전 Enculturation (문화적 교육)
결과	정치, 경제, 전문가 집단의 효율적 유지/진화 전제가치의 정당성(legitimation) 사회적 통념, 보편절대가치	의미론적 상징체계 경험지식의 총체적 집산체계 (생활세계) 개인이나 집단의 상대적 고유가치

* 후설, 하버마스, 기든스, 슈츠 등이 말하는 '지식창고(stock of knowledge)'

해석의 프래그머티즘과 인간행동

인간의 경험과 사유를 다루는 철학적 견지 중에서 프래그머티즘은 실행을 통한 인식을 중시하는 대표적인 시각이다. 이 시각은 행동의 실용, 행동경험의 인식적 역할을 강조한다. 행동을 인식의 채널로 여기는 시점에서 볼 때, 인간은 지각이나 인상에 의해서가 아니라 행동경험에 의해서 비로소 사물의 의미를 인식한다. 이를테면 아무리 인상적인 대상도 자기 행동경험이 아니면 자신으로 향한 주관적인 의미는 감축된다. 이 시각에서 보면 행동은 곧 사유이며, 지식은 외부세계에 대한 행동경험을 통해 자기 안에 형성된다. 행동은 인간과 외적 세계의 매개자이며 경험과 환경 사이의 연결고리이다. 인간은 행동함으로써 사유하고 행동을 통해 지식을 터득한다.

프래그머티즘은 경험론과 관념론의 두 전통을 중재 통합하고자 한 사유동향이다. 자연세계 안에 실재가 있음을 말하는 분석적 견해 그리고 인간 내면의 의미론적 실재를 말하는 가치론적 견해는 프래그머티즘 안에서 하나가 된다. 그 통합의 열쇠는 인간이 일관적이며 창조적인 방법에 의해 과학과 관념을 '이용' 할 수 있다는데 있다. 여기에서 '이용' 은 자연세계가 나에게 지시하는 실용성을 창의적으로 계발하는 일련의 내면운동을 말한다. 이 통합의 견해는 경험론의 분석적 사고와 과학적 가정들이 인간을 기계적 과정에 의해 주조된 물리세계의 한 주변요소로 취급하는데 대한 비판에서 시작된다. 프래그머티즘은 사유를 형성하고 역사를 주도하는 창조적 도구로서의 인간의 역할이 과학적 보편원칙에 대한 신념에 의해 크게 위협받고 있음을 먼저 비판한다. 그리고 인간의 관념과 가치의 전 영역이 인간경험의 중요한 측면임을 강조한다. 그렇다고 해서 자연세계를 배제할 수는 없다. 이용성은 그 세계 안에 잠재하는 것이며 따라서 외적 자연세계는 인간 관념의 본연적 토대이기 때문이다. 사유는 인간의 선득적 관념세계 안에서 일어나는 직관의 문제가 아니다. 그것은 주위 환경을 통한 자아 인식의 작용으로서, 상황 안에서 상황을 원천으로 삼아 발생한다. 의미가 직관에 의해서가 아니라 외적 세계에 대한 경험에 의해 표출된다고 가정할 때 외적 세계는 의미 인식의 대상 즉 배경이며 재료이다 (이 점에 의해 의미는 개인적이며 동시에 항상 사회적이다).

이 통합의 견지 안에서 프래그머티즘은 인간의 사유가 어떤 종류로든 행동으로 귀착되어야 한다는 논거를 제시한다. 인식은 '실행적 경험' 과 '실용적 가치' 에 의존한다. 이 두 가지를 듀이John Dewey 와 퍼스Charles Peirce의 의견을 중심으로 설명해보자.

듀이는 경험론과 이성론이 공유하는 공통적 인식모델을 '방관자적 인식론spectator theory of knowledge' 이라고 비판한다. 방관자적 인식론에 의하면 지식은 사물의 본질 속에 내재하며 인식은 우리가 어떤 사물을 바라볼 때 일어난다. 앞에서 말한 일차 지식이 인간의 인식작용이 갖는 목표임을 뜻하며, 사물을 관찰하는 일이 곧 그것에 대한 관념을 가지는 작업이라는 것이다. 그러나 듀이의 주장에 의하면 단순한 방관자적 인식론은 적용될 수 없다. 그것은 인간이 단순한 관찰이 아니라 보다 직접적이며 깊은 경험통로를 통해 물질적 환경과 연결되어 있기 때문이다. 여기에서 직접적인 경험이라 함은 여러 대상이 가지고 있는 실용적 가치에 대한 상대적 판단을 말한다. 실용적 가치는 관찰을 넘어 어떤 실험적 실행들을 통해 비로소 정의 가능하다. 더욱이 인간과 환경은 각각 역동성의 속성을 가지고 있다. 인간과 사물의 상호작용 중에 각각의 본질이 상호 의존적으로 변화한다는 말이다. 이와 같이 하나의 대상에 대한 직접적이며 역동적인 가치판단의 결과로서 그 대상에 대한 관념이 하나의 의미를 가지게 된다. 의미, 관념, 지식은 객관적 현실대상 속에 있는 것이 아니라 대상과 인간 사이의 실행적 경험에서 나온다. 사유는 실용적인 가치의 문제와 동떨어져 수행될 수 없다. 사유는 문제상황 속에서 생겨나는 것이며 그 문제상황에 대한 인간의 행동과 밀접하게 연관되어 있다.

이와 유사하게 퍼스는 인간의 관념이 '한 대상이 무슨 의미가 있는가', '어떻게 의미를 가지게 되는가'에 대한 기준으로 표현된다고 보고 있다. 그 의미는 경험의 결과에 대한 예상, 즉 일정 상황에서 한 대상에 대한 경험이 어떤 결과를 가져올 것인가에 대한 예측에 의해 탄생한다. 관념이 어떤 실제적인 결과를 예상할 수 없는 대상이나 성질을 지칭한다면 그런 관념은 의미를 갖지 않는다. 의미가 경험의 실제적 결과에서 나오는 것임으로 의미를 취득하기 위해서 인간은 당연히 현실에서의 여러 가지 행동을 필요로 한다. 퍼스에 의하면 사유(관념)의 최종적인 결과는 의지의 실행에 의해 나타난다. 경험의 본질은 그것이 무언가를 행하는 방법이라는 사실에 있다. 따라서 인간은 실행을 통해 의미를 득하며 행동을 통해 그것을 공론화한다. 행동이 전제되지 않으면 결과를 예상할 수 없고 의미를 도출할 수도 없다 (대상 → 행동 → 결과 → 의미). 바꿔 말하면 행동은 객관적 실체를 대상으로 어떤 결과를 경험적으로 도출하는 과정이다. 행동은 '우리가 어떤 행위를 하면 그 결과로 어떤 사건이 일어날 것이다'라는 연상의 공식 즉 '조작적 양식'을 말한다. 의미는 이 조작적 양식으로 번역되면서 비로소 명쾌하게 정의된다. 경험은 어떤 목적을 이루기 위한 수단이다. 경험을 통해 인간이 취득하는 의미는 주어진 행동이 어떻게 종결되는가에 달려있다. 성공적으로 종결되는 실행은 가장 가치 있는 혹은 의미 있는 경험이다.

위와 같이 실행경험을 중시하는 시각에서 보면 한 대상이 경험자에게 주는 의미의 중요성은 대상 그 자체의 내적 일관성이나 객관적 논리에 의해 판단할 수 없다. 그것은 인간이 그 대상에 대한 행동경험을 통해 어떤 구체적 현실을 이해하고 현실의 문제를 해결할 수 있는가의 능력 여부에 달려있다.[5] 의미의 중요성은 실제 생활에서의 실행적 결과에 의해 판명된다. 어떤 도시의 한 가로를 걸으며 그 도시의 문화적 정취에 대한 사유를 행하는 경우를 예로 들어보자. 가로는 물론 현실의 시공간적 경험대상이고 걷는 행위는 이 대상에 대한 행동경험이다. 여기에서 경험자가 행하는 사유는 가로의 객관적 상황이나 그 상황에 대한 단순 지각에 내재해

5 행동을 인식의 채널로 강조하는 시각은 도시주거환경계획 분야에서만 보아도 Canter의 환경 목적평가론, Barker나 Stokols의 인간행동의 Ecological/Contextual 분석, Magnusson의 상황이론, Pervin의 목표행동이론, Little의 자기과제이론 등을 들 수 있다. 인간행동을 중시하는 시각에서는 우리 비판적 휴머니즘의 인식론도 이들과 정확하게 맥을 같이 한다.

있는 것이 아니다. 그것은 가로에 대한 경험자의 실행 즉 가로를 걷는 일련의 행동경험에서 연유한다. 더욱이 사유로부터 얻는 의미는 개인적이며 자기지시적으로서, 그것이 아무리 문화적이고 추상적인 것이라 할지라도 나의 감성과 현실생활 그리고 나의 문화에 관한 의미로서의 실질적 결과를 제시한다. 이 현실적 결과나 실용적 가치를 이해한다면 제임스가 말하는 '진리는 구체적인 개인들의 관심과 밀접한 관계를 맺고 있다' 는 주장을 이해하게 된다 (덧붙여 뒤에서 논의하는 의미의 상대적 중요성이나 우월성이라는 개념도 이해할 수 있다). 가로를 걷는 경험이 중요한 이유는 그 경험의 결과에 있으며, 그것이 경험자의 삶에 어떤 중요한 현실적 가치를 가져다 주기 때문이다.

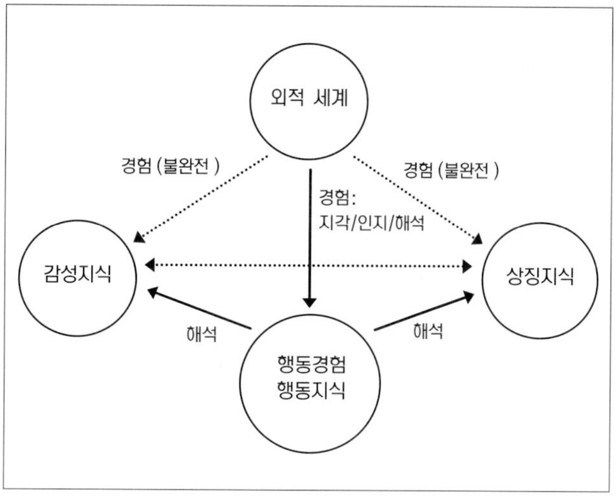

2-2. 행동 중심의 경험구조

이와 같은 몇 가지 측면에서 프래그머티즘은 현상학과 비판이론에서 출발한 우리의 비판적 휴머니즘에 대해 시사하는 바가 크다. 이를테면 지식이나 관념을 삶의 현실적 대상에 대한 실행경험의 결과로서 나타나는 실질적 의미와 동일시한다는 점, 외적 세계에 대한 경험의 본질을 조작적 양식을 이용한 행동과정에서 찾는다는 점, 행동경험이 객관적 실체를 대상으로 하는 상황적 변수이며 그 결과 역시 관찰 가능한 공적 개념임을 가정한다는 점에서 우리의 논의는 프래그머티즘의 논리를 타당한 것으로 간주한다.

이외에도 행동의 과정, 인간의 역할에 관한 프래그머티즘의 논리는 우리의 주장과 본질적으로 정확하게 일치한다. 이를테면 인간은 무엇을 행동하기 전에 신념belief을 가지고 있으며 신념은 사유(해석)를 필요로 한다는 것이다. 인간은 의지를 가지고 판단하며 선택하고 실행하는 능동적인 수행자이다. 해석을 통해 여러 영향을 파악하고 선택의 가능성을 생각하며 행동경로를 조정하는 자유 의지의 소유자이다. 내가 무엇을 해야 하는가에 대한 판단, 나에게 더 의미가 있는 방향은 무엇인가에 대한 자기 설득, 행동의 현실적 결과로서 어떤 의미를 얻을 수 있는가에 대한 예측을 수행한다. 우리는 행동의 결과에 대한 인간의 고유한 자기 해석을 중시하며, 그 해석을 통한 의미가 원초적으로 자기 지시적 주관성을 가지고 있음을 인정한다. 물론 개인적 의미나 한 집단의 고유 지식이 타인의 그것과 자유로운 의사 소통을 통해 교류한다는 하버마스의 의견도 이런 관점에서 타당성을 가진다. 의미나 가치에 주관성이 없다면 자율적 의사 소통의 필요성도 없어진다.

해석은 여기에서 가장 중요한 경험단계로 간주된다. 해석을 통해 인간은 행동을 통제하고 의미를 결정한다. 해석이 없는 지각과 인지는 행동으로 연결될 수 없으며, 행동이 없음으로 의미도 완전할 수 없다. 설사 행동이 있다 하더라도 그 결과에 대한 이차 해석이 없으면 행동에 함의된 의미를 정제할 수 없고 행동을 자기 의식세계의 일부로 소화할 수 없다. 이를테면 여행을 어디로 어떻게 갈 것인가의 결정도 해석에 의존하고, 여행 후에 그 여행의 실제 가치와 의미에 대한 정의도 해석에 의해 가능하다. 바꿔 말하면 해석은 행동의 향방을 결정하는 사유 그리고 행동의 결과로부터 의미를 도출하는 사유 등 크게 두 가지 작업을 관할한다.

지각을 통해 세계에 대한 인상을 취득하고 인지를 통해 자기 이해능력의 한계 안에서 정보를 정돈하면, 해석은 인상과 이해의 성과를 토대로 하여 행동노선을 결정하고 행동의 결과를 평가한다. 여기에서 평가는 행동의 결과로서 얻어지는 정보를 자신의 이성으로 관념화하는 내면적 과정이다. 관념화를 통해 사물과 현상이 나에게 어떤 의미를 지니고 있는가를 정의하는 주관적 의식화가 가능해진다. 인간은 해석을 통해 외부세계를 자기에게 의미를 주는 대상으로 인식하게 된다. 말하자면 해석이라는 내면과정을 거치면서 외부세계의 무한한 현상은 개인의 생리적(육체적, 병리적) 의미, 심리적(지각적, 감성적) 의미, 행동기능적 의미, 사회적 의미, 문화적 의미, 존재론적 의미(자아의 실존과 정체성)로 환원된다.

여기에서 지각과 인지와 해석(행동해석과 의미해석)은 순차적인 과정이다. 앞의 절차는 뒤의 것에 대한 필요조건이다. 지각이 있어야 인지가 활성화되고, 인지를 통해야 행동해석이 가능하며, 행동이 있음으로 그 결과에 대한 의미해석이 뒤따른다. 지각과 인지가 불완전하면 해석도 불완전해진다. 따라서 해석은 지각능력과 인지능력에 좌우되며, 자신이 가지고 있는 기존 개념들의 틀 속에서 진행되는 필연성을 지닌다. 예컨대, 꽃에 대한 지각력이 떨어지면 꽃에 관한 이해범주도 지진해지고 따라서 꽃이 자신에게 주는 각가지 의미에 대한 관념도 약해질 것이다. 지각과 인지는 물론이고 해석까지도 자기 실존의 세계 안에 한정되어 자기 기존개념의 한계 안에서 진행되는 과정이다.

지각과 인지가 대상의 본질을 인정하는 작업이라면 해석은 그 본질의 주관적 변환을 위한 작업이다. '대상이 무엇인가' 에 관해 이해한 정보는 '대상이 내게 무엇을 뜻하는가' 에 관한 해석적 정보로 치환되는데, 여기에서 후자는 대상의 본질에 대한 심각한 자기지시적 변질을 내포하게 된다. 이 말은, 지각과 인지 그리고 해석이 모두 개인의 내면적 경험체계 안에서 진행되는 순차적인 것이기는 하지만, 해석으로 넘어가는 과정에서는 내면세계 안에서 하나의 주관적 혁신이 예견된다는 것을 뜻한다. 따라서 지각, 인지, 해석으로 진행되면서 경험대상에 대한 정보의 양은 선택 혹은 축약되지만 정보의 질은 점차 풍부해진다 (이점에 대해서는 뒤에서 의미의 체계를 설명할 때 자세히 논의하도록 한다).[6]

그렇다면 해석은 어떤 개념에 근거하는가? 앞에서 인간은 외적 대상으로부터 생리, 감성, 행동기능, 사회, 상징, 존재 등에 관한 다면적인 의미를 해석해낸다고 지적한 바 있다. 프래그머티즘의 시각에서 보면, 이것은 개인이나 집단에 따라 형성되는 다수의 실재를 인정하는 지적이며, 그 의미가 개인의 현세적 실존세계를 구성하는 여러 다양한 측면들과 연결된 포괄적인 것임을 말한다. 예컨대 동네의 한 가로를 경험할 때 그 가로는 포근함, 애착심과 같은 일상적 '감정' 의 의미 혹은 보행, 놀이, 만남, 관리와 같은 일상 '행동기능' 의 의미로 요약된다. 또는 우리의 영역, 우리가 함께 이용하는 공간, 좋은 이웃을 항상 만날 수 있는 장소의 개념과 연결된 '사회적 의미' 그리고 거주집단의 문화적 정체성이나 가치관을 상징하는 가로로서의 '상징적 의미' 로 축약될 수도 있다. 이런 다양한 의미들은 생존, 일상 기능과 자기 효율, 자기 목표와 가치. 존재성 등과 연관된 개인의 일상적 생활세계를 구성하고 있다.

여기에서 우리가 프래그머티즘과 현상학 그리고 비판이론의 논지를 빌어 주목할 점은 역시 행동기능적 의미가 모든 사유의 기반이며 중심이라는 것이다. 행동은 인간이 자신의 경험대상인 외적 세계 그 내부에 자기를 위치시킴으로써 가능한 경험양식이다. 그것은 경험자가 행동을 매개수단으로 하여 외적 세계와 직접적인 접촉의 관계 안에 존재한다는 것을 말한다.

6 흄(David Hume)의 경험론에서는 인상과 관념의 차이가 대상의 생생함(vividness)이나 생동성에 있다고 보고 우리가 인상에 대해 반성할 때 그것의 관념은 원래의 생생함을 잃는다고 말하고 있다. 하지만 경험의 의미론적 해석을 중시하는 우리의 시각은 대상의 의미가 관념에 이르러 보다 더 생동적인 영상을 얻는다고 믿는다. 이것은 흄보다는 칸트(Immanuel Kant)에 가까운 것으로서 인간의 이성과 관념의 타당성을 중시하는 시각이다.

행동을 통해 인간은 경험대상과 반복적이고 일상적인 관계를 유지할 수 있으며 스스로 수동적 입장에서 벗어나 환경과 대등한 능동적 역할을 부여하게 된다.

행동은 해석을 가능하게 하는 중추적인 경험양식이다. 행동을 거쳐야만 해석적 지식들이 구체화되며, 행동을 통해야만 일상의 의미세계에 도달할 수 있다. 이를테면 행동이 없는 기능적 지식은 존재할 수 없다. 동시에 행동은 감성이나 상징과 같은 추상적 관념에 다다르는 길에 윤활유와 같은 매개적 역할을 담당한다. 행동을 수반하지 않는 감성적 의미는 얼마나 불완전한가! 상징적 의미 또한 그것이 일상적 행동양식과 결부되지 않고서는 경험자가 스스로 그 상징의 주인이라고 말하기 어렵다. 이런 점에서 감성과 상징은 행동에 의존하는 성질을 가지고 있다. 다시 말해서 행동은 그 자체가 경험의 결과로서 하나의 의미이며 동시에 다른 의미들을 생산하는데 필요한 하나의 방법이다. 인간은 지각, 인지, 해석을 통한 일반적 경험절차에 의해 행동기능적 의미를 취득함과 동시에 행동을 경험양식으로 삼아 감성과 상징으로 향하는 또 다른 해석을 수행하게 된다. 예컨대 아이들은 주거지의 작은 하천으로부터 외부 놀이활동의 의미를 터득하고 또 그 하천을 일상적으로 활용하면서 그 공간에 대한 감성과 상징에 관한 의미를 구체화한다. 물론 외적 세계에 대한 지각과 인지만으로도 감성이 발효될 수 있고 (감정, 정서, 선호, 태도 등에 관한 지식을 구성할 수 있고) 또 인지경험을 통해 하나의 상징성을 이해할 수도 있다. 그러나 행동경험과 결부되지 않은 감성적, 상징적 의미는 완전한 경험자의 것으로 구체화한 것이라고 말하기 힘들다. 경험자의 생활세계 안으로 완전하게 소화 정착된 것으로 보기 힘들며 또한 경험자 스스로 판단하는 그 지식의 타당성 측면에서 진실성을 충분히 갖춘 것으로 판단하기도 어렵다.

행동경험이 가지고 있는 내부성(경험자의 내부자적 성격, insideness), 일상성(지속적 일관성, consistency) 이용성(대상의 합목적적 실질이용, use), 그리고 직접성(외부세계의 직접 경험, directness) 등의 성질에 의해 인간은 외적 세계의 경험을 해석할 수 있고 경험의 결과를 자신과 직접적인 관계를 지닌 실질적이며 쓸모 있는 지식으로 변환한다. 행동을 수반한 해석을 통해 구축한 경험적 의미는, 다른 의미들보다도, 자신에게 일상적 실용성을 지닌 현실적 지식이 된다.

의미의 체계와 우월성

인간 정신이 자연세계에 대한 표상을 담는 거울이라는 전제는 관념론과 경험론의 공통적인 생각이다. 이 전제는 우리의 논의에서도 역시 명확하게 살아있다. 우리는 인간의 이성적 표상을 존중하면서 이 표상의 실체를 경험적 방법이나 실용적 관점으로 연구할 수 있다. 하지만 우리가 말하는 경험은 외부세계를 내면세계로 고스란히 번역하는 단순작업에 그치지 않는다. 표상의 과정은 단순하지 않으며 표상된 자연세계 또한 객관적 세계와 큰 격차가 있다. 이것은 경험이 자연세계의 방대하고 방만한 정보를 '선택' 하는 의식화 작업이라는데 연유한다. 경험은 선택에 의해 세계를 축약하는 구조화 작업이다. 이 주장은 실존주의에서 말하는 인간의 선택적 경험에 대한 자율적 결정이라는 테제와 일맥상통한다. 인간은 자신의 어떤 기준을 이용하여 자연세계에 관한 또 다른 위계적 형식을 정립한다. 이 기준은, 타인에게는 모호하고 부정확하게 보일지 모르지만, 자신에게는 명쾌한 정확성을 지니고 있다. 우리는 앞에서 이 기준이 부분적으로 프래그머티즘적 이념에 근거하고 있음을 지적하였다.

실증주의의 시조 흄은 인간이 지각을 거쳐 관념을 구축하는 구조를 '관념의 연합' 으로 설명한다. 하나의 경험이 제시하는 관념은 다른 관념들과의 유사성, 시공간적 근접성, 인과성에 의해 연합된다는 것이다. 이것은 여기에서 말하고자 하는 내용에도 적용된다. 즉 인간이 경험을 통해 취득한 의미들을 상호 체계화하여 하나의 일체적 구조로 만드는 작업에도 이 연합의 논리가 사용된다. 하나의 의미는 과거와 현재의 여러 다른 의미들과의 '관계' 속에서 체계를 갖추게 되는데, 그 관계는 의미의 상호 유사성, 시공간적 인접성, 인과성에 의해 인간의 인식구조 안에 정착한다. 이를테면 하나의 광장을 통해 얻는 의미는 다른 광장들에서 얻은 유사한 의미들과의 관계를 통해 정의한다. 'A' 광장은 'B' 광장과 하나의 의미에서, 예컨대 어떤 기능적 의미나 상징적 의미에서, 서로 유사하다. 그것은 또 다른 광장과의 시공간적 연계성을 통해 구체화될 수 있다. 'A' 광장의 위치 특성이나 그것을 경험한 계절이 'B' 광장의 위치나 경험시기와 상통함으로 두 가지 의미들이 연관된다. 또 그 광장의 경험을 통해 취득하는 의미는 그 의미와 관련된 원인요소를 상기함으로써 명확하게 정의할 수 있게 된다. 'A' 광장에서의 어떤 행동적 의미를 가능하게 만든 요인, 예컨대 맑은 햇빛이나 인상 깊은 음식에 관한 의미와의 인과관계를 말한다. 유사, 인접, 인과의 연상에 의해 의미는 형성되고 선택되며 축약된다.

앞에서 논의한 내용을 상기해보자. 외적 세계에 대한 행동경험이 어떤 실리적 결과를 창출한다. 인간은 이 결과를 생리심리적, 행동기능적, 사회문화적 내용을 담는 각가지 의미로 해석해낸다. 강조하건대 유사성, 인접성, 인과성과 같은 참고자료가 없을 경우 인간이 이런 의미를 구축하는 일은 어렵게 된다. 또 이와 같은 연합의 관념에 대한 연상작용이 없으면 인간이 의미들의 상관관계를 해명하는 작업도 모호해진다. 의미는 뿔뿔이 흩어지고, 한 의미가 다른 의미에 대해 어떤 도움도 줄 수 없으며, 의미들이 하나의 체계로 구성되어 일관적인 의미세계로 정리되는 일도 어려워진다.

그것이 꼭 연합에 관한 것은 아니더라도 의미들간의 상호관계를 규정하는 관계방정식으로서 반드시 추가 고려해야 할 차원이 있다. 우리는 이것을 '우월성' 이라고 부를 수 있다. 우월성은 경험을 통해 얻은 하나의 의미가 경험자에 대해 전하는, 다른 의미들과 비교한, 상대적 중요성을 말한다. 한 가지 전제적 가정은 '경험자가 보유하는 의미들이 그 경험자에게 동등하게 중요하지 않다' 는 것이다. 하나의 경험은 다른 경험들보다 더 절실하거나 혹은 덜 절실하다. 한 의미는 경험자에게 있어서 다른 의미들보다 우월하거나 열등하다. 물론 개별적 중요성은 상시 변화한다. 하지만 어느 한 시점 혹은 상황을 기준으로 볼 때 경험세계의 시간적 단면상에 정렬된 다수의 의미들은 경험자에게 각기 다른 중요도를 전달한다. 경험자는 자신의 이성적 판단에 의해 자기 의식구조 안에서 각기 다른 의미들을 중요도의 선반 위에 순서대로 정돈할 수 있다.

우월성 비교의 대상은 다양하다. 첫째, 일반적으로 인간은 하나의 경험상황에서 한 가지 의미가 아니라 다수 의미들의 꾸러미를 얻는다. 아파트 현관에서 다른 아이들과 노는 소아는 놀이로부터 여흥, 인지발달, 친구관계, 역할 등의 의미를 하나의 패키지로 취득할 수 있다. 하나의 바구니 안에 담긴 여러 의미들은 경험자에게 각기 다른 중요도의 정보를 제시한다. 둘째, 한 경험상황으로부터 얻은 의미들은 과거의 경험에서 취득한 의미들과 비교된다. 이미 선택, 축약, 정리된 기존의 의미들은 현재의 경험에 유사, 인접, 인과의 연합에 관한 연상을 제공하며 동시에 중요도 판단의 비교기준을 제시한다. 셋째, 인간은 대체로 한 경험상황에서 비현실적 혹은 잠재적 의미를 연상한다. 이들은 실제 경험과 직접 연계된 의미들과는 다른, 말하자면 가능한 의미 혹은 가정된 의미들이다. 현재의 의미는 이와 같은 가정 의미와 중요성의 측면에서 비교된다. 우리는 이 모든 의미들의 축적을 후설Edmund Husserl과 기든스의 용어를 빌어 지식창고stock of knowledge로 부를 수 있다. 한 경험상황은 이 창고 안에 존재하는 다른 의미들과의 관계 안에서 정의된다.

이제 우월성 판단의 차원을 살펴보자. 차원에는 의미유형간 비교와 의미유형 내 비교가 포함된다. 우월성의 위계구조를 열어보면, 경험자가 판단하는 상대적 중요성은 우선 의미지식의 창고 속에 보관되어 있는 여러 다른 의미유형들 사이에서 가려질 수 있다 (그림2-3의 ①). 의미유형은 의미들의 내용을 기준으로 분류된다. 앞에서 이를 생리(병리, 육체 등)에 관한 내용, 심리(감성, 선호, 태도 등)에 관한 내용, 행동(일상기능)에 관한 내용, 사회성(친구관계, 갈등, 공동체 등)에 관한 내용, 문화(상징, 가치, 문화적 정체성 등)에 관한 내용, 존재(자기 정체성)에 관한 내용으로 구분하였다. 크게 보면 생리심리적, 행동기능적, 상징가치적 문제로 축약된다. 이를테면 한 경험상황에서 혹은 어느 시점에서 경험자는 행동기능적 의미가 상징적 의미보다 자신에게 절실하다고 말할 수 있다. 또 사회적 의미가 개인의 심리적 의미보다 더 중요한 것이라고 말할 수 있다.

중요도의 상대적 비중은 또 위에서 구분한 유형 중 어느 한 유형 안에 모아진 다수의 의미들 사이에서도 구별될 수 있다 (그림의 ②). 한 경험상황이 다수의 심리적 가치를 동시에 제시할 경우, 이를테면 만족스런 결과와 불만족스런 결과 혹은 아늑함과 개방감을 동시에 경험하는 경우, 이 심리적 의미유형 안에서 개별 의미들의 우월성이 분간된다. 하나의 경험에서 얻은 청결함의 생리적 의미는 지식창고에 잠재해있는 다른 정도의 청결함이나 불결함의 의미들과 중요도에서 구분된다. 주거지의 몇 가지 공간들이 한 아동에게 주는 행동기능적 의미는 서로 다를 것이며, 한 도시 안에 있는 여러 지역들이 시민 한 사람에게 주는 상징적 가치의 중요성에도

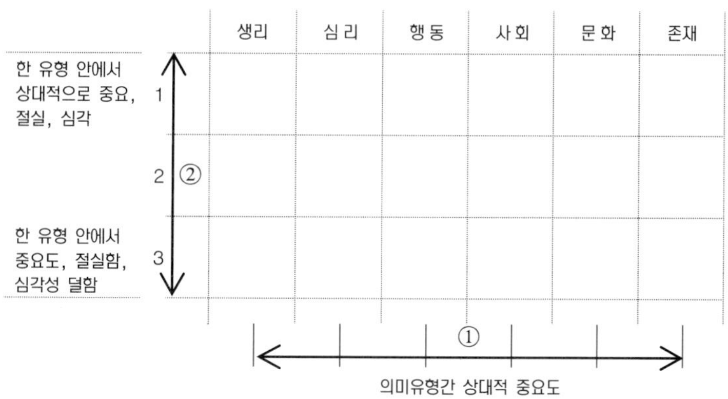

2-3. 의미의 유형과 상대적 우월성

차이가 있을 것이다. 물론 사람들 자체가 경험대상일 경우에도 (외적 세계 중에서 타인세계) 여러 다른 주변의 사람들이 내게 주는 사회적 의미나 감정적 가치는 그 사람들에 따라 그리고 사람들과 나 사이의 사회적 관계에 따라 매우 복잡한 우월성의 위계적 차이를 보일 것이다.

한 경험상황의 의미들은 지식창고의 의미들과 함께 이와 같은 우월성의 기준에 의해 선택 축약된다. 기존의 것들은 새로운 것들과 종합되어 부분적으로 새로운 의미체계로 수정된다. 이 상대적 위계구조를 인정하는 것은 인간의 경험과 의미체계를 이해하는데 매우 중요하다. 여기에는 반드시 지적하고 넘어가야 할 몇 가지 이유가 있다.

첫째, 인간의 지식창고는 중요한 의미들 위주로 구성된다. 중요한 의미는 비교적 오랜 기간 내면의식 속에 보관된다. 중요함은 긍정과 부정을 동시에 포함한다. 긍정적인 의미는 물론 절실할 수 있다. 또한 부정적인 의미도 그 심각성에 기인하여 절실한 것으로 인정될 수 있다. 인간 내면세계가 경험하는 수많은 상황들에 적용되는 하나의 지속적인 기준은, 인식체계는 모든 의미가 아니라 오직 상대적으로 중요한 의미들의 구조라는 것이다. 새로운 경험은 기존의 중요한 의미들과 비교되며 이 비교에 의해 그 상대적 중요성이 판별된다. 이것이 중요하다고 여겨지면 이 경험의 의미 역시 앞으로 오랜 기간 지식창고에 저장될 것이다.

둘째, 중요한 의미들은 대개 경험자가 스스로 중요하며 절실하다고 여기고 있는 어떤 특별한 동기(요구, 목표, 가치, 자기과제)에 연관되어 있다. 하나의 경험을 통해 얻은 의미가 중요하다고 인정되는 이유는 경험의 결과가 본래의 동기에 직접적이며 충실한 영향력을 행사하기 때문이다. 내가 여행을 필요로 하고 여행을 통한 심신의 충전을 목적으로 여기고 있을 경우 실제 여행이 이 요구와 목적을 만족하면 그 경험은 내게 중요한 의미로 남을 개연성이 크다. 주거지 아이들에게 넓은 외부공간을 자유롭게 활용하는 요구가 절실한 것이라면 주거지 여러 공간에 대한 접근 이용은 아이들에게는 중요한 의미를 지닌 경험이 될 가능성이 높다. 수많은 경험상황에서 특히 중요하다고 인정된 의미들은 절실한 요구와 연계되어 있다. 그것이 절실한 필요성과 연결된 것임으로 그 경험으로부터 얻은 의미는, 다른 덜 절실한 필요성과 연결된 경험들보다, 내게 더 중요하게 여겨진다.

셋째, 한 경험에서 선택된 중요 의미는 다음 경험의 목표로 이어진다. 그것은 차후의 절실한 요구 혹은 심각한 가치와 연계되어 시기 적절하게 활용된다. 인간의 다음 행동은 기존의 중요한 의미들에 의해 영향을 받을 것이다. 바꿔 말하면, 인간 행동은 해당 경험자의 의미체계 속에서 상위에 정렬된 중요함의 의미들을 파악함으로써 비교적 정확하게 예측할 수 있다. 예컨대 우리는 우수 대학으로의 진학을 진실로 희망하는 한 수험생의 일상을 비교적 쉽게 그려낼 수 있다. 이 주장은 연구뿐만 아니라 실무에 대해서도 유효하다. 실무는 사용자 경험을 풍요롭게 하고 경험으로부터의 의미를 자유롭게 한다는 절대적 책무를 가지고 있다. 풍요는 의미의 우월성에 의해 결정되는 개념이다. 상대적으로 하찮은 하위 경험에 매달리는 실무가 결코 효율적이라고 볼 수 없다.

생활세계와 자정화 능력

지금까지 설명한 비판적 휴머니즘의 테제들로부터 우리는 한 가지 사실을 명쾌하게 분별해낼 수 있다. 그것은 인간이 외적 세계에 대한 지속적 경험을 통해 자신의 생활세계lifeworld를 만들어낸다는 것이다. 생활세계는 한 개인 혹은 집단이 지금까지 논의한 순차적 단계들, 이를테면, 자기지시적 경험과 실행 그리고 해석을 거쳐 창출한 인간의 의식세계, 경험의 내면적 결과물이다.

생활세계는 비판적 휴머니즘의 중간 결론으로서 차후 모든 논의의 새로운 시발점이다. 특히 뒤에서 실무를 위한 방법론적 도식을 논할 때 생활세계는 그 도식의 기초개념이 된다. 따라서 생활세계에 대한 내용은 바로 다음에 별도 부분을 할애하여 집중적으로 논의하기로 한다. 여기에서는 생활세계가 외적 세계의 내면적 대응체임을 강조한다. 그것은 시공간적 물질세계와 타인세계에 대한 인간의 실행경험이 결과로 나타나고 그 결과가 의미로 해석되어 그 다양한 의미가 내면에서 연합과 우월의 체계에 의해 지식으로 구조화된 결과물이다 (대상 → 실행 → 결과 → 의미→ 지식→ 생활세계). 결국 생활세계는 시공간, 사물, 사건, 현상, 타인 등 외적 세계에 관한 해석된 정보, 즉 생리와 생존, 심리와 감성, 행동과 일상기능, 사회성과 문화성, 자기 존재성에 관련된 일련의 지식구조체계를 말한다.

앞서 잠시 제안한 바와 같이, 여기에서 우리가 주목할 것은 생활세계의 자정화 능력自淨力이다. 자정화 능력은 우리 비판적 휴머니즘의 또 다른 중요한 개념적 초석이다. 이것은 인간이 스스로 이 시대가 만들어낸 외적 세계와 내면세계 사이의 분리를 치료하는 능력을 말한다. 체제와 경험 사이의 간격을 스스로 통개하고, 제도전문체제가 고심하는 휴머니즘과 실천 사이의 간극을 스스로 충전해내는 생활세계의 자생적 힘을 뜻한다. 경험에서 인간의 자율적 조정능력은 끝간 데 없다. 생활세계를 자주적 에너지로 창조할 뿐만 아니라 자신이 만든 그 내면세계에 자정화 능력을 부여한다. 선택과 해석을 자유롭게 행할 뿐 아니라 외적 세계의 분화를 스스로 치료한다. 이 치료능력에 의해 외적 세계를 자기 이해의 범주로 포괄한다. 자정력이 없으면 외적 세계는 혼란스러우며 경험은 비효율적인 길로 흐른다. 인간은 생활세계를 만듦으로써 외부와 자기 사이의 간극과 갈등을 스스로 치유한다.

인간 내면에 자정력이 있다 함은 인간이 세계를 경험하며 항상 자기 성찰의 잠재력을 깨우친다는 것을 뜻한다. 말하자면, 자정화는 외적 대상인자의 경험에 수반되는 끊임없는 자기 반성의 과정이다. 성찰과 반성은 지속적인 경험을 통해 반복적으로 수행된다. 자기 성찰의 과정은 세계와의 고단한 상호작용에 관련된 다양한 내용을 다룬다. 세계와 나 사이의 간극은 내게 어떤 영향을 미치는지, 자신의 어떤 측면이 세계로부터 피해를 받고 있는지, 어떤 대상이 어떻게 자기 경험을 강제하고 있는지, 어떤 가능한 의미가 잠재하고 있었는지, 자신의 어떤 측면이 수정과 개선을 필요로 하는지 등이 고려된다. 이 작업은 우리 일상에서 흔히 발견된다. 이를테면 지도를 읽고 난 후 지금까지 자신이, 쾌적성과 같은 어떤 목적을 위해, 선택했던 길이 최단의 것이 아니었음을 알게 되는 것과 같다. 또 아이들이 놀이터 경험을 통해 자신들이 사용하고 있던 그 놀이터가 심각한 기능적 한계를 가지고 있음을 스스로 터득하는 과정에서도 볼 수 있다. 거주지 청소년들이 여가의 귀중한 시간을 건전하게 보낼 수 있는 장치가 없다는 것을 스스로 인식하는 과정도 자정화의 한 시작단계로 말할 수 있다.

자정화는 자기와 세계의 양방향으로 동시에 움직인다. 자기 자신에게 향하는 반성이며 동시에 자기 외부세계로 향하는 성찰이다. 경험 전에는 깨닫지 못했던 외적 세계에 대한 인식적 문제를 의식화함으로써 자기 경험의 현실적 한계를 스스로 명확하게 깨닫는다. 동시에, 외적 세계의 형상과 상황을 자신이 얼마나 수정할 수 있는가의 가능성을 타진한다 (물론 여기에는 경험의 대상에 대한 수정이 포함된다). 이와 더불어 자신의 자유로운 경험과정에 영향을 미치는, 자율적 경험을 억제하고 한정하는 제도적 혹은 전문적 체제에 대한 성찰도 포함된다. 자정화가 특히 중요한 것은 인간이 제도전문체제에 의해 유발된 외부세계와 자신 사이의 간극을 스스로 충전한다는데 있다 (우리 전문가가 만든 환경과 자기 삶의 동기 사이의 갈등). 요구의 자기 순화나 이념의 자기 통제, 적응과 조정, 동화와 조절[7], 유보와 계발, 인지와 해석 등 다양한 경로를 통해 외적 세계와 자기 세계의 균형을 추구함으로써 두 세계의 일체화를 지향한다. 이 자정화 능력에 의해 비로소 외적 세계와 내면세계가 하나로 연결되며, 이를 통해 경험론적 세계와 관념론적 실재가 인간 내면에서 하나로 통합된다. 그 결과가 생활세계이다.

자정화는 현실세계에 관한 인식적 문제화이다. 이 과정에서 가장 두드러지게 나타나는 현상은 세계에 대한 불만족 그리고 자기 요구(새로운 필요성)의 계발이다. 불만족이나 요구는 지난 경험의 결과로서 나타난다. 한 경험으로부터 얻는 인식적 교훈들 그리고 문제점에 대한 반성들은 경험의 종료와 함께 다음 경험의 요구사항으로 변모한다. 그리고 이 요구는 경험의 순환을 통해 지속적으로 자기 외적 세계에 제시된다. 이런 요구, 필요성의 개념이 바로 자정화 능력을 키우는 원동력이 되며 자정화 과정을 작동하는 에너지가 된다. 바꿔 말하면, 하나의 경험이 새로운 요구나 필요성 혹은 자기과제를, 혹은 적어도 기존 요구의 수정을, 유발하지 않는다면 그 경험을 통해 인간은 자정화 능력을 키울 수 없다. 따라서 자기 내면세계와 외부세계의 수정과 치료 그리고 이 두 세계의 일치화도 어려워진다.

한 경험이, 앞에서 밝힌 바와 같이, 생리, 심리, 기능, 사회, 문화 등 다양한 의미로 귀결됨으로 그 경험으로부터 다음 차례로 이전되는 요구 역시 이와 동일한 다양한 측면을 가지게 된다. 또한, 하나의 경험에서 도출된 의미들이 우월성의 순위로 분간되는 것과 같이 다음 경험을 위해 준비되는 요구사항 역시 이 우월성의 도열로 정리된다. 물론 다음 경험을 위해 외적 세계에 제시되는 요구는 제도적인 형식을 취할 수 있다. 법적 대응, 시민법제화, 조직적 대항, 공식적 질의회신 등이 이 제도적 형식의 요구에 해당한다. 하지만 대부분의 요구는 일상에서의 적응 혹은 반응과 같은 비공식적 형태로 제시된다. 예를 들면, 이사, 행동적 외면, 무관심, 집중이용, 변질 사용, 응용적 활용 등 각가지 심리적, 행동적 대응현상을 말한다. 물론 비공식적 제시는 정보를 간접적으로 표현하는 방법이다. 경우에 따라서는 긍정적인 반응의 형태로 요구가 제시된다. 이를테면 어떤 도시 공원의 활용양상이 계획가의 예측과 크게 다르지 않게 나타날 수 있다. 반대로 극한 상황에서는 외적 세계의 강력한 영향력 속에서 생존을 유지하기 위해 자신의 인식적 성장을 자발적으로 중단하는 것과 같은 부정적 반응을 보일 수 있다. 또 제도나 전문체제의 권력에 자신을 스스로 흡수시키기면서 자기 행동체계를 의식적으로 조정하는 경

7 적응(adaptation)은 외부세계에 대한 자기 행동적 순응, 조정(adjustment)은 자기 요구를 위한 외부세계의 변경을 뜻한다. 또한, 동화(assimilation)는 외부환경이 제공하는 새로운 정보를 이해하여 자신의 기존 인지구조에 흡수시키는 과정, 조절(accommodation)은 자기 내면의 인지구조를 수정하여 새로운 정보를 설명하는 과정을 말한다. 이들은 모두 기존의 자기 정보와 새로운 환경 정보를 내면에서 상호 일치시키는(equilibrium) 역할을 수행한다.

2-4. 용인 상갈 2005년

우도 있을 수 있다. 급기야는 무반응, 무관심과 같은 자기 요구를 제시하는 일 조차 유보하는 극단적인 반응도 나타날 수 있다. 그 형식에 관계없이 이와 같은 자기 요구의 발현은 외적 세계에 대한 일종의 발언이다. 특히 요구의 제시는 물질세계의 형성에 책임을 지고 있는 이 세계의 제도전문체제에 대한 간접적 지시라는 뜻을 함의하고 있다. 요구를 통해 인간은 끊임없이 자신을 둘러싼 이 세계의 구조적 간극을 충전하는 자정화 노력을 계속한다.

여기에 우리 전문가들이 주목해야 할 테제가 있다. 팽창과 분화의 세계구조 안에서 우리 전문가들이 주의를 기울여야 할 것은 이와 같은 인간의 경험적 자정력이다. 지금 우리가 앓고 있는 이 분리의 질병은 전문지식이나 전문가의 열성으로 치료될 수 있는 성질의 것이 아니다. 지나친 전문적 강요는 오히려 문제를 악화시킬 뿐이다. 우리가 고심하고 있는 휴머니즘 정신과 실무 사이의 간극 역시 우리의 전문지식으로는 채워질 수 없다. 그것은 오직 인간 경험체계의 인식구조 안에서 내면적으로 충전되는 것임을 깨달아야 한다. 우리의 사명은 전문체제의 구축이나 형식적 규범언어의 강제가 아니라 인간 생활세계가 무엇인지를 명확히 이해하고 그것이 어떻게 형성되는가를 해명하는 것이다. 우리 전문작업의 목표는 인간이 경험세계를 구축하는 과정에 대한 해명을 통해 그 생활세계의 자정능력 안에서 전문가가 지원해야 할 구체적인 작업의 범위를 정하는데 있다.

생활세계의 정의

생활세계lebenswelt는 자아 의식과 경험 대상이 일체화된 세계이다. 보편적 전제와 과학적 편견을 모두 떨쳐버린 벌거벗은 인간이 있는 그대로의 대상을 만나는 순수 지각과 자연 의식의 무대이다. 어떤 대상에 대한 순수한 관심과 근원적 의도로 지향된 자아의 주관적 작용 안에서 대상은 객관성을 잃고 자아의 주관성과 하나로 융합한다. 모든 선입견을 버림으로써 인간은 대상과 하나가 된다. 현상은 자아 밖에서 떠도는 존재가 아니다. 그것은 이미 그 현상에 대한 자아의 순수의식 안에 포함되어 있다. 현상은 대상과 자아가 일치된 '의식의 평온하고 순수한 상태natural attitude' 안에서 정의된다.

후설은 인간과 환경의 상대적 존재가치를 인정함으로써 경험적 세계와 관념적 세계의 통합을 시도한다. 상대적 존재가치는 하나의 정의가 다른 하나에 의존하며 한 쪽이 다른 쪽에 대해 대상으로서 혹은 가치로서 존재한다는 '끊을 수 없는 상관관계'를 전제로 삼는다. 자아 밖에서 '나'와 상관없이 숨쉬고 있는 객관적 존재로서의 외적 세계는 무의미하다. 외부세계는 그 세계에 대해 의식하고 있는, 그 세계로 지향된, 나의 사고작용 안에서만 타당하다. 그러므로 세계의 전체적 의미와 실재는 오로지 세계를 경험하는, 생각하고 행동하며 의식화하는, 나의 사고작용에 의존하고 있다. 이 사고작용 안에서 운행되지 않는 현상, 그리하여 내 안에 존재하지 않는 현상에는 의미와 진리가 없다. 그것은 실재reality가 아니다. 실재는 오직 세계에 근원적 관심을 부여하며 끊임없이 사유하는 내 안의 의식세계 즉 생활세계 속에 존재한다.

실재가 내면에 있지만 그것이 관념적인 것은 아니며 필연코 어떤 외부대상을 통해 내면으로 회귀하는 것이다. 경험이 창출해낸 외부세계의 자기 의식화는 결코 무의식적이거나 우연적인 과정이 아니다. 그것은 명확하게 현실적이며 구체적인 어떤 대상에 기초한 것으로서, 그 가시적 존재 혹은 경험적 대상에 의해 이상이나 몽상 혹은 무의식의 세계와는 구별된다. 그러나 그 가시적 대상이 곧 생활세계는 아니다. 반대로 생활세계는 대상을 자기지시적으로 해석하는 인간의 창의적 사유 혹은 의식화에 바탕을 두고 있다. 의식화는 인간이 대상의 객관성을 자기 내면으로 향한 의미로 변조하는 의도적 과정이다. 그것이 명백히 대상 지향적이기는 하지만, 의식화는 인간의 노력과 목적과 창의력에 기초한다. 대상은 여기에서 그 본질을 잃고 인간 안에서 재해석된다. 따라서 생활세계는 경험에 의해 만드는 또 다른 경험적 실재이다. 그것은 개인의 이성적 합리성에 의해 결정된 체계로서, 대상 그 자체의 합리성 혹은 그 대상의 형상을 결정하는 제도전문체제의 도구적 효율성과는 엄격하게 구분된다.[8]

여기에서 우리가 강조하는 것은, 현상학자 슈츠Alfred Schutz의 주장을 빌어, 대상과 상황에 대한 의식화가 궁극적으로는 어떤 의미로 환원된다는 것이다. 의미는 인간 내면에서 실재를 구성하며, 우리는 이 의미의 실재를 거치지 않고서는 우리가 경험하는 외적 세계를 정의할 수 없다. 의미는 대상과 나 사이에 존재하는 유일한 진리이다. 따라서 생활세계는 의미체계이며 세계의 진리에 관한 지식구조이다. 말하자면 이 세상이 내게 주는 독특한 의미에 의해 세상이 참인지를 구분할 수 있다. 이 의식구조가 순수하고 자연스럽다 하였는데, 이 자연성은 자율적이며 적극적인 경험의 결과로 얻어진 '의미들의 자연스러움' 을 말한다. 이 의미세계는 '대상 + 자아' 의 견고한 연결에 기초한 주관적 의식화의 결정체이다. 의식으로 정착된 후에 그것은 경험자에게 일상적이고 상시적인 것이며 자연스러운 것이다.

대상 지향적, 근원적이며 선험적transzendental 경험에 의해 대상과 의식이 함께 안주하는 가장 자연스러운taken-for-granted 초월적 의미세계, 그것이 생활세계이다. 인간의 삶은 필연적으로 시공간적 대상과 타인 대상에 끊임없이 의존한다. 대상에 생존과 연계된 관심을 부여하며 대상을 자기 이념으로 소화한다. 이 이념화된 실재는 대상에서의 자기 존재 그리고 대상에 대한 자기 행동과 의도를 지시한다. 자기 안의 경험세계, 이 생활세계는 외부의 모든 시공간적 사물과 타인이 자기에게 주는 의미로 가득하다. 이 의미는 대상 지향적인 자아의 의식에 의해 주관적으로 형성된다. 우리는 이 의미의 축적과 구조화 과정을 경험이라고 부른다.

8 후설의 생활세계, 그리고 하버마스와 같은 비판이론가가 말하는 경험세계, 슈츠(Alfred Schutz)와 같은 현상학자가 말하는 인간 내면세계, 가핑클(Harold Garfinkel)과 같은 민속지학자의 생활세계를 이념적으로 동등 혹은 유사한 것으로 보는 시각에 큰 무리가 없다고 생각된다. 이 개념들 속에는, 외적 세력에 의해 부과되는 객관적 세계가 아닌, 개인 혹은 집단의 독특한 경험과정과 자유로운 의사소통을 통해 창조되는 주관적 의식세계와 의미체계, 사회문화적 상징질서에 초점을 맞춘다는 공통점이 있다.

생활세계의 지식구조와 경험상황

경험을 통해 얻는 의미는 주관적인 동시에 타인과 공유하는 공적 속성을 가지고 있다. 의미는 개인 일상의 자연스런 나의 세계 안에 정착하며, 이 생활세계를 통해 나의 행동과 사고를 조종한다. 결국 생활세계는 사고의 규칙, 적절한 행동에 관한 자기 규범, 행동가이드라인, 기타 외적 세계에서의 존재와 실행과 사고를 위한 각종 정보로 구성되어 있다. 슈츠 역시 기든스나 후설과 같이 이를 지식창고로 부른다. 한 생활세계는 지속적인 경험을 통해 축적된 여러 종류의 지식창고를 보유한다. 지식은 외적 세계에 존재하는 각가지 대상과 현상이 내게 타전하는 여러 의미와 정보로 구성되어 있다. 생활세계는 의미들이 구조적으로 형성한 이런 지식창고들로 구성되어 있다. 각가지 중요 의미들이 어떤 정돈방식에 의해 가지런히 정리된 상태, 이 지식구조 혹은 구조적 의미체계가 한 사람의 실재이다.

삶이 대면하는 외부세계가 복잡하고 다양함으로 생활세계에 잠식하는 지식도 여러 수준에서 여러 다른 내용으로 복잡하게 형성된다. 도시주거의 사물과 현상이 또한 다면적임으로 이들로부터 취득하는 의미의 수준, 내용, 구조도 역시 다면적이다.

지식은 우선 그 수준에 의해 분간해볼 수 있다. 여기에서 지식의 수준이라 함은 개인적 수준과 집단적 수준을 말한다. 나는 나에 대한 의미와 내 집단에 대한 의미를 구분한다. 물론 집단 안에도 여러 수준들이 있다. 나는 가족이나 직장과 같은 보다 개인적 집단에 관여하기도 하고 동시에 커뮤니티나 도시, 사회나 국가와 같은 대규모의 사회적, 문화적 집단에 관여하기도 한다. 나의 내면세계에는 자신에게로 향하는 지식들과 함께 자신이 속한 여러 집단들에 연관된 지식들이 존재한다. 각각은 하나의 생활세계 속에서 여러 다른 주소를 갖는 지식창고에 보관된다. 그리하여 개인적 상황에는 개인적 의미가 그리고 여러 개별 집단에 연관된 상황에는 각각의 집단적 의미가 활용된다. 뒤에서 다시 언급하겠지만, 이런 각 수준의 주소지에 보관된 지식들은 한 상황에서 서로 도움과 영향을 주고 받으며 작용한다.

지식은 또 그 내용에 의해서도 구분된다. 나의 내면세계에는 여러 다른 내용의 의미들이 축적되어 있다. 그 내용은 크게 생리심리적**physio-psychological** 지식, 행동기능적**action-functional** 지식, 가치상징적**value-symbolic** 지식으로 나누어진다.

첫째, 생리심리적 지식 안에는 우선 추움, 밝음, 배고픔과 같은 인간의 생리와 육체 혹은 생존본능과 연관된 생물학적 정보가 있다. 또 그 안에는 향기로움, 답답함, 교훈적임과 같은 인간의 지각과 인지에 관련된 지각적 정보가 있으며, 아름다움이나 유쾌함과 같은 인간의 정서나 감정에 관한 감성적 정보가 있다. 이들은 인간의 심리적 반응, 생리적 욕구와 관련되어 있다.

둘째, 행동기능적 지식은 어떤 행동이 필요하다 (기능적 요구와 목표), 어떤 실행이 어떤 결과를 초래할 것이다 (기대결과) 등과 같은 개별행동이나 행동양식의 합목적성에 관한 정보로 구성된다. 여기에는 행동의 동기와 절차 그리고 그 결과에 관한 모든 의미, 이를테면 목표의식, 계획행동, 합리적 선택, 행동가치와 같은 내용이 포함된다. 행동과 상황의 관계, 행동과 동기의 관계에 관한 지식을 말한다.

셋째, 가치상징적 지식은 경험의 모든 결과에 대한 허용기준, 그것이 어떤 측면에서 얼마나 가치가 있는 것인가에 대한 판단, 타인의 의미나 사회적 제도를 인정할 수 있는가 등에 관한 가치정보 그리고 나(우리)는 누구인가, 행복은 무엇을 뜻하는가 등에 관한 형이상학적, 의미론적 상징으로 구성된다.[9] 물질세계, 타인세계의 한 대상이 개인이나 집단에 전달하는 모든 상징적 정보가 여기에 속한다.

개개인은 자기 생활세계 속의 이런 여러 내용들을 서로 분간할 수 있으며 상황에 따라 적절한 내용들을 단수 혹은 복수로 선별하여 사용한다.

이렇게 보면 지식은 크게 두 가지 수준과 세 가지 내용이 만드는 여섯 가지 셀cell 중 어느 한 곳에 소속되어 있다고 볼 수 있다. 하지만 이것이 생활세계의 구조를 형성하지는 않는다 (내 세계는 이런 셀의 구조를 가지고 있는 것은 아니다). 이것은 다만 의미의 본질과 내용을 상호 분간하기 위해 전문가가 만들어보는 형식적인 참고기준에 불과하다. 사실, 사람들의 의식세계 속에서 지식의 수준과 내용들은 상황situation 즉 행동주체, 시공간 맥락, 행동/의미 등 세 가지 큰 구성줄기로 이루어진 현실의 사건별로 정리되어 있다고 보아야 한다. 상황은 내가 누구와 함께 어디에서 무엇을 하며 어떤 의미를 얻었는가에 관한 삶의 이벤트이다.[10] 크게 보면, 한 아이의 학교생활, 학교에서의 하루 일과, 근린공원의 토요일 저녁이 상황이다. 작게 보면,

---

9 가치상징적 지식은 사회문화적 지식이다. 이 지식은 사회적 통념이나 문화적 규범에 의해 크게 좌우된다. 여기에서 사회적 지식을 별 도로 구분하지 않고 가치상징적 작용 속으로 포함시킨 이유는 이 시각이 사회적 이념이나 체제와 같은 거대세력의 영향력을 배제하는 대신, 블루머(Herbert Blumer)나 하버마스의 논지를 좇아, 사회적 지식 즉 교류, 동질의식, 갈등, 타협, 통합 등에 관한 의미를 인간 상호의 상징적 의사소통, 타당성의 상호작용, 의미론적 교류로 해석한다는 것을 뜻한다. 라파포트(Amos Rapoport, 1977)가 말하는 네 가지 환경의미, objective/actual meaning, perceived meaning, use/behavioral meaning, symbolic meaning 중에서 첫 번째는 외부 세상 자체에 존재하는 것이며 나머지 세 가지는 여기에서 말하는 인간 경험세계 안에 작동하는 것으로 간주할 수 있다.

표 2-2. 생활세계의 지식구조(개인적 지식과 집단의 공유지식)

	개인수준	집단수준
생리심리적 지식	개인의 육체적, 생리적 본능에 관한 정보, 지각, 인지, 태도, 감정에 관한 감성적 정보	생리적 문제에 대한 집단의 공통의식, 집단 심리적 공유정보 (예, 공통적 지각양식), 집단의 병리/생존/진화에 관련된 정보
행동기능적 지식	개인적 목적 충족, 합목적적 행동절차나 행동체계에 관한 의미, 행동 가능성 혹은 일상의 기능적 존재성에 관한 정보	집단의 합리적 문제 해결, 집단 내 개인행동에 대해 집단이 부여하는 기능적 의미, 집단의 기능적 프로그램과 집단 운영의 효율성
가치상징적 지식	개인이 가지고 있는 사물이나 사건 혹은 타인에 내포된 상징정보, 개인적 가치와 선호와 만족, '나' 의 존재론적 의미	집단이 공통으로 정의하고 집단 소속원이 공유하는 사물이나 사건의 상징적 의미와 가치관, 집단의 정체성

상황은 또 학교의 음악 클래스, 우리 아파트 단지에서 주말마다 열리는 벼룩시장 등을 말한다. 인간(들)이 어느 시공간 맥락에서 어떤 현상을 보여주는 한 장면이 곧 상황이다. 상황은 이와 같이 컨텍스트, 행위자, 그리고 행동사건들이 연결 통합된 일상의 개별 경험단위를 말한다.

우리의 주장은 생활세계의 구조가 이 경험상황에 따라 형성되고 그 경험단위 별로 주소지를 가지고 있는 여러 지식창고의 배열에 의해 형성된다는 것이다. 경험은 어느 한 상황에서 그 상황의 사물과 현상을 대상으로 하는 과정이다. 물론 한 경험단위는 다수의 의미를 타전할 수 있다. 이를테면 아파트 단지의 벼룩시장은 한 주부에게 대개 두 가지 이상의 의미를 준다. 한 단위에 얽혀있는 여러 의미 안에는 물론 다양한 수준과 내용의 정보가 함유되어 있기 마련이다. 매 주말 벼룩시장의 경험은 개인적으로도 어떤 의미를 주며 동시에 가족, 친구, 이웃과 연관된 여러 의미를 준다.

이 경험상황 하나하나가 고스란히 하나의 번지수를 갖는 지식창고로 이전된다. 각 상황이 전하는 의미들은 해당 지식창고에 순서대로 저장된다. 상황을 단위로 지식을 보존하는 것은 경험자에게 있어서 '상황/사건/이벤트 별 지식분류' 가 다른 어떤 분류방법보다도 경험적이며

10 이것은 Magnusson의 상황이론(theory of situation)이 정의하는 상황과 같으며 Barker의 행위공간(behavior setting)과도 크게 다르지 않다. '인간경험주체+시공간맥락+행위패턴과 행동규칙프로그램' 의 통합단위를 말한다.

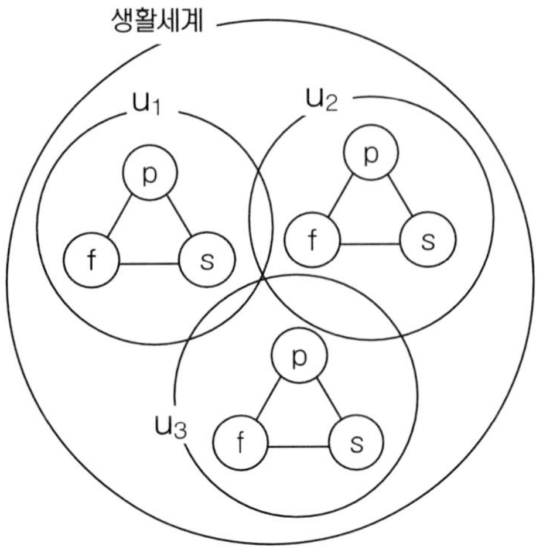

p: 생리심리적 지식의미
f : 행동기능적 지식의미
s: 상징가치적 지식의미
U_1, U_2, U_3: 지식단위(창고) = 경험단위(상황)

2-5. 생활세계의 지식단위와 개별 지식창고의 구조

현실적이고 실용적이기 때문이다. 어떤 한 현실상황에 닥쳤을 때 경험자는 그 상황과 가장 유사하거나 근접하거나 인과관계를 가지고 있거나 우월성이 비슷한 저장상황으로부터 연상 연합의 유추를 수행한다. 우리는 생활세계의 지식구조가 상황지식의 구조이며 각 상황에 대응하는 지식창고의 구조라고 주장한다. 그리고 한 상황에 대응하는 한 지식창고에는 관련된 여러 의미들이 상황 별 고유 구조 속에 정돈되어 있는 것이라고 제안한다.

마지막으로 지식구조에 대해 언급해야 할 내용은 의미간 상호관계 그리고 구조의 유연성에 관한 것이다.

앞에서 의미간 상호관계는 연합(내용적 유사, 맥락적 인접, 인과) 그리고 우월성을 기준으로 정해진다고 밝힌 바 있다. 관계는 어떤 한 지식창고 안에 한정되어 어떤 특정 경험상황에 표적을 두고 정의되는 것은 아니다. 반대로, 관계는 지식의 구조단위를 넘나든다. 그림에서 볼 때 첫 번째 지식창고 U_1의 한 행동기능적 의미 f_1은 다른 지식창고 U_2의 생체심리적 의미 p_1이나 U_3의 상징가치적 의미 s_1과 서로 연합이나 우월의 상대성을 가질 수 있다. 이를테면 아파트 길거리에서 노는 일은 내게 매우 유익하며 재미있는 경험인데 (U_1의 의미들), 그것은 학교의 학급친구와 같이 놀기 때문이며 (U_2의 의미와의 인과성), 그것은 놀이터에서 그네 타며 노는 것보다 훨씬 내게 중요하다(U_3의 의미보다 우월함)는 스토리가 얼마든지 가능하다.

이 관계에 대해서 우리가 특히 주목할 것은 우월성이다. 왜냐하면 내면세계는 중요한 의미, 중요한 지식을 위주로 구성되어 있으며 한 경험상황에서 개인 혹은 집단에게 진실로 중요한 정보만이 나에게 의미를 전하는 것이기 때문이다. 더욱이 그 많은 삶의 정보들을 항상 의식 주머니 속에 넣고 다닐 수는 없는 노릇이다. 상대적으로 중요치 않은 경험의미들은 단명할 것이고 소멸할 것이며 혹은 의식 속의 어둡고 보이지 않는 구석에 소외된 상태로 머물러 있을 것이다. 따라서 내 세계 속 모든 의미들 사이의 관계는 '중요한' 의미들의 관계로 대변될 수 있다.

하지만 의미의 수준과 내용 그리고 의미간 관계는 인간이 대면하는 경험상황이 변함에 따라 수시로 변할 수밖에 없다. 유사와 인접의 관계가 변하고, 인과의 상관성도 변할 것이다. 물론 삶이 진행되면서 의미들 사이 우월성의 관계에도 변화가 생긴다. 생활세계가 새로운 상황을 경험하면 새로운 의미들을 수용하게 되고 기존의 어떤 의미들은 소멸하게 된다. 이 소멸은 연합이나 우월성 관계의 단절을 말한다. 또 인생에서 경험상황이 변화하면서 지식창고도 변하며, 창고들 사이의 중첩이나 상쇄나 타협의 관계가 변화하고, 이에 따라 지식의 구조는 진화를 거듭한다. 구조의 어떤 한 변화는 또 기존의 의미나 의미간 관계의 변화를 초래하게 될 것이다. 생활세계 속에 적재된 의미의 내용이 유동적이라는 것이며 지식의 구조 또한 유기적이라는 말이다.

이 혼돈의 세계에서 나의 존재를 유지하기 위해서는 내 지식구조를 유연하게 만드는 것이 유리하다. 지식의 수준과 내용과 관계를 가변화함으로써 삶의 세계에 대한 적응이 쉬워진다. 딱딱한 지식구조를 가진 사람은 얼마나 답답한가! 느슨한 내면구조를 갖고 삶을 경험하는 사람은 발달과 성장이 빠르다. 지식의 팽창속도가 빠르며 구조의 변화가 유연하다. 우리 주거지의 아이들을 보면 이해가 쉽다. 구조가 유연하면 지식들의 상관관계도 활성화되며 의미들이 서로 연관하여 움직이는 속도도 활발하다. 이를테면 배고픔의 생리지식이 먹는 행동지식으로 곧바로 연계된다. 더 나아가 어디에서 어떤 양식으로 행동하는가에 관한 문화지식으로도 연결된다. 한 도시공간에 대한 정서애착이나 추억 혹은 아낌의 감정과 같은 심리지식도 빠르게 형성된다. 더욱이 그 공간에서의 행동경험이 늘어나고 공간과 '나'를 일치시키는 존재론적 상징지식도 나타난다. 이런 상호 연합이 활발해지면 단위지식들의 양이 증가하고 경험의 지식체계도 더 명확하게 더 공고하게 구축된다. 말하자면 이것이 우리가 도시주거지를 계획하는 실무의 목표이다. 느슨한 물체가 느슨한 경험을 유도하고, 물체는 의미로 가득하며, 물체 안에서 사람들의 사유와 정서와 행동은 자연스럽게 풍요로워진다.

생활세계의 역할

인간은 외적 세계에 대한 경험을 통해 각가지 의미를 해석해내고 이 의미들을 생활세계라는 자기 고유의 지식체계로 구성한다. 삶은 다수의 경험상황으로 이루어져 있으며, 하나의 생활세계는 다수의 작은 지식단위들로 구성되어 있다. 또 작은 단위들은 각각 보다 작은 지식요소들로 구성되어 있다. 이것은, 이를테면, 어느 도시주거단지 안에서 거주하는 한 거주자의 경험세계가 전혀 단순한 것이 아님을 말한다. 주거-가족, 주거-이웃, 주거-친우관계, 주거-직장, 주거-종교, 주거-여가 등이 만드는 상황과 의미의 폭은 광범위하다. 그러나 이것이 개인이나 집단에게 복잡함이나 무질서로 여겨지지 않고 그 세계 속에서 의식과 삶이 정연하게 정리되는 것은 크게 아래와 같은 이유에 근거한다.

첫째는, 앞서 말한 대로, 의미들이 의식 안에서 구조적으로 요약 정리되기 때문이다. 비록 삶은 복잡하고 또 여러 수준과 내용의 의미들을 쏟아 붓지만 이들은 나의 생활세계 속에서 깨끗이 요약 정리된다. 또 삶이 진행되면서 새로운 국면들이 계속 전개되지만 새로운 정보들 또한 기존의 생활세계 안에서 자연스럽게 소화된다. 마치 도서를 분류하듯이 혹은 음식 재료를 선반에 정돈하듯이 의미들은 연합, 우월성, 상호영향과 보완의 관계 안에서 분류되고 또 각 지식창고로 저장된다. 연상의 관계 속에서 다른 것들과 무관한 의미들, 우월성의 관계 속에서 중요치 않은 의미들, 상호의존의 관계 속에서 의존의 기능을 잃은 의미들은 자연스럽게 제거된다. 만약 이런 구조화에 실패하면 경험은 매우 모호해질 것이며 삶은 혼란스러워질 것이다.

둘째는 작은 지식단위들이 개별적으로 자기 고유의 의미를 보유한 채 하나의 질서를 구축한다는 것이다. 초기 구조주의자나 현상학자들은 거시 구조체계 안에서 혹은 개인의 현상학적 정신세계 안에서 개별 단위들의 정체성은 사라지고 하나의 총체적 현실이 등장한다고 말한다. 하지만 우리가 논의하는 생활세계는 요소들이 개체성을 잃고 하나의 총체적 현상으로 융합되어 만들어진 세계는 아니다. 물론 미시적으로 각 지식단위에서 혹은 각 경험상황에서는 대상과 인간이 서로 융합한다. 그러나 이렇게 개별적으로 만들어진 지식단위들은 고유의 의미를 보유하고 있으며 독특한 경험상황과 연계되어 있다. 따라서 상황 별 의미구조의 고유성은 보유되며, 그것이 하나의 생활세계로 구성될 때 각 지식창고는, 고유 특성을 상실하고 하나의 전체로 융합되는 대신, 일종의 연합적 네트워크를 만든다 (이 관점은 기든스의 구조이론, 상호작용론자들의 시각, 생태진화론자들의 관점을 반영한다).

셋째는 그것이 자기지시적 해석을 통해 자신의 삶과 일상에 직접적인 가치를 갖는 의미들로 구성된 세계라는 것이다. 자기 세계를 타인과 부분적으로 공유할 수는 있겠지만 그것은 타인의 것이 아닌 자기 자신의 것이며, 나의 삶이며, 나의 행동과 실리에 직접 연관된 것이다. 자신이 만들어 자기 삶을 위해 스스로 사용하는 것임으로 그 지식구조는, 비록 타인에게는 불명확할지라도, 의미와 관계의 창조자로서 자신에게는 매우 명쾌하다.

2-6. 울산 옥동 재래시장 2005년

마지막으로 생활세계는 어떤 경우에 있어서도 지속적으로 존재하며 진화한다는 것이다. 생활세계는, 경험이라는 것 자체도, 일시적인 현상이 아니라 반복 순환하는 경험을 통해 누적되는 지속적인 것이다. 외계는 즉각적 반응이나 즉흥적 과정에 의해 의미로 변환되지 않는다(예컨대 stimulus－response의 실증론적 분석관점으로는 생활세계를 이해하기 힘들다). 하나는 다른 것과의 관계 속에서 형성되고 정의된다. 과거의 한 지식단위는 지금의 지식단위와 반드시 어떤 관계를 맺고 있다. 삶이 외부세계와 인간 사이의 지속적 교섭 안에서 일상적 상호작용에 의해 누적 진행되는 것이기 때문에 생활세계는 자신의 삶이라는 일련의 맥락 속에서 자신에 의해 명확히 질서 있는 구조로 읽혀진다. 이 내면세계는 창조자에게 하나의 '당연시되는 일상의 실재' 로 자리잡게 된다. 그 세계 안에서 외부를 바라보는 일은, 혹은 어느 새로운 대상을 기존의 자기 세계 안으로 추가하는 일은, 자신이나 자기 집단에게 있어서 큰 도전이나 고충이 필요 없는 편안하며 효율적인 작업이다.

이 자기 세계는 자신의 삶과 일상경험에 몇 가지 중요한 역할을 담당한다.

첫째, 생활세계는 자기 외적 대상을 읽고 그 부분을 '자기 것' 으로 만드는 작업의 토대이며 무대가 된다. 이 세계는 자기를 상징하며 자기를 표현하기 위한 도구이다. 이 세계에 기대어 개인은 비로소 모든 외적 대상에 대해 타인과 의사 소통할 수 있으며 타인과 의미를 교류할 수 있게 된다. 나의 집, 내가 사는 아파트 단지, 나의 도시가 '자기 것' 이 되는 것은 그들이 이미 나의 생활세계 안에서 하나의 중요한 의미를 굳건하게 취득했기 때문이다(반대로, 이 시대에는 나의 집, 나의 단지, 나의 도시가 아닌 것들이 얼마나 많은가!). 그 도시와 주거지의 공간은 나의 의미체계 안에 삽입되어 각가지 의미를 타전하는 나의 '장소'가 된다. 이제야 비로소 나는 장소에서 행동하고 장소에 대해, 스스로에게 혹은 타인과, 대화할 수 있다. 장소는 곧 자기 자신이다.

둘째, 생활세계는 사회적 경계를 정의하는 근거로서의 단위가 된다. 개인 수준에서 보면, 자기의 내면세계와 여러 부분에서 의미를 공유하는 세계를 가진 다른 사람에게는 친밀감이나 연계가 생성된다. 가족이나 이웃 혹은 직장동료나 친구들이 개별적으로 가지고 있는 생활세계는, 각각의 사회적 관계가 독특하게 지정하는 범주 안에서, 나의 생활세계와 특정 부분의 의미를 공유하고 있다. 마찬가지로, 한 집단과 다른 집단 사이의 관계는 두 집단이 지식을 공유하는가 그리고 어떤 측면의 실재를 공유하는가에 따라 정의된다. 이렇게 보면 집단을 만들고 집단을 정의하는 기준은 그들의 생활세계 안에 있다. 반면에, 자기 세계와 공유하는 부분이 작은 다른 세계를 가진 사람은 타인으로 분류된다. 이를테면 주거지 공동체의 형성은 거주자들 생활세계 속의 의미들이 교류되고 공유되어 경계가 모호해지거나 중첩되는 상태에서 비로소 가능하다. 말하자면 주거 공동체 연구는 한 거주집단이 공동으로 구축 보유하는 그 경험세계를 정의하는 작업부터 시작해야 한다.

셋째, 생활세계는 자기 자신의 변화를 가늠하는 잣대가 된다. 이 내면세계에 근거하여 내 경험의 진화 그리고 자기 집단의 성장과 퇴보를 설명할 수 있다. 생활세계는 끊임없이 변화한다. 이 변화의 원인은 자기 요구, 목표, 가치, 자기과제에 연유하는 내면적 동기 (개인적 동기) 그리고 외부세계의 사물과 사건 혹은 상황에서 촉발되는 외면적 동기 (상황적 동기) 등 두 방향에 온다. 개인적 동기에 의해 나의 인식구조가 달라지며, 상황적 동기에 의해 내가 경험하는 대상의 일차적 본질이 달라진다. 경험의 결과물 즉 의미는 인식구조와 경험대상의 특정한 조합식에 따라 달라진다는 것이다. 이를테면 똑 같은 상황에서도 생활세계는 나의 육체적 조건, 심리상태, 사회적 역할, 문화적 배경의 변화에 예민하게 반응한다. 결국 이 두 가지 내적, 외적 벡터의 상호작용이 인간경험에 주는 에너지를 모니터링함으로써 개인 혹은 한 집단의 진화 곡선, 즉 진화의 방향 (성장 혹은 퇴보), 변화의 정도, 핵심적 불변 지식의 역할, 의미들의 진화 다이내믹 등을 가늠할 수 있다.

넷째, 생활세계는 그 창조자에게 행동의 선택과 수행방식에 관한 가이드라인을 제공한다. 모든 삶은 어떤 의미를 추구하는 경로이다. 인간은 자신에게 의미가 있는 방향으로 경험한다.

무엇을 경험하는가의 문제 즉 경험대상의 선택 혹은 포기는 그것이 나에게 어떤 의미를 얼마나 줄 수 있는가에 대한 판단에 달려있다. 어떻게 경험하는가의 문제 즉 경험의 절차와 방식, 수단과 맥락 등의 의사결정 역시 자신의 원래 목표로 향한 각가지 의미의 최고점을 향해 움직인다. 내 생활세계 안에 적재된 의미들의 구조와 관계는 무엇을 어떻게 경험하는가에 대한 기준을 만든다. 그것들은 나의 요구와 목표를 조정하고 경험이 가야 할 길을 제시한다. 결국 개인의 지식구조는 스스로의 행동규범이 된다. 더불어, 하나의 집단세계 안에 내재된 공유지식은 집단 안에서의 행동양식을 결정한다. 이를테면 개인이나 한 집단은 하나의 도시건축적 장치 또는 주거지의 한 경험상황에 관한 의미론적 해석에 근거하여 그 안에서 어떤 행동을 어떻게 수행하는 것이 자연스런 것인가에 관한 정보를 얻는다. 생활세계는 지속적으로 구축되고 항시적으로 보유하는 것임으로 이 세계의 지시에 따라 수행되는 자신의 일상행동 또한 항시적인 일상의 실재로 간주될 수 있다. 어디에서 무엇을 대상으로 어떻게 행동하는가에 관한 개인 혹은 집단의 상식을 뜻한다.

Chapter 3.

휴머니즘의 실천도식:

사람을 향한 계획방안

지금까지는 휴머니즘이 왜 비판적이 되어야 하는가, 비판적 휴머니즘은 무엇인가를 이해하는데 초점을 맞춰 논의하였다. 휴머니즘의 위기를 해명하였으며 휴머니즘에 대한 우리의 오해를 규명하였다. 그리하여 비판적 휴머니즘이 전하는 몇 가지 중요한 전제 개념을 제시하였다. 인간의 자기지시적 경험을 논하였으며, 해석과 행동과 의미가 무엇이고 생활세계는 또 무엇인지를 설명하였다. 비판적 휴머니즘은 우리의 정신과 실천 사이의 간극을 메우기 위해 제시된 것이다. 생활세계를 설명함으로써 이 간극을 충전하는 작업의 실천적 실마리를 찾으려 한 것이다. 이제 우리는 비판적 휴머니즘과 생활세계를 도시주거의 계획언어, 실무의 언어로 번역해야 한다. 그리하여 그 정신을 실천으로 옮기는 방법론적 도식 즉 인간중심계획을 위한 실천적 개념체계를 제안해야 한다. 그 중심에는 '장소'가 있다. 생활세계가 어떻게 도시주거의 공간적 실체인 '장소'로 환원되는 것인가?

해석적 전문가의 설명논리

우리는 흔히 삶의 질을 높이는 도시주거에 관해 말한다. 인간의 건강과 복지와 행복이 우리의 목표라고 알고 있으며, 사람들 사이의 화목과 배려와 공생의식이 우리 작업에 중요한 것이라고 말한다. '삶의 질'은 명백히 휴머니즘의 슬로건인데, 이 말은 보편적이며 상식적이다. 우리 계획의 이런 슬로건들은 분명히 우리의 이상이며 진리임에 틀림없다. 그러나 이들은 지나치게 추상적이고 관념적이어서 우리가 어떤 실천 경로를 취해야 그 이상에 가까이 갈 수 있는지를 정확하게 말해주지 못한다. 우리의 대다수 동료들과 후학들과 실무자들과 전문가들 심지어는 사용자들까지도 이 목표와 슬로건에 절대 동의를 표한다. 하지만 인간 삶의 질을 높이기 위해 우리 도시주거계획가는 구체적으로 무엇을 어떻게 해야 하는가? 해답은 대개 전문가를 자처하는 우리들의 보편적 가치를 향한 안전한 가설, 두리뭉실한 추론에 근거해서 제시된다. 보편의 말들은 상식에 비추어 볼 때 그런대로 바른 말로 들리지만 도시주거의 현장에서 일상적 삶의 언어로 맞닥뜨리면 금세 모호해진다.

우리는, 이를테면, 보행을 늘리면 사람들은 더 건강해질 것이며, 편리하고 수려한 보행로를 적극적으로 제공하면 사람들은 더 많은 보행을 통해 더 나은 삶을 누리게 될 것이라고 말한다. 계획을 통한 주민들의 우연한 만남, 심지어는 강제적인 만남까지도 그들이 상호 공동체임을 확인하는 경로가 되며 따라서 사회적으로 바람직한 거주경험이 될 것이라고 주장한다. 적절한 비례와 색감을 갖춘 다채롭고 미려한 경관은 삶에 좋은 것임을, 반대로 보기에 난잡하거나 무미건조한 대상은 좋은 경관이 아님을, 믿고 있다. 광역에서 집 앞까지 녹지가 연결되는 수려한 그린네트워크는 인간 삶의 질을, 그리고 동식물의 삶의 질까지도, 한 단계 높일 것이라고 말한다. 주택형태와 주택규모 그리고 소유형태(분양과 임대)를 적극적으로 그러나 과도하지는 않게 섞으면 사람들의 의미는 서로 상통할 것이고 그들의 사회성은 서로 융합할 것이라고, 그리하여 삶은 행복한 것이 될 것이라고 주장한다.

이들은 모두 우리들이 아끼고 가꾸며 전수하는 전문상식이며 실무규범들이다. 하지만 이런 안전한 제안들은 전문적 대담함이나 자신만만함과는 거리가 멀다. 모호함 역시 결코 최적이나 효율은 아니다. 전문적 자신감은 현상의 원인을 정확히 규명하는 설명력으로부터 나온다. 하지만 우리에게는 불행히도 이 시대 편재한 도시주거 문제들에 대한 설명력이 없다. 대담하며 효율적인 해답은 한 현상에 대한 이해의 깊이와 폭에 의존하지만 우리에게는 지금 이런 깊은 이해가 없다.

3-1. 인도 자이푸르 2001년 (인간의 만남에는 섬세하고 미묘한 교감의 의미가 있다. 하지만 단순보행은 익명의 가로를 만들 뿐이다. 익명성은 공동체의 동질성에 상처를 준다.)

비판적 휴머니즘은 인간의 자기 정화, 세계 정화의 능력을 높이 산다. 그 어떤 현실 상황 안에서도 인간은 자기 생활세계를 창출한다 (아니면 생존은 불가하다). 어떤 도시주거적 환경 실체 속에서도 자기지시적 의미들을 만들어내고 이들을 정연하게 자기 안에 비축한다 (아니면 이 세계는 총체적인 혼돈일 따름이다). 이런 '인간의 힘' 을 숭앙하는 비판적 휴머니즘 역시 삶의 질이나 인간의 행복과 같은 추상적이며 이상적인 목표를 지향한다. 그러나 비판적 휴머니스트로서의 우리 해석적 전문가가 안전함이나 모호함의 함정에서 벗어날 수 있는 것은 이런 인간적 이상을 실천으로 옮기는데 필요한 제안들을 명확한 설명과 이해의 기초 위에서 전개하려 애쓰기 때문이다.

현실 경험세계와 인간 의미세계를 연결하는 설명들. 실천의 방법론적 도식은 누군가의 규범이나 지시에 의해 탄생하지 않는다 (이 점은 매우 중요하다. 해외의 어떤 이론이나 무게 있는 한 실무자의 주장이 반드시 옳은 방법은 아니다). 방법은 설명에 근거하여 탄생한다. 설명은 현상의 원인을 해명하는 일이다. 우리의 해석적 전문가는 설명이 없는 해결들을 배척한다. 이를테면 우리는 인간은 왜 행동하는가, 왜 그 공간을 이용하는가, 의미는 어떻게 형성되며 공간은 의미와 어떤 관계가 있는가와 같은 뿌리 깊은 설명에 매달린다. '왜' 라는 설명, '어떻게' 라는 이해 속에서 우리는 해답을 찾으려 한다. 그리하여 인간의 생존과 생활에 관련된 대담하며 자신감 있는 방법론적 도식을 전개하려 한다. '왜' 라는 설명이 있어야 '어디' 를 '어떻게' 계획하는가에 대한 우리의 방법론적 실천도식을 구상할 수 있는 것이다.

이 설명의 기초는 비판적 휴머니즘의 사상이 제안하는 커다란 개념적 맥락 속에서 찾을 수 있다. 우리의 사상은 인간경험의 자기지시성과 자정화, 대상(시공간적 실체와 현상)에 대한 실행적 행동경험, 의미의 창출, 생활세계 등 몇 가지 키워드를 제시하고 있다. 이런 키워드들을 서로 묶고 연결하는 인간의 내면적 과정은 해석이다. 뒤 '행동유발과정과 의미형성과정' 에서 좀더 자세히 말하겠지만, 대상에서 행동까지는 인간의 자기지시적 행동 해석에 의해 발현되고 [대상 → (해석) → 행동], 행동으로부터 의미는 행동결과에 대한 의미 해석에 의해 도출된다 [행동 → (해석) → 의미]. 말하자면 해석은 인간이 하나의 단계에서 다른 단계로 유연하고 일관적으로 진행하는데 사용하는 내면적 윤활유라고 할 수 있다.

인간중심계획의 실현을 위해 노력하는 우리의 해석적 전문가는 비판적 휴머니즘의 사상으로부터 다음과 같은 일련의 설명개념들을 제안할 수 있다.

(1) 동기: 이 세계의 시공간적 실체는 인간경험(지각, 인지, 해석)의 대상이며 삶의 무대이다. 인간은 그 속에서 명확한 합목적적 동기를 가지고 행동을 전개한다. 행동은 우연의 산물이 아니라 명백한 자기지시적 동기로부터 발현된다. 행동의 동기는 인간의 요구와 필요성, 목표와 의도, 기대결과와 기대가치, 자기과제 등의 순차적 과정에 의해 형성된다. 결국 도시주거 속 사용자는 자신의 '가치 있는 필요성' 을 향해 움직이고 어떤 목표행동을 구상하며 이를 통해 삶을 의미 있는 것으로 만들고자 한다.

(2) 행동: 행동 없는 일상은 없다. 인간은 시공간적 실체 안에서 사물과 현상들을 자신의 행동을 통해 경험한다. 감관적, 지각적 경험은 그것이 행동의 필요조건은 될지언정 삶의 충분조건은 되지 못한다. 삶은 하나의 행동양식이다. 인간은 행동의 결과를 해석함으로써 다양한 수준과 내용과 관계의 의미를 생산한다.

(3) 환경의 지원: 행동은 도시주거의 시공간적 실체 속에서 그 실체의 속성과 동기의 속성이 서로 만나 조화를 이룰 때 나타난다. 하나의 필요성 혹은 목표는 도시주거환경의 지원이 있어야 행동으로 실현된다. 자신의 동기를 행동으로 구현하기 위해 인간은 시공간적 실체로부터 그 동기와 행동에 적합한 환경지원요소를 찾아내야 한다. 이 동기와 환경의 상호 역학 안에서 자기 행동의 행로를 해석하고 행동 수행 여부를 결정한다 (뒤에서는 인간행동과 직결되는 도시주거환경의 지원속성을 '행동의 환경적 자원' , 간단히 '자원' 으로 부르고 있다).

(4) 장소: 시공간적 실체에서 행동경험을 통해 자기 의미를 형성하면 의미는 그 시공간적 실체와 일체가 된다. 의미를 매개로 하여 도시주거의 공간적 실체는 객관적 본질을 잃고 인간 의식의 주관적 실재로 변모한다. 이 단계에서 의미들은 여러 행위공간으로 내입되어 하나의 공간적 네트워크로 형상화된다. 장소는 동기가 실현되는 공간이며, 그 실행적 경험을 지원하는 환경자원이 제공되는 공간이고, 그 행동이 의미로 번역되는 '의미 있는' 공간이다. 우리는 이 결과를 생활세계라고 이해했다. 생활세계는 의미체계이며 지식구조이다. 도시주거적 실체를 경험하는 인간은 생활세계를 행동장소 그 공간적 언어로 번역한다. 따라서 장소들이 만드는 공간적 네트워크는 의미의 네트워크이며 나의 생활세계이며 나의 삶이다.

이 동기, 행동, 자원, 장소의 순서는 비판적 휴머니즘이 말하는 인간경험의 경로이다. 이것은, 엄밀히 말해서, 인간 행동과 내면에 우선 초점을 두는 학술적 연구의 순서이다. 사실 실무는 현실에서 일반적으로 이 행로를 거꾸로 진행한다. 이를테면 현업에서 계획 전문가는 대개 공간적 실체를 먼저 만들고 행동경험을 유도하려 하며 행동을 통해 사용자의 의미를 기대한다. 그러나 비판적 휴머니스트로서의 우리 해석적 전문가들은 공간을 우선 만들고 그것이 인간에게 행동과 의미의 배경이 될 것을 기대하는 일반적인 우를 범하지 않는다. 해석적 실무자들은, 반대로, 비판적 휴머니즘의 학술적 순서를 따른다. 우리는 먼저 사용자의 동기와 가치가 연계된 '중요한 행동' 이 무엇인지를 이해하기 위해 노력한다. 중요한 행동은 사용자의 요구나 필요성과 결부되어 있으며 다양한 수준과 내용과 관계의 삶의 의미들과 연결되어 있다. 따라서 우리는 이 행동이 어떤 환경적 자원을 필요로 하고 있는지를 판단해야 한다. 그리하여 우리가 목표하는 사용자 행동이 어디에서 어떻게 일어날 것인가를 계획한다. 그 행동을 지원하는 환경속성을 찾아내면 사용자가 의미 있는 행동을 구현할 수 있는 도시주거적 실체, 그 공간과 사물과 상황을 만들어낼 수 있다. 다시 말하면 우리는 성급하게 공간부터 계획할 궁리를 멀리하고 먼저 '행동유발과정' 에 관심을 둔다. 그 근저에서 행동의 행로를 결정하는 사용자의 자기지시적 동기 그리고 이 동기를 이용한 행동양식의 자기 해석과정을 이해하려 힘쓴다.

행동유발과정과 의미형성과정

지금까지 전개한 논지에 의해 우리는 도시주거환경 안에서 사용자 생활세계가 구축되는 과정이 크게 '행동의 유발과정'과 '의미의 형성과정'으로 구성되어 있음을 알 수 있다. 디자인은 그 자체 만으로 인간에게 아무런 의미가 없다. 디자인은 사용자의 행동경험을 통해 비로소 하나의 의미로 치환된다 (대상 → 행동 → 의미). 디자인과 행동 사이에서 작용하는 과정은 행동유발과정이며, 행동과 의미 사이에서 작용하는 과정은 의미형성과정이다. 이 두 과정은 하나의 큰 흐름 안에서 서로 굳게 연결되어 있다. 의미가 형성되기 위해서는 디자인 속에서 행동이 유발되어야 한다. 또 행동은 의미를 얻기 위한 목표를 향해 진행된다. 우리의 해석적 전문가는 이 두 가지 단계 각각을 그리고 그 연속과정을 이해해야 한다.

앞에서 두 단계 모두 사용자 내면세계에서 작용하는 해석에 의존하며, 해석을 통해 하나의 흐름 속에서 진행한다고 말하였다. 또 모든 해석은 자기지시적 동기에 의거하여 진행된다고 강조하였다.

첫 단계, 행동유발과정에서의 해석은 행동을 향한 사용자의 자기지시적 동기가 도시주거환경과 만나 일으키는 상호작용에 관한 것이다 (해석=동기+환경). 여기에서 해석은 환경이 자기 행동동기에 어떤 지원 혹은 제한을 가하는지를 판단한다. 환경이 자기 동기의 실현을 지원한다고 해석하면 동기 실현을 위한 행동이 실제로 유발될 개연성은 커진다. 동기를 중심으로 간단한 공식으로 표현하면 '대상 → (동기) → (해석) → 행동' 즉 주어진 대상환경을 동기를 통해 해석하여 행동을 수행한다는 것이 되며, 다른 표현으로는 '행동 = f (동기+환경)'이 된다.

두 번째 단계의 해석은 자기 행동을 자신이 가졌던 본래의 동기를 기준으로 평가함으로써 의미를 정의하는 작업이다 (해석=동기+행동). 의미는 경험자가 자기 행동의 결과로 나타난 결과론적 가치를 자기지시적 동기가 가졌던 본래의 내재적 가치와 비교함으로써 형성된다. 행동이 가져다 준 가치가 원래 의도 기대했던 가치와 동등 혹은 그 이상 수준이면 행동으로부터 어떤 의미가 생성될 개연성은 커진다. 이 해석의 기초에도 역시 동기가 작용함으로 이 과정을 동기를 중심으로 표현하면 '행동 → (동기) → (해석) → 의미' 즉 행동결과가 제공하는 가치를 동기의 본래 가치로 해석하여 의미가 탄생한다는 것이 되며, 다른 표현으로는 '의미 = f (동기가치+행동가치)'가 된다.

따라서 해석은 위 도식들에 나타난 동기, 자원, 행동, 의미를 하나의 사이클로 묶는다. 행동은 동기와 환경자원의 관계에 관한 인간 해석에 의해 유발되고, 의미는 동기와 행동결과의 관계에 관한 인간 해석에 의해 형성된다. 다시 말하면, 해석이 이렇게 도시주거환경, 인간행동경험, 생활의 의미를 상호 연결할 수 있는 것은 그것이 인간의 동기, 다시 말하면, 가치 있는 필요성(요구), 목표나 의도를 동력으로 사용하기 때문이다.

(1) 행동유발과정 행동과 생활로 넘쳐흐르는 도시주거 공간, 이것은 실무하는 사람들의 이상이다. 하지만 우리 계획 안에는 사용자의 일상이 넘치는 그윽한 공간과 함께 행동의 공백으로 남아있는 허전한 공간들이 있다. 어떤 공간에서는 삶이 나타나기는 하지만 그것이 그렇게 편안하게 보이지 않는다. 그 공간 속에서 사람들은 행동하려 애쓰면서 여러 역경과 고충을 경험한다. 행동이 여러 공간들에서 두루 나타나지 않고 공간을 편식하는 이유는 무엇인가? 도시주거지 가로가 활발하게 이용되는 것은 왜이며, 그렇지 못한 것은 또 무슨 이유 인가? 한 공간에서 주민은 어떤 환경을 이용하여 어떤 행동을 보여주는가? 이 문제들은 대단히 실무적인 내용을 담고 있다. 왜냐하면 행동이 어떤 과정을 통해 발생하는가를 이해하면 우리는 그 행동이 유발되는 하나의 상황을 계획해낼 수 있기 때문이다. 말하자면 행동유발과정에 대한 해명은 우리가 지금 다루고 있는 인간중심계획의 실천도식과 직결된다.

행동유발은 도시주거의 환경적 성질과 인간행동의 동기, 이 두 가지 문제와 동시에 관련되어 있다. 행동이 유발되기 위해서는 한편으로 인간이 가지고 있는 어떤 강한 행동동기가 필요하고, 또 다른 한편으로는 환경이 적절한 재료를 제공해주어야 한다 [행동 = f (동기 + 환경)]. 말하자면 행동은 동기가 환경과 부딪치는 그 중간경로에서 결정된다. 도시주거지 가로에서의 일상활동은 먼저 이 특정 일상활동에 대한 필요성이 없으면 발생하지 않는다. 사용의 요구나 가치 자체가 없는데 가로를 아무리 잘 계획해보았자 아무 소용없다. 반대로 그 활동이 자신에게 가치가 있는 것이며 자기 삶에 어떤 의미가 있는 것이라고 믿으면 주민은 가로를 자신의 가치가 인도하는 경로로 이용하려 애쓸 것이다. 여기에서, 주민이 가로로부터 자신의 행동동기에 상응하는 적절한 환경적 성질을 발견하지 못하면 자기 행동을 위해 그 가로를 이용할 수 없다. 명백히 자기 행동을 보류하거나 다른 대체환경을 찾을 것이다. 반대로 가로가 요구나 가치에 부응하는 환경속성을 제공하면 그 가로에서의 행동은 어렵지 않게 실현될 수 있다.

말하자면 행동은 인간 동기와 외적 환경이 조화를 이룰 때 유발된다는 것이다. 여기에서 우리는 몇 가지 결정적인 잘못을 반복하고 있다. 예컨대 우리는 한 공간에서 어떤 일상행동을 유도할 것인가를 정확히 알지 못한 채 그 공간을 계획하려 든다. 주거지 가로에서 우리는 주민의 어떤 구체적인 일상을 기대하는가? 구체적인 목표행동도 없이 계획되는 공간 속에서는 주민 일상의 삶이 제대로 실현되기 힘들다. 또 우리는 공간 안에서 인간의 행동 하나가 어떤 과정을 통해 탄생하는가에 대해서는 정확히 알지 못한 채 그 행동을 위해 공간을 계획한다. 어떤 특정 행위는 가로의 어떤 환경과 반응하는가? 행동동기와 환경의 관계가 파악되지 않은 상태에서 계획된 공간의 환경이 그 행동을 제대로 지원할 수는 없다.

우리의 실천도식이 행동유발과정에 관심을 두어야 하는 까닭이 여기에 있다. 비판적 휴머니즘의 실천은 주민이 스스로 자신의 일상을 조영하고 삶의 의미를 축적하도록 돕기 위한 환경계획을 말한다. 여기에는 주민의 자발적인 행동경험이 필요하며, 우리의 실천도식도 행동경험이 유발되도록 돕는 것이 되어야 한다. 즉 인간의 행동동기(요구, 목표, 가치, 자기과제)를 먼저 이해해야 하며, 뒤이어 이 동기가 어떤 환경조건을 만나야 실제 행동으로 이어질 것인지를 판단해야 한다. 다시 강조하는데, 휴머니즘을 실무계획으로 실천하기 위해서는 행동유발과정을 반드시 이해해야 한다. 사람들에게 필요한 일상이 무엇이며 그 일상이 실현되는데 필요한 환경여건이 무엇인지가 명백하게 제시되어야 한다. 가치 있는, 필요한 일상은 '중요한' 일상을 뜻한다. 우리 해석적 전문가는 그들의 중요한 일상행동을 위한 환경여건을 계획할 수 있을 것이다.

(2) 의미형성과정 인간의 의미로 넘쳐흐르는 삶의 공간, 이것 역시 우리 전문가의 이상이다. 의미를 주지 못하는 도시주거 공간은 얼마나 하찮은가! 누구에게라도 아무런 의미를 전하지 않는 도시주거는 우리 작업의 실패를 뜻한다. 생리적, 감정적, 행동기능적, 사회문화적, 상징적 의미 중에서 적어도 어느 하나는 있어야 할 것이데, 우리가 만든 가로가, 광장이, 그리고 수많은 도시주거의 공간이 사용자에게 어느 의미 하나 뚜렷이 전하지 못한대서야 디자인이 제대로 된 것이라고 말할 수 없다.

위에서 행동은 동기와 환경에 의해 결정된다고 하였다. 또 의미는 행동과 동기의 비교에 의해 정의된다고 말했다. 여행이 내게 줄 수 있는 가치가 크다고 믿으면 여행은 내게 필요한 것이며 나는 여행을 행동으로 실현하고자 한다. 여행의 결과에 내포된 가치가 내가 믿었던 여행의 가치와 일치하면 그 여행은 의미 있는 것이 된다. 본래의 것이 여흥이었다면 여흥의 의미가 있는 것이며, 지식이었다면 지식의 의미가 있는 것이고, 가족적인 것이었다면 가족의 화목이라는 의미가 있는 것이다. 그러나 이것이 모두 인간의 내면적 해석 안에서 벌어지는 것일진대 우리 전문가들이 할 일은 어디에 있는가?

의미형성과정은, 엄밀히 말해서, 다소 복잡한 학술적 주제이다. 구체적으로 어떤 의미들이 바람직한가, 그 의미들은 어떤 행동으로부터 나오는가를 다루어야 한다. 이를 위해서는 또 의미와 행동에 연결된 동기는 무엇이었는지를 따져 보아야 한다. 그리고 동기—행동—의미가 어떤 과정을 통해 연결되는 것인지를 규명해야 한다. 우리 실무자들이 현장에서 해명할 수 있는 범위를 초과한다. 이를테면 앞에서 의미를 두 가지 수준과 세 가지 내용으로 구분하여 논하였고 그 관계를 연합과 우월성으로 규정한 바 있다. 하지만 행동과 의미는 1:1의 대응관계에서 벗어나 있다. 하나의 동기에서 출발한 행동이 뜻밖에도 여러 다른 의미를 제공할 수 있고, 반대로 한 의미를 위해 다수의 행동이 동원될 수도 있다. 한 행동에서 의미로 진행하는 과정은 복수적이고 총체적이며, 이 과정에는 당연히 여러 개인적 변수가 작용한다. 더욱이 여기에는, 의미 탄생의 과정론적 내용과 함께, 행동과 의미의 관계 즉 어떤 행동이 어떤 의미를 주는가, 개인이나 집단에 따라 그 관계는 어떻게 달라지는지를 규명하는 일이 포함되어 있다. 복잡한 개념과 이론적 이해가 요구되는 부분으로서, 계획적 실천도식에 초점을 둔 이 책의 테제에서도 벗어나 있는 문제들이다.

다만 여기에서 우리 실천도식은 우선 하나의 방법론적 토대에 주목할 필요가 있다. 분석논리와 전문규범은 버리고 인간 내면세계를 이해하기 위해 그 세계에 가까이 가기 위한 현장친화적 방법을 도모해야 한다. 제도와 전문체제가 고수하는 기술적 분석, 보편원리, 객관적 실무지표는 인간 의식과 의미를 규명하는 방법이 될 수 없다. 슈츠는 베버가 '이해verstehen' 라고 부르는 학술적 방법를 옹호하며, 인간과의 동류의식으로 무장한 성찰적 이해 즉 공감적 내성sympathetic introspection이 적절한 방법임을 주장한다. 의미 형성과 인간 내면의 과정을 규명하기 위해서 우리는 자신을 그 내면세계로 최대한 가까이 근접시켜야 하며 삶의 실제 상황 속으로 몰입시켜야 한다. 그리하여 대상과 상호작용하는 현장 안에서 인간의 그 현실적 과정들을 직접 감지해야 한다.

여기에 덧붙여 의미형성과정과 관련하여 우리 실천적 전문가가 해야 할 일이 적어도 두 가지 더 있다. 하나는 사용자의 의미와 연결되는 행동은 무엇인가를 알아내는 방법에 관한 것이며, 또 하나는 그 행동이 어디에서 일어날 수 있는가를 판단하는 방법에 관한 것이다. 인간의 가치 해석에 의해 의미가 정의된다 하더라도, 우리에게는 가치 있는 필요성과 연결된 중요 행동을 찾아내고 그 행동이 필요로 하는 환경을 제공하는 장소를 만드는 일이 책무로 주어진다. 앞에서 의미는 동기와 행동의 가치론적 함수이며 또 행동—환경 상호 관계의 결과에 따라 변한다고 말하였는데, 다행이 이 도식에서 의미와 동기는 모두 행동, 환경의 함수이다. 말하자면 의미, 동기와 같은 내면적 현상이 행동, 환경과 같은 실천 언어로 번역될 수 있음을 암시한다. 우리는 (1) 의미를 행동결과로 번역하고 (2) 행동결과가 나타나는 공간을 장소로 번역할 수 있다. 우리는 결과론적 현상으로서의 행동 그리고 그것이 발생하는 공간으로서의 장소에 주목할 수 있다. 이 두 가지는 모두 관찰 가능한 현실적 현상이다. 이를테면 우리의 실천도식에는 행동과 장소의 이해verstehen적 관찰이 포함될 수 있다.

실천도식의 세 가지 시각

우리의 클라이언트는 도시주거 시공간 안에서 동기에 근거한 자기지시적 해석을 통해 자기 일상행동을 전개한다. 자신이 목표하는 행동을 실현하기 위해 도시주거환경이 적절한 자원을 제공하고 있는지를 판단한다. 우리 해석적 전문가가 이 환경자원을 성공적으로 제공하면 사용자의 행동은 목표를 향해 진행될 것이며, 사용자는 이 행동을 통해 스스로 자기 요구를 충족하게 될 것이며, 그리하여 우리가 만든 도시주거 공간들 안에서 여러 삶의 의미들이 부흥하게 될 것이다. 이것이 우리가 목적하는 '장소의 생활세계' 이다. 우리 실천도식의 목적은 도시주거 공간들 속에서 주민이 일상의 합목적적 행동을 실현시키고 이를 통해 여러 공간들을 자기 의미로 채워나가도록 지원하는 것이다. 결국 인간중심계획을 향한 우리의 실천도식은 행동, 자원, 장소 크게 세 가지 개념으로 집약될 수 있다. 이 세 가지 시각을 행동기능적, 자원생태적, 장소구조적 시각이라는 이름으로 간략히 소개해보자.

행동기능적 시각: 행동동기와 합리성

동기, 자원, 행동, 의미는 실생활의 시공간 중 우리가 '장소' 라고 말하는 특정 상황 안에서 진행되는 개념들이다. 행동유발(동기+환경)과 장소의 관계 그리고 의미형성(동기가치+행동가치)과 장소의 관계를 이해하면 우리 해석적 전문가의 디자인 목표는 더욱 분명해진다. 우리의 목표는 사용자가 우리 디자인을 환경자원으로 활용하여 그들의 동기를 충족하고 자기 행동을 전개하며 행동경험을 통해 각가지 생활의미를 얻도록 지원하는 것이다. 그리하여 디자인으로부터 '장소의 생활세계' 즉 도시건축의 시공간적 배경 위에서의 의미세계를 만들어가도록 돕는 것이다.

디자인은 단순히, 추상적이며 관념적으로, 인간의 삶을 위한 공간을 만드는 작업이 아니다. 우리 해석적 전문가는 자신의 디자인이 사용자에게 의미 있는 실체가 되기를 기대한다. 그들은 자신의 디자인에서 사람들의 삶이 동기, 자원, 행동, 의미를 함유한 장소라는 시공간적 실체와 하나로 융합하고 장소를 통해 일상생활의 의미에 공간적 질서를 부여할 것을 희망한다. 장소의 네트워크 안에서 도시주거 속 생활세계의 많은 패러독스와 혼란이 사라질 것을 바란다.

(1) 인간의 자기지시적 동기 우리는 앞에서 꽤 집중적으로 동기의 중요성에 대해 논하였다. 동기를 요구, 목표, 기대가치로 해명하고, 이를 가치 있는 필요성 혹은 중요한 합목적적 행동요구를 향한 인간 내적 에너지라는 개념으로 설명하였다. 지금보다 미래가 항상 못할 것이라고 판단하는 사람에게는 동기가 있을 수 없다. 지금의 상태와 자신이 바라는 향후 상태 사이의 차이, 자신이 정한 미래 목표와 지금 혹은 과거와의 간극, 누군가 내게 말해준 보다 나은 상황에 대한 갈망. 이들은 모두 한 사람이 극복 혹은 달성해야 할 대상이다. 한 사람의 삶이 뜻있는 것이 되기 위한 전제이다.

동기를 채우고 목표를 이루는 일은 공상이나 무의식 혹은 허상이나 나태의 세계가 아니라 이 시공간 현실 속에서의 삶 그리고 우리의 평범한 일상의 세계 속에서 진행된다. 일상은 작은 행동들, 행위패턴들, 행동과 공간의 상호 시스템들로 이루어져 있다. 물리적, 사회문화적, 시간적 환경과의 끊임없는 관계들, 마찰과 조화들, 갈등과 협조들의 모자이크이다. 이 하나하나의 관계가 어떤 한 행동 혹은 몇 가지 상호 관련 행위들의 한 그룹에 의해 유지된다. 학교 가는 일, 아이들의 일상 놀이, 근처 공원에서의 가족 운동, 단지 부녀회 모임. 결국 우리가 보는 사람들의 일상행동은 행동자 각각이 자기 동기를 채우고자 하는 노력의 증거라고 말할 수 있다. 지금까지 우리가 논의한 비판적 휴머니즘 그리고 인간의 자기지시적 경험이나 의미의 생활세계 같은 개념은 동기 부여와 동기 충족에 관한 인간의 자발적 창의성을 이용하여 설명할 수 있다.

동시에 우리의 실천적 방법론을 위한 도식도 사용자의 행동 동기에서부터 출발해야 비로소 그 설명의 힘을 얻을 수 있다. 말하자면 우리에게 주어진 임무가 무엇인지, 우리가 어떻게 계획해야 하는지를 스스로 정확히 알기 위해서는 무엇보다 먼저 사용자의 행동동기 그리고 그들의 합리적 목표행동과 자기과제를 구체적으로 이해해야 한다. 다행히 우리 도시주거지의 사용자는 항상 스스로 가치 있다고 믿는 일상의 요구를 가지고 있으며, 그것을 계속 창출하고 조정하며, 자신의 동기를 타인의 동기와 일치시키려는 사회화 작업을 계속하고 있다. 이를테면 우리는 개인적 동기뿐만 아니라 계층과 집단의 공적 동기를 정의할 수 있다.

앞에서 우리의 기본적 사상과 시각에 대해 논하면서 우리는 감성적 휴머니즘에 반해 논리적 휴머니즘을 제안했으며 수동적 인간에 반해 인간의 자율적 경험을 강조했다. 그 까닭은 우리가 클라이언트의 비판적 논리와 행동적 자율을 인정함으로써, 전문체제의 딱딱한 시각이 아닌 대상 인간의 현장 눈높이로, 그들의 고유한 해석적 지식세계에 보다 가까이 갈수 있기 때문이다. 경험의 자율성을 강조함으로써 스스로 의미와 지식을 창출하는 인간의 능동적 능력을 부각하려 했다. 또 경험의 자기지시성을 강조함으로써 생활세계가 외부에서 혹은 제도전문체제에서 끊임없이 강제되는 지배지식으로부터 자유로운 상태로 진화한다는 점을 부각하려 했다. 우리 전문가들은 자신도 모르게 얼마나 많은 것을 사용자에게 강제하고 있는가! 비판적 휴머니즘은 결국 인간의 해석능력과 그 내면세계의 창의적 작동에 대한 체계적인 사유를 통해 인간행동이 어떻게 외부 이념세력으로부터 자유롭게 진화하게 되는지를 간파하기 위한 것이다. 그리고 그들이 어떤 과정을 통해 외부 영향력으로부터 그들 고유의 문화적, 이념적 자유를 지켜나가는지를 추적하기 위한 것이다.

3-2. 서울 중림동 1991년 (김기찬 사진, 출처: 골목 안 풍경 30년, 눈빛, 2003년)

외부 지배력으로부터의 자기 의식과 행동의 해방, 전문가들이 강요하는 기능이나 공간 혹은 경제와 같은 지배관념들로부터의 자유, 이 세계의 수많은 역설적 도시주거공간에서의 삶의 자율. 이것은 인간에게 세계에 대한 일상적 행동경험을 통해 자기 고유의 의미를 형성하고 이를 스스로 문화해석적 지식덩어리로 농축시키는 능력이 있기에 가능한 일이다. 마찬가지로, 인간의 자율성은 외부세계의 지배력 안에서 자기 행동을 스스로 통제하는 인간의 실행적 자주능력을 말한다. 행동의 자율이 없으면 어떻게 고유의 의미를 형성할 수 있겠는가! 인간은 이 자율적 행동을 통해 객관적 세계를 개인 혹은 집단의 주관적 세계로 환원하는데, 이 과정이 가능한 것은 자기 행동을 통제하는 자기의 동기들, 삶의 절실한 필요성들과 자기과제들이 힘을 쓰기 때문이다.

인간의 행동은 요구를 향해 조준되고 그 필요성의 가치에 의해 조종된다. 필요성이 강하다 함은 행동의 동기가 강함을 뜻한다. 반대로 필요성이 약하면 그 연계 행동이 실현될 개연성은 희박해진다. 또 필요성이 함유하고 있는 가치가 경험자에게 크거나 중요하면 그 가치를 취득하기 위한 행동의 동기가 또한 커지거나 중요해진다. 반대로 가치 없는 필요함은 행동으로 실현되지 않는다. 전문가의 손이 미치지 않는 허름한 골목길에서 주부들이 활발하게 삶의 사회적 장면들을 보이는 것은 그들의 삶이 이 사회성을 필요로 하고 있으며 그 행동의 사회적 가

3-3. 용인 구성의 놀이터 '줄내리기' 게임 (아이들의 발명놀이) 2005년

치가 또한 그들 삶에 중요한 것이기 때문이다. 놀이터에서 아이들이 게임놀이를 하고 있는 것은 놀이기구가 지시하는 기계적 사용행동보다 놀이기구를 응용하여 창의적으로 개발한 그들의 게임놀이가 그들 자신에게 더 의미 있는 것이기 때문이다.

요구, 목표, 가치와 같은 동기의 에너지는 행동을 통해 의미를 취득하기 위한 원동력이다. 감성, 정서, 행위패턴, 사회규범의식, 세계관, 상징이나 관념과 같은 은유적 지식을 만들고 지켜나가는 능력의 모든 동기를 말한다. 요구, 목표, 가치와 같은 동기의 에너지는 특히 인간에게 목표의식, 계획된 행동, 합리적 선택과 같은 세 가지 세부능력을 부여한다.

목표의식goal-orientation이란 인간이 스스로 도달하고자 하는 생리, 심리, 행동기능, 사회문화, 상징 등의 특정 기대치와 관련된 일정한 목표를 세우며 그들에게 이 목표를 향한 강한 의지와 의도intention, commitment가 있음을 지적하는 말이다. 목표는 일정한 요구를 동기로 삼아 형성되며 특정한 기대가치와 함께 정의된다. 어떤 가치에 대한 필요성이 있어야 목표가 형성된다는 것이다. 무엇이 필요함으로 어떤 행동목표를 갖게 되는가, 목표를 행동으로 실현했을 때 그 결과는 어떤 가치를 제공하는가에 관한 정의를 말한다.

계획행동planned action이란 인간이 목표 혹은 기대가치로 향한 자기 행동지침을 가지고 움직인다는 것을 말한다. 행동은 임의적으로 무작위 하게 혹은 우연하게 진행하지 않는다. 인간은 개개 주요 행동을 목표에 얼마나 공헌하는가에 관한 합목적성, 목적지향성을 기준으로 평가한다. 따라서 개인의 행동 레퍼토리 안에는 그 의도와 관계없는 혹은 불필요한 행동은 감소하고, 대신 정해진 목표와 연관된 행동(목표행동) 혹은 전략적으로 선택된 행동들이 체계적으로 구성된다. 이 계획성 역시 어떤 요구, 목표, 가치와 연관된 특정 동기로부터 지침을 받는다.

합리적 선택rational choice이란 목표 달성을 향해 나아가는 여러 행동의 수행과정이 목표-결과의 평가구조 안에서 합리적으로 결정됨을 말한다. 행동과정에서 행해지는 의사결정 또한 목표나 계획과 연계된 합리적 사고를 반영한다. 여기에서 의사결정의 목록에는 어디에서, 언제, 누구와 함께, 어떤 행동을, 어떻게 수행하는가의 세부 내용이 포함된다. 특히 '행동주체+시공간맥락+행동/의미' 의 통합적 경험단위인 삶의 상황에 관한 의사결정이 중요하다. 개별행동마다에는 필연적으로 하나의 시공간적 맥락이 작용하며, 맥락은 행동의 절차와 내용에 크나큰 영향을 미친다. 목표 달성을 위해서는 계획행동을 능률적으로 수행할 수 있는 상황조건을 선택하고 조절하며 창조하는 합리적인 판단능력이 필요하다.

이와 같이 인간의 실천적 자율성은 자기지시적 동기를 기준으로 스스로 목표와 계획을 세워 행동을 합리적으로 수행하는 그들의 능력에 기반을 두고 있다. 이 자율성이 곧 행동유발과정의 가장 기초적인 설명이다. 행동의 자율 안에서 목표, 계획, 합리성의 세 가지 능력은 서로 유기적인 의존상태를 유지하며 작용한다. 어느 하나가 독립적으로 정의되지 않는다. 이 세 가지 인간능력은, 이를테면, 목표에 의해 행동하고 행동을 위해 선택하는 것과 같은 일정한 상호관계 안에서 움직인다. 또, 목표, 계획, 합리성의 능력 중 어느 것 하나가 결여되는 문제에도 전체 행동의 진행이 차질을 빚는다. 이 세 가지의 상호관계는 동기에 의해 조종된다. 결국 삶의 의미를 향한 행동을 조종하는 것은 인간의 요구, 그 필요성이나 기대가치에 관한 인간 내재적 기준이다.

(2) 행동과 장소형성 우리는 지금까지 장소를 삶의 의미를 대변하는 시공간적 상황이라고 말하였다. 장소는 공간이지만 동시에 생활세계의 지식창고이며, 한 묶음의 의미지식이 담겨있는 삶의 상황이다. 장소는 어떻게 형성되는가? 사람들은 익명의 한 공간을 어떻게 자기 의미의 장소로 변환하는가?

우리는 지금까지 많은 시간을 할애하여 인간의 자기지시적 해석, 의미의 창출, 생활세계의 형성과 같은 비판적 휴머니즘의 현상들에 관해 논하였다. 이 시점에서 우리는 인간의 '자기가치를 향한 끊임없는 에너지' 를 한번 더 의식할 필요가 있다. 인간은 어떤 목표와 기대가치를 향한 요구를 항상 지니고 있다. 이런 요구, 목표, 기대가치는 한 익명의 공간을 자기지시적으로 해석하는 사이클에 힘찬 동력을 부여한다. 도시건축적 형체와 그 안의 사회문화적 사건은 그 자체로서는 어떤 가치를 함의하지 않는다. 그것은 처음에는 남들의 현상이다. 어느 순간에 그것이 나의 요구, 목표, 가치와 직접 연관되면서 그 객관적 대상은 나의 가치를 기준으로 판단되고 또 나의 내면적 기준에 의해 하나의 의미를 획득한다. 나는 무엇을 가치 있다고 생각하는가? 그것은 어떻게 획득하는가? 말하자면 모든 외부나 내면의 세계를 관통하는 보편적 가치 혹은 통일된 실재라는 개념은 없다. 가치는 인간의 동기 속에서 발현되어 대상을 향해 작동한다.

경험은 어떤 대상에 대한 의미의 실마리로서 출발한다. 지금까지 우리는 이것을 '지향적' 혹은 '실리적' 이라고 불렀다. 목표의식 혹은 합리적 행동과 선택은 어떤 의미 있는 대상을 향해 형성되는 것이다. 목표와 의도가 인간행동을 결정함으로 행동은 의미를 좇는 실행과정이라고 말할 수 있다. 인간의 실존은 구체적인 현실에 대한 행동경험, 즉 의미를 좇는 실행과정에 의해 정의된다. 우리는 앞에서 해석의 프래그머티즘을 논할 때 이 점을 강조하였다. 진리, 참은 개인적이고 해석적이며, 실행의 실용적 가치에 내재한다고 말하였다.

이 점은 깁슨이나 칸터David Canter 혹은 바커Roger Barker와 같이 현실환경 속에서의 인간행동의 이성 그리고 행동의 합목적성과 환경의 합리적 이용을 강조한 현대 행동심리학자들의 주장 그리고 기능주의, 상호작용론, 비판이론과 같은 현대 사회학 이론들에 의해서도 강조되고 있다. 행동이 합목적적임으로 행동 이전의 경험단계, 예컨대 지각, 인지, 해석 등도 합목적성에 기반을 둔 일련의 사전단계들이라고 볼 수 있다. 깁슨에 의하면 지각은 단순히 시각이나 청각을 통한 감관 체험이 아니다. 어떤 사물의 지각 조차도 목표나 가치 혹은 목적행동에 따라 그 과정과 결과가 달라진다. 또 외부 사물이 무엇인가를 이해하는 인지과정 역시 사물의 객관적 성질을 머리에 담아두는 단순작업이 아니라 어떤 목적이나 행동동기와 연관하여 사물을 이해하는 합리적 작업으로 볼 필요가 있다. 사물에 대한 이해 조차도 그 사물에 관한 목적성 즉 자신이 한 시점에 그 사물에 대해 가지고 있는 동기적 편견에 의해 좌우된다는 것이다.

외적 세계의 경험을 통해 구축되는 해석적 의미체계는 인식론적 의식의 세계, 이를테면 후설이 말하는 의식화mental consciousness, 버거와 럭크만 그리고 슈츠가 말하는 내면화의 세계이다. 그러므로 이 의미를 창출하는 과정으로서의 경험 또한 지극히 자의식적인 절차라고 보아야 한다. 바꿔 말하면, 목표나 계획 혹은 합리성이 결여된 행동 혹은 무의식 세계에서 발현되는 간접경험은 이 같은 해석적 지식을 구축하는 작업에 큰 도움이 되지 않는다. 의식화란 명확한 동기, 한 현상이나 사건의 이유, 결과에 대한 예측 등에 관한 자기 설명과 자기 성찰을 말한다. '지금 어디에서 내가 무엇을 왜 하고 있는가' 를 이해하는 일은 곧 이 세계를 정확하게 이해하는 작업이다. 이것이 의식화 혹은 의미화 작업인데, 이것은 세계와의 직접 대면, 세계에 대한 행동참여, 그 실행 그리고 결과 해석의 순환이 뒷받침되어야 가능한 일이다.

우리의 실무도식을 만들기 위해서는 도시주거를 대상으로 하여 생활세계가 어떤 채널을

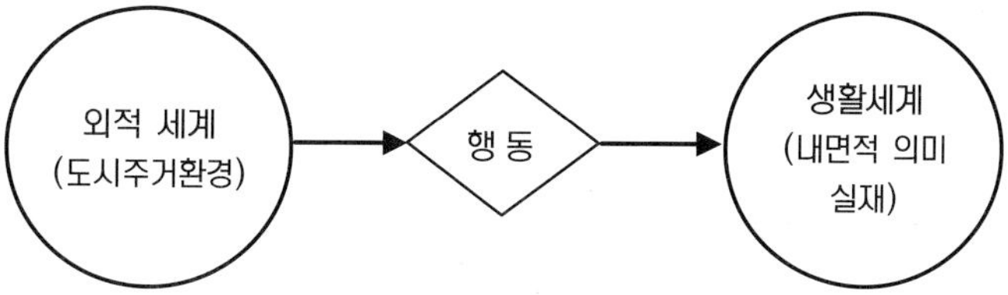

3-4. 행동: 외적 세계에 대한 의미론적 경험

통해 생성 유지되는가를 밝혀야 한다. 왜냐하면 우리 실무는 도시주거 사용자가 스스로의 생활세계를 만드는 이 채널에 직접 관여하는 것이기 때문이다. 우리는 이것을 경험이라는 개념으로 압축하여 설명할 수 있으며, 이 경험을 구체적으로 설명할 때 인간의 행동을 가장 핵심적인 채널로 다루어야 한다. 외부세계로부터 하나의 완성된 의미를 정의하고 자기 것으로 생성 구축하는 작업에서 독서, 관람, 전해 듣는 이야기, 몽상, 꿈, 무의식과 같은 불완전하며 부수적인 경험통로는 미흡하다.

삶은 외적 물질타인세계에 대한 실행경험으로 운영된다. 삶은 이런 참여행동들에 의해 만들어진 여러 의식들로 채워진다. 저 외적 세계가 주는 의미들은 행동을 통해 여과된다. 행동은 몽상과 무의식, 통감과 지각, 인지와 이해를 넘는, 경험의 한 사이클의 절정이다. 한 공간에서의 행동경험이 지나면 그 행동과 공간은 어떤 독특한 의미를 부여하기 시작한다. 이를테면 보행로를 멀리서 바라보는 일로는 혹은 공상만으로는 그 보행로가 내게 줄 수 있는 독특한 의미를 의식할 수 없다. 일상산책과 같은 보행로 속에서의 행동경험 즉 그 보행로 환경과의 직접 대면에 의해 보행로가 가지고 있는 나의 일상산책에 관한 의미를 터득하게 된다. 그 사람은 산책이 삶에 주는 특정한 의미를 위해 보행로를 이용하는 것이다. 여기에서 보행로와 일상산책은 통합된 하나의 경험단위가 된다. 그리하여 공간은 하나의 의미와 연결된 하나의 장소로 탈바꿈한다. 이와 같은 행동경험이 다른 공간에서 다른 의미들을 위해 반복됨으로써 도시주거지 전체는 하나의 공간적 의미체계, 장소의 생활세계로 정착된다.

그러므로 행동을 통해 만들어지는 장소, 장소 속의 삶과 의식은 더 이상 관념적인 현상이 아니다. 그것은 매우 현실적이며 가시적인 현상이다. 현실의 가치와 목표와 실리에 관련된 경험적인 현상이다. 사용자의 행동은 우리 해석적 전문가가 다루는 실천의 현실, 방법론적 도식의 언어 안에 있다. 행동은 이 점에 있어서 지각이나 인지와 같은 여타의 경험채널들과 차이를 보인다. 행동은 동기와 연계된 인간의 자기지시적 내면 현상이나 학술이론적 증상으로서의 역할을 넘어 우리 실무자들이 관찰하고 분석하는 실행의 언어로도 유용하다. 우리가 현장에 나가보면 쉽게 볼 수 있는 삶의 현상들이다.

결국 생활세계는, 의미/지식의 구조일 뿐만 아니라, 각 의미/지식의 창출과 연계된 각가지 목표 지향적, 가치 관련적 행동들의 구조라고 보아야 한다. 앞서 한 사람의 생활세계는 지식과 의미의 체계이며 장소의 시공간적 질서라고 말하였다. 여기에 우리는 생활세계가 요구 지향적, 합목적적 일상행동들의 체계인 점을 추가할 수 있다. 다시 강조하면, 생활세계는 '의미+장소+행동' 의 통합단위들로 구성되어 있다.

우리는 흔히 놀이터의 아동놀이, 도시광장의 휴식, 주부의 일상 장보기와 같은 주변 행동들이 한 사람의 생활의미와 깊게 연결되어 있는 것임을 간과하기 쉽다. 하지만 이런 행동 각각은 철저하게 어떤 가치나 의미와 연관된 일상의 살아있는 현상이라고 볼 수 있다. 이런 행동 하나하나는 (1) 환경 밖이나 인근에 위치하는 관점이 아니라 환경의 내부 그 중심에서 사물을 바라보는 시각의 현상이며, (2) 환경과의 직접 접촉과 상호 조정 변형을 암시하는 증상이며, (3) 환경이 제공하는 재료나 에너지를 직접 취득 활용하는 작업이며, (4) 이런 절차를 통해 행동자, 행동, 환경에 관한 어떤 의미의 인식으로 이어지며 그 의미를 자기의 의식과 관념으로 만드는 수단이 된다.

특히 우리는 뒤에서 중요 행동 혹은 우선행동이라고 불리는 어떤 특정한 행동들에 주목하게 될 것이다. 이들은 다른 일상행동들에 비해 특히 절실하고 집요하며 명백한 요구 혹은 가치에 조준된 행동들을 말한다. 동기 자체가 절실하고 집요함으로 이에 따라 행해지는 행동도, 다른 행동들 보다, 집요하고 명백하다. 절실한 목표에 조준된 우선행동은 그 실천을 위한 행보가 일시적이거나 즉흥적인 우연성보다는 집요하며 반복적인 적극성을 보일 가능성이 크다. 이것은 그 행동에 연계된 가치, 행동의 결과가 초래할 의미가 그 사람에게 특히 중요하다는 이유 때문이다.

이를 근거로 부언하면, 여러 행동들 혹은 일상행동양식들 중에서 그 사람이 스스로에게 특히 절실하고 중요하게 느끼는 우선행동들이야 말로 의미 형성, 장소 형성, 생활세계 형성의 가장 핵심적인 경험채널이라고 말할 수 있다. 사실 한 사람의 삶을 이루는 모든 행동이 그에게 동등한 의미를 가지고 있지 않으며 동등한 가치를 제공하지 않는다. 따라서 어떤 한 사람의 어느 한 시점을 기준으로 볼 때 동기들의 중요성이 서로 다름으로 행동들의 중요성이 서로 다르며, 그 부속된 의미들의 중요성도 서로 다르고, 따라서 장소들의 중요성도 서로 다르다. 이것이 생활세계로 이어짐으로 생활세계가 시간 변수에 의해 변화를 거듭하는 진화적 본성을 가지고 있다고 자신 있게 말할 수 있는 것이다. 한 사람의 삶을 정의하는 결정적인 의미들, 중요한 의미들은 전체 행동 레퍼토리의 한 부분, 특히 중요하며 절실한 행동들에 의해 형성된다. 더 나아가 인간은 어떤 행동이 중요한 것인가에 대한 명확한 아이디어를 가지고 있다. 또 어떻게 그 중요 행동을 현실에서 실현하는가에 관한 고유한 방법을 보유하고 있다. 이런 중요행동에 관한 아이디어와 방법에 의해 외부세계는 그 물질적 본질로부터 개인 혹은 한 집단의 고유한 의식세계로 탈바꿈한다.

비판적 휴머니스트로서의 우리 해석적 전문가는 이와 같은 인간의 자율적 행동능력을 전제로 삼아 그 기반 위에서 작업한다. 대개의 규범적 전문가들이 자신을 무장하는데 이용하는 관념적 주장이나 규범적 강제를 스스로 멀리하려 노력한다. 자기 자신을 둘러싼 두터운 제도 전문체제의 갑옷을 벗어버린 우리는 이제 사용자가 스스로 자신에게 중요하다고 말하는 가치와 그들 삶에 중요한 요구, 중요한 행동, 절실한 의미, 가치 있는 장소들에 주목한다. 자신이 만드는 도시주거의 시공간적 실체 안에서 사용자의 요구가 행동으로 이행되는 그 섬세한 과정을 이해하려 애쓴다. 행동이라는 현실의 현상을 예의 주시하며, 행동이 의미 있게 실행되는 공간적 실체(장소)에 관심을 둔다. 행동이 그 이름없는 객관적 공간을 사용자의 장소로 변환하는 요체라는 점을 안다. 클라이언트들이 스스로의 행동을 통해 나름대로의 '교정된 세계' 를 구축한다는 것을 이해한다.

물론 우리는 사용자의 요구들이 때때로 우리가 만든 도시주거환경을 배척한다는 것도 이해할 수 있다. 자기 목적행동을 수행하기 위해 사용자들 스스로가 환경을 찾아 나서며, 우리의 전문규범이 강제한 환경을 유기하거나 자유롭게 변형하기도 하고, 자신에게 중요한 행동을 일으키기 위해 우리가 계획한 건축을 힘겹게 조정하기도 한다는 것을 이해한다. 우리는 우리가 만드는 환경들이 사용자가 목적한 행동들과 갈등을 빚는 것은 아닌지, 어떻게 그들의 목적행동들을 지원할 수 있는지를 항상 염려한다. 충돌과 제한은 없애고 지원을 늘림으로써 요구가 행동으로, 행동이 장소와 의미의 세계로 전환되는 그 유연하고 순탄한 행로에 참여하고자 노력한다. 우리가 만드는 공간들 하나하나가 그들에게 의미들로 가득한 풍요로운 장소가 될 것을 기대한다. 사용자의 자율성, 그들 행동의 설명력을 무시한 채 자신이 만든 도시주거환경 안에서 사용자가 의미 있는 삶을 획득할 것으로 믿는 전문가는 대개 실패할 것이다.

자원생태적 시각: 자원과 인간행동

이 외적 세계에는 가치를 좇는 인간의 실리적 행동을 위한 무수한 잠재적 재료들이 산재해있다. 행동의 재료들은 우리의 지각적 세계를 형성한다. 우리가 세계를 지각한다는 말은 이 세계의 가능한 재료들의 쓰임새를 판정한다는 말과 같다. 그들은 감관을 통해 지각되고 인지를 거쳐 이해된다. 행동을 위한 재료는 지각되고 인지된 잠재적 재료들 중에서 선택된다. 골목길이 여러 개면 그 중 하나를 이용하게 되고, 벤치와 돌 중에서 자신이 선택한 것에 앉는다. 행동은 동기와 재료의 함수이다. 동기만 있어서는 곤란하다 [행동 = f (동기 + 환경재료)]. 인간이 자기 행동을 실현하기 위해서는 현실세계의 재료에 의존해야 한다. 재료의 실행적, 실리적 잠재력을 선택하고 계발하는 능력은 인간의 해석과정 안에 있다. 우리 실무자에게는 이 해석의 함수작용에 포함될 수 있는 최적의 재료들을 효율적으로 펼쳐놓아야 할 책무가 있다.

사회학 이론 중에서 기능주의 혹은 진화론이나 도시생태론의 논지를 빌리면, 인간의 행동 그리고 (이 행동에 의해 정해지는) 인간사회의 구조와 질서는 인간이 스스로의 생존과 최적기능을 위해 사용하고 투자하는 자원**resources** 그리고 인간이 이 자원을 취득하는 전략에 의존한다. 이 논지는 도시주거건축 분야에 많은 것을 시사한다. 도시주거 안에서의 주민 일상행동 그리고 그들의 생존과 최적기능 역시 도시주거의 물리적, 사회문화적, 시간적 환경 속 자원들에 의존한다. 사회학에서 자원은 물질자원과 사회조직자원을 포함하는 포괄적인 개념이다. 사회적 행동, 특히 생존행동이 다양한 사회적 자원의 레퍼토리를 요구한다는 것이다. 우리 분야에서도 역시 자원은 포괄적인 개념이며 도시주거행동(동기 충족, 장소 형성, 의미 형성)에 이용되는 제반 환경속성을 포함한다. 도시주거지 안의 작은 행동에도 여러 물질적, 공간적, 사회문화적, 상황적 자원이 필요하다. 자원이 우리의 휴머니즘계획의 실천도식을 향한 논의에서 중요하게 취급되어야 하는 이유는 아래와 같이 크게 두 가지로 정리된다.

(1) 자원 취득과 인간행동 첫째는 이론적 이유로서, 인간행동이 외부상황의 기회와 제한에 연관된 인간의 합리적 선택에 의해 발현된다는 이론적 논지를 제시하기 위해서이다.

이 개념적 논지에는 양면성이 있다. 한편으로 이 말은 인간의 모든 행동이 예외 없이 외부의 자원을 이용해야 한다는 가정을 전제로 한다. 사실 자원을 이용하지 않고 생성되는 행동은 없다. 따라서 행동은 본질적으로 환경 의존적이라고 할 수 있다. 그러나 이와 동시에 이 말은 행동이 환경의 일방적인 영향력이 아니라 그 영향에 대한 인간의 자주적, 합목적적 의사결정에 좌우된다는 뜻을 지니고 있다. 인간은 환경 속에서 그 가능성과 잠재력을 스스로 판단해내고 이를 자기 행동에 유리한 방향으로 활용한다. 앞서 행동이 동기와 환경의 함수라고 말한 논지와 같이, 인간은 주어진 환경으로부터 자신의 동기(요구, 목표, 기대가치)에 맞는 적절한 행동재료를 적극적으로 취득한다.

행동이 어쩔 수 없이 환경의존적임으로 환경에 대해서 우선 피력해보자. 앞서의 합리적 선택에 관한 개념 그리고 심리학의 기회이론 등의 주장을 빌려 이 논지를 좀더 구체적으로 말하면, 행동은 기회와 제한의 메커니즘 안에서 최적의 조건을 포착하는 행태로 발현된다.[11] 여기에서 '행동의 조건' 이란 최대의 기회 그리고 동시에 최소의 제한을 부여하는 환경여건을 말한다. 말하자면 내 행동이 필요로 하는 자원을 취득하는데 가장 효율적이며 적합한 여건이다. 또 여기에서 '기회와 제한의 메커니즘 안에서' 라고 표현했는데 이 말은 기회와 제한이 한 행동에 있어서 혹은 그 동기에 있어서 이미 주어진 여건, 기존의 상황이라는 뜻을 전한다. 행동은 어쩔 수없이 기존 여건 안에서 주어진 환경으로부터 필요한 자원을 찾아야 한다.

행동의 조건에는 상황적인 요소만 있는 것이 아니라 분명 개인적인 요소도 있다. 상황적 요소가 물리적 환경, 사회문화적 환경과 같은 환경적 영향, 시간적 영향, 행동의 룰이나 규범에 관한 행위프로그램적 영향을 포함하는 것이라면, 개인적 요소는 개인의 제반 능력(육체적, 사회문화적 능력)과 개인적 여건(시간, 재원, 가족상황) 그리고 개인의 인성(적극성, 집중력, 분석적 성향) 등에 의해 결정된다. 여기에서 이론적으로 개인적 조건의 영향력을 무시할 수 없다고 말하는 이유는 행동이, 그리고 그 동기가, 이 개인적 기회와 제한의 메커니즘에 의해서도 부분적으로 결정되기 때문이다. 이를테면 육체적 능력에 차이가 있는 두 아동의 일상행동의 범주에는 분명히 차이가 있다. 또 시간이나 재원을 얼마나 투자할 수 있는가의 관점에 의해서도

11 이 부분에 대해서는 인간 행동세계가 긍정적 요인과 부정적 요인의 벡터들로 구성되어 있으며 행동은 이 벡터들의 상호관계로 발현된다는 사회심리학자 루빈(Kurt Lewin)의 장이론(Field Theory)를 원용할 수 있다. 이 이론에 대해서는 4장에서 좀더 구체적으로 논의하기로 한다.

표 3-1. 인간행동의 기회와 제한

	Organismic (개인적): Personal, biological, trait-related	Situational (상황적): Environmental, temporal, program-related
기회 (Opportunities)	행동을 장려하는 개인의 긍정적 조건과 속성 (예, 풍부한 시간과 재원, 개인의 육체/사회/문화적 능력, 적극적 성격 등)	행동에 대한 외부 환경과 상황의 긍정적 기회여건 및 지원요소 (모든 잠재적 자원)
제한 (Restraints)	행동을 억제하는 개인의 부정적 조건과 속성 (시간과 여력의 부족, 능력 결여, 소극적 성격 등)	외부세계가 강요하는 부정적 제한요소 (예, 주거계획적 제반 문제점들, 사회적 통제, 문화적 규범의 제한력 등)

행동의 양식이 달라진다. 엄밀히 말하면 인간은 환경의 기회와 제한뿐만 아니라 자신의 개인적 기회와 제한의 여건 속에서 최적의 조건을 포착하여 행동할 수 밖에 없다.

하지만 이 개인적 여건에 관한 논의는 우리 해석적 전문가가 실천도식을 궁리하는데 크게 기여하지 않는다. 말하자면 개인적 변수는 자원을 정의하는 작업에 직접적으로 관여하지 않는다 (이 책을 통해 자원은 개인의 시간이나 능력과 같은 개인적 혹은 심리적 속성을 배제하는 개념으로 쓰여진다. 이는 개념적 이유뿐만 아니라 도시주거건축 실무를 위한 방법론적 도식을 찾고자 하는 이 책의 의도에도 기인한다). 우리는 상황을 다루는 전문가임으로 우리에게 중요한 것은 인간이 경험하고 행동하는 도시주거환경 그 시공간적 외부세계에 함유된 상황적 기회와 제한이다.

외부환경은, 앞서 지적한 대로, 크게 물질세계와 타인세계로 구성되어 있다. 물질세계는 사물과 공간의 객관적 본질과 자연적 사건 그리고 물질과 시간의 관계 등이며, 타인세계는 한 사람을 둘러싼 사회문화적 체계와 사건들, 다른 사람들, 그리고 시간적 맥락에 관한 시각 등이다. 이 두 가지 환경체계는 인간행동에 대해 각각 고유한 기회와 제한의 요소들을 함유하고 있다. 예컨대 한 행동에 공간과 친구가 동시에 필요할 경우는 얼마든지 있다. 인간은 자기지시적 행동동기의 기제에 준거하여 이 상황적 기회와 제한 안에서 자기 행동의 실현을 위한 합리적인 절차를 수행해나간다. 행동수행자에게는 한 행동이 무엇을 위한 것인가에 관한 논리는 물론이고 (이 문제는 기회와 제한에 관한 개인적 변수와 더 관련되어 있다), 그 행동을 위해 외부

환경으로부터 어떤 기회를 얻고 어떤 제한은 피하는가에 관한 논리도 명확하다. 행동이 환경에 의존한다는 말은, 행동이 성공했다는 말은 인간이 자신에게 부여된 환경적 기회와 제한의 조건으로부터 자기가 필요로 하는 자원을 적절히 취득한다는 것을 뜻한다.

이 과정은 합리적인 의사결정의 논지를 따른다. 외적 환경에 존재하는 모든 기회가 자원으로 활용되는 것은 아니다. 잠재적 기회 중에서 자기 목표행동의 최적 기회로 이용되는 부분이 자원이 된다. 또한 모든 잠재적 제한요소가 어떤 행동의 직접적인 제한으로 작용하는 것이 아니다. 특정의 합목적적 행동을 위한 자원취득과정에 즉 어떤 자원을 이용하여 특정 행동을 실현하려는 경로에 직접 관여하는 부정적 요소들이 제한으로 여겨진다.

인간에게는 자신이 하려는 목표행동을 위해 환경여건을 폭넓게 탐색하는 본성이 있다. 일례로 우리는 아파트 아이들이 공부나 숙제를 할 때 휴게공간의 정자, 풀밭, 심지어는 도로바닥까지도 무리 없이 이용하는 모습을 본다. 공놀이는 또 얼마나 다양한 환경 속에서 이루어지고 있는가! 행동하는 한 사람에게 있어서 자원은 외부 환경이 제공하는 모든 긍정적 기회여건과 지원요소를 포함한다. 자원은 매우 포괄적인 범주 안에서 취득되어 행동에 다각적으로 쓰여진다. 여기에는 환경의 물질적 성질로부터 얻는 물리적 속성들이 포함된다 (그늘, 바닥 면, 공간 크기 등). 또 사회문화적 환경의 여러 속성들, 규범과 행동관습과 행위규칙 등이 포함된다 (친구나 이웃의 역할, 상황이 행동에 허락하는 여유시간 등). 기든스가 말한 규칙이나 블루머 Herbert Blumer가 말한 상징적 교섭symbolic interactions 조차도 그것이 광의의 환경세계 안에서 발현되는 인간행동의 원자재로 사용되는 것이라면 자원에 물론 포함될 것이다. 예컨대 사람들은 자신에게 주어진 사회문화적 행동규범, 사회적 규칙과 그 안에서의 자기 역할, 자기 행동에 대한 타인의 해석 및 그 타인 해석에 대한 자발적 인식, 집단이 공유하는 특정 사건이나 이벤트의 행동양식 등을 이용하여 자기 행동을 실현한다.

자원은 이처럼 한 사람의 외적 세계에 폭넓게 산재하는 물리적 속성, 시간적 여건, 사회문화적 속성으로 간주된다. 생존과 최적기능 그리고 자기 목표행동을 위해 이들을 찾아나서는 인간의 자원취득행태resource seeking behaviors는 생태론적 관점에서 조망할 수 있다. 사회과학의 진화론자나 생태론자가 주장하는 내용을 빌려 말하면 인간 실존은 자원의 생태적 분포에 의거하여 진화한다. 인간은 자기 행동을 수행하기 위해 자원의 취득 가능한 소재지에 관심을 갖게 된다. 최적기능을 위해 자원 집중 지역에 모일 수밖에 없으며, 생존을 위해 자원 분포지역에 정착하게 된다. 자원이 없으면 행동이 없고 장소도 없으며 의미도 없고 생활세계도 없다. 행동수행과 진화를 위해 인간은 필연적으로 자원의 지리적 분포에 의존한다. 따라서 장소의 분포 그리고 생활세계의 지리적 구조 역시 자원의 생태적 메커니즘에 의존하여 진화한다. 이를테면 인간행동의 최적 조건이란 그 행동이 필요로 하는 자원이 효율적으로 제공되는 상황이다. 자원이 풍부한 환경 안에서 인간은 자신이 하고자 하는 일련의 행동을 지속적으로 수행할 수 있다. 이런 목표지향적 행동들의 연속적 수행을 통해 그 위치에서 장소를 탄생시키며 장소 안에 각가지 자기 의미를 담게 된다. 장소의 의미론적 구조로 이루어진 그 사람의 생활세계도 역시 자원의존적일 수밖에 없다는 것이다.[12]

(2) 자원의 계획과 도시주거실무 우리가 휴머니즘의 실천도식을 위해 자원을 논의하게 된 또 다른 중요한 이유는 그것이 우리 실무와 밀접하게 연관된 개념이기 때문이다. 자원은 그 자체가 실무언어이며 계획방법이다. 자원은 행동의 재료이며 동시에, 생태론적 관점에서 보면, 행동이 일어나는 지리적 공간을 암시한다. 자원은 외적 세계에 존재하는 가시적 실체이며 그 실체의 본성 혹은 속성이다. 그네, 넓은 운동장, 나무그늘과 시원한 바람, 친절한 동료주민과 격의 없는 이웃, 공원과 상점들이 모두 자원이다. 자원이야말로 우리 전문가들이 일상적으로 생각하고 그려내는 계획요소이며 건축언어이다. 이와 같이 자원은 그 자체가 우리 실무자들의 전문언어인데, 이를 이용하여 인간의 행동과 삶의 동기와 그들의 의미의 장소와 인간들의 생활세계에 모두 관여할 수 있다니 이것은 얼마나 다행스런 일인가!

도시주거 안의 삶은 모두 이 환경적 재료들에 의존한다. 자원을 조정함으로써 비로소 우리는 사용자의 도시주거적 상황을 만들고 그들의 행동양식과 의미세계에 영향을 미치는 작업을 수행하게 된다. 자원이 도시주거환경의 재료이기는 한데, 사실은 아무 재료나 다 말하는 것은 아니고 특별히 우리 사용자에게 중요하고 의미 있는 것들을 지칭한다. 우리는 계속 가치 있는 필요성의 실현이 곧 행동이고 이런 가치와 연결된 행동이 곧 의미를 지시한다고 말하고 있다. 행동이 자원을 이용하는 것일진대 자원이 재료들 중에서 가치와 의미에 연결된 것으로 한

12 중요 행동이나 의미의 장소들이 위치한 곳과 자원이 풍부한 곳은 틀림없이 지리적으로 일치한다고 여겨도 좋다. 자원의 생태진화론적 주장은 기능행동주의, 비판이론, 구조주의 등과 함께 자원을 조망하는 하나의 대안적 시각이다. 여기에서는 이 정도 논의로 그치고자 한다. 보다 자세한 내용을 위해서는 진화이론과 관련된 뒤르껭(Emile Durkheim)의 주장과 시카고 도시생태학파(Urban Ecology School)의 논지를 참고하기 바란다.

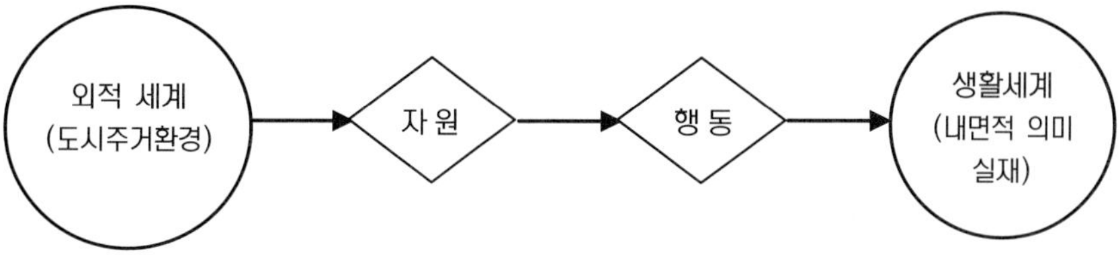

3-5. 자원: 행동과 장소와 생활세계의 생태진화론적 재료

정되는 것은 당연하다. 이를테면 자원은 중요한 환경이며, 중요한 행동을 위한 환경재료이며, 동시에 그 행동이 실현되는 의미 있는 장소 속의 환경요소이다.

행동과 의미를 만드는 일은 자기 요구를 충족하고 그 해석을 수행하는 인간의 몫인데, 우리 전문가들이 해야 할 일은 어디에 있는가? 우리는 먼저 실무가 사람들의 행동이나 경험을 '결정' 한다는 전문적 우월의식을 버려야 한다. 자원을 정의하고 탐색하며 자원을 이용하여 행동을 추진하는 일은 인간의 목표의식과 자율적 해석능력에 달려있다. 실무는 이를 지원하는 작업에 그치는 것이며 인간의 의미 있는 삶을 기대하고 희망하며 평가하는 작업이다. 하지만 자원을 이용함으로써 우리는 우리 계획에 상당한 논리적 근거와 설명력을 부여할 수 있다. 우리 실무를 자원계획에 집중함으로써 우리는 사용자의 중요 장소를 계획할 수 있고 그 속의 행위와 생활이 그들 삶의 중요한 부분과 관련되어 있음을 확신할 수 있다.

실무자로서 우리는 도시주거 사용자의 자기 요구 충족과 행동실현을 위해 어떤 자원들을 제공해야 할 것인지를 고심해야 한다. 하지만 여기에는 우리 실천도식의 타당성에 관한 두 가지 문제가 있다.

하나는 자원을 어떻게 만들 수 있는가에 관한 것이다. 말하자면 우리가 만든 자원이 사용자가 해석하는 자원과 차이가 있다면 우리의 실천도식은 실패로 돌아갈 공산이 크다. 자원이 동기와 행동 두 가지 변수에 관한 인간 내면의 해석작업을 통해 결정되는 것임으로 자칫 우리는 동기를 우선 해명해야 한다는 크나큰 이론적 절박감을 가지기 쉽다. 물론 이론적으로는 자원이 인간 동기와 연결된 환경변수라고 말해야 하지만, 그 실무적 잠재력을 극대화하는 실천도식을 위해서 우리는 동기보다는 행동 쪽에 관심을 둘 필요가 있다. 다시 말하면 우리는 자원이나 동기를 찾는 일에 먼저 집착하지 않고 우리 클라이언트의 중요한 일상행동을 찾아야 한다. 그리고 하나의 행동이 다수의 자원을 이용한다는 점을 이해하여 우리가 찾은 중요 행동이 필연적으로 의존하는 환경적 속성들을 폭넓게 정의해야 한다. 중요 행동을 찾는 일은, 그 동안 우리가 지독히도 무심했던 작업이다. 하지만 우리의 실천도식을 위해 우리가 앞으로 반드시 수행해야 할 필연적인 작업이다.

또 하나는 우리가 자원을 통해 만든 이 현실에서 과연 우리가 기대했던 사용자의 중요 행동들이 일어날 것인가의 의구심에 관한 것이다. 우리의 실천도식은 도시주거지 안에서 자원이라는 잠재적 기회를 논리적으로 구성하는 일이다. 하지만 자원취득이 사용자의 고유 권한임으로 실무가 잠재적 기회를 한 공간으로 농축했을 때 그 기회가 실제 자원으로 이용되지 않을 가능성은 상존한다. 이때 그 공간은 무용지물이 된다. 우리는 이 문제에 대해 사용자의 장소를 먼저 찾을 것을 권고한다. 장소는 중요한 행동과 가치 있는 의미가 이미 실현된 현실적 현상이며 공간적 실체이다. 그것은 과정이 아니고 하나의 복잡한 과정을 거쳐 사람들이 이미 만들어낸 결과이며, 그들이 정착시킨 의미의 생활세계이다. 따라서 장소를 찾아 장소 속의 행동을 관찰하면 우리는 비교적 쉽사리 행동이 이용하는 장소 속의 환경요소들을 정의해낼 수 있다. 더욱이 그 행동이 장소 안에서 지속적으로, 반복적으로 관찰되는 것이라면 우리는 그것이 사용자의 의미 있는 행동이며 그들이 장소를 만드는데 중요하게 여기는 실행수단임을 추론할 수 있다. 다시 말하면 우리는 인간의 의미의 공간들, 가슴 속의 공간이며 중요 행동의 공간들을 다시 찾아나서야 한다.

휴머니즘 실천도식의 궁극적인 목표는 우리 작업의 결과를 인간이 자유롭게 장소로 만들고 장소 속에서 자신의 생활세계를 각가지 의미와 가치로 채우도록 지원하는 것이다. 이 실천수단과 작업언어가 곧 자원이기는 하지만 우리는 사용자들이나 연구자들처럼 자원을 탐구하기 위한 이론적 봇짐을 꾸리지는 않는다. 대신 우리 전문가는 인간 삶이 행하는 경험의 운행경로를 정확히 역으로 추적하여 실천도식으로 번역한다. 그리하여 사용자 일상의 중요 행동이 무엇인가를 판단하고 그들의 삶의 장소가 어디인지를 관찰한다. 행동과 장소 속의 중요한 환경요소를 찾아내면 이제 그 행동의 자원을 건축의 언어로 만드는 일은 우리 실무의 몫이다.

장소구조적 시각: 장소의 생활세계

(1) 공간적 실체로서의 생활세계 지금까지 누차에 걸쳐 생활세계는 현실의 실체와 인간의 경험이 서로 경계 없는 하나가 되는 구역임을 강조하였다. 그 실체가 일상생활의 결과로 형성된 각가

지 의미와 하나가 되는 세계임을 뜻하는 말이다. 삶이 경험하는 실체가 곧 도시주거환경을 말하는 것임으로 생활세계는 도시주거적 현실을 빼놓고는 말할 수 없다. 이것은 명백한 사실이다. 인간의 삶은, 그것이 어떤 측면을 말하든지 간에, 모두가 도시주거의 시공간적 실체 안에서 진행된다. 도시주거의 모든 현상은 삶의 관심 대상이며 의미의 원천인데, 그 현상들은 항상 도시주거의 시공간 안에 존재한다.

사람들은 이 도시주거적 현실로부터 생활세계를 창조한다. 그들은 도시주거환경의 시공간적 실체 그리고 그 안에 존재하는 사물, 타인세계, 사건들로부터 자기 삶의 의미를 얻는다. 그리고 그 의미를 통해 자아를 건축적 대상과 합일한다. 건축과 관념이 하나가 된다. 이것은 도시주거의 시공간적 실체 하나하나와 자기 삶을 일체화하는 작업이다. 이제 그 실체는 사용자의 지향적, 선험적, 실리적 경험의 세계 안에서 사용자의 의식으로 변모한다. 그리하여 사람들이 그 실체로부터 만들어내는 생활세계는 실체 안에서 행하는 그들의 사유방식과 행동양식을 결정한다. 우리가 보는 이 내면적 의미의 작동에 의해 나타나는 현상들, 그 모든 생활세계의 양상들은 우리가 만드는 도시주거적 현실 안에서 진행한다.

모든 삶이 건축적 배경 속에서 진행됨으로 생활세계는 곧 건축적이다. 생활세계는 결코 관념적이며 추상적인 것이 아니다. 그것은 공간적이다. 우리의 비판적 전문가는 인간의 의미론적 내면세계가 사실은 대부분 공간적 배경을 구성언어로 삼아 만들어진다는 점을 이해한다. 이를테면 나에게 의미 있는 어떤 사람에 대해 말할 때 우리는 그 사람과 함께 했던 소중한 시간이 필연코 어떤 공간적 배경과 연루되어 있음을 안다. 하나의 경험은 시공간 속의 자원을 이용하여 한 공간 안에서 일어나는데, 행동이 의미 있으면 공간이 또한 의미 있는 것이며 행동이 중요하면 그 공간적 실체 또한 중요한 것이 된다. 삶의 질은 인간의 동기, 자원, 행동, 의미를 담은 이 중요한 공간들의 체계에 의해 결정된다. 공간체계 속의 각 공간이 의미를 담은 것이 되어야 삶이 의미가 있다.

여기에서 휴머니즘계획을 위한 우리 실천도식의 결정적인 실마리를 발견하게 된다. 경험자의 의식 안에서 하나의 의미로 전환되지 않는 시공간 세계는 인간에 대한 중요성을 상실한, 실존의 외계이며 삶 밖의 세상이다. 우리의 비판적 전문가는 이런 실존 밖의 세계를 계획할 수 없다. 실존은 공간의 세계이며 동시에 공간이 함의하는 의미의 세계이다. 우리는 실존을 대변하는 도시주거의 공간, 가치와 행동이 융합되어 인간의 의식과 일체화된 건축적 대상, 그리하

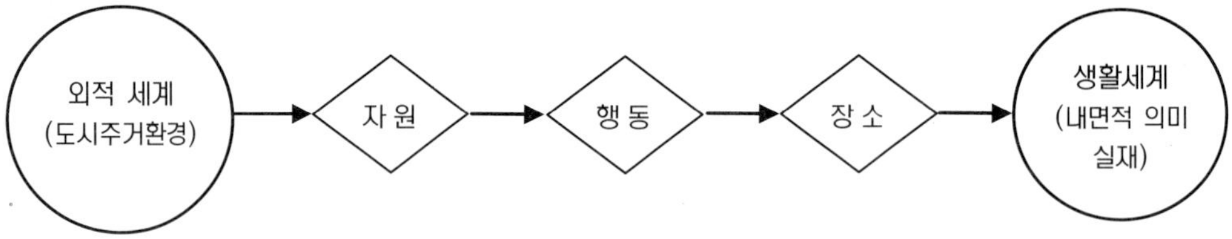

3-6. 장소의 형성과 생활세계의 형상화

여 인간 삶의 방식이 의존하는 공간적 실체를 장소라고 부른다. 장소는 동기, 자원, 행동, 의미를 담은 삶의 중요한 공간이다. 따라서 생활세계는 장소로 만들어진 세상이다. 장소는 공간이며 환경적 실체지만, 그것은 또한 정확히 생활세계의 지식단위이며 의미체계의 단위조직이다. 생활세계 안에 있는 지식은 장소 안에 있는 지식이며 장소와 연관된 지식이고 적어도 장소를 배경으로 삼는 지식이다. 그리하여 장소는 생활세계라는 개념적 구역을 우리가 보고 만질 수 있는 현실적 실체로 형상화한다. 결국 인간의 경험과 삶의 중요한 것들은 모두 장소 안에 있다.

이 시점에 이르러 최초 휴머니즘의 정신에서부터 출발한 우리의 신중한 논의가 하나의 방법론적 도식으로 결정結晶되는 것을 알게 된다. 장소는 생활세계를 구성하는 공간시설적 단위이며 그 삶의 의미를 덩어리로 나누어 하나씩 가지고 있는 지식의 단위이다. 장소는 잠재적 기회가 인간행동의 구체적 자원으로 이용되는 공간시설이며, 인간의 지속적이고 중요한 합목적적 행동이 집중되는 공간시설이고, 결국 인간의 생리심리적, 행동기능적, 사회문화적 지식이 함축된 공간시설이다. 생활세계가 해석적 지식으로 가득한 의미체계라면 생활세계의 지식단위 혹은 의미덩어리는 각각의 장소 안에 함유되어 있다. 말하자면, 장소는 동기, 자원, 행동, 지식을 어우르는 모든 해석적 경험절차의 현실적, 가시적 결과물이다. 인간은 장소를 중심으로 하여 삶을 구축하고 완성한다. 따라서 우리 실무자의 입장에서 보면 장소는 우리가 바라는 삶의 각종 의미로 가득한 도시주거를 실제 계획으로 구현하기 위한 유일한 공간시설적 수단이다. 장소는 동기, 자원, 행동, 의미로 뭉쳐진 인간 삶의 세계를 우리의 공간시설적 언어로 요약하는 중요한 구현적 매체라고 할 수 있다. 말하자면 우리는 장소라는 공간적 언어를 도구로 삼아 생활세계라는 의미론적 현상을 구현해볼 수 있다.

(2) 장소에 관한 미시구조적 견해 생활세계는 하나의 총체적 삶의 현상이다. 우리는 어떤 하나의 단위의미를 가지고 총체적인 생활세계를 논하지 않는다. 앞에서 우리는 생활세계가

의미들의 연합 혹은 우월성의 관계구조로 이루어져 있음을 지적한 바 있다. 생활세계 안의 각 의미는 다른 의미들과의 상대성의 논리 속에서 정의된다. 이 상대적 관계가 변하면 한 의미의 정의도 달라진다. 이를테면, 한 경관이 아름답다고 스스로에게 말하는 그 감정적 의미는 그 경관의 미학에 관한 문화적 정의에 의존한다. 감정은 문화적 변수이기 때문이다. 생활세계를 논할 때 우리는 그것을 몇몇의 단위의미들로 분해하지 않고 한 사람의 삶의 세계, 의미체계라는 큰 개체를 하나의 분석단위로 간주한다. 그리하여 개인 혹은 집단의 생활세계간 마찰이나 조화에 대해 논의할 수 있다.

의미들이 도시주거의 장소들 속에 존재함으로 또 생활세계의 지식들이 곧 장소 속의 지식임으로 생활세계를 장소로 대변하려면 이와 비슷한 구조론적 시각이 필요하다. 그러나 여기에서 말하는 구조론적 시각은 생활세계 자체를 말할 때 사용하는 거시구조적, 현상학적 구조론의 견해는 아니다. 그것은 반대로 미시구조적 견해, 물리학적 구조론의 논지를 뜻한다. 이 두 시각의 차이는 전자가 생활세계라는 총체적 현상을 정의할 때 한 단위의미의 개별성을 인정하지 않는데 반해 후자는 한 구조 안에서 개별 장소의 고유성, 정체성을 인정한다는데 있다. 전자의 견해는 한 의미가 생활세계 전체 속의 다른 의미들과의 상대적 관계에 의해 그 뜻이 유연하게 변한다는 점에 주목한다. 따라서 단위의미의 개별적 뜻에 집착하지 않고 그것이 큰 의미관계 속으로 화학적으로 융합하여 형성한 총체적인 생활세계의 현상학적 뜻에 집착한다. 반대로 후자의 미시구조적 견해는 구조를 이루고 있는 물리적 개체단위 즉 한 장소가 고유하게 지니고 있는 형체와 의미구조, 그 개별적 현상을 중시한다. 한 사람이 가지고 있는 종합적인 장소구조가 개별장소들 사이의 물리적이며 기능적인 관계에 의해 구성된 것으로 간주한다. 따라서 개별 장소의 정체성을 분석한 후에야 각 장소들이 서로 협력하여 형성하는 하나의 구조를 해명할 수 있다. 그 구조를 분해 가능한 것으로 인정하며, 따라서 생활세계라는 구조를 안전하게 단위장소로 분해하는 작업을 수행할 수 있다.

이와 같은 미시구조적 시각에 의해 우리는 도시주거 속 한 사용자의 복잡한 생활세계가 여러 장소들의 기능적, 지리적 구조체계 안에서 간략한 질서로 정리된다는 점을 강조할 수 있다. 한 생활세계는, 그것이 개인의 것이든 한 집단의 것이든, 다수의 개별 장소로 구성되며 그 장소들의 상호관계로 지탱된다. 나의 집, 어느 놀이터, 특정 산책로 구간, 어떤 공원, 비밀스런 완충녹지, 문방구 앞 공터 등 하나하나의 장소는 각각의 고유한 지식 구성단위로서 개별적으

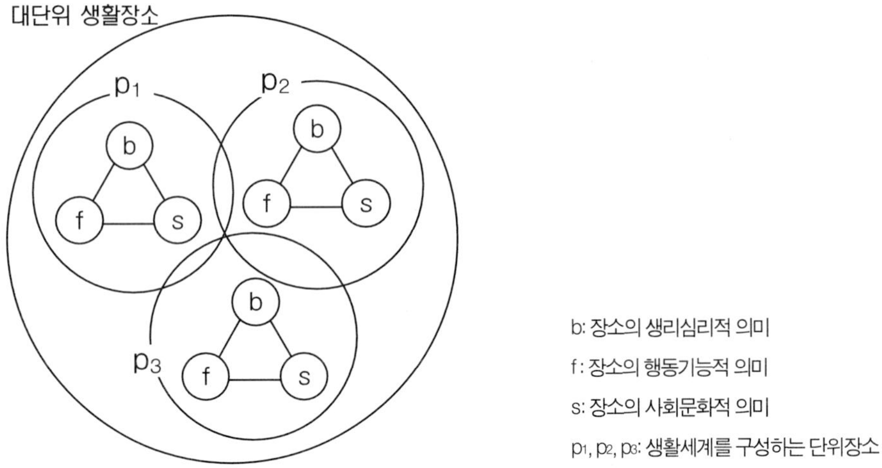

3-7. 생활세계의 장소와 세 가지 의미유형

로 독특한 자원, 행동, 의미를 보유하고 있다. 앞서 지적한 세 가지 생활세계의 지식유형을 빌리면 각 장소는 나름대로의 생리심리적, 행동기능적, 사회문화적 의미를 소단위로 보유하고 있다는 말이다.

개개 장소는 독특한 개체이다. 따라서 각 장소는 생활세계가 종합적으로 가지고 있는 여러 역할을 분담한다. 앞에서 우리는 생활세계의 자기 상징과 의사소통의 도구로서의 역할, 인간의 사회적 경계를 정의하는 수단으로서의 역할, 경험의 진화와 자기 성장을 스스로 설명하는 역할, 행동 수행방식의 지침을 제공하는 역할에 대해 논의하였다. 이제 우리는 하나의 장소가 이런 역할들을 독립적으로 수행할 수 있다고 말할 수 있다. 가로, 공원, 문방구 앞 공터 각각은 그것이 한 사람의 장소로 변모했을 때 그 사람의 상징이고 의사소통의 단위이다. 또 개별장소는 사회적 경계의 한 수단이며 자신의 진화와 발달을 설명하는 매체이다. 더 나아가 그것은 장소 안에서 어떤 행동을 어떤 방식으로 수행해야 하는가를 지시하는 행동의 가이드라인을 제공한다.

더욱이 각 장소는 개별적인 진화 과정을 지니고 있으며 각각의 독립적인 절차에 의해 진화를 반복한다. 장소는 인간의 동기나 신체적 여건과 같은 개인적 변수 그리고 각가지 외부 상황적 변화에 따라 사라지기도 하고 성격이 변하기도 한다. 전체 생활세계 안에서 한 장소가 가지고 있는 중요성이나 우월성의 위치 또한 변화를 거듭한다. 한 장소의 진화는, 생활세계 안에서의 그 중요성의 위치에 따라, 생활세계 전체에 영향을 미치기도 한다. 하지만 그 진화의 여정은 원칙적으로 각 장소에 고유한 현상이다. 비록 종합적 구조체계로서의 전체 생활세계가 한 장소의 진화에 영향력을 행사할 수는 있지만, 장소는 홀로 성장하여 생활세계 속으로 침투하고 홀로 퇴보하여 생활세계로부터 철수한다.

결국 개인 혹은 한 집단의 생활세계는 그것이 어떤 개별 장소단위들로 구성되어 있는가, 각 장소단위가 어떤 지식단위들을 보유하고 있는가와 같은 '요소적 구조' 그리고 독립적인 각 장소들이 상호 어떤 관계를 형성하고 있는가에 관한 '관계적 구조'로 해명할 수 있다 (장소를 이용한 이런 구조적 분석은 한 인간 혹은 집단의 생활양식을 정의하거나 사회문화집단간의 민속지학적 비교 등 여러 목적으로 주저 없이 사용될 수 있다). 요소구조적 견해, 구조관계적 견해는 개별장소의 독립성을 인정하는 미시적 구조주의에 기초하고 있다. 미시적 시각은 한편 우리 실무자에게는 반가운 일이다. 이것은 앞으로 우리 실무자들이 도시주거지를 계획할 때 개별장소를 하나씩 계획하는데 초점을 맞추어도 무방하다는 것을 말하기 때문이다.

우리는 거대 계획이론이나 실무 패러다임에 의존하는 거시적 구조주의에 익숙해져 있다. 거대한 계획원칙이나 설계구조를 미리 상정하고 이를 한 지역에 크게 덮어씌우는 계획과정에 지나치게 의존한다 (이를테면 우리가 뉴어바니즘을 대하는 태도를 보라). 이 거시계획이 대규모 사업에서 초기에 큰 그림을 구상하는데 효율적이기는 하지만, 삶의 의미와 장소의 경험을 중시하는 우리 비판적 전문가는 개별 장소단위의 요소계획 그리고 장소들의 관계계획에도 그만큼의 관심을 보인다. 기본적으로 우리의 테제는 도시주거 안에서 사용자 경험이 부분적 공간에서부터 시작하여 공간이 장소로 정의되고 장소들이 일정한 관계를 형성하며 점차 생활세계로 발전하는 과정을 통해 완성된다는 것이다. 따라서 장소를 이용하여 인간중심계획의 실천도식을 구축하는 일에는 이 미시적 관점이 특히 유용하다. 우리는 이제 각각의 장소를 계획하고 그 장소들의 관계를 규정하는 것을 우리 설계작업의 중심이라고 말해도 좋다.

개별장소 계획과 관계구조 계획은 소규모 건축공간에서의 일상행동이 행위자에게 얼마나 중요한 것인지 그리고 그 행동에 어떤 환경자원이 필요한지를 판단하는 작업에서 시작된다. 장소는 사용자의 개인적, 소집단적 행동에 의해 형성되며 그들이 행동을 통해 부여한 일단의 의미로 이루어져 있다. 도시주거의 어떤 공간에 자원이 있으면 사용자의 행동을 기대할 수 있다. 자원이 중요한 요구를 위한 것이라면 인간은 자원을 이용하여 중요한 행동을 실현한다.

그리하여 그 공간은 의미 있는, 중요한 인간의 장소가 된다. 각 장소는 인간의 의미를 담아 생활세계의 지식구조 속으로 안착한다. 자원이 행동을 만들고, 행동은 의미를 만들며, 의미는 장소를 만든다. 이것이 비판적 휴머니즘의 실천도식이다. 장소, 행동, 자원은 서로 끊어지지 않는 연계의 사이클 속에서 우리 실천도식의 개념과 목표를 제공한다. 우리의 1차 목표는 사용자의 장소를 만드는 것이며, 2차 목표는 이를 위해 사용자의 행동을 유발하는 것이고, 3차 목표는 이 행동을 지원하는 환경적 자원을 만드는 것이다 (사실 우리의 가장 기본적 목표로서 사용자가 자원을 해석하는데 동원되는 그들의 요구와 가치를 이해하는 일도 포함될 수 있다). 우리는 장소를 중심으로 진행하는 사용자의 의미 있는 삶을 지향한다. 사용자의 중요 요구, 중요 행동을 위한 중요 자원을 만들어 그들에게 중대한 의미를 제공하고자 노력한다.

실천적 설계과정의 구상: PCPND

최초의 비판적 휴머니즘에 관한 우리의 사상적 논의는 결국 장소, 행동, 자원을 중심으로 구성되는 하나의 실천도식으로 귀결되었다. 우리는 이 실천도식에 의해 하나의 휴머니즘적 문제 즉 우리의 인간중심 정신과 실제의 실무현실 사이의 뿌리깊은 간극이 성공적으로 충전될 수 있다고 믿는다. 우리가 인간중심계획을 위해 이제부터 좀더 관심 있게 추진해야 할 작업은 크게 아래와 같은 순차적인 과정으로 구성된다.

(1) 행동: 우리 클라이언트의 삶에, 그리고 우리 시대의 모든 도시주거적 삶의 방식에, 중요하며 의미 있다고 판단하는 일상행동의 프로파일을 만드는 작업 (여기에는 거주자 일상행동에 관한 충분한 이해와 자료수집이 필요하다)

(2) 자원: 각각의 행동이 어떤 환경요소들을 재료로 사용하는 것이며 하나의 자원이 얼마나 많은 서로 다른 행동들을 지원하는 것인지를 판단하는 작업 (이 작업에는 일상행동과 환경자원의 관계에 관한 실무자의 논리와 분석능력이 요구된다)

(3) 번역: 각각의 자원을 자신의 건축적 어휘로 번역하는 작업 (자원은 환경적 속성임으로 이를테면 성인이나 아동이 쉽게 앉을 수 있는 장치, 선선한 바람과 자연에 대한 조망 등의 속성을 건축적 실체로 환원하는 번역작업에는 실무자 개개인의 고유한 창의력과 건축적 어휘력이 필요하다)

(4) 장소: 자원들을 모아 일단의 중요 일상행동이 집중되는 장소를 계획하는 작업 그리고 개별장소들의 지리적, 행동적, 의미론적 관계를 규정하여 전체 장소의 네트워크를 만드는 작업 (이것은 하나의 계획 안에서 장소의 종합적인 네트워크를 통해 주민 삶을 각가지 일상의 의미로 채우는 일련의 과정이 완성되었음을 뜻한다).

우리가 앞으로 '인간중심의 도시주거계획을 위한 설계과정**People-Conscious Process for Neighborhood Design**, PCPND' 이라고 부르는 계획방법은 위 작업을 수행하는 설계의 한 예시라고 할 수 있다. 여기에서는 PCPND의 정의를 간략하게 소개하는 것으로 그치고 그 작업절차에 대한 구체적인 사항은 부록으로 묶어 단계별로 자세히 서술하도록 한다.

사실 지금까지 논의한 비판적 휴머니즘의 정신 그리고 인간중심계획의 실천도식은 여러 다른 이름, 여러 다른 설계방법으로 실현될 수 있다. 그러나 여기에서 굳이 PCPND라는 하나의 방법을 예시하려는 이유는 지금까지의 모든 개념적 논의가 결국은 우리 실무자의 실천방법을 모색하기 위한 것이었음을 입증하기 위해서이다. 사실 지금까지 이 책의 중심은 우리들의 정신과 철학과 각가지 개념들을 논리적으로 소개하는 일에 놓여져 있었다. 그러나 그것이 더 나아가 실천을 위한 정확한 이정표를 제시하지 못하고 사유와 논리의 유희로 끝나는 것은 곤란하다. 왜냐하면 모든 이론과 개념적 사유의 종점은 실천 속에서 평가되는 것이며, 이 책은 처음부터 이 실천의 화두를 목표로 조종된 것이기 때문이다. 이것이 여기에서 PCPND라는 이름으로 하나의 설계과정을 예시하게 된 동기이다. 여기에서 그 근본 정의를 간략히 소개해보자.

PCPND는 무엇인가?

PCPND는 비판적 휴머니즘의 사상과 정신을 현실 프로젝트의 계획실무에서 고스란히 실현하기 위한 하나의 작업절차이며 설계과정이다. 인간의 삶과 공명하는 인간중심의 도시주거 계획을 도모하는 하나의 구체적인 설계방법론이다. 이것이 비록 지금까지 논의를 거듭한 휴머니즘의 위기와 오해, 인간의 자기지시적 해석과 경험의 의미론, 생활세계의 지식구조 등 다소 개념적인 우리 사유의 망 속에서 태어난 것이기는 하지만, 이 방법론에는 더 이상 개념에 대한 논의는 사라지고 대신 실무의 실행과 실천의 세부적인 작업과정을 위한 제안이 포함되어 있다. 이제 우리는 여기에서 제시된 프로세스를 참고하여 인간중심계획을 실현하는 실천방안들을 구체적으로 모색해볼 수 있다.

PCPND는 공동의 가치, 공적 의미를 언어로 삼아 진행하는 과정이다. 비판적 휴머니즘이 개인 의식의 자유를 강조했으므로 PCPND가 개개인의 고유성, 자율성이라는 함정에 빠져 자충수를 두는 것은 아닌지 염려할 수 있다 (사실 개인의 차이를 인정한다는 일은 때때로 우리 작업을 매우 어렵게 만든다). 하지만 우리는 하나의 현상에 대한 지혜가 개인의 내면에서부터 출발하여 공공의 사회적 지혜로 발전하는 과정에 주목한다. 개인의 해석이 만들어낸 지식들이 서로 중첩하여 만들어내는 공동의 사회적 해석지식을 이용한다. 우리 도시주거환경에서 오직 한 사람이 홀로 보여주는 독특한 행동은 그다지 많지 않다. 우리의 해석적 철학가들, 이를테면 후설이나 하버마스, 기든스는 '인간이 스스로 타인들도 자기와 동등한 의미세계를 공유하고 있음을 믿는다' 는 가정을 하나의 교리처럼 존중하고 있다. 우리가 말하는, 우리가 목표하는 인간의 장소는 사회적 공간이며 한 사람이 여러 다른 사람들과 함께 행동하는 공간이며 한 집단의 공간이다. PCPND는 주민 일단의 집단 혹은 계층들이 집단적으로 부여한 장소의 공동가치를 지향한다.

PCPND는 도시주거 속 삶의 현상들을 만드는 일에 전문가의 적극적 개입이 필요하다는 믿음에서 출발한다. 우리는 한편으로 인간의 자기지시적 해석, 주관적 의미세계를 강조하지만 다른 한편으로는 이런 인간의 비판적 경험행로에 분명히 우리가 처리해야 할 작업이 있음을 안다. 우리는 그들의 일상적 삶을 지탱하는 자율이라는 거대한 에너지를 결코 무시하지 않는다. 하지만 그 에너지가 필연코 우리가 만드는 건축환경적 무대와의 상관관계 안에서 탄생하는 것임을 숙지한다. 따라서 우리는 클라이언트의 창의력은 존중하되 도시주거의 형체를 만드는 일은 마땅히 우리의 과업임을 인정한다.

그리하여 이 과업의 범위 안에서 우리는 법제화나 전문규범과 같은 보편적 계획원리를 이용하여 그들 고유의 삶의 무대 속에 우리 전문체제의 지배력을 강요하는 무모한 시도는 경계한다. 대신 PCPND를 통해 그 무대 안에서 그들의 자율적 행동들이 풍요롭게 꽃필 수 있는 방법을 적극적으로 고안한다. 우리는 또 그 삶의 무대에 대해 전문가로서 어떤 우월의식을 과시하거나 능력을 과신하는 무모함을 경계한다. 대신 PCPND를 통해 그 무대가 사람들의 일상, 의미, 행동과 자연스러운 일체로 융합하는 과정에 적극 개입한다. 이와 같이 PCPND는 우리가 해야 할 일을 적극적으로 탐구하고자 하는 현실참여의 방법론이다.

PCPND는 하나의 계획방법으로서 명백히 탄탄한 이론적 근거 위에 서있다는 점에서 다른 계획방법들과 다르다. 이론은 자기 작업에 설명력과 타당성을 제공한다. 왜 이 작업을 이 절차에 의해 수행하는가에 관한 정당한 논지를 자기 자신과 다른 사람들에게 설명할 수 있다. 우리는 PCPND의 철학적 기초를 비판적 휴머니즘에서 찾으며, 그 이론적 근거를 도시주거환경에 대한 인간의 자율적 반응과 자기 성찰적 경험, 그 행동과 자원과 장소를 통한 자기지시적 의미해석에서 찾는다. 우리는 이 의미의 세계를 생활세계와 동일한 것으로 간주하며, 생활세계의 의미가 필연코 장소라는 공간적 체계와 융합된다고 믿는다. 이 설계방법의 설명력과 타당성을 높이기 위해 뒤 4장과 5장에서는 인간의 요구, 행동표상, 환경효능평가, 자원일치와 같은 몇 가지 이론적 개념을 추가로 논의할 것이다. 고백하건대, 우리는 이론에 대해 먼저 연구하고 이론을 우선 이해하고 난 후에야 비로소 실무절차를 궁리한다. PCPND는 이론적 정체성을 잃고 홀로 겉도는 다른 실무들과는 다르다.

따라서 우리가 말하는 장소는 대부분의 실무자들이 말하는 공간, 지역, 위치와 같은 상식적 정의로는 해명되지 않는다. 장소는 명백히 이론적 개념이다. 또 장소는 몇몇 학자들이 주장하는 '장소성'과 같은 현상학적 추상성의 끝에 서있는 유사 개념들과도 동일시되지 않는다. 장소는 인간 일상생활의 현실적 행동들이 가시적 자원을 통해 실현되어 일상적 생활의미로 환원되는 공간이다. 장소는 무수한 무명의 공간들 중에서 생활의미로 사금파리처럼 단련된 빛나는 공간을 말한다. 그것은 선별되어 조성된 공간이며 누군가의 의미와 가치가 알알이 박힌 공간이다. 요구가 성실하게 만족되는 공간이며 인간이 모든 것을 걸고 의존하는 공간이다. 장소가 되어, 그 안에 장소들이 있어, 비로소 한 주거지는 인간의 스토리가 절절 넘치는 활기찬 동네, 풍족한 삶터가 된다. PCPND는 자원이라는 우리 전문영토 속의 계획적 언어를 통해 행동을 유도하여 장소를 만드는 작업이다.

PCPND는 무엇이 아닌가?

PCPND가 다른 설계과정과 다른 점은 무엇인가?

PCPND는 우리가 흔히 알고 있는 전문체제의 규범이 아니다. 규범은 지시이며 명령이고 혹은 실행의 권고인데, PCPND는 한 디자이너가 어떻게 실행해야 하는가에 대해 아무 것도 지시하거나 권고하지 않는다. 다만 우리 실무자로 하여금 스스로 생각하고 고민하게 한다.

규범은 제도, 지침, 계획이론, 매뉴얼과 같은 형태로 우리 산업에 편재해 있고, 우리 교육에서는 바이블처럼 여겨진다. 그러나 이를테면 자연친화의 규범은 그 기술적, 분석적, 계량적 지식에 치중하여 실제로는 풍부한 자연생태적 공간과 우리 클라이언트의 일상을 오히려 서로 격리시키는데 공헌하고 있는 것 같다. 또 보행의 규범은 단지를 크게 가로지르는 보행로를 만들었는데, 그 안에는 바람같이 스쳐가는 딱딱한 보행 이외의 어떤 다른 것들은 하나도 없는 듯하다(혹은 보행 조차도 잘 보이지 않을 때가 많다). 사회적 거주공동체의 규범은 이를테면 사회적 혼합(소셜믹스)과 같은 절대원리를 제시하는데, 결코 혼합될 수 없고 혼합될 필요도 없는 우리 사회집단들 개개의 고유성과 정체성은 오히려 이 때문에 더 혼란스러워지는 것 같다 ('물리적 근접'이 '사회적 거리'를 줄일 수 있다는 믿음은 무모하다). 시지각적 미학에 관한 규범은 경관계획의 원리들을 만들어내는데, 그것은 우리 개개인의 풍부한 미학적 관념들을 마치 회색의 건물덩어리처럼 획일적으로 잘라버리는 것 같다. 건물의 형태와 배치를 위한 규범은 그 속에서 울리는 인간의 일상 삶의 메아리와는 결코 공명할 수 없는 혼자만의 파장을 그려내는 것 같다.

PCPND는 삶의 의미에 대한 공허한 지시, 인간경험의 고귀함을 강제하는 전문적 독재의 제스처를 지양한다. 우리가 규범을 따라 만든 물리적 형체나 조형적 공간이 문제를 해결할 것이며 인간은 그것에 순응할 것이라는 안이한 결정론적 신념을 지양한다. 거대담론의 상식적 타당성에 기대는 이상주의적 낙관론이나 계몽주의적 선도의식을 지양한다. PCPND는 규범의 방법이 아니라 '생각의 방법' 이다. 이를테면 주거지의 어떤 자연요소가 주민의 어떤 중요 일상행동에 연결되어 어떤 삶의 의미로 결정되는가? 자연요소는 백색의 공간 하나가 농밀한 의미의 색채로 충만한 하나의 생활장소로 진화는 일에 어떤 역할을 가지고 있는가?

따라서 계획의 절차를 매뉴얼이나 법규와 같은 형태로 제도화, 관습화하려는 전문체제 유지의 방도들은 PCPND의 의도와 거리가 멀다. PCPND에서 사용자의 일상행동을 이해하고 결정적인 환경자원들을 한 공간 속으로 투입하는 일은 제도나 계획원리로 인간경험을 간편하게 결정하려는 시도와는 거리가 멀다. PCPND의 공간 속에서 중요 행동들이 실현되고 이에 따라 공간이 하나의 의미 있는 사람들의 장소가 되기를 예측하는 일은 사용자의 의사결정과 의미해석의 자유를 구속하려는 시도와는 거리가 멀다. PCPND는 대신에 사람들의 의미 있는 일상행동을 유도하고 행동기회를 풍부하게 제공하며 다양한 경험경로를 균형 있게 부여하는 방법은 될 수 있다. PCPND를 통해 우리는 도시주거의 실체가 인간에게 주는 의미가 무엇인지를 끊임없이 자문한다. 그리하여 자신의 계획과 사용자의 의식을 일치시키려 애쓴다.

비판적 휴머니즘은 인간경험의 자유와 자율을 지향한다. 개인과 집단의 자기 성찰과 자기 정화의 능력을 존중한다. 외적 세계에 대한 경험을 통해 인간이 스스로 만들어내는 내면의 의미론적 실존세계를 강조한다. 이것은 모두 자기 가치를 목표로 삼아 움직이는 인간의 권리이며 그 효과이다. 해석적 전문가는 자신의 전문적 아집과 이해관계에 관한 모든 허망한 상념을 버리고, 사용자가 일상을 통해 하나하나의 가치를 도시건축적 실체 속으로 대입하는 그 자연적이며 동시에 고단한 경로를 이해한다. 사용자의 자율을 인정하고 나의 자율은 보류하며, 그들의 가치를 존중하고 나의 전문가치는 유보한다. 그리하여 도시건축적 실체 안에 새겨진 그들의 의미, 그 수준과 내용과 관계와 구조에 주목한다. 실무는 의미를 만드는 사용자의 고단한 작업에 힘을 실어주는 서비스를 제공하는 일임을 스스로 알아낸다.

PCPND가 공간과 삶의 합일체로서의 장소를 만드는 방법이라 하여 그것이 장소를 보고 삶을 유추하는 작업을 말하는 것은 아니다. 도시주거 속의 장소를 탐색하고 장소에 그물처럼 얽힌 삶의 의미를 규명하는 일은 학술연구의 사명이다. 명백히 인간의 삶은 장소라는 공간적 실체에 선행한다. 인과관계는 삶에서 장소로 향한다. 삶이 있어야 장소가 있다. 따라서 삶을 이해하지 않고 장소를 만들고자 하면 그 장소 안의 삶은 우리가 목표하는 삶과는 다른 양상을 띠게 된다.

'PCPND가 장소를 만드는 작업' 이라는 명제 안에는 삶의 양식과 일상행동의 방식을 먼저 이해하고 선별해야 한다는 또 다른 명제가 있다. 결국 우리에게는 두 가지 대안이 있는데, 하나는 지금 계획하려는 삶의 양상과 가장 유사하다고 믿는 기존의 것에서 그 삶을 유추하는 것이고 또 하나는 '이 시대 우리의 모든 바람직한 삶의 양상' 을 판별하여 우리가 목표하는 삶을 유추하는 것이다. PCPND는 후자의 방향을 지지한다. 이것은 명백히 귀납적인 방법이며, 하나의 독특한 현장 속에서 일하는 우리 실무자에게는 보다 안전한 방법이다.

PCPND가 인간행동을 중시한다 하여 모든 행동을 염두에 두는 무한정의 작업은 아니다. 삶은 얼마나 많은 작은 행동들로 연결되어 있는가! 그러나 삶의 의미는 길게 줄지어 있는 수많은 행동들 중에서 나에게 특별히 중요한 행동들에 의해 좌우된다. 그리고 이 행동들은 대개 비슷한 것들끼리 모여 몇 가닥의 행위시스템을 만든다. 중요한 행동, 중요한 행위시스템이야말로 나의 요구와 가치, 내 삶의 의미와 연계된 것이며, 중요하지 않은 행동들은 삶의 큰 줄기에서 벗어난 작은 바람과 같은 것들이다.

여기에서 우리는 두 가지 딜레마를 본다. 하나는 중요성의 잣대가 인간 내면 속에 있는 것일진대 우리가 어떻게 중요성을 가늠할 수 있는가에 관한 의문이다. 또 하나는 그것이 개개인의 기준인데 우리는 이것을 어떻게 보편적인 것으로 만들 수 있는가에 관한 의문이다. PCPND는 우리의 실천행위를 위한 제안으로서 실무가 경험하는 어쩔 수 없는 현실의 제약을 빗대어 이런 어려운 학술적 의문에 대해 완곡한 해답을 제시한다. 첫째, 중요성의 판단은 우리 과업의 일부로서 우리에게 맡겨진 책무이며, 따라서 우리는 여러 삶의 현장들에서 보여지는 많은 삶의 현상들을 관찰하여 가장 논리적인 기준을 합의에 의해 도출해야 한다. 이것은 명백히 '우리가 상정하는 그들의 기준' 을 말한다 (이를 위한 몇 가지 핵심적인 방법들은 뒤 4장과 5장에 제시되어 있다). 둘째 우리는 큰 범위의 보편성을 배제하고 대신 당면한 한 프로젝트의 고유성을 존중한다. 보편화나 일반화는 사실 모든 인간들을 꼭 같은 존재로 취급하는 것과 같다. 하나의

PCPND에는 항상 일정한 클라이언트 집단이 존재한다. 따라서 우리는 이 고유한 클라이언트 집단에게 독특하게 중요한 것으로 여겨지는 일단의 가치와 행동들을 가늠해내야 한다(영구임대아파트 거주자의 가치와 도심 주상복합아파트 거주자의 그것이 다를 수 있다는 가정이다). PCPND는 우리가 판단한 가치와 인간 고유의 가치가 상호 공명할 때까지 끊임없이 클라이언트의 일상행동을 탐구하고 우리 자신의 판단을 스스로 평가하는 작업이다.

PCPND가 인간을 위한다 하여 그것이 장소를 몇 개 만들고 손 털며 일 끝내는 작업은 아니다. 도시주거계획은 수많은 화살표들이 각자의 방향을 갖고 얽힌 그 가운데를 조심스럽게 헤쳐나가는 일과 같이 어렵다. 이 실무의 복잡하고 척박한 현실에서 인간중심계획이 성공하려면 인간중심이 아닌 다른 계획들도 함께 성공해야 한다. 우리는 앞에서 외적 세계와 인간의 관계를 논하였고 또 인간경험의 세 가지 지식에 대해서도 논하였다. PCPND는 물론 외적 세계보다는 인간 쪽을 중시하며, 일차나 이차 지식보다는 인간의 해석적 지식을 강조한다. 하지만 그렇다고 해서 하나의 설계방법론이 도시주거의 기술적, 분석적 지식(구조, 에너지, 계획원론 등) 그리고 제도적, 규범적 지식(법규, 지침, 계획각론 등)을 외면하고서야 제대로 계획을 완성시킬 수 없다. 바꿔 말하면 PCPND는 모든 중요한 기술적, 제도적 문제를 해결함으로써 비로소 인간을 위한 문제도 해결할 수 있다는 믿음 속에서 만들어진 종합적인 방법이다. 따라서 PCPND는 인간과 기술의 양 축이 만드는 타협과 조화의 묘약을 찾으려 애쓰는 과정과 다를 바 없다. 이를테면 기존의 기술적 설계절차에 인간 중시의 계획방법이 어떻게 접목될 수 있는지를 보여주려는 시도인 것이다.

Chapter 4.

인간 행동과 공간 이용:
장소 형성의 경험적 수단

인간중심계획을 위한 우리 실천도식의 기본구조는 장소, 행동, 자원 등 세 가지 큰 개념으로 이루어져 있다. 첫째, 우리의 도식에서 장소는 도시주거 속 한 사이클의 인간경험이 다다른 종착점 즉 생활세계와 동격이다. 장소는 각가지 생활의미가 농축된 공간으로서 생활세계의 시공간적 형상이라고 말할 수 있다. 둘째, 행동은 인간이 이런 의미 있는 공간세계를 만드는데 이용하는 경험적 수단이다. 한 공간에서의 행동경험을 통해 그 공간이 의미의 장소로 환원된다. 따라서 공간 안에서의 행동 즉 공간의 실리적 이용은 장소 구축의 에너지라고 할 수 있다. 하지만 우리가 아는 바와 같이 모든 행동이 똑 같은 역할을 수행하는 것은 아니다. 똑 같은 중요도를 가지고 있는 것도 아니며, 따라서 모든 일상 생활행동이 장소 형성의 에너지가 되는 것도 아니다. 행동 레퍼토리 속의 여러 후보자들 중에서 특히 장소 형성과 관련된 행동은 어떤 특별한 동기에 연결된 것들이다. 특정 요구나 의도를 향한 것이거나 어떤 가치를 위해 조직적으로 움직이는 행동들은 특히 강력한 힘으로 장소 형성에 공헌한다. 그렇지 않은 여러 사소한 일상들은 특별한 의미나 장소와는 거리가 멀다. 셋째, 자원은 요구 충족과 연결된 목적행동을 수행하기 위해 인간이 주변 도시주거의 시공간 그 외적 환경으로부터 취득하는 행동의 온갖 재료를 말한다. 마치 원자재와 제조동력이 있어야 제품이 생산되듯이, 행동의 환경적 원자재들은 그 행동을 원하는 방식으로 수행하기 위해 정확하게 탐색되고 활용된다.

그러므로 도시주거 속 어떤 한 상황에서 한 사람의 경험은 요구에서 시작하여 생활세계로 끝나는 사이클을 반복한다. 말하자면 '동기 → 자원 → 행동 → 장소 → 생활세계' 의 반복적 순환구조를 말한다. 우리 도시주거 전문가들에게 있어서 장소는 실무의 목표이며, 행동은 실무의 수단이고, 자원은 실무의 언어가 된다. 달리 말하면, 우리의 궁극적 목표는 사용자로 하여금 무명의 도시주거 공간들로부터 의미로 가득 찬 장소들을 만들어 가슴과 생활 속에 간직하는 일을 돕는 것이다. 또 우리가 주목해야 할 실무의 수단은 사용자로 하여금 그들의 중요 행동을 위해 한 공간을 방문하고 이용하도록 지원하는 것이다. 그 공간 속에서 중요하고 뜻있는 행동을 실현하고 유지하는 것, 이것이 한 공간을 의미의 장소로 만드는 수단이기 때문이다. 더불어, 우리가 구사해야 할 실무의 언어는 사용자가 스스로 중요 행동을 수행하는데 필요로 하는 물리적, 사회문화적 환경재료들이다. 행동 구현에 이용되는 자원을 건축디자인 언어로 번역함으로써 우리의 디자인 속에서 중요 행동이 행해지고 공간들이 이런 중요 행동을 위해 이용되는 현상이 나타나게 될 것이다. 따라서 사용자의 요구, 자원, 중요 행동, 장소 등과 무관한 건축적 언어는 단순 수사학이며 미사여구에 불과할지 모른다.

목표와 수단을 잃고 떠도는 겉치레와 수사학의 계획실무를 피하기 위해 우리는 우리 클라이언트가 시공간적 환경으로부터 자원을 취득하는 과정에 관한 몇 가지 중요한 사항을 먼저 숙지할 필요가 있다. 이를테면, 그들은 어떻게 중요 행동을 정의하게 되는 것인지, 환경의 수많은 잠재적 행동재료들로부터 어떻게 정확히 필요 자원을 지목하게 되는 것인지, 이 자원을 어떻게 일상 우선행동으로 이용하고 있는 것인지를 이해해야 한다. 우리는 이 장에서 행동표상, 환경효능평가, 자원일치와 같은 몇 가지 핵심적인 과정들을 논의하게 된다. 이들은 인간 인지구조 속에서 인간이 스스로 진행하는 일종의 해석작용으로서, 하나의 요구가 하나의 행동으로 진행되는 과정을 명확하고 단순하게 설명해줄 수 있다. 사실을 말하자면, 도시주거 속 어떤 공간의 사용과 미사용에 관한 모호한 논란들에 성급히 휩싸이기 이전에 우리는 먼저 이런 인간 내면의 인지과정을 이해해야 한다. 왜냐하면 이런 과정들을 이해함으로써 우리는 비교적 정확하게 우리 사용자들에게 그들이 진정으로 필요로 하는 여러 디자인요소들을 제공해 줄 수 있기 때문이다. 따라서 우리가 흥미롭게 고찰해야 할 과정은 '동기 → 행동표상 → 환경효능 → 자원일치 → 자원취득 → 행동구현 → 의미해석 → 장소형성 → 생활세계 진화' 로 진행하는 일련의 순환적 반복과정이라고 할 수 있다.

우리 계획의 성공 여부는 우리가 만든 공간이 사람들의 의미로 가득 찬 장소로 환원되었는가를 따져봄으로써 판단 가능하다. 의미의 장소가 풍부하게 만들어지면 성공이요, 사람들에게 익명의 공간만 있으면 실패다. 장소가 제대로 만들어지고 있는가의 판정은 사람들의 목표지향적 공간이용이 발생하고 있는가를 관찰함으로써 가능하다. 요구와 연결된 중요 행동이 발

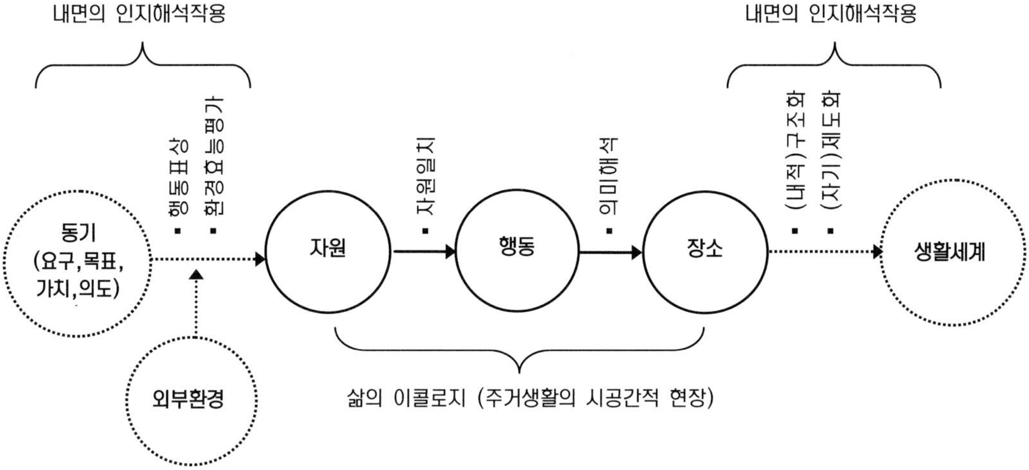

4-1. 장소-행동-자원 모델의 기본개념구조

생하고 있으면 장소가 형성될 것을 기대할 수 있고, 그렇지 않으면 장소는 형성되지 않을 것으로 믿어도 무방하다. 중요 행동, 합목적적 행동의 발생에 대한 판정은 공간이 그 행동과 기능적으로 연관된 환경자원을 제공하는가를 평가함으로써 가능하다. 자원이 풍부하면 중요 행동은 스스로 그 공간 속에서 발원할 것이다.

요구에 관한 기초적 논의

인간중심계획의 실천을 위해 우리는 무엇보다도 먼저 도시주거 사용자의 일상행동을 자세히 이해해야 한다. 사용자는 행동을 통해 자기 요구를 해결하고, 행동을 통해 외부환경을 경험하며, 행동을 통해 도시주거에 관한 자기 내면적 의미를 구축한다. 우리는 이 내면적 의미세계를 '장소의 네트워크' 라는 공간적 언어로 치환하였으며, 도시주거지 장소들 속에 사용자의 각가지 내적 의미가 축적되어 있다고 이해하였다. 한 공간을 의미의 장소로 만들기 위해서는 그 공간에서의 행동경험 즉 공간의 유용한 이용이 필연적으로 있어야 한다.

장소 구축이 우리 계획업무의 목표이므로 인간중심계획을 위해 우리는 먼저 장소의 경험적 수단인 행동에 대해 자세히 이해할 필요가 있다. 무엇보다 우리는 행동이 어떤 내면적 근원으로부터 출발하는 것인지, 어떤 과정으로 무엇을 위해 나타나는 것인지를 해명해야 한다. 앞에서 인간행동이 동기(요구, 목표, 가치, 의도 등)로부터 발현됨을 간략히 설명하였다. 아래에서는 요구를 중심으로 하여 요구가 다른 동기요소들로 연결되는 순차적 과정 그리고 요구로부터 행동이 발현되는 과정을 설명하려 한다. 더불어, 핵심적 요구와 연결된 행동을 중요 행동 혹은 '우선행동priority behaviors' 이라 정의하고 그 뜻과 역할을 좀더 세밀히 살펴보고자 한다. 우리가 만든 계획 속에서 주민들의 우선행동들이 자연스럽게 발현된다면 우리 계획은 이미 상당 부분 성공적이라고 보아도 좋을 것이다.

왜 요구인가: 도시주거 - 인간 상호관계의 근원적 개념

현대생활의 여러 분야에서 많은 디자인이 무엇보다 먼저 인간을 생각한다. 인간은 디자인의 고객이고 사용주체이며 동시에 연구대상이다. 인간의 취향과 그 변화는 디자인 개발의 목표이며 성공의 열쇠이다. 큰 골격에서 작은 디테일까지 그리고 방향에서 모양까지, 모든 디자인의 주요 의사결정은 인간의 사용과 취향에 정확히 조준되어 있다. 인간의 필요성, 선호, 태도의 미세한 움직임은 그대로 디자인의 일부분으로 환원된다.

바커David Barker는 그의 논저 '인간 요구를 위한 디자인' 에서 이 시대 선진산업들, 예컨대 휴대폰, 자동차, 디스플레이 산업들의 성공이 다만 기술의 선진성에 기인하는 것은 아니라고 말한다. 이들 분야를 견인하는 몇 가지 제품들은 인간중심의 제품 개발, 그 슬로건이 갖는 무한한 잠재력을 예증하고 있다. 인간의 필요성에 대한 섬세한 통찰력은 디자인의 시작을 부추기고 끝을 마무리한다. 기술과 과학은 다만 인간의 필요성을 충족하기 위한 하나의 수단으로서 가치가 있을 뿐이다. 반면에 인간의 요구 속에는 참으로 섬세한 부분들과 함께 인간 역사를 바꾸는 불꽃 같은 막대한 추진력이 있다.

수요자 입장에서 볼 때 도시나 집 이외 여러 다른 분야들의 디자인에는 선택의 폭이 넓다. 예컨대 자동차 산업에는 수요자가 자기 요구와 견주어 검토할 수 있는 여러 자동차 디자인들이 있다. 또 도시나 집 이외 다른 분야들의 생활편익디자인은 수요자가 사용하면서 자기 요구와 어떤 부조화가 발생한다 해도 이를 수정하는 일이 그다지 어렵지 않다. 예컨대 지금 사용하고 있는 휴대폰 기술과 디자인이 좀 모자라도 당분간 참을 수 있으며 또 비교적 쉽게 다른 제품으로 선택을 옮길 수도 있다. 도시나 집 이외 여러 다른 분야들에서는 제품 가격과 품질과 개인 요구의 트라이앵글 안에 비교적 넓은 선택의 폭이 상존해 있으며, 따라서 수요자가 피해나갈 여유 그리고 디자이너가 빠져나갈 완충공간이 넉넉하다.

하지만 이것이 도시와 동네와 집의 문제가 되면 사정이 달라진다. 집이라는 것은 무겁고 힘이 있으며 변경의 여유가 적은, 다소 골치 아픈 필수품이다. 소비자에게는 가격, 품질, 위치 등 측면에서 선택의 폭이 그다지 넓은 것도 아니다. 한번 선택하면 교환이나 수정이 쉽지 않다. 불편하고 석연치 않으면 꽤 오랜 기간 동안 이를 감내하며 살아야 한다. 주택 하나도 그러한데 집들이 모여 만든 동네의 문제는 더 복잡하다. 도시주거 속 집과 동네는 인간 생존과 존재가치에 직접 연결된 물리적, 사회적, 문화적 장치이다. 개인이 작은 사회로 뭉치고 또 큰 제도로 옮겨가는 물리적 고리이다. 인간생활의 성질과 수준을 마치 영사기 필름처럼 보여주는 '인간이 있는 무대' 이다. 도시주거에는 사람의 24시간이 모자이크처럼 조직되어 있다. 그곳에서는 아이들이 자라며 가족이 살아가고 인간이 늙어간다. 온갖 인간 감정과 정서가 복잡하게 얽혀있고 인간에 대한 여러 이미지와 인간의 커뮤니케이션이 숨겨져 있다. 사람들의 필요와 아쉬움이 있고 다른 한편에는 충족과 능력이 있다. 말하자면 집과 동네는 인간 그 자체이다.

도시주거를 계획하면서 우리는 흔히 '주거요구를 만족시키는 집을 짓는다' 고 말한다. 우리는 또 당연히 인간요구의 충족이 우리 건축행위의 기준이며 성공의 인덱스임을 부인하지 않는다. 사용자의 존재와 일상을 있는 그대로 고스란히 수용해야 하는 도시주거건축에서는 생존과 복리와 행복 그리고 이 모두를 지칭하는 포괄적 개념으로서의 인간요구에 대한 관심이 적을 수 없다. 하지만 여기에는 전문적 논리나 전문가로서의 성실성을 잃어버린 다소 무책임한 상식이 있다.

이를테면 우리 전문가들 사이에 회자되는 주거요구라는 용어는 추상적이며 모호한 관념을 지칭하는 경우가 많다. 요구가 정확히 무엇인지를 밝히는 노력이 희박했고 주거요구에 대한 논의의 초점이 산만했다. 치밀한 논의와 체계적인 토론이 필요함에도 불구하고 주거요구는 적당한 타결이나 보편적 해법 혹은 상식적 논리의 범주 안에서 정의되어 왔다. 인간이 무엇을 필요로 하는가에 대한 정확한 목표가 설정되고 이에 부응하는 건축적 해법이 뒤따르는 것이 순리임에도 불구하고, 해법은 대개 목표 없이 다만 전문적인 타성에 기초하여 결정되어 왔다. 예컨대 기능이 좋다, 동선이 편리하다, 미관이 색다르다 등의 건축적 평론이 조준하는 인간요구는 무엇인가? 동네 안에 연못을 만들거나 집의 일부를 테라스하우스 형식으로 계획하는 우리 의식 안에는 구체적으로 누구의 어떤 요구를 채운다는 사명감이 있었던 것인가? 흥미롭고 신기하게 보이는 놀이기구를 갖춘 잘 짜인 놀이터는 동네에 사는 수많은 아이들 중 누구의 어떤 요구를 위함인가? 놀이터 바닥모래를 없앤 것은 또 누구의 무슨 요구와 관련된 것인가? 여러 단지들을 길게 관통하는 보행로는 어떤 거주자의 어떤 요구를 지향하는 것인가? 우리는 과연 인간 도시주거 요구를 정의한 적은 있는가?

하지만 도시주거에서 일어나는 삶의 현상들 대부분은 요구라는 동력에 의해 탄생된 것들이다. 사람이 일상에서 도시주거환경을 경험하는 일은 자기가 생각하는 요구, 목표, 기대가치를 충족하는 방향으로 정확하게 조준되어 있다. 아이들이 집밖으로 나와 맘껏 뛰어 노는 일, 동네를 안전한 곳으로 또 깨끗한 곳으로 유지하는 일, 주부들이 이웃과 동질의식으로 교감하고 안정감을 찾는 일, 일상의 중요한 행위들이 집과 동네에서 효과적으로 진행되는 일. 주민의 요구는 그들의 이런 일상 하나하나에 동기의 원동력을 부여한다. 행복한, 생기와 의미로 넘치는, 만족스런 주거생활은 사람들이 자신에게 필요한 일들을 자발적으로 찾아내고 그것을 도시주거 안에서 하나하나 실현해나가는 과정에 다름 아니다.

요구는 물론 인간 심리 안에서 형성되고 변화하는 내면적 현상이다. 하지만 이 인간 내부의 에너지는 인간을 둘러싼 외적 환경에 의해 끊임없이 영향을 받는다. 도시주거의 형체를 이루고 있는 물리적, 사회적, 문화적 환경은 주민 한 사람 한 사람의 요구를 건전한 방향으로 생성시키기도 하고 반대로 왜곡시키거나 소멸시킬 수도 있다. 이를테면 아이들의 건강한 외부활동에 관한 아이들이나 주부들의 요구는 도시주거환경의 몇 가지 위해요소에 의해 비교적 간단히 소멸될 수 있다. 요구의 생성을 위축시키는 도시, 요구의 발현을 억제하는 주거는 생기가 사라진 황량한 도시주거이다. 요구가 없으면 행동목표가 사라지고, 목표가 없어지면 주어진 외적 환경을 극복하거나 이용하고자 하는 도전의 동기가 사라진다. 도시주거에서 인간요구는 무엇이며 어떤 역할을 담당하며 어떻게 작용하는가? 인간요구는 우리 실무를 위한 실천도식에서 무슨 의미를 가지고 있는가?

요구의 기초적 정의

(1) 보다 나은 상황을 향한 내적 에너지로서의 요구 요구는 무엇인가? 우리 도시주거 분야에서 사용자 요구를 간략히 정의하면 요구는 '중대한 필요성' 혹은 '가치 있는 필요성' 을 뜻한다. 요구는 무엇이 필요한가에 대한 스스로의 인지과정이 만들어내는 하나의 역학이다. 그리고 그 인지 혹은 느낌의 정도는 스스로에게 중대한 것으로 판단되어야 한다. 그것이 중대한 것이기 때문에 당연히 그 필요한 것을 채우기 위한 시도와 노력이 뒤따른다. 대개의 인간에게 이 중대한 필요성을 충족하는 일에 대한 관심과 투자는 다른 관심사들, 이를테면 평범한 필요성 혹은 불필요함에 관한 관심과 투자를 훨씬 능가한다. 인간은 한 중대한 필요성이 등장했을 때 이를 충족하는 일에 헌신하게 된다. 반대로 중대하지 않거나 필요하지 않은 일에 대해서 인간은 꽤 냉담하다.

일찍이 머레이Henry Murray는 그의 유명한 인간요구에 관한 저술에서 요구를 인간의 통각, 감관, 인지의 작용 그리고 인간의 의도와 행동 등을 총괄하는 인간 내면의 정신적, 화학적 힘으로 정의한 바 있다. 이 내적 세력은 기존의 불만족스런 상황을 개선하고자 하는 방향으로 작동하는 일관성 있는 운동력을 보여준다. 머레이에게 있어서 요구는 밖으로 드러나 관찰되는 그런 현상은 아니다. 대신에 인간의 뇌와 정신 안에서 움직이며 인간의 내면적 과정을 지배한다. 결국 우리가 요구를 정의할 수 있는 유일한 방법은 오직 이 간접적인 방법 밖에는 없다.

머레이의 정의가 보여주는 특징은 요구가 어떤 불만족스런 상황을 전제로 한다는 것이다. 불편한 현황이나 기존의 어떤 문제로부터 요구가 발현한다는 것이며 또 지금 경험하는 어떤 문제 때문에 요구의 중요성도 더 크게 느껴질 수 있다는 말이다. 반면에 모든 측면이 만족되는 상황에서는 어떤 요구가 시작될 가능성이 현저히 떨어진다고 말하고 있다. 이런 정의는, 비록 소극적이기는 하지만, 기본적으로는 타당하다. 하지만 이와 같이 기존의 극복해야 할 불만족에 의존하여 요구를 정의하는 것은 몇 가지 혼란을 불러올 수 있다. 머레이는 요구를 정의하면서 기존을 넘어 미래에서 도달하고자 하는 목표를 강조하지 않았으며 기존의 문제가 어떻게 미래의 목표로 전이되는가에 대한 논의도 제시하지 않았다. 머레이 뿐만 아니라 초기의 욕구 이론들drive theories (예, Hull, 1943)의 생리적 욕구에 관한 논의들은 인간요구와 그 충족행동이 한 상황의 문제점, 결여, 불균형에서 비롯되는 것이며 인간은 수동적으로 그 문제상황을 받아들여 상황의 결여를 채워나가는 수동적인 입장을 갖는 것으로 묘사되고 있다.

최근의 이론가들은 이런 기본적 정의가 야기하는 혼란이 무엇인가를 명쾌하게 지적하고 있다. 그 예로, 널리 알려진 최근의 심리학적 논의들은 (예, Deci & Ryan, 2000) 머레이에 대한 비판으로부터 시작되고 있다. 이들은 요구를 현재의 불편함을 제거하거나 기존 문제로부터 벗어나려는 내면적 움직임으로 정의한다면 요구는 갈망, 탈피, 극복, 문제해결과 같은 평이한 여러 유사 개념과 크게 다를 바 없다고 주장한다. 요구의 정의 안에 포함시켜야 할 내용이 지나치게 비대해지는 문제가 있다는 것이며, 따라서 거의 모든 불만족 극복의 인간행동이 요구를 표출한다고 말할 수 밖에 없다는 것이다. 심지어 초기 머레이는 자기 비하나 탐욕과 같은 극단의 부정적 의미의 관념들도, 그것이 현재의 불만족을 변환하려는 동기로 간주된다면, 인간의 심리적인 요구로 포함시키고 있다.

20세기 후반 이후의 이론들은 대부분 이 초기 고전적 정의로부터 벗어나 인간의 능동적 능력과 적응력, 자아 성장요구 등을 강조하고 있다 (예, organismic-dialectical metatheories). 이들은 인간은 자기 성장과 미래 목표를 위해 스스로 움직이는 자발적이며 능동적인 존재라는 가정에서 출발한다. 요구가 반드시 현재 상황의 문제점에서 기인할 필요는 없다. 인간은 반드시 기존 문제에 대한 반응으로서 어떤 욕구를 갖게 되는 수동적인 존재가 아니라는 것이다. 반대로, 기존 현상의 문제에 대한 전제 없이도 인간은 자기 필요성을 스스로 도출하고 정의하며 해결하는 능동적인 경험주체이다. 이를테면 목마른 상황에서 갈증 해소도 중요하겠지만 인간은 지금 목마르지 않아도 미래를 위해 그 갈증 해소의 요구를 스스로 정의할 수 있다.

요구가 항상 현재의 문제들로부터 발현되는 것은 아니다. 더욱이 요구가 반드시 최적의 대상 혹은 가장 선호하는 가치를 지향할 필요는 없다. 요구는 지금보다 더 나은 것에 관련된 자기 관념에서부터 정해질 수도 있기 때문이다. 이를테면 주거지에서 한 아동이 어느 날 갑자기 통학로를 바꿨을 경우 이 현상도 역시 요구를 이용하여 해명할 수 있다는 말이다. 머레이의 정의를 따른다면 현재의 통학로에서 아동이 어떤 문제를 경험하고 있으며 어떻게 그 문제를 해결하려 하는가에 대한 논의가 우선되어야 할 것이다. 아동이 어떤 다른 스스로의 가치를 위해 통학로를 바꿨는가를 논의하는 것은 단지 이차적인 절차일 뿐이다. 하지만 요구는 어떤 명확한 인과관계의 현상을 전제하지 않는다. 말하자면 지금까지 사용하던 통학로에도 전혀 문제가 없지만 아동은 다른 통학로가 제공하는 어떤 다른 필요성의 충족에 대한 가능성 때문에 통학로를 바꿀 수 있다는 것이다.

따라서 요구는 무엇인가에 대한 대답을 우리는 중대한, 가치 있는 필요성이라고 제시한다. 필요성은 현재의 상태와 목표 상태 사이의 차이에서 나온다. 현재가 이미 높은, 바람직한 수준이면 필요함은 없다. 또 목표가 너무 낮은 상태를 가리키고 있는 경우에도 필요함은 정의되지 않는다. 필요성은 이 둘 사이의 격차를 말한다. 따라서 우리는 이 두 가지 조건 중 어느 하나만으로 라도 필요성이 탄생한다고 말할 수 있다. 반드시 두 가지 조건이 모두 있어야 하는 것은 아니다. 말하자면 지금 그다지 나쁘지 않아도 목표가 뚜렷하면 요구는 시작된다. 또 현재 상태가 심각하게 나쁘다고 생각하면 뚜렷한 목표가 전제되지 않은 경우에도 지금 상태 자체의 불량한 정도가 주는 문제의식만 가지고 요구가 시작될 수 있다. 이때의 목표는 틀림없이 현재 문제의 해결 그 이상도 이하도 아닐 것이다. 그렇다면 목표는 왜 필요한 것인가? 그것은 목표가 내게 암시하는 미래지향적 가치, 도달 가능한 삶의 의미와 수준을 지시하기 때문이다. 하나의 필요성은 반드시 어떤 목표를 낳으며, 목표는 항상 어떤 바람직한 결과에 대한 기대나 희망을 암시한다 (설사 그것이 단순히 현재 문제의 해결에 그치는 것일지라도). 말하자면 우리가 말하는 필요성은 그 목표가 달성되었을 때 내게 주어지는 기대결과 그리고 그 결과에 내포되어 있는 가치까지도 함의한다.

필요함의 대상은 다양하다. 그것은 사랑이나 행복과 같은 관념적, 감정적 목표일 수 있고 여행이나 공부와 같은 체계적 행위절차일 수 있다. 또 공간이나 자전거와 같이 구체적인 물질 대상이 될 수도 있다. 요구는 이 필요한 대상을 향해 모아진 인간의 내면적 에너지를 말한다. 필요한 대상이 절실하거나 중대한 것이면 이 에너지는 더욱 강해지며 또 어떤 한 방향의 목표를 향해 움직인다. 이 에너지는 인간의 행동뿐만 아니라 지각, 인지, 의식, 태도와 같은 내면적 경험의 양상까지도 결정한다. 요구가 강렬할 때 우리는 이 요구의 색안경을 끼고 사물을 조망한다. 요구의 시각으로 조망하는 세계의 성격은 그 요구에 의해 결정된다. 사물은 이 요구에 의해 그 가치가 판단되며value judgment, 따라서 요구의 변화에 따라 그 사물의 가치는 주관적인 기준으로 결정된다. 예컨대 물을 필요로 하는 집단이 보는 물은 불을 필요로 하는 집단이 보는 물과는 전혀 다른 가치를 갖는 대상이다.

요구는 따라서 만족이나 선호와 연결되는 개념이다. '어떤 대상에 대해 혹은 그 대상의 어떤 수준에 대해 만족하는가' 그리고 '어떤 대상을 혹은 어떤 수준을 더 좋아하는가' 의 판단은, 근본적으로 요구 그 필요성의 가치판단에 기초하여 결정된다. 요구는 이런 심리적 태도나 평가에 전제되는 기본적인 개념이다. 바꿔 말하면 요구와 가치판단이 없으면 만족이나 선호를 판단하기 힘들다.

그러나 보다 정확하게 말하면, 우리가 지금 논의하는 요구의 개념은 선호보다는 만족에 더 가깝다. 필요한 것의 충족은 전체적인 만족을 증대한다. 또 보편적으로, 만족한 상태에서는 중대한 필요함이 잘 나타나지 않는다 (하지만 이 둘이 정확히 일치하는 것은 아니다. 예컨대 요구대상이 아닌 것, 필요하지 않은 것에 대해서도 만족한다고 말할 수 있다. 단지 안의 멋진 물레방아 폭포는 중대한 필요성은 아니지만 꽤 만족스런 것일 수는 있다. 더욱이 앞서 지적한 대로, 목표의 수준이 높을 경우에는 현재의 만족한 상태에서도 요구가 탄생할 수 있다). 선호는 좀 다르다. 요구가 선호에 영향을 주지만 인간은 선호하지 않는 대상에 대해서도 필요성을 갖는다. 예컨대 계속되는 공부, 힘든 다이어트 운동은 선호의 대상은 아닐지라도 요구는 될 수 있다. 우리는 인간요구에 대한 고려를 배제하고 만족과 선호를 조사하는 연구에 동의하지 않는다. 필요하지 않은 것에 대해서는 만족이나 선호에 관한 논의가 무의미하다. 만족과 선호에 대한 연구가 인간요구를 정확히 말해주는 것도 아니다. 이를테면 주거지의 나무동산, 실개천, 깨끗하게 단장된 놀이터를 제시하고 만족 정도나 선호 여부를 묻는 조사는 인간의 존재와 경험과 일상의 중대한 필요성에 대한 정보를 정확하게 제시하지 못한다.

(2) 요구, 목표, 기대결과, 기대가치 현재 상태의 어떤 문제현실에 빗대어 요구를 정의하게 되면 요구는 한 인간이 인식하고 있는 문제의 수만큼 다양해진다. 이런 광범위한 정의는 개념적인 혼란을 불러일으킨다. 한 이론을 정립하려는 작업에 대해 도움보다는 피해가 된다. 그리하여 우리는 요구의 정의에서 연관된 문제현실을 보려 하기 보다는 한 요구가 내포하고 있는 '목표' 를 간파해야 하며 그 목표는 또 견실하고 긍정적인 '기대결과' 혹은 '기대가치' 를 함유하는 것이어야 한다는 전제를 강조한다. 한 요구를 해독하는 작업 안에는 관련된 목표goals,

기대결과outcome expectancies 그리고 연관된 기대가치value expectancies를 정의하는 작업이 포함되어야 한다 (요구 → 목표 → 기대결과 → 기대가치).

여기에서 목표는 요구 속에 내포된 중대한 필요성이 도달하고자 하는 하나의 목적으로서의 결말 상태를 말한다. 요구가 지향하는 보다 나은 상황, 중대하고 가치 있는 필요성에 관한 결론적 이미지를 말한다. 예컨대 아이들이 활발하게 뛰어 노는 오후의 일상에 대한 요구와 관련하여 우리는 그들이 '무엇을 위해' 뛰어 놀기를 필요로 하는가를 논의할 수 있다. 바깥놀이는 아이들의 흥미와 즐거움과 육체적, 사회적 건강을 위해 필요하다고 말할 수 있다. 잠시의 여행을 필요로 하는 성실한 학생은 여행 그 자체가 아니라 필연코 어떤 현실적이며 구체적인 목표를 위해 여행을 궁리하고 있는 것이다. 휴식, 재충전, 인생의 여유, 여행에서 얻을 수 있는 교육 등이 그것이다. 이렇게 한 요구가 지향하는 목표를 정의함으로써 우리는 요구라는 추상적이고 내면적인 개념을 좀더 현실적이고 현상학적인 시각으로 이해할 수 있다.

기대결과는 목표를 달성했을 때 얻을 수 있는 결론적 상황을 말하며, 기대가치는 그 결과에 연결된 혹은 그 속에 함유된, 따라서 결과를 얻으면 당연히 얻을 수 있다고 믿어지는 특정한 가치를 말한다. 예컨대 친구들과의 활발한 옥외활동을 통해 아이들이 추구하는 가치는 무엇인가 그리고 또 우리는 그들에게 어떤 가치를 얻도록 지원해야 하는가에 대해 비교적 구체적이고 현실적으로 논의함으로써 아이들의 요구라는 관념적 개념을 보다 현실적이고 구체적인 언어로 이해할 수 있다. 거주자가 요구를 충족하는 작업, 요구 충족을 위한 그들의 목적행동은 목표, 기대결과, 기대가치에 대한 자기 스스로의 정의에 의해 유도된다. 즉 한 요구에 연관되어 나타나는 구체적인 목표 그리고 기대하는 결과 혹은 가치는 그 요구의 충족 과정을 조종하는 나침반과 같다.

목표는 심리학의 목표이론theories of goals, 예컨대 퍼빈Lawrence Pervin과 같은 목표이론가들의 성과에서 발원한 개념이고, 기대가치는 사회학, 사회심리학에서 반두라Albert Bandura 등이 제안한 사회학습이론social learning theories에서 발달된 개념이다. 우리로서는 이 두 개념을 이론적으로 구분하고 연계하고자 하는 기나긴 학술적 소모전에 참여할 필요는 없다. 실무의 시각에서 보면 목표는 기대가치의 언어로 또 기대가치는 목표의 언어로 충분히 번역될 수 있다. 다만 기대가치가 더 발전된 개념이고 또 보다 구체적인 개념이므로 우리로서는 잠정적으로 이 기대가치라는 개념에 집중해도 충분하다고 믿는다.

요구가 실천행동의 동기일진대 그리고 인간행동이 요구의 충족을 향해 움직이는 현상일진대, 요구는 그 연관된 목표나 기대가치에 의해 비로소 이행이라는 하나의 여정을 시작한다. 어떤 특정한 필요성, 이를테면 여행, 휴식, 밖에서의 놀이, 친구들과 어울림, 체중감량, 일상운동, 공부 등은 각각 그 목표와 기대가치를 정의해야 비로소 각각의 구체적인 실천방법을 결정할 수 있다. 무엇을 위한 것인가, 무엇을 얻으려 하는가에 대한 스스로의 정의에 근거하여 실천행동의 세부적인 전략이 정해진다는 말이다. 예컨대 여행의 목적지, 동반자, 일정, 방법과 같은 세부사항은 지금 필요로 하다고 여겨지는 이 여행의 현실적 기대가치를 기준으로 정해진다. 완전한 휴식을 기대하며 준비하는 여행의 의도 속에서는 여러 사람들을 만난다거나 흥겹게 즐긴다거나 여러 여행지를 바쁘게 이동하는 여행계획들은 배제되기 마련이다. 바꿔 말하면, 여행을 이행하는데 동원되는 각가지 방안, 선택 혹은 의사결정은 '무엇을 위해' 그리고 '무엇을 얻기 위해' 여행하는가에 대한 스스로의 답안에 의해 좌우된다.

(3) 기본요구, 그 보편성-상대성 이분논리의 문제 인간 요구가 본능적인 것이며 타고난 것인가 아니면 후천적이며 교육되는 것인가에 대한 논란은 심리학에서 꽤나 뿌리가 깊다. 초기 욕구이론가들은 인간의 생리적 문제에 치중하여 인간행동의 근원적인 동기를 '타고난' 생리욕구로부터 찾고 있다. 그들에게 요구는 선천적인 것으로서, 예컨대 음식, 물, 종족 보존, 건강과 같은 본능적인 갈망을 말한다. 같은 시대의 머레이는 생리적인 욕구보다는 심리적 요구에 집중한다. 머레이가 본 심리적 요구는 선천적, 본능적인 것이 아니라 성장과 경험에 의해 습득되는 것, 학습되는 것이었다. 인간요구에 대한 보다 최근의 심리학적 이론들은(예, Deci & Ryan의 self-determination theory, SDT) 머레이와 같이 인간 심리적 요구를 다루면서도 그 심리요구가 초기 요구이론가의 시각대로 본능적인 것이며 선천적으로 타고나는 것으로 주장하고 있다.

요구를 선천적이며 타고난 성질로 간주하는 주장들은 육체적 건강, 심리적인 건전함, 인류의 복지, 인간으로서의 견실성과 같은 가장 기본적인 최저 수준에 초점을 맞춘다. 인간 요구에 대한 논의는 기본 요구에서부터 시작되어야 하며 이런 본질적 내용을 우선 다루어야 한다는 것이다. 인간 본질의 기초 요구를 만족하지 못하고서는 어떤 최적의 활동수준 혹은 효율적 기능성 등으로 논의를 전개할 수 없다는 주장이다. 몇몇 학자들은 이런 기본적인 기준을 만족하기 위한 인간의 최저 기본요구로서 자율, 성장, 건강, 교제, 능력 등을 꼽고 있다. 가장 대표적인 심리학적 기본 요구에 관한 이론인 SDT는 인간의 기본 요구를 자율autonomy, 관계relatedness, 능력competence 등 세 가지로 압축한다. 인간 기본 요구를 옹호하는 이와 같은 주장에 따르면 요구는 결과에 의해 판단된다. 인간의 본질에 긍정적인 결과가 나타났을 때에는 요구가 만족되었다는 것이 입증된다. 반대로 요구의 불만족은 본질적 기준에 대한 부정적인 결과에 의해 입증된다. 이와 같이 요구의 선천성을 옹호하는 주장들은 얼핏 인간의 최저 수준에 집중하는 듯하면서도 사실은 그 요구가 인간의 모든 행동과 성장을 지배하는 근거이며 인간행동의 인과관계 그 최저점을 차지하는 근원적인 에너지라고 말하고 있다.

철학이나 사회학에서도 이와 유사한 논의가 뜨겁게 달아올랐던 적이 있다. 예를 들면 도얄Len Doyal에 의해 촉발되어 대응과 반박이 뒤따르고 이에 대한 또 다른 반박논의가 반복되는 흥미로운 연쇄 논의를 그 예로 들 수 있다. 이 일련의 논박들은 인간에게는 명백하게 인간 존재와 생명의 보존에 직접 가담하는 본질적이며 기본적인 요구가 있다는 주장에 의해 시작된다(예, Doyal & Gough, 1991; Doyal, 1993). 이를테면 육체적 생존과 건강, 자율과 자주성과 같은 본질적인 요건을 말하며 이를 뒷받침하는 가장 기본적인 수단들, 예컨대 식량, 식수, 기초의료서비스, 기초교육서비스, 영아와 아동의 생존권 보호 등을 포함한다. 이 기본적인 요구는 모든 인간에게 동등하고 모든 사회집단에서 불변하며 모든 문화집단에서 보편적이라는 주장이다. 이 발제에 대해 또 몇 가지 중요한 논박이 등장하였다(예, Dawson, 1994; Smith, 1994). 보편적인 요구라는 것이 어디 있겠는가? 모든 인간 요구는 상대적인 시각에서 정의되는 것이며(relativism) 또 사회문화적으로 다수의 요구가 공존한다(pluralism)는 반박이었다. 이에 대해 처음의 그 발제자가 다시 논박한다. 기본 요구에 대한 보편적 정의가 사라지면 어떤 것을 기초로 하여 그 상대적 정의, 도덕적 타당성을 검증할 수 있다는 말인가? 요구의 강도에 대한 사회문화집단간 기준의 차이 혹은 요구 충족의 수단에 대한 상대적 정의가 가능하기 위해서는 먼저 기본 요구의 정의가 전제되어야 한다고 말한다.

우리에게는 이 윤리와 도덕에 연관된 철학적 논박을 다시 세부적으로 분석하고 비평할 의도가 없으며 그럴 필요도 없다. 다만 인간의 기본 요구와 그 하위 요구, 최저 요구와 추가 요구, 보편적 요구와 상대적 요구는 상반되거나 상호 배척하는 개념이 아니라 하나의 동전을 구성하는 양쪽 면이라는 점을 강조하고 싶다. 인간의 요구 자체를 그 동전으로 본다면 이런 다양한 세부 요구들은 하나의 동전으로 통합되는 다양한 측면으로서 서로 불가분의 관계를 지니고 있다고 보아야 한다. 한 인간 혹은 집단이 가지고 있는 여러 요구들 그 상위와 하위의 중요성이나 보편성과 상대성 조차도 수시로 변화하는 동전의 앞뒤 면과 같다.

인간 요구의 보편성과 상대성, 유일성과 다수성의 이분법적 관계에 관한 논박에 대해 루빈스타인Richard Rubenstein은 아래와 같이 말한다.

> 우리가 인간의 기본 요구를 인정하되 이를 다시 절대적 기본 요구와 상대적 기본 요구로 나누어 생각한다면 이 문제는 비교적 간단히 풀릴 수 있다. '원함(want)' 과 '요구(need)' 의 차이는 요구가 그 충족 여부에 따라 개인적으로 혹은 사회적으로 심각한 파괴적 결과를 수반할 수 있다는데 있다 (물론 이 파괴라는 개념은 생리육체적인 것보다는 정치적, 도덕적 판단에 의해 결정되는 것이다). 우리가 한 요구를 '기본적' 인 것이라고 말할 때 그것은 상대적으로 수많은 사람들이 상대적으로 오랜 기간 동안 상대적으로 더 강하게 (다른 갈망들을 희생하면서까지도) 그 요구를 추구하고 있음을 뜻한다. ..(중략).. 요구 자체 그리고 그 충족 여부에 따른 결과는 개인 혹은 집단의 역사적 궤적에 의해 수시로 변화한다. 그렇다 하더라도 우리는 얼마든지 정확하게 요구의 정체를 찾아내고 정의할 수 있으며 또 인간 요구를 충족하지 못함으로써 발생되는 여러 문제들에 대한 해결방안을 제시할 수 있을 것이다. (Rubenstein, 2001, p.55)

이 논점에서 볼 때 우리는 기본 요구 혹은 절대 보편적 요구에 집중하는 주장들이 인간의 행동을 해명하는데 한계를 가지고 있다고 믿는다.

첫째, 무엇이 기본요구이며 어디까지가 인간 복리의 최저기준인가에 대한 경계가 명확하지 않다. 요구를 논의하는 분야에 따라 그리고 요구의 학술적 혹은 현실적 맥락에 따라 기본요구라고 제시된 내용은 그 통일성이나 합의점을 잃고 있다.[13] 여러 선행 주장들이 제시하는 인간 기본요구의 내용을 한 곳으로 모아보면 그 기본요구의 바구니는 매우 다양한 내용과 성격의 요구들로 가득 차게 된다. 논리를 발전시키면, 지금까지와는 다른 학술적, 현실적 맥락에서 조망하면 지금까지 제시된 기본 요구 이외의 여러 다른 요구들이 인간의 기본적 요구로 추가될 수 있을 것이다 (따라서 도시, 건축, 주거환경을 다루는 분야에서도 나름대로의 기본 요구를 바구니에 추가할 수 있다). 이런 각가지 요구들을 모두 인간의 최저 기본 요구로 볼 수도 있겠지만, 이와 마찬가지 논리로 굳이 기본 요구로 구분하는 모호함을 떠나 이들을 모두 한 인간 혹은 집단이 경험할 수 있는 여러 잠재적 요구들의 묶음이라고 보는 포괄적인 시각도 가능하다. 어디까지가 '기본적' 인가에 대한 경계가 불분명하다면 '기본적' 이라는 것은 없다.

둘째, 우리는 요구를 중요성 혹은 절실함의 정도를 기준으로 하여 정해지는 개념이라고 믿는다. 인간 요구라는 한 묶음의 에너지 안에는 다양한 중요성의 정도를 갖는 여러 갈래들이 존재하며 각 세부 요구들의 중요성은 시점에 따라 또 상황에 따라 변한다는 것이다. 또한 여러 갈래들이 가지고 있는 중요성은 서로의 상대적 비교 우위에 의해 정해지는 상대적 중요성을 말한다. 어느 한 시점에서 어떤 상황에 처한 한 인간의 요구는 이런 변화와 상대성의 메커니즘으로 정의될 필요가 있다. '당신은 지금 어떤 필요성을 갖고 있는가' 에 대한 대답은 여러 잠재적 필요성의 항목이 만든 중요성의 목록에서 상위에 놓인 필요성으로 결정될 수 밖에 없다. 위에서 인용한 루빈스타인을 빗대어 말하면, 어떤 항목이 더 심각한 결과를 초래하는가에 대한 스스로의 판단, 즉 어떤 요구를 희생하는 대신 어떤 대안을 선택하는가와 관련된 상대적 선택이 요구를 정의하는 기준이 된다는 것이다.

셋째, 인간의 존재나 행동에 대한 논의는 건강, 생존, 복지, 최적 기능과 같은 최저 기준에 한정된 것은 아니다. 이를 뛰어넘어 존재의식, 감정, 소속, 상징과 같은 형이상학적 기준이나 고차원적 가치를 향해 움직이는 행동이 존재한다. 이 점은 SDT의 기본 요구를 비판한 여러 학자들이 제시하고 있는 인간의 사회적, 인지적 요구에 잘 나타나있다 (예, Andersen et al., 2000). 인간은 내면적으로 또 외적 영향력에 의해 끊임없이 학습하고 성장한다. 인간행동은 이 학습 취득의 과정에서 또 학습의 결과로서 다양하게 나타난다. 더욱이 본능적, 동물적, 선천적이 아

13 일찍이 인간개발학(human development)의 심리학자 Maslow(1954)는 physiological, security, belongingness, self-esteem, self-actualization의 다섯 가지 기본 요구로 정리했으며, Sites(1973)는 이를 발전시켜 security, consistency of response, stimulation, recognition으로 제시하고 있다. Sites에게는 사회적 교감이나 소속(belongingness)은 물론이고 생리적 요구조차도 기본 요구가 아니다. Burton(1979)의 security, identity, recognition, personal development가 이와 유사하다. 이들은 인간의 심리적 요구에 집중한 흔적이 있다. 이와 비슷하게 Deci & Ryan(2000)은 기본 요구를 autonomy, relatedness, competence로 압축하며, 반면에 safety나 security는 제외하고 있다. Doyal & Gough(1991)는 physical health(survival)와 autonomy(personal, social) 등 두 가지를 인간의 최저 기본요구로 제시하고 있으며 (Doyal, 1993), Taylor(2003)는 social justice, welfare를 추가로 강조하고 있다. 분야나 학술적 관심의 차이는 물론이고 이론적 배경(personalist versus situationalist theories, Rubenstein, 2001) 그리고 개인 의견에 따라 차이를 보인다. 자긍심(esteem, recognition), 성장과 자아 발전(stimulation, competence), 자율과 자기통제(autonomy)가 두드러졌다 싶으면 다른 한편에서는 건강과 생존(health), 복리(welfare)가 강조되고 있다. 생리와 건강, 사회적 요구(relatedness, belonging), 정체성(identity) 등이 학자에 따라 인간 기본 요구의 범주를 넘나들고 있다는 점은 의아스럽다. Burton이 welfare, freedom, meaning 등을 강렬한 갈망(intensive desires)으로서 want로 보고 이를 기본 요구에서 제외했다는 점이 흥미롭다. 개념과 구분에서 전체적으로 모호하고 혼란스럽다.

닌 이런 고차원의 인간적 기준을 향해 움직이는 인간행동이 개인이나 집단에게 중요한 행동 혹은 지속적으로 유지되어야 하는 행동으로 인지되는 것이라면 이 행동이 그 개인이나 집단의 요구와 직결되는, 요구를 대변하는 것으로 간주되어야 마땅하다. 다시 말하면 요구의 보편성이라는 개념은 인류 전체에 대해서가 아니라 어느 특정 집단 안에서 정의되어야 한다. 따라서 요구는 그 집단이 보유하고 있는 수많은 잠재적 요구들 중에서 집단의 구성원 대다수에 의해 공통적으로 중요한 필요성이라고 인지되는 것으로 보아야 한다. 특정 집단 안에서의 공통성은 다른 집단들에게도 적용되는 보편적인 원칙은 아니다.

넷째, 이런 논리에 근거하면 결국 인간의 요구는 모두 상대적이다. 개인별로 그리고 한 집단 안에서 상대적으로 정의되는 것이다. 한 사람의 요구가 다른 사람에게는 그렇지 않을 수 있으며, 한 집단에서의 요구가 다른 집단에서는 요구가 아닐 수 있다. 한 집단의 요구들 사이에서도 서로 상대적인 중요성이 다르다. 요구는 본능에 의해 타고나는 것일 뿐만 아니라 학습에 의해 취득되는 것이라는 말과 같다. 이는 인간 요구를 후천적이며 취득되는 것으로 보는 머레이의 전통에 뿌리를 둔 시각이다. 이는 또 요구를 가치의 생성 그리고 수시로 변화하는 한 대상에 대한 가치판단에 기초하여 발현되는 내면적 에너지로 보는 시각이다. 가치 없는 대상에 대해서는 요구가 형성되기 힘들며, 개인 혹은 집단 안에서 정의되는 그 대상의 가치가 크면 이에 대한 요구 또한 증대된다는 것이다.

한 개인 혹은 집단에서 가치의 양상이 변화하면 요구 또한 변화한다. 따라서 개인이나 집단 사이에서 그리고 상황에 따라서 하나의 필요성은 그 기본성의 정도 즉 어느 요구가 더 기본적인가에 관한 기준뿐만 아니라 중요성이나 절실함의 정도 즉 어느 것이 더 중요한가에 관한 기준에 따라 달라진다고 보여진다.

개인 혹은 집단에 따라서 '어느 수준을 필요성의 충족이라고 보는가'에 관한 요구 충족의 기준은 상대적으로 변하며, 요구 만족의 정도level of need satisfaction 또한 집단에 따라 상대적으로 정해지는 것이다. 또 '어떤 방법으로 무엇을 이용하여 충족하는가'에 관한 필요성의 충족수단satisfier 역시 개인 혹은 집단 간에 차이를 보인다. 심지어는 건강이나 생존과 같은 기본적 요구도 상대적이다. 몇 칼로리의 어떤 영양분이 건강이며 구체적으로 어떤 생리적 상태 혹은 육체적 수준을 건강하다고 말할 수 있는가의 문제는 집단이나 개인의 차이를 무시하고는 해결되기 힘들다. 집단이나 상황에 따라서 하루 한끼의 풍족한 식사가 건강의 수단으로 볼 수

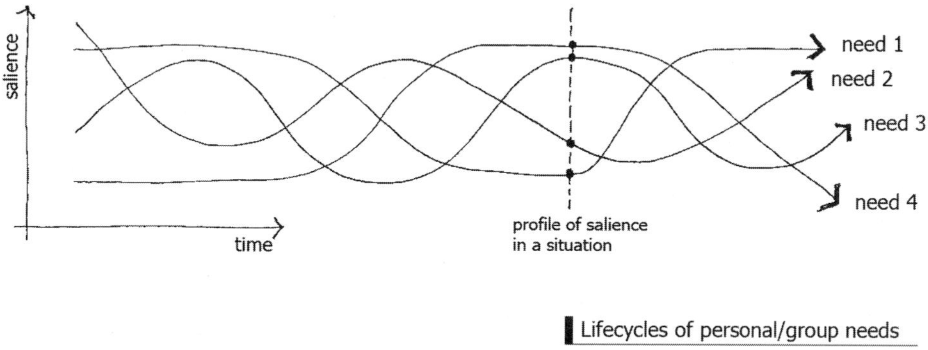

4-2. 요구의 라이프사이클 (인간은 시간과 상황에 따라 중요성과 성질이 변화하는 다수의 요구를 가지고 있다. 한 시점에서, 한 상황에서 여러 요구의 상대적 중요성을 정의할 수 있다.)

있고 반대로 거의 먹지 않는 다이어트를 건강의 충족수단으로 볼 수 있다. 육체적으로 건강한 사람과 당뇨를 걱정하는 사람의 차이는 명백하며, 자녀에 대한 육체적 혹은 사회적 건강에 대한 시각 또한 부모에 따라 다르다. 이를테면 UN의 인간 생존을 위한 최저영양기준 혹은 정부가 정하는 최소주거면적과 같은 보편적 계량치는 인간요구에 관한 우리 논의와 관련이 없다.

더욱이 필요성의 상대적 정도, 충족의 수준(어느 수준을 충족이라고 말할 수 있는가), 충족의 수단 등은 한 개인 혹은 집단 안에서도 시간과 상황에 따라 변화한다. 한 대상에 대한 지금의 충족이 향후에는 결핍으로 판단되며 반대로 한때의 결핍이 장래에는 만족한 상태라고 판단될 수 있다. 이런 상대성의 시각은 요구와 가치가 성장, 교육, 홍보에 의해 생성 변화하는 것으로 보는 포스트모더니스트의 상대주의 그리고 한 개인 혹은 사회문화집단 사이에 다수의 요구와 다수의 가치가 상대적 관계를 이루며 함께 존재한다고 믿는 문화복수론pluralism에 동조하는 것이다 (예, Guadalupe & Freeman, 1999). 또 이는 앞에서 루빈스타인이 제기한 '요구-충족 이분법need-satisfier dichotomy에 대한 반론' 에 동의하는 의견이다. 요구의 충족과 요구의 정의를 서로 달리 볼 수 없으며, 어떻게 충족하는가에 대한 논의는 요구를 정의하는 중요한 기준 중 하나라는 것이다.

(4) 요구NEED와 원함WANT 이쯤에서 우리는 요구와 원함의 개념적 비교에 대한 하나의 통일된 의견을 제시할 수 있다. 이 두 개념은 유사하지만 동일하지 않으며, 그 차이점에 대한 혼란은 명쾌하게 정리되어야 한다.

요구는 한 사람이 무엇을 원하는가의 다소 편안한 문제와는 분명 그 본질이 다르다. 물론

'무엇이 필요한가' 와 '무엇을 원하는가' 의 두 질문은 공통적으로 현재 상황이 주는 불편함이나 불만족에서 시작된다. 또 그 끝에 궁극적으로 얻고자 하는 목표로서의 어떤 상태 혹은 대상을 지칭한다. 글을 쓰고자 하면 펜이 필요하며 펜을 원한다. 배고픈 자는 음식이 가져다 주는 충만함이 필요하며 결국 음식을 원한다.

우리는 이 두 개념의 차이가 그 도달하고자 하는 목표 혹은 성취하고자 하는 가치의 필연성이나 절실성의 정도에 있다고 믿는다. 요구는 보다 심각하고 절실한 문제와 연관되어 있다. 실패하면 그 결과로서 주어지는 아쉬움, 절망 혹은 현실적 문제가 크다. 이를테면 요구한다는 것은 반드시 원해야 하는 상태를 말하는 것으로 이해해도 된다. 요구를 위해서는 여러 다른 원함 혹은 원하지 않음이 희생될 수 있다. 요구의 실패가 원함의 실패에 비해 그 결과가 주는 심각성이 더 크기 때문이다. 반대로 원함은 요구보다 쉽게 포기될 수 있는 갈망의 상태를 말한다. 원함에는 그 반대의 상태 즉 원하지 않음을 지정할 수 있다. 원함은 비교론적, 선택적 관점을 내포하고 있다. 반대로 요구에는 요구하지 않음이라는 비교 상태를 지정하기 어렵다. 요구에는 필요함의 정도의 차이가 있을 뿐이다.

요구에는, 원함의 문제와는 달리, 미리 정해진 목표를 대신할 다른 대안의 여지가 적다. 원한다 함은 이것과 저것, 이 상태와 저 상태의 상호 저울질의 결과이다. 어떤 하나가 더 목표에 근접하는 것뿐이지 반드시 그것이 필수 불가결한 것은 아니다. 저것도 가능하기 때문이다. 그러나 요구는 이것이면 필연코 이것이어야 한다. 이를테면 하루의 고된 직장 일에 지친 주부 그리고 배고파 보채는 그 주부의 두 아이에게 있어서 패스트푸드 체인은 하나의 중요한 필요성 즉 요구를 충족함을 뜻한다 (이 맥도날드 비유는 Doyal & Gough, 1991의 주장에 대한 Dawson, 1994의 논평에서 제시된 것을 응용한 것임). 이와는 다르게, 맥도날드가 가지고 있는 의미가 여러 패스트푸드 레스토랑들을 포함하는 옵션 중의 하나로서 선호나 선택의 가능성을 전제로 한 것이라면 이 경우는 맥도날드를 원한다는 것으로 말할 수 있다. 맥도날드 아니면 다른 것을 원할 수도 있다. 지친 몸이 필요로 하는 배고픔의 절실함은 빠른 해결이지 미각의 선택이 아니다.

물론 원하는 대상이 원하지 않는 것보다 요구로 변모할 가능성이 훨씬 크다. 하지만 원하는 것이 모두 요구로 되는 것은 결코 아니다. 마찬가지 의미로, 원하지 않더라도 필요한 일이 있다. 위에서 예시한 하루 일과로 고단한 주부가 패스트푸드를 원하지 않는다 하더라도 (예컨대 집에서의 식사를 더 원하거나 더 선호한다 하더라도) 패스트푸드는 당시 상황의 그 주부에게 중요한 필요가치를 지니고 있다. 선호하지 않아도 해야만 하는 일, 내키지 않아도 필요한 작업, 요구되기는 하지만 하기 싫은 것들은 일상에 편재한다. 공부보다는 밖에서 놀기를 원하는 아이에게 있어서 숙제를 마치는 일은 요구되는 일이다. 몇몇 사람에게 일상운동이나 체중감량은 때로는 피곤한 일이지만 끊임없이 수행되어야 하는 필요한 일이다. 이와 같이 원함이나 선호에 기초한 대안들 사이의 어떤 선택을 요구의 충족이라고 공식처럼 말할 수 없다. 원하는 대상이나 가치가 요구의 대상이나 가치는 반드시 아니기 때문이다. 자전거타기를 원하는 아이를 관찰하며 그 아이가 자전거타기를 요구하고 있다고 결론을 내리는 것은 옳지 않다.

요구의 정체와 발견

이제 우리는 다른 사회과학에서 진행되었던 요구에 관한 논의를 도시주거생활의 문제로 연장해보아야 한다. 도시주거와 관련해서도 인간요구의 정의는 본질적으로 큰 변함이 없다. 도시주거의 요구도 필요함의 정도 그리고 상대적 절실함으로 정의한다. 어느 한 시점에서 한 거주자는 (혹은 한 집단은) 다수의 요구를 지니고 있으며, 이 요구들은 그 시점에서 거주자가 느끼는 필요성의 정도에 따라 상대적으로 정의되는 것으로 본다. 이는 복수의 요구들이 중요순위의 프로파일로 정리된다는 말이다. 여러 요구들은 한 거주자가 가지고 있는 개인적 프로젝트이며, 거주자는 자기 시각에서 판단하는 중요함의 정도에 따라 혹은 그 프로젝트가 제대로 수행되지 못했을 때 초래되는 결과의 심각성의 정도에 따라 프로젝트의 중요순위를 결정한다. 주민 공동체 의식이 소중한 가치일 수 있지만 반대로 다른 가치들의 소중함에 비해 상대적으로 평가절하될 수도 있다. 일상운동이 필요한 것 같은데 아이들의 뒷바라지 때문에 운동을 접어둘 수 밖에 없는 경우도 있다.

복수 요구의 상대적 중요함에 대한 결정은 또 요구 충족을 위한 수단과 방법 그리고 충족과정에서 맞닥뜨리는 여러 현실상황에 따라 달라지기도 한다. 요구들 각각의 충족을 위한 수단 내지는 방법이 요구마다 다르며, 각각의 외적 상황이 갖는 영향력 또한 다르다. 예컨대 거주자가 공동체 의식이라는 하나의 필요성을 충족하는 과정이 꽤 고되고 험난한 것이라고 믿으면 공동체 의식은 그만큼 요구로서의 가치도 감소하게 될 것이다. 투여할 재원이나 능력이 자기가 감당할 수 없는 것이라고 판단했을 경우에도 그 요구가 내면세계에서 차지하는 중요함의 순서가 조정될 수 있다.

도시주거 전문가로서 우리는 주민들이 가지고 있는 주거요구를 이런 유동적, 상대적, 융통적 시각으로 조망해야 한다. 한 요구는 어떤 목표나 가치와 연결되어 있으며 가치는 개인, 집단, 상황에 따라 변화한다는 것을 인정해야 한다. 결국 어떤 한 가치를 모든 도시주거 상황에서 필수적이라고 말하는 것은 지나친 단정이다. 그것을 어느 상황에서나 가장 중요하다 혹은 최저의 조건이다라고 주장하는 것도 곤란하다. 개인이 지니고 있는 복수 요구의 프로파일 안에서 상위와 하위, 최저와 추가의 입장은 수시로 자리바꿈하기 때문이다. 그것이 건강, 생존, 생명에 연관되는, 이를테면 위생설비, 구조적 안전, 최저 기능, 지구 에너지 보존, IT기술의 적용과 같은 것일지라도 언제까지나, 누구에게나, 어떤 상황에서나 변함없이 최우선의 필요성이 되는 것은 아니다. 그것이 다수 주민들에게 공통적인 가치는 될 수 있을지언정, 경우에 따라서, 주민들은 시각 개방이나 주민 공동체 의식을 더 절실한 요구로 선택할 수 있다. 없어지면 여러 사람들에게 대단히 불편하고 위험한 것이 될지언정 그것이 주거에 연관된 인간의 여러 다른 필요성의 중대성까지를 상쇄해버릴 수는 없다.[14]

우리가 신중하게 생각해야 할 것은 어느 한 도시주거 상황에서 여러 주민에게, 한 집단의 다수 구성원에게 공통적으로 인정되는 공동의 필요성이 있다는 사실이다. 대다수 주민들, 대부분 구성원들에게 공통으로 중요하게 여겨지는 다수의 보편적 최우선 요구를 찾아내는 일은 도시주거 실무자들이 반드시 주목해야 할 도시주거계획의 핵심이다. 개인이 보유하는 다수 요구의 중요도 프로파일은 시간과 상황에 따라 자유롭게 변한다. 이 유연한 변화의 추이를 좇는 집요한 작업은 실무보다는 학술분야의 몫이다. 반면에, 어느 정해진 인터벌 안에서 개인들의 요구 프로파일을 집단으로 모아 그 속에서 공통적으로 드러나는 보편적 요구를 선별하는 것은 의외로 그다지 어렵지 않은 작업이다.

지금 그리고 향후에 우리 주민들은 도시주거와 관련해서 무엇을 필요로 할까? 우리가 계획하는 도시주거 안에서 살아갈 인간들의 주거요구는 무엇인가? 우리는 요구를 어떤 근거로

---

14 우리 시대에서 위생, 구조, 최저 기능 등을 기본적, 보편적 요구라고 해도 그다지 틀린 말은 아니다. 그러나 이들이 어느 상황에서나 상대적으로 상위의 조건이어야 한다고 주장할 수는 없다. 최근 회자되는 환경친화 패러다임, 첨단기술 패러다임도 마찬가지이다. 아직까지도 보편적 요구에 치중하는 우리 현실 그리고 지금에 와서까지 최적 기능과 같은 기본 요건에 매달리는 우리 현주소는 그다지 바람직한 것이 아니다. 우리에게는 그 이상의 주거요구를 시도한 구체적인 사례가 없다. 동전의 다른 쪽 면은 아직 어떤 형태로든 조각된 적이 없다. 인간 요구의 이해, 인간경험의 충족에 대한 수많은 과제들이 아직 숙제로 남아있다.

어떻게 알아낼 수 있는가? 좋은 도시, 바람직한 주거는 한 문장으로 요약될 수 있다. 그것은 그 속에서 살아가는 사람들의 중요 요구를 충족해주는 도시주거를 말한다. 주민 스스로 자기 요구를 생성하고 또 충족해나가는 그 과정을 지원하는 도시주거를 뜻한다. 반대로 나쁜 집, 바람직하지 않은 동네란 것은 사람들이 여러 요구를 충족하는 여로의 노고를 팔짱 끼고 모른 체하거나 그 여정에 잔뜩 짐이나 지우는 그런 도시주거를 말한다. 좋은 집을 짓기 위해서는 인간의 요구를 이해해야 한다. 그 작업은 숨은 그림 찾기처럼 우리들을 긴장시킨다. 우리는 여기에서 가장 기초적이며 일반적인 기준 몇 가지에 주목할 수 있다.

(1) 요구는 실천의 현상이다 (Action) 요구는 충족이 전제된 현상이다. 충족을 위한 노력, 성취를 위한 투자를 동반한다. 적어도 충족을 향한 시도의 흔적이 보여야 한다. 요구는 가시적인 현상으로 드러난다. 관찰 가능한 구체적 증상을 말한다. 특히 행동action을 수반한 실천의 증상이 중요하다.

요구를 파악하고 정의하는 일에서는 충족을 위한 신념과 의도가 있는지 또 그것이 행동으로 표출되었는지를 따지는 것이 중요하다. 어떤 행동이 수반되었으며 어떻게 그 행동이 수행되었으며 그 행동으로 인하여 요구의 어떤 부분이 얼마나 충족될 수 있었는가에 대한 논의가 필요하다. 이와 같이 요구라고 불리는 인간 내면의 상태는 필연코 행동이라는 가시적이며 외면적인 현상을 향한 구체적인 움직임으로 표출된다. 일련의 실천의지, 실질적 노력, 성취를 위한 행동이 뒤따르지 않는 갈망은 요구가 아니다. 실제로 물을 구하지 않는 목마름은 요구로 볼 수 없다. 실천을 위한 행동의지가 뒤따르지 않는 동기는, 그것이 아무리 절실하다고 말해진다 해도, 학술적으로 어떤 구체성도 제시하지 못하며 계획실무에서 볼 때에도 큰 의미가 없다.[15]

물론 시도는 좌절될 수 있으며 충족의 여정에서 실천행동이 방향을 이탈할 수도 있다. 요구는 있으되 상황이나 환경이 이를 허락하지 않는다는 식의 설명도 가능하다. 하지만 이런 극

15 요구가 행동 이외의 다른 수단이나 매체로 충족될 수 있을까? 인간행동을 연구하는 분야에서 행동을 설명하는데 가장 중요하게 다루는 변수는 역시 동기(요구, 목표, 가치)와 의도(신념)이다. 외적 환경의 자극이나 에너지정보에 대한 즉각적인 반응이 인간 체험의 전부라 한다면 인간과 미생물이 다를 바가 무엇인가. 행동 이외에 요구와 목표를 해결하는 다른 방법은 거의 논의된 바가 없다. 헤겔, 칸트, 프로이드에서 보는 것과 같이 관념이나 의식, 이성과 상상에 의한 충족 혹은 무의식 속에서의 충족도 이론적으로는 가능하지만, 사실 이런 방법은 우리 도시주거 삶의 현장 속에서 관찰되는 여러 주거요구의 진실된 충족이라고 할 수는 없다. 관념에 의한 충족이 진정한 충족이 되려면 비관념적 형이하학적 세계의 한 현상으로 전이되어야 한다. 혹여 감정이나 지식과 관련된 요구도 관찰 가능한 행동절차에 기대지 않고서는 충족될 수 없다.

악한 상황에서도 인간의 의지를 보여주는 최초의 행동 노력은 보여야 한다. 그리고 이 의지의 현상은 최초의 행동 시도가 외적 환경의 어떤 요소들과 조화를 이루는지 혹은 충돌하는지에 대한 관찰을 가능하게 한다. 당초의 요구가 예상한대로 충족되었는지를 따지는 것은 별개의 문제이다. 노력했지만 성취되지 못한 목표는 충분히 목표로 인정되지만 노력이 뒤따르지 않는 목표는 다만 공상일 뿐이다. 다시 강조할 것은, 요구에 관련된 행동이 반드시 요구 충족으로 귀결되는 성공적인 것이어야 할 필요는 없다. 예컨대 수험생이 시험에 성공한다는 보장도 없고 체중이 당초의 원하는 수준으로 감소해야 한다는 조건도 없다. 하지만 명백히 그 요구를 정의한 인간에 의한, 요구를 충족하는 방향으로 움직이는 일련의 실천행동이 있어야 한다.

인간이 자기 행동에 부여하는 의미는 다양한 측면을 가지고 있다. 행동의 의미를 간단히 파악하기는 어렵다. 그러나 행동이 어떤 요구를 지향하고 있는지 그 요구 방향성을 파악하면 그 행동의 의미를 정의하는 것은 비교적 평이한 일이 된다. 행동과 연계된 필요성 혹은 그 행동으로 표출된 요구가 무엇인지를 추론함으로써 행동의 의미를 간파할 수 있다. 한 요구를 위한 노력이나 투자로서의 행동은 그 요구와 관계없는 여타의 행동들과는 판이하게 다른 의미를 지니고 있다. 말하자면 이들은 '요구 기원적' 행동이며 '목표 지향적' 행동이고 합목적적 행동이다. 수험생의 투철한 공부, 체중감량을 위한 집요한 실천전략은 당사자에게는 중요하며 의미 있는 행동들이다. 공부나 체중감량과 관련성이 적은 행위들, 예컨대 가족여행이나 쇼핑 등은 당사자로서는 당면한 요구와는 관련 없는, 따라서 당장은 어떤 의미를 부여하기 어려운 행위들이라고 할 수 있다.

더욱이 하나의 동일 요구에 조준된 다수의 행동들 중에서도 요구에 대한 그들의 공헌도에 따라 중요도를 구분해볼 수 있다. 당사자가, 비록 자신의 믿음이 반드시 옳은 것은 아닐지라도, 요구 충족의 기대나 가능성에 가장 근접 하다고 믿는 행동들은 공헌도가 떨어진다고 믿는 행동들에 비해 더 중요하다고 여겨질 것이다. 수험생에게는 수학공부가 영어공부보다 수험이라는 목표에 더 핵심적이며 또 영어공부는 이 요구에 연관된 다른 행동들보다 더 중요하다고 여겨질 수 있다. 체중 감량을 꾀하는 사람에게는 단식이 다른 감량행동들보다 더 중요한 행동으로 인지될 수 있다. 한 요구를 향하는 여러 연관 행동들 중에서 특히 어떤 행동의 가치가 당초 요구에 내포된 가치와 근접한 것인지에 따라 그 행동들의 개별 의미에도 차이가 있다.

한 주거지의 입주자가 지니고 있는 요구를 찾기 위해서는 주민 행동을 면밀히 관찰할 필요가 있다. 동네 안에서 벌어지는 행위들과 일상사건들 속에 주민의 요구가 있기 때문이다. 그들에게 특히 중요하게 여겨질 것으로 판단되는 행위들을 가려내는 일이 도움이 된다. 행위의 중요도 프로파일 그 상위에 있을 것 같은 행위들은 대개 어떤 특별한 요구들과 연계되어있을 개연성이 크다. 그들을 관찰하면 그것이 어떤 요구를 대변하고 있는지를 추론할 수 있다. 우리 프로젝트와 가장 유사하다고 믿어지는 기존의 도시주거 사례들을 찾아 그 안에서 벌어지는 거주자 일상을 관찰하는 것이 바람직하다. 다수의 사례에 대한 폭넓은 관찰과 특정 주민계층이나 특정 공간에 대한 집중적인 관찰이 동시에 수행되면 더욱 유용하다.

이와 더불어, 요구를 향한 행동 시도가 좌절되는 경우도 놓칠 수 없다. 몇 차례의 시도 후 좌절하는 행동은 현장에서 잠시 사라지는 경우가 있다. 혹은 좌절의 부작용으로 다시 인간의 내면 속으로 완전히 숨어버릴 수도 있다. 환경이나 여건의 변화에 민감하게 반응하는 행위, 몇 차례의 관찰 후 갑자기 사라지는 행위, 불편하게 진행되는 행위에 주목해야 한다. 이들은 실행의 신념은 있으나 실제로 실행되기는 어려운, 이를테면 위태로운 요구를 반영하고 있다. 이 위태로운 요구를 찾아 정의하는 문제 역시 폭넓고 집요하며 면밀한 행동관찰이 요구되는 부분이다. 실무가 결코 놓치지 말아야 할 부분이다.

(2) 요구는 절실함이다 (Salience) 원함이나 선호가 Y나 Z보다 X를 선호함과 같은 어떤 대안들 사이의 선택에 관한 문제인데 반해 요구에서 중요한 단면은 자기생존이나 최적기능에 관한 대안의 중요성importance 혹은 절실함salience의 문제이다. 한 대상의 가치가 절실하면 그것을 얻기 위해 사람들은 헌신을 마다하지 않는다. 개인에게 있어서 여러 대상들이 갖는 가치들은 어떤 한 시점이나 상황에서 모두 그 개인에게 얼마나 중요한가라는 척도에 의해 정의될 수 있다. 물론 어떤 다른 사람이 아니라 바로 그 개인이 스스로 판단하는 중요도를 말한다. 집단 차원에서 말하면, 한 집단에게 있어서 요구는 여러 구성원이 공통적으로 필요한 가치나 절실한 문제로 공유하는 것이 무엇인지를 찾는 작업에 의해 정의될 수 있다.

요구는 중요한 필요성, 중요한 목표, 중요한 의도intention를 말한다. 그 일이 혹은 행동이 나에게 중요한 것임으로 나는 그것에 대해서 책임의식이나 소명의식, 이를테면 완수해내겠다는 사명감committment이 크다. 수험생이 바라는 예상수준 이상의 시험결과, 젊은 군인이 바라는 군 복무를 건강하게 마치는 일, 아이들이 밖에서 친구들과 맘껏 뛰어 노는 일은 당사자에게 중요한 목표이며 의도일 것이다. 이런 일에는 그 중요함의 수준에 비례하는 정도의 투자가 제공된다. 성취를 위한 신념과 의도가 강해진다.

중요성은 개인에게 혹은 한 집단에게 고유한 기준에 의해 정해지는 문제이다. 수험 준비는 수험생과 그 가족에게는 매우 절실한 문제일 수 있지만 그것이 다른 가족에게 동등한 중요성을 갖는다고 말할 수는 없다. 중요성은 또 시점이나 상황에 따라 다르게 정의된다. 수몰을 당면한 지방마을의 거주자들이나 일부 환경단체, 시민단체에게는 수몰이 주는 실향이나 상실감이 절실한 문제겠지만 이와 전혀 다른 지리적, 시간적, 사회적 컨텍스트에 있는 사람들에게는 그것이 동등한 중요성을 갖는 문제가 아니다. 또 당사자에게도 일정 기간이 지난 후 수몰의 상처가 아물고 다른 이주지역에서 평상의 삶이 안정된 후에는 수몰 당시의 그 절실함이 소멸될 수 있다.

그러므로 우리는 어떤 한 시점에서 개인이 가지고 있는 요구의 레퍼토리를 중요도의 프로파일로 정리할 수 있다. 이와 마찬가지로 각 요구가 어떤 행동으로 연계되어 있는지를 가늠함으로써, 행동의 레퍼토리도 중요도의 프로파일로 정리할 수 있다. 심지어 우리는 개인의 일상이 나름대로의 기준에 의해 중요성의 프로파일로 정리된 일상행동의 레퍼토리에 의해 유지되고 있다고 가정할 수도 있다. 현실에서 결코 실행되기 힘든 몇몇 요구를 제외하고, 대개의 행동의 중요 순위는 요구의 중요 순위와 비례할 것이다. 자신에게 더 중요하다고 생각되는 일과 자기 자신과의 관계는 다른 덜 중요하다고 판단되는 일들과의 관계와는 차별되는 어떤 절실한 요구의 의식으로 연결되어 있다. 한 행동의 중요성은 그 행동이 어떤 요구에 연결되어 있는지 그리고 그 요구가 개인에게 얼마나 중요한 것인지에 달려있다. 인간은 자신에게 무엇이 상대적으로 더 중요하며 덜 중요한가에 대한 판단의식을 가지고 있다. 그 요구와 가치에 준거하여 일상행동들의 성격과 중요성을 상호 구분하고 (differentiation) 단기적 혹은 장기적인 중요성 순위를 결정함으로써 (prioritization) 중요도 프로파일을 완성한다. 그리고 자기의 요구와 가치가 수시로 변하기 때문에 자기 행동의 프로파일도 이에 맞춰 끊임없이 조정한다.

이를테면 한 주부의 행동 레퍼토리 안에는 아이들 교육 뒷바라지, 운동클럽에서의 운동과 사교, 집안 청소와 관리, 아이들의 방과 후 일과 챙기기, 장보기, 아파트 부녀회 참여활동, 남편과의 주말 데이트 등이 있을 수 있다. 이 행위들은 주부의 요구 그 중대한 필요성과 관련된 각각의 중요도 순위로 배열될 수 있다. 적어도 우리 전문가들은 개인 혹은 한 집단의 행동들을 매우 중요함, 중요함, 다소 덜 중요함, 중요하지 않음과 같은 몇 개의 큰 중요도의 순위집단으로 구분할 수 있을 것이다. 여기에서 중요도는 상대적인 비교관점에서 정해진다. 행위 레퍼토리, 행위들을 구분하는 집단 개수 등에는 물론 개인 차이가 있다. 이 프로파일의 상위에 위치한 행위들을 우리는 중요 행동 혹은 우선행동이라고 부를 수 있다 (우선행동에 대해서는 뒤에서 별도로 자세히 논의하기로 한다). 체중 감량이 절실한 사람에게는 이 체중조절의 목표와 연관된 일상이 다른 일과들보다 중요한 행위일 것이다. 아이들의 교육과 성장을 크게 염려하는 주부에게는 주거생활의 여러 측면 중에서 특히 아이들과 연계된 측면이 중요한 문제가 된다. 미취학 아동들의 눈높이에서 보면 부모나 형제와 함께 행하는 안전한 바깥놀이가 중요 행위로 여겨질 수 있다.[16] 만약 요구의 프로파일과 현실 행동의 프로파일에 현격한 차이가 있다면 이것은 하나의 큰 문제를 암시한다. 중요한 요구가 필연코 어떤 환경적 제약으로 인해 현실에서 충족되지 못하고 있음을 시사하는 것이다. 그다지 절실하지 않은 가치들을 향해 움직이는 사소한 행동들이 그 자리를 대신 차지하고 있을지도 모를 일이다.

(3) 요구는 집요함이다 (Persistence) 요구는 여러 필요성 중에서 특히 지속적인 필요성, 잘 꺼지지 않는 에너지를 말한다. 그것이 중요하며 또 그 일에 대해 어떤 소명감을 가지고 있기 때문에 그 일의 달성과 충족을 위해 지속적인 투자가 뒤따른다. 집념과 의지가 엿보인다. 요구 충족을 위한 일련의 행동들이 명백한 목적성 혹은 목표지향성을 띤 채 하나의 요구로 방향성을 유지하고 반복적으로 시도될 가능성이 크다는 말이다. 반면에 어떤 한 순간이나 상황의 단편에서 순식간에 나타났다 금세 소멸하는 필요성은 요구로 정의하기 힘들다. 그 순간적 필요함의 정도가 아무리 강하다 하더라도 스스로 혹은 어떤 외부 영향력에 의해 별 저항 없이 사라지는 것은 진정한 요구라고 말하기 힘들다. 요구에는 반복적인 혹은 일정 기간 동안 지속되는 계속적인 예상이 연계되어 있다. 요구의 상태는 일정 기간 지속되기 십상이며, 요구 충족의 과정은 당분간 끊이지 않고 관찰된다. 우리는 관찰에 의해 이런 현상을 정의할 수 있는데, 특히 사람들이 보여주는 조직화된 행동들, 협의 조정된 행위패턴들, 구조적인 행위시스템들, 그리고 이들 중에서 특징적인 패턴을 보이는 지속적인 행위현상들에 주목할 필요가 있다.

---

16 예를 들면, 우리는 아파트 놀이터에 기존 모래 대신 '더 깨끗하고 단정한' 재료를 사용하려는 시도에 반대한다. 모래는, 여러 관찰조사에서, 어린 아이들에게 중요하고 친근한 재료이며 자주 사용되는 자원이다. 모래 위에서는 지속적이며 반복적인 놀이행위를 보인다. 전문가나 부모의 가치기준으로 재료를 바꾸고 그 깨끗함을 자랑해서는 곤란하다. 모래가 없어지면 어린 아이들의 일상놀이 중 중요한 일부가 사라지고 그들의 행동 레퍼토리는 위축될 것이다.

요구가 죽지 않고 계속 살아있다는 말, 그 충족을 위한 시도가 지속적이며 집요하다는 말은 요구가 어떤 목표나 기대가치에 정확히 조준되어 있으며 그 목표에 의해 끊임없이 통제되고 있다는 것을 말해준다. 일련의 신념과 의도들 그리고 행동들이 한 곳을 향해 뭉쳐지는 대신에 각자의 갈 곳으로 방향감각을 잃고 흩어지는 현상은 요구와 관계없다. 요구는 미리 정해진 하나의 방향을 향해 전략적으로 움직이는 행동들을 수반한다. 그 움직임에는 요구 충족을 위한 집요함이 있다. 요구는 관련된 노력들이 이 집요한 방향성에서 벗어나지 않을 때 비로소 충족된다. 이를테면 체중 감량이라는 하나의 분명한 방향성을 위해 동원되는 여러 신념과 다양한 행동전략들을 말한다. 여기에서 신념과 행동들은 체중 감량이라는 목표의 방향에 조준되어 움직인다.

이런 방향성을 중시했을 때 인간행동은 두 가지로 크게 구분된다. 하나는 분명한 목표를 가지고 있으며 그 목표에 집중된 목표지향적 행동 혹은 목적 행동이며, 또 하나는 특정 목표가 정확하게 정의되지 않는, 정해진 특정 목표와는 무관하게 움직이는 비목적 행동이다.[17] 예컨대 체중 감량을 목표로 하는 사람이 매일 조깅을 한다거나 체중감량에 대한 TV 프로그램을 정기적으로 보는 것은 전자이며, TV의 오락프로그램을 시청하는 것은 이 목표와는 관계없는 후자의 행동이다. 요구는 따라서 특정한 방향성 아래에서 움직이는 지속적인 행동패턴에 의해 표현된다. 요구를 이해하려면 하나의 방향이 탐지되는 행동들 그리고 지속적인 패턴으로 그 방향을 향해 움직이는 행동집단들을 우선 주목해야 한다. 요구는 이런 한 방향을 향해 지속적으로 움직이는 행동패턴들의 밑바탕에서 이들을 조종한다.

이 집요한 방향성은 다른 일시적 행동들에 비해 현장에서 쉽게 관찰되는 현상이므로 이를 찾아서 정의하는 작업이 그다지 어렵지 않다. 목표 지향적 방향성을 갖는 행동들은 주로 패턴으로 귀착되기 마련이다. 집요한 행동은 쉽게 끝나지 않는다. 그 시도가 반복적이며 지속적이다. 그것이 지속적이기 때문에 정규적으로 일어나는 하나의 패턴을 형성한다는 것이다. 현장

17 사실, 모든 인간행동이 어느 정도는 어떤 목표와 연관되어 있다고 보아야 한다. 다만 그 목표가 한 시점이나 상황에서 개인에게 얼마나 중요한가의 차이는 있다. 또 어떤 행동은 목표지향적 행동(중요 행동)에 부수되어 보조적인 역할을 담당하는 경우도 있다. 따라서 여기에서 말하는 '비목적 행동'은 목적이 전혀 없는 행동이 아니라 일정 상황, 일정 요구와 관련된 목적성이 상대적으로 떨어지는 행동, 한 시점에서 그 중요성이 덜하다고 판단되는 행동, 혹은 어떤 목적행동에 부수되는 작은 행동들을 말한다. 물론 이런 행동들도 상황, 시점, 당면 요구에 따라서는, 입장을 바꿔, 목표지향적 중요 행동이 될 수 있다.

에서 일정한 행동현상이 반복적으로 혹은 지속적으로 나타나는 이른바 행동루틴, 습관화된 행동, 일상 속으로 편성된 행동패턴을 포함하며, 슈츠나 시몬David Seamon과 같은 현상학자들이 주목하고 있는 이미 삶의 자연스런 한 부분으로 정착된 습관적 행동의 흐름과 조직을 모두 포함한다. 이는 바커Roger Barker의 행위공간behavior setting이론에서 말하는 한 공간에서의 정규적 행동패턴의 개념과 유사하며 패턴언어pattern language와도 무관하지 않다. 목표이론에서도 구조적 행동들이 만드는 패턴의 지속성에 주목하고 있다 (예, Pervin, 1982). 일반적으로 목표지향적 행동은 조직적이며 구조화된 양상으로 전개된다. 지속적이지 않은 치열한 시도, 단편적이지만 집요한 행동, 잠정적이며 일시적인 집착이란 것도 얼마든지 가능하기는 하다. 그러나 이런 행동들은 강렬하지만 단명하는 요구를 보여줄 뿐이다.

집요하고 지속적인 행동들, 정규적인 행동패턴들은 대체로 어떤 한 장소에 의존하는 경우가 많다. 혹은 일정 성격을 공유하는 소수 장소들에서 주로 발생한다. 임의의 공간들에서 공간특성과 무작위의 관계로 나타나는 행동들은 대부분 특정한 인간요구를 반영하지 않는다. 요구의 집요함을 표현하는 행동패턴은 대개 일정한 환경특성, 공간속성에 의존하여 발생한다. 한 장소가 그 집요한 행동들을 계속 지원해준다는 뜻이다. 요구의 집요함이 장소와 굳건한 관계를 맺고 있으므로 행위패턴은 환경패턴과 하나의 짝으로 묶어 설명할 수 있다. 이점에 있어서 요구는 behavior setting 이론의 핵심내용인 장소-행동의 지속적 패턴관계standing patterns of behaviors와 연결하여 설명할 수 있다. 더불어 스토콜스Daniel Stokols와 같은 환경맥락이론가들 제안한 장소의존place dependence이라는 개념도 이와 유사하다. 일반장소의존general place dependence은 어떤 특징을 공유하는 여러 장소에서 한 행위패턴이 정규적으로 발생하는 현상이며, 특정장소의존specific place dependence은 어느 특정한 장소에서 어떤 행위패턴이 일정하게 반복하여 나타나는 현상이다. 행위패턴은 이 장소(들)이 제공하는 특정한 환경여건에 의존하고 있다. 정확히 말하면, 행동의 방향성과 집요함, 반복성과 지속성은 실제로는 행동-장소의 상호 관계가 보여주는 지속적 패턴을 전제로 한다. 비목적 행동들은 장소와 좀처럼 이런 패턴을 만들지 않는다. 일시적이며 잠정적이다.

작업이 어려워지는 것은 여기에서 그 반대가 항상 옳지 않다는 것 때문이다. 요구는 일정하게 반복패턴행동으로 이어지려 하고 그것이 한 공간 속으로 정착되는 경향이 있다. 하지만 우리가 관찰하는 모든 패턴행동 혹은 행동루틴이 반드시 어떤 명백한 요구 지향성을 보장하지는 않는다. 지속적인 반복행동이라고 해서 모두 중요성의 프로파일에서 상위를 차지하는 것은 아니다. 예컨대 일상의 등교와 하교, 주중의 출퇴근 패턴이 보여주는 정확한 반복행동체계, 아침의 화장실 루틴, 주말마다 행하는 집 뒷산으로의 운동 등은 반복행동패턴이며 습관적 일상이다. 이런 습관행동은 또 특정 장소와 일정한 의존관계를 맺는 경우가 많다. 예컨대 출퇴근 루틴과 집 앞 주차장의 관계, 주말등산과 집 뒷산의 상호관계를 말한다. 하지만 이들이 어느 시점에서 한 개인에게 모두 다 동등한 중요성을 가지고 있는 것은 아니며, 행동루틴이라고 해서 모두 어떤 중대한 필요성과 연계되어 있는 것은 아니다. 이런 루틴들 중에서도 역시 중요성의 상호 구분과 중요순위의 차별이 존재한다. 우리가 말하는 집요함이란 단순 반복이 아니다. 그것은 반복의 사이클마다 새로운 시도와 전략, 새로운 자기 투자를 보이는 것들을 말한다. 끊임없이 환경과 부딪치며 도전하는 시도들의 연속, 그리하여 기어코 환경의 제약을 극복한 후 생활로 정착된 패턴이다.

루틴 중에서 많은 것들은 이미 충족된 기본요구들을 유지하기 위한 습관적 행동으로 이루어져 있다. 특별히, 새삼스럽게 중요할 것이 없으며 이미 정착되어 자연스럽다. 이들은 숨겨진 요구이다. 요구는 루틴 속에 숨어있다. 한 개인의 일상은 크고 작은, 이미 생활의 일부러 정착된 반복행동 루틴의 조각들로 이루어져 있다. 이들은 대부분 일상 속에 숨어있다가 상황이 변하면 날카롭게 스스로를 표출한다. 루틴의 모두 다는 아닐지라도, 일부는 상실 혹은 중대한 위기상황에 민감하게 반응한다. 이런 부분의 일상행동은 그것이 파괴되었을 때 나타나는 부정적 결과의 영향력이 심각한 것으로 받아들여진다. 말하자면 이런 루틴은 절실한 요구로 변모할 수 있는 잠재력을 항상 지니고 있다.

행동관찰을 수행하면서 지속적이고 반복적인 행동패턴에 주목하는 일은 요구를 찾아 정의하는 작업에 크게 도움이 된다. 그 행동패턴이 어떤 공간 혹은 환경여건과 일정한 관계를 유지하며 진행되는 경우에는 행동으로부터 요구를 정의하는 작업이 특히 더 명료해진다. 하지만 관찰되는 반복행동패턴의 모두로부터 요구를 추출하려 애쓰는 것은 현명한 일이 아니다. 상실이나 방해의 부작용이 크다고 믿어지지 않는 행동들 그리고 파괴의 위협에 민감하게 대응하지 않는 행동들 안에는 무시해도 어렵지 않은 다만 작은 필요성만이 있을 뿐이다.

(4) 요구는 명백함의 현상이다 (Manifestation) 요구는 개인이나 집단에 따라 고유하고 상대적인 것으로 간주된다. 절실함의 정도, 충족의 기준, 충족의 수단 등 요구의 여러 측면이 상황과 시간에 따라 변화한다. 이런 상대적 시각은 요구를 발견하는 일에 중요한 실마리를 제공한다.

일견 자기 처지에 만족하는 한 주부에게 가장 이해하기 쉬운 표현으로 요구가 무엇이냐고 묻는다면 별 다른 문제가 없다고 답변할지 모른다. 부모와 사회에 치여 자기 창의력을 상실한 바쁜 아동에게서도 요구가 무엇인지를 묻는 질문에 대한 즉석의 명확한 답변을 기대하기 힘들지 모른다. 문제의식으로 가득 찬 연구자가 주거현장에서 이런 무응답의 반응에 접하면 스스로에게 실망스런 일이다. 하지만 이런 무응답은 얼마든지 일어날 수 있다. 대개는 명백하고 강렬한 응답보다는 이런 모호한 응답이 더 보편적이다.

우리는 이런 상태를 요구의 상대적 파장 그 높낮이의 변화 속에서 흔히 발견하는 이른바 평정equilibrium 혹은 정체stagnancy라고 부를 수 있다. 그것은 적극적인 충족의 노력에 의해 성취한 자연스런 전리품, 즉 요구가 일상의 루틴으로 안정을 찾은 상태이다. 물론 그 반대로 자기 요구의 일부를 스스로 절제해내거나 포기함으로써 자기 자신 혹은 주어진 환경과 일시적인 평화협정을 맺은 상태일 수도 있다. 어느 쪽이든 요구는 무대의 커튼 뒤로 숨어 명백하지 않다. 그러나 이 평정은 물론 한시적 현상이다. 평정은 영원하지 않다. 그 평온의 시간은 새로운 요구의 등장 혹은 새로운 외부 영향력의 등장으로 또 다른 동요의 사이클로 접어들 것이다. 새로운 요구의 등장과 충족의 전략들 그리고 노력과 시도의 격렬한 파고가 다시 시작되는 시기이다.

요구는 자기 내부요인으로부터 발생하기도 하고 외부요인에 대한 반응으로서 나타나기도 한다. 전자는 예컨대 아이가 성장하며 가치관이 바뀌고 습관적 행동이 급격히 변하는 것과 같다. 또 개인이 새로운 목표에 눈을 뜨거나 교육과 학습에 의해 취득한 새로운 가치에 대해 갈망하는 것과 같다. 후자는 전에는 경험이 없었던 흥미 있는 놀이거리가 등장한다거나 평온한 마을 인근에 원자력발전소 건설 소식이 전해진다거나 하는 외적 요인에 의해 새로운 변화가 발동하는 경우를 말한다. 요구는 이처럼 어떤 하나의 평정상태로부터 출발한다. 이렇게 발생된 요구에는 요구 충족을 위한 일련의 내면적 변화가 뒤따르고 (예, 목표 설정, 기대가치에 대한 갈망, 특정한 의도의 형성, 자기과제의 조정), 정보의 수집과 분석이 뒤를 이으며 (예, 어떤 목적행동의 가능성 타진, 전략 구상, 환경 영향력에 대한 예상) 구체적인 행동계획이 연이어 구상된다 (예, 무엇을 어디에서 어떻게 실행할 것인가). 이 과정은 하나의 격동이며 불안정한 도전 혹은 투쟁의 시기이다.

이렇게 새로이 발생한 요구를 충족하고자 하는 개인 혹은 집단의 행로는 요구의 완전한 혹은 부분적인 충족 아니면 충족의 포기라는 형식으로 일단락될 것이다. 물론 우리의 학술적 호기심은 이 행로에 대한 수많은 의문들에 초점을 맞추고 있다. 예컨대 요구가 어떻게 충족되는가, 요구는 어떻게 사라지거나 조절되는가, 포기는 언제 왜 나타나는가, 이 행로에 어떤 대가나 부작용 같은 것은 없는가?[18] 그러나 여기에서 분명하게 지적할 점은, 요구의 평정상태가 한시적인 것처럼 한 요구의 격렬함과 그 절실함도 역시 한시적이라는 것이다.

한 사이클은 하나의 격렬한 요구의 발동에 의해 시작된다. 그 요구의 강도는 충족의 행로를 거치면서 급격하게 혹은 점진적으로 약해진다. 결국 기존 일상의 자연스러운 변화, 새로운 루틴의 시작, 혹은 요구의 포기라는 결론으로 종말을 맞는다. 예컨대 체중감량이 시작되면서 새로운 다이어트 습관이 정착되고 체중감량에 관한 의식이 일상의 편안한 루틴으로 안착되는 것과 같다. 또 처음에는 꽤 심한 시련으로 여겨졌던 수험공부가 이제는 일상의 일과처럼 여겨지는 것과도 유사하다.

요구의 기원이 내면적이거나 외부적인 요인이었던 것처럼 요구의 충족 혹은 포기도 내적, 외적 과정을 모두 포함한다. 요구 충족의 내면적 과정으로는 자기 요구의 자발적인 변경, 요구의 강도나 절실함의 조정, 자기 행동의 변화조절, 대리요구 만족, 심리적 포기helplessness와 같은 심리적 현상들이 있다. 또 요구 충족의 외적 과정은 외부 환경의 적극적 조정이나 변형과 같은 외부적 변화로 정리된다. 자기 요구는 그대로 유지한 상태에서 외적 환경을 조절함으로써 요구 충족을 꾀하는 능동적 과정을 말한다. 초기에 강력했던 요구의 절실함은 이와 같은 내면적 혹은 외부환경적 충족의 행로를 거치면서 조절 약화된다. 그리하여 사이클은 또 다른 평정으로 귀결된다. 하나의 평정상태는 요구와 행동의 상호 균형이며 행동과 환경의 상호 조화를 말한다. 즉 요구–행동–환경이 삼각 다리를 지탱하는 하나의 안정적 정체, 그러나 항상 다음 요구의 새로운 파동을 기다리는 일시적 균형을 의미한다.

18 예컨대 stress theories나 adaptation theories는 스트레스, 이탈적 행동(deviated behaviors), 병리현상, 사회적 소외 등으로 이 부작용을 설명하고 있다. 부작용은 중대한 문제지만 이 책의 중점은 아니다. 우리는 그 대신 요구 충족이 인간 주거경험에 미치는 영향 그리고 어떻게 요구 지원적 환경을 계획할 수 있는가의 문제에 초점을 맞추고 있다.

요구는 당연히 자기 차례를 기다리는 잠재의 시기에서보다는 실제로 자기 차례가 왔을 때에 비로소 자신의 정체를 분명하게 드러낸다. 말하자면 요구는 그 명백한 상태에서 더 명백하게 보여진다 (또 더 중요하게 느껴진다). 명백한 상태라 함은 요구의 등장이 자기 자신에게 혹은 타인에게 명확하게 관찰되고, 요구가 무엇인지를 스스로 정확히 정의하며, 내면적 조정이나 외부여건의 조절과 같은 요구 충족을 위한 프로세스가 활성화되는 시기를 말한다.

이런 명백함의 상태에서는 요구와 관련된 각가지 현상들이 현실에서 명확하게 자기 모습을 드러낸다. 문제의 증상들, 요구 충족의 행로들이 관찰 가능한 상태로 활성화되게 마련이다. 요구의 등장이 일련의 명백한 현실행동이나 가시적 현상을 수반한다는 것이다. 우리 전문가들로서는 자신의 정체를 거주자 내면 속에 감추거나 거주자 일상생활 깊은 곳에 숨어있는 그런 잠재적 요구latent needs를 굳이 찾아나서는 부정확한 일에 몰두할 필요가 없다. 이보다는 루틴에서 벗어나는 이상현상이나 새롭게 등장하는 행동패턴을 찾아 그 안에서 명백한 요구manifest needs를 정의하는 작업에 착수할 수 있다.

사춘기에 접어들며 급격하게 변화하는 한 아이의 행동들, 새로 이사 온 주거지에서 이사 직후 새롭게 나타나는 거주자들의 적응행동들, 전에 없던 거주자들의 집단행동 사례들. 특히 신규 주택개발사업, 새로운 주거계획, 도시 재개발 등이 수많은 새로운 요구와 문제를 촉발하는 외부 요인이 될 수 있다는 점을 간과해서는 안 된다. 새롭게 적용된 주거환경이 실제 거주자에게는 부담이나 고통이 될 수 있으며, 어떤 경우에는 거주자들에게 풀기 힘든 숙제를 내는 것과 같다. 우리로서는 이런 변화의 시기에서 나타나는 이상현상, 명백한 돌출현상에 주목할 일이다. 새로운 행동패턴, 새롭게 드러나는 주민들 사이의 어떤 움직임과 같은 새로운 현상에 귀기울일 필요가 있다.

요구의 충족을 향한 행로는 항상 평온하지만은 않다. 물론 소극적인 측면이나 포기 혹은 순응하는 측면도 있지만 그 행로에는 때때로 적극적인 조정이나 갈등 혹은 투쟁의 측면도 있다. 우리로서는 이상현상이나 새로운 행동패턴 중에서 환경 순응적 행동보다는 환경 이탈적 행동, 이른바 탈-환경적 행동, 환경의 창의적 이용을 찾아 나설 필요가 있다. 주어진 외부환경이나 강요된 디자인에 순종하지 않고 사용자 스스로 창의성과 적극성을 발휘하여 스스로의 요구 충족을 실행하는 이른바 디자인 비의존형 반응을 말한다. 주어진 디자인의 지시에 역행하는 이런 환경 창의적 행위들은 한 청소년 집단이 주차장 구석을 인라인 묘기 경연장으로 사용

4-3. 절실한 요구는 종종 명백한 이탈행위로 이어진다. (찰리 채플린, 'The Gold Rush', 유나이티드 아티스트, 1925년)

하는 경우, 초등학교 고학년 여아들이 어린이놀이터를 탈출놀이와 같은 자기들 게임으로 이용하는 경우, 아이들 자전거 타기로 가득 찬 도로 한 부분, 거리에서의 축구놀이 등 우리 현실에서 셀 수 없이 많다.

요구의 자발적 혹은 타의적 포기도 중요한 연구대상이지만 (예, 아이들 바깥놀이가 줄고 집 안에서의 소극적 행동들이 늘어나는 현상) 이와 같은 창의적 대응들도 매우 흥미로운 현상이다. 많은 경우에서 주민들은 적극적인 창의성에 의해 자신들에게 주어진 정책과 설계의 오류를 극복한다. 서로 어울리기 힘든 사회계층들의 거주 혼합 정책에 대해 입주자들은 자기 거주지 경계를 따라 담장이나 철창을 설치하는 극단적인 행동으로 대응한다. 요구는 하나의 시설에 대한 사용자들 사이의 갈등에서도 발견할 수 있다. 예컨대, 한 놀이터의 사용을 두고 어린 아동들과 고학년 아이들 사이에 갈등이나 조정이 나타날 수 있다. 휴게공간에서는 고령 주민들의 휴식과 아이들의 놀이 사이에서, 도로에서는 운전자의 안전한 운전과 아이들의 경찰도둑놀이 사이에서, 학교 앞에 공터가 있다면 그 공터에서는 서로 다른 학년들 사이에서 어떤 긴장 관계가 나타날 수 있다. 이처럼 한 공간이나 시설을 사이에 둔 사용자간의 갈등 혹은 불편한 공용의 사례들도 관련된 사람들의 요구를 명백히 보여준다.

우리는 이런 이탈현상을 요구의 발로로 보며 이런 명백한 현상 속에서 주민 요구를 찾으려 노력한다. 주어진 환경의 지시와 굳이 갈등 관계를 이루는 이런 일련의 창의적 사용패턴들은 거주자의 요구가 무엇인지를 보여주는 명백한 인덱스이다. 현실의 문제들은 요구와 환경의 갈등 관계에 관한 증거이며 요구의 충족을 위한 적극적인 노력을 입증하는 현상이다. 요구는 이런 문제와 갈등들 뒤에 숨어있다. 우리는 이런 문제들을 보고 요구를 찾아야 한다. 우리는 특히 이런 명백한 현상들이 반복적으로 관찰되는 상황을 주목해야 한다. 새로운 행동시도들, 새롭게 등장한 행동패턴들, 탈-환경형이나 디자인 비의존형 반응 그리고 한 공간에서 나타나는 사용자간의 갈등과 불편함의 이용사례가 한 동네에서 혹은 한 장소에서 반복적으로 나타날 경우에는 그 반복패턴 뒤에 어떤 명백한 요구가 에너지로 작용하고 있다고 믿어도 틀림없다.

인간행동과 요구: 요구에서 행동까지의 과정과 환경의 역할

요구에서 시작하여 특정 목표와 기대가치로 구체화된 하나의 내면적 동기는 끊임없이 행동으로의 실천을 모색한다. 실천력을 상실한 갈망은 요구라고 할 수 없다. 요구를 행동으로 실천하는 이 목표지향적 과정은 여러 변수에 의해 영향을 받는다. 그 과정이 항상 순탄한 것은 아니며, 요구가 저절로 아무런 저항도 없이 행동으로 실현되는 것은 아니다. 그 중간에는 인간 경험의 고단한 행로가 있다.

요구에서 행동으로 향해 진행하는 인간 의지의 여로에는 크게 내적 요인과 외적 요인으로 구분되는 영향력들이 있다. 내적 요인들이란 의지와 태도, 신념, 집중력, 통제력, 태도, 자신감, 지식능력과 같은 행동실천에 관한 심리적 변수와 내면적 조정요인을 말한다. 요구가 행동까지 가는 중간에서 인간은 우선 자신의 내면적 장애를 극복해야 한다. 이를테면 의지가 강하고 '할 수 있다' 는 태도나 자신감이 크면 요구가 행동으로 이행될 가능성도 커진다. 내공이 강한 사람은 이행의 험로를 마다하지 않는다. 외적 요인들이란 외부에서 그 사람의 요구와 의지를 통제하는 영향력을 말한다. 우리는 이를 환경여건 혹은 상황맥락적 문제들이라고 말한다. 목표를 달성하려는 의지가 강해도 환경과 상황이 주는 외적 영향력을 배제할 수 없다. 환경은 행동을 지원하기도 하지만 그 방해의 힘도 만만치 않다.

요구에서 행동까지의 행로 그리고 이 과정에 걸쳐있는 행동제어변수들에 관해 논의하기 전에 우선 아래와 같은 두 가지 점을 명료히 지적해야 한다.

하나는 요구에서 행동까지의 과정이 여러 절충과 내적 협상이 병행되는 복잡하고 모호한 것이라는 점이다. 그것은 거침없이 한 방향으로 진행하는 직선형의 것이 아니다. 중간에 여러 변수들이 영향력을 행사하면서 당초에는 예상하지 못했던 다양한 결과들이 나타날 수 있다. 물론 초기의 목표나 기대수준 혹은 그 이상의 수준을 달성했을 때 이를 요구의 충족으로 보는 것은 당연하다. 요구를 충족하지 못하면 그것은 실패이며 따라서 이 실패의 원인을 인간의 내면적, 외면적 변수로 설명해야 한다. 하지만 '요구－행동' 의 과정이나 '충족－미충족' 의 결과를 정확히 이분법으로 보는 시각으로는 인간의 경험을 정확히 이해하기 힘들다. 요구에서부터 행동까지의 중간에 걸쳐있는 내적, 외적 행동제어변수들은 인간으로 하여금, X라는 당초의 요구 대신에 X' 라는 유사요구를 만들어 이를 만족하는 선에서 스스로 협상을 끝내도록 조정하기도 한다. 혹은 당초의 우선요구였던 X의 절실함을 스스로 평가절하하고 대신 X의 다음 순위로 숨어있던 Y라는 요구를 등장시켜 당초의 X 대신에 Y를 충족하는 내면적 상쇄를 유도하기도 한다. 우리는 이런 대리요구(대안 협상, 대리 만족)의 현상들이 모두 행동제어변수의 영향력에 기인한다고 믿는다. 당초의 X로 가는 여로에서 맞닥뜨리는 인간의 다양한 체험을 말한다.

또 하나는 내적 요인은 물론이거니와 외적 환경요인도 자체의 객관적 물성이 아니라 그 물성에 대한 인간의 내면적 해석과 평가가 중요하다는 것이다. 사실 모든 인간-환경 상호작용의 양상은 인간의 주관적 지각, 인지, 해석, 평가에 달려있다 (우리는 이점을 1, 2, 3장에서 누차에 걸쳐 강조하였다). 요구나 동기 자체가 주관적 에너지일 뿐만 아니라, 동기에서 행동까지의 행로에서 작용하는 변수들의 영향력도 인간은 모두 자기 내면에서 소화한다. 인간은 자신의 요구와 가치의 색안경을 끼고 객관적 환경을 조망한다. 이 주관적 눈에 보여지는 만물의 물성은 모두 주관적으로 해석된다. 따라서 외적 환경요인은 그 객관적 측정치보다는 그것이 인간 내면에서 어떤 내용과 강도로 해석되는가에 따라 영향력을 달리한다. 일개 환경요소는 여러 다른 요구를 가지고 있는 인간들 각각에게 여러 다른 영향력으로 해석된다. 예컨대 놀이기구 하나는 아동들이 지니고 있는 다양한 요구에 따라 한 아동에게는 흥미롭지만 다른 아동에게는 무관심의 대상이나 방해요인이 된다. 객관적 측정치로 인간요구를 설명하거나 인간행동을 좌우하려는 시도는 실패의 여지가 크다. 인간 요구와 경험에 대한 논의에서는 인간의 적극적 소화능력, 창의적 조절행태, 주관적 해석판단에 무게를 둘 필요가 있다.

목표, 가치, 의도, 신념

20세기 중반에 걸쳐 발전된 요구이론은 요구라는 개념을 연구나 실무에서 널리 공용할 수 있는 명쾌한 변수로 정리하지는 못했다. 요구는 추상적이며 관념적 개념으로 남아 이를 이론적으로 혹은 실무에 의해 손에 잡히는 조작 가능한 것으로 사용하기에는 무리가 있다. 그 해결의 이론적 대안들로 제시된 개념들이 목표, 기대가치 혹은 자기과제로 불리는 이른바 요구의 조작적 변수들이다. 이를테면 목표에 대해 논하는 수준에서는 그 보다 추상적인 수준에서 요구에 대해 논할 필요가 없어진다.

다시 말하지만 요구이론은 목표이론과는 달리 인간 내면의 보다 근원적 과정에 초점을 맞추고 있다. 요구는 원초적 에너지이며 목표를 만들고 정의하는 원인 제공자이다. 반면에 목표는 보다 구체적인 내용을 담고 있으며 좀더 실천적이며 전략적인 수단을 암시한다. 이 차이점은 한 요구가 한 가지의 목표를 넘어 다수의 실천적 목표를 낳는다는 주장으로 소화할 수 있다. 예컨대 '지금 여행이 절실하게 필요하다' 라는 요구에 관한 생각은 '무엇을 위해 여행하는가' 혹은 '왜 여행이 필요한가' 라는 목표에 대한 생각으로 이어진다. 그리고 이 대답은 대개 복수이다. 여행이 필요함이라는 다소 추상적인 자각은 이와 같은 여행의 현실적 목표나 가치, 즉 무엇을 위한 여행인가 그리고 무엇을 얻기 위한, 어떤 효과를 기대하는 여행인가라는 현실적인 문제에 의해 구체화된다. 덧붙여 여기에는 여행을 갈 것인가 말 것인가, 여행을 위해 노력과 재원을 투자할 것인가 아닌가에 대한 명확한 의사결정, 즉 의도가 뒤따른다. 이와 같이 요구는 목표를 낳고 기대결과와 기대가치에 대한 예상을 유도하며, 연이어 하나의 의도로 연결된다. 요구가 대개 목표, 기대가치, 의도와 같은 개념들과 함께 논의되는 이유가 여기에 있다.

결국 요구를 위한, 요구에 근거한, 요구를 충족하고자 하는 인간행동은 그 요구에 연관된 목표, 기대가치, 의도로 해명이 가능하다. 명확하고 절실한 목표로 이어지는 요구는 그 실천을 위한 행동의 가능성이 커진다. 또 의도가 분명할 때 그리고 기대하는 결과가 긍정적이며 예상되는 기대가치가 높을 때 실제로 행동이 나타날 가능성이 높아진다. 여행을 다시 예로 들면, 여행에 대한 절실함, 목표, 기대가치 등이 크고 강할 때 여행의 실천을 향한 의도가 강해지고 또 실제로 여행을 실천할 가능성도 커진다. 이것은 곧 요구가 강하다는 말로 대신된다. 요구가 강하면 목표, 기대가치, 의도와 같은 후속 변수들이 더 명확하게 정의되며, 또 요구를 충족하기 위한 행동이 실천으로 이어질 확률도 높아진다.

요구, 목표, 의도라는 내면적 시발점이 행동이라는 현실적 종점으로 연결되는 과정에 힘을 쓰는 심리적 변수들이 몇 가지 기존 이론에서 논의된 바 있다.

에이젠Icek Ajzen을 중심으로 제안된 계획행동론(theory of planned behavior, TPB)은 인간 의도intention의 영향력을 중시하면서 의도가 세 가지 변수에 의해 좌우된다고 말한다. 여기에서 의도는 해당 행동을 성사시키기 위해 스스로 충분한 노력을 기울일 필요가 있다는 믿음 혹은 결정을 뜻한다. 행동 이행 여부를 결정하는 주요 인자로서 인간의 의도는 태도attitude, 규범의식subjective norm, 행동통제의식perceived behavioral control에 의해 영향을 받는다.

태도는 행동실천에 대한 총괄적인 심리적 의식을 말한다. 여행은 좋은 것이다라는 생각, 일상운동은 좋은 결과를 초래할 것이다라는 믿음, 아동은 되도록 외부에서 뛰어 놀아야 한다는 신념 같은 것들을 일컫는다. 요구와 행동의 관계, 행동에 내재한 잠재적 가치, 요구의 충족

여부와 충족 정도에 대한 기대 등에 관한 개인의 심리적 편향을 뜻한다. 이 심리적 방향이 긍정적이고 강하면 행동으로의 실천의도가 강한 추진력을 얻게 될 것이다.

규범의식은 요구나 당면 행동에 대한 집단의 보편적 관념과 집단적 가치판단에 대한 나의 의식을 말한다. 내 주위의 다른 중요한 사람들이 나의 행동을 어떻게 판정하며 반응할 것인가에 대한 스스로의 판단을 뜻한다. 미드George Mead에서 출발한 상징적 교섭론의 기제와 근본적으로 일맥상통하는 관점이다. 또 목표설정이론(goal setting theory, 예, Locke & Latham, 1990)에서 제시한 행위피드백performance feedback 즉 다른 이들로부터 받는 행동실천과정의 중간평가라는 개념과도 크게 다르지 않다. 타인에 의해 제어되는 행동양식 혹은 성문화된 규정과 객관적 규범의 영향 보다는 외적 피드백에 대한 자기 스스로의 해석과 판단이 중요하다. 객관적 규범과 내 요구의 상호 대조, 내 행동의 결과와 기존 규범의 관계에 대한 사회적 판단이 이 규범의식을 좌우한다. 이런 집단가치와 보편규범에 대한 자기 의식이 행동이행 여부를 결정하는 나의 의도에 긍정적으로 혹은 부정적으로 작용할 수 있다.

마지막으로 행동통제의식이라 함은 과연 행동을 실천할 수 있을 것인가 혹은 내가 그 과정을 실천까지 통제할 수 있는가와 같은 실천 가능성 혹은 자기 제어능력에 대한 스스로의 평가를 말한다. 자신이 행동까지의 여정을 스스로 통제할 수 있다고 믿을 때 행동실천의 의지가 강해지고 요구가 실천으로 이행될 가능성이 커진다.

이론에 따라서는 목표, 가치, 의도, 신념과 같은 일련의 중간개념들 중에서 특정 부분을 특별히 강조하고 있다. 이를테면, 자기통제론theory of self-regulation (예, Bagozzi, 1992)과 같은 이론은 한 목표의 중요성에 대한 스스로의 소명감commitment이나 신념conviction이 영향력을 발휘한다고 말한다. 강한 신념으로 뒷받침되는 목표는 실천으로 옮겨질 가능성이 그만큼 높다. 소명감이나 신념이라는 중간 영향변수는 앞에서 요구의 중요성에 관해 논할 때 이미 소개한 바 있다. 중요하다고 판단된 목표에는 더 큰 신념이 부여될 것이며 따라서 더 많은 노력이 투여될 것이고 결국 행동으로 실현되어 목표가 달성될 가능성은 더 커진다는 논리이다.

이와 더불어 다른 유사이론들은 집중력 즉 목표달성을 위한 응집력 혹은 행동실천에 대한 초점과 응력이 중요한 중간변수라고 주장한다. 예컨대 목표이론, 동기이론 등 몇 가지 관련 이론들의 의견을 취합하여 하나의 이론적 체계로 구축한 통합모델(예, Webb & Sheeran, 2005)에서는 응집력을 소명감이나 중요성에 대한 인식이 중간에서 얼마나 흐트러지지 않고 유지되는

가로 정의하고, 이 응집력이야말로 인간행동의 제어변수로서 가장 중요하다고 말하고 있다. 이외 또 다른 이론가들은 실천의도라고 부를 수 있는 어떤 구체적인 행동계획이 목표나 의도가 행동으로 실현되는 중간과정의 중요 변수라고 주장한다 (예, Gollwitzer, 1996). 여기에서 실천의도란 인간이 자기 행동의 이행을 위해 내면 인지세계 안에서 스스로 구축하는 현실적 행동전략을 말한다. 요구가 강하면 구체적인 실천전략이 구축되기 마련이다. 이 행동계획은 현실적이며 전략적인 정보들, 이를테면 언제, 어디에서, 어떻게 행동하는가에 대한 세부내용이 포함된 인간 인지능력의 결정체라고 할 수 있다. 행동계획이 구체적이고 정확하게 만들어질 경우 요구가 행동으로 발현될 가능성은 커진다.

이런 일련의 주장들을 기초로 하여 요구로부터 행동까지의 과정을 아래 세 가지의 핵심적 이론으로 요약할 수 있다. 첫째는 인간행동이 기대가치value expectancies에 의해 좌우된다는 기제이다. 요구나 목표나 신념이 크고 강하다는 것은 그만큼 기대가치가 해당 인간에게 중요하며 절실하다는 것을 뜻한다. 둘째는 실천전략이나 행동계획과 같은 세부 전술적 개념보다는 행동표상이라고 부를 수 있는 요구 충족의 행동 리허설 과정이 더 설득력이 있다는 제안이다. 실제로 도시주거의 일상에서 행동전략과 같은 복잡한 계획은 그다지 많지 않다. 주거 일상의 많은 자연스런 행동들은 별도의 행동계획을 필요로 할만큼 인식적으로 그다지 복잡하지 않다. 셋째, 행동표상은 기대가치에 의해 그 형상이 결정되며 인간은 이 행동표상에 근거하여 외적 환경의 영향력을 평가한다는 제안이다. 먼저 자신이 어떤 행동을 어떻게 수행할 것인가를 표상하면 그 행동의 실질적 실천을 위한 주변 환경의 지원과 제한의 범주를 쉽게 판단할 수 있다. 요구와 인간행위의 관계에 관한 우리의 제안은 이 세 가지 요점에 함축되어 있다. 이 세 가지 이론이 특히 우리에게 도움이 되는 이유는 이들이 결국 요구로부터 행동 그리고 환경영향까지를 하나의 일관된 절차로 연결함으로써 실제 실무에서 주민행동 발현을 위한 환경지원요소를 찾아내는데 결정적인 역할을 하기 때문이다.

기대가치

우리의 주장은 무엇보다도 가치가 모든 행위 실현과정의 중심적인 이론적 블랙홀이 되어야 한다는 것이다. 요구와 목표, 의도와 전략 등 인간 내면의 동기와 충동은 필경 어떤 가치를 궁극적인 종착점으로 갖고 있다. 무엇이 필요한가(요구), 무엇을 위함인가(목표), 무엇을 하려 함인가(의도)에 대한 사고의 전개는 무엇을 얻고자 함인가(가치)

라는 문제로 귀결된다. 예컨대 한 초교 아동이 부모의 부탁으로 동화책을 읽는 행동의 저변에서 작용하고 있을지도 모를 아이와 부모의 요구, 목적, 의도를 이해하는 일은 동화책을 읽음으로써 그 아이에게 어떤 가치가 기대되는가(무엇이 좋으며 어떤 점에서 필요한가)를 판독하는 일과 정확하게 일치하는 작업이다. 가치를 읽는 일이 그 뒤에 숨어있는 요구나 목표를 정의하는 작업보다 구체적이며 현실적이며 용이하다 (더욱이 도시주거 실무의 본질은 그것이 궁극적으로 어떤 가치를 향해 움직인다는 점에 있다).

여기에서 우리는 사회학, 사회심리학에서 발전된 기대가치론expectancy-value theory을 참고할 수 있다. 이 이론은 인간이 자신의 행동을 어떤 기대결과에 조준하여 결정하며, 예상되는 어떤 가치를 향해 행동한다고 주장한다. 말하자면 인간은 대개 어떤 결과를 기대하며 행동하고 (outcome expectancy), 행동의 끝에서 나타나는 그 결과는 어떤 측면으로든 가치의 한 자락을 제공한다는 것이다. 모든 행동의 이면에는 당사자가 그려내는 기대치 즉 예상되는 가치가 존재하며, 인간행동은 이 가치의 취득으로 모아지는 향向가치적 움직임을 갖는다 (value expectancy).

가치는 도시주거의 일상에 흔하게 존재하고 있다. 가족을 위해 장을 보는 일과 같은 명확히 기능적인 가치도 있으며, 영화를 본다던가 꽃을 가꾸는 일에 연결된 감정적이며 정서적인 가치, 그리고 교육과 성장에 연관된 의식적이며 인식적인 가치도 있다. 가장 소극적인 것처럼 보이는 행동이라 할지라도 소일, 완전한 휴식, 안일한 시간의 향유와 같은 어떤 분명한 가치와 연계되어 있다. 이를테면 아동이 집밖으로 나가 친구들을 만나 놀기로 한 의도에도 적극적이며 명백한 기대가치가 잠재해 있다. 친구들과의 어울림이 주는 사회적 가치, 밖에서 논다는 일이 주는 정서적 가치, 인라인 타기와 같은 어떤 특정한 놀이가 주는 육체적 가치, 책을 읽은 후의 어떤 스트레스를 푼다는 심리적 가치, 그리고 자연 속이라면 자연 혹은 어떤 다른 물리적 상황이 제공하는 가치, 재미와 흥미의 가치 등 한 행동에 내재될 수 있는 가치의 범주는 광범위하다.

그 가치는 개인적이며 주관적이다. 한 요구—행동의 연결라인이 가치가 있는가 없는가, 어떤 가치가 있는가 그리고 그 가치가 얼마나 중요한가는 개인이나 집단에 따라 고유하게 결정된다. 그러나 당연하게도, 개인이나 집단의 가치에 관한 관념은 타인이나 타 집단의 의견을 의식하는 범위 내에서 정해지게 마련이다. 이처럼 가치는 사적이며 동시에 공적이다. 가치는 또 상황에 따라 다르게 정의된다. 무엇이 얼마만큼 좋으며 중요한가의 판단은 개인의 경험, 역사나 배경 등에 따라 그리고 그 사람이 속한 사회문화의 규범과 역사에 따라 유동적이다. 덧붙여, 가치는 상대적으로 정의된다. 한 요구－행동의 짝이 갖는 가치는 다른 요구－행동의 짝이 갖는 가치와 비교하여 결정된다. 절대적인 것은 드물며, 대개 하나의 가치는 다른 가치에 비해 높거나 낮다. 말하자면 가치는 상대적 중요성이라는 잣대로 측정되는 개념이다.

한 행동에 추진력을 부여하는 것은 그 행동에 의해 획득 가능하다고 예상되는 결과와 가치에 대한 믿음이다 (이는 기대가치론에 종사하는 여러 학자들의 공통적인 기제이다. 예, Maddux & Roger, 1983). 긍정적인 결과에 대한 기대가 클수록, 기대되는 가치가 중요하며 의미 있는 것이라고 생각될수록, 의욕과 의도가 강해지며 목표지향성도 강력해진다. 결국 행동으로의 실천 가능성이 커지며, 당초의 욕구가 충족될 가능성도 커진다. 예컨대 일상운동이 나의 건강을 회복하고 삶의 활력을 증대하는 효과가 클 것이라고 기대하면, 또 건강과 삶의 활력이란 것이 내게 중대한 가치를 지닌 것이라고 생각하면, 일상운동을 일상행동으로 실천할 가능성은 커진다 (여기에 덧붙여 반두라는 행위 실현에 연관된 나의 고유 능력에 대한 신뢰감, 자기 능력의 믿음 즉 '자기효능self - efficacy' 이 중요하다고 말한다. 이 내용은 뒤에서 자세히 서술한다).

요구가 내게 중요하면 연관된 예상 가치도 내게 크고 중요하며 연관된 행동도 내게 중요한 것이다. 요구의 정당성과 강도를 가치의 척도로 판독한다는 말이다. 여행에 철저한 가치를 두고 있다는 말, 여행에서 얻고자 하는 가치가 절실하고 소중하다는 사실은 여행에 대한 요구가 또한 절실하며 소중하다는 것을 뜻한다. 물론 여행이라는 행위도 내게 중요한 것이 된다.

따라서 가치는 요구나 목표와 같은 인간 내면의 추상적 관념을 행동이라는 현실적이며 가시적인 증상으로 이어주는 중간 설명변수라고 할 수 있다 (요구 → 가치 → 행동). 개개인은 크고 작은 여러 가치들을 가슴에 안고 살아간다. 그 중에서 오직 소중하고 절실한 가치, 긍정적이며 높은 가치를 내포하고 있는 행동만이 그 사람의 요구를 대변한다. 가치 없는 행동 속에서 굳이 요구를 찾겠다고 헤맬 필요는 없다. 행동은 관찰 가능하고 서술 용이한 현실의 현상임으로 우리는 관찰을 통해 행동에 함유된 가치들을 판별해낼 수 있다. 이제 이렇게 판별된 가치로부터 당초의 요구를 정의할 수도 있다 (행동 관찰 → 가치 판별 → 요구 정의). 사실을 말하자면 우리 같은 실무자에겐 행동과 가치만으로도 충분하다. 가치로부터 요구를 탐구해낼 수 있는 학술적 배경이나 능력이 부족하며 또 우리에게는 굳이 요구까지를 탐험한다는 열정 자체가 필요 없다.

바꿔 말하면, 가치를 매개변수로 인정할 때 우리는 인간의 모든 행동이 반드시 어떤 요구와 연결되어야 한다는 이론적 강박관념에서 벗어날 수 있다. 욕구이론, 요구이론, 목표이론들이 전통적으로 암시했던 절대적 인과관계에서 해방될 수 있다는 것이다. 실제로 우리는 모든 인간행동이 특정 요구를 위해 움직이는 것은 아니라고 주장한다. 이 점은 심리학적 요구이론가들에 의해서도 명시되었다 (모든 행위들이 기본요구의 만족이라는 의도와 연관된 것은 아니다). 실제로 습관적 행동, 깊은 생각과 전략이 개입되지 않은 행위, 평안한 일상 등이 자주 관찰된다 (예, Deci & Ryan, 2000, p.230). 사전 계획 없이 근처 공원에 잠시 들러보는 일, 명확한 의도나 기대 없이 놀이터로 나가보는 일, 주부가 어린 아이를 데리고 상가에 들른 후 근처를 잠시 산책하는 일 등은 어떤 특별한 요구에 대한 인식이나 목표에 대한 소명감을 따지는 작업이 부질없어 보이는 평범한 행동들이다. 사려 깊은 행동전략이나 특정한 의도가 있는 것 같지도 않다. 하지만 여기에는 호기심, 평안함, 재미 같은 가치가 연유되어 있다. 혹여 특별한 요구 없이 참여한 행동의 뒤안길에 뜻밖에도 의미 있는 가치를 경험할 수도 있다. 요구와 가치는 분명 상호 관련되어 있지만 명백히 두 가지 다른 개념이다. 요구가 있으면 가치가 있지만, 가치가 있다고 해서 요구가 반드시 있어야 하는 것은 아니다.

결국 가치를 매개변수로 삼아 이용하면 (그리하여 한 행동이 지향하는 가치의 중대성을 따지면) 우리는 오래되고 난해한 요구라는 동굴을 탐험한다는 숙제로부터 벗어날 수 있다. 근래의 여러 학자들이 동의하는 것처럼, 요구라는 것은 진실로 애매하고 어려운 개념이다. 절실한 필요성의 요구로부터 출발한 행동 속에는 분명히 고귀한 가치가 함유되어 있다 (예, 수험생의 수험준비 속에 내포된 가치들). 그러나 그 반대는 항상 참은 아니다. 고귀한 가치가 함유된 행동이 모두 절실한 요구로부터 출발한 것은 아니다 (예, 생각 없이 들른 공원에서 우연히 만난 귀한 친구). 사람들은 요구가 무엇인지 스스로 알아차리지 못한 채 몇몇 가치를 향한 의욕만 가지고도 행동한다. 우리는, 반드시 요구까지 정의하지 않더라도, 행동의 가치를 판별하는 것으로 충분히 행동의 유발동기를 해명할 수 있다. 우리는 아마도 요구라는 어려운 문제를 피해도 될 것 같다. 우리가 해야 할 일은 크고 높은 긍정적 가치를 함유한 행동들을 선별하여 찾아내는 것이며 그 행동에 함유된 가치를 행동주체의 시각으로 정의하는 작업일 것이다.

행동표상 인간행동의 근저에서 움직이는 동기가 무엇이던 간에, 행동은 충동적이거나 즉흥적으로 나타나지 않는다. 이를테면 계획 없이 공원에 들러보는 일에도 행동 이전에 어떤 명백한 생각의 절차가 지나간다. 말하자면 목표와 행동, 가치와 행동 사이에는 몇 가지 인간 내면의 인지과정이 존재한다. 이것은 의도 혹은 실천의 신념일 수 있으며 실행전략이나 행동계획일 수 있다. 행동의 실행 여부, 행동의 방향과 형식, 행동 가능성 등을 타진하는 절차를 말한다. 물론 이런 엄격한 작전에도 '어떤 행동이 되어야 하는지' 에 관한 행동의 가상 이미지는 만들어진다. 혹은, 이보다는 좀더 느슨하게, '이 행동은 어떤 모양이 될 수 있으며 어떤 가치를 전해줄 수 있는지' 에 대한 편안한 상상일 수 있다. 이것은 인지세계 안에서 전개되는 행동의 느슨한 리허설을 말한다. 물론 여기에도 의도나 약간의 설익은 작전은 있다 (의도가 있기 때문에, 예컨대, 실제로 공원에 들러 보는 행동이 하나의 현상으로 나타나는 것이다). 사실 행동전략이나 실천계획과 같은 무거운 이론적 주장은 인간행동을 설명하는데 다소 부담스럽다. 인간행동 모두가, 설사 매우 강하고 구체적인 요구를 향해 움직이는 행동이라 할지라도, 어떤 철저한 계획이나 전략 혹은 작전에 의해 움직인다고 보기는 힘들다. 우리 일상의 일과가 이런 세밀한 행동계획에 의해 시작되는 경우는 많지 않다. 이 대안으로 우리가 제안하는 설명이론이 바로 행동표상이론**theory of behavioral representation**이다.

행동표상**mental representation of due behaviors**은 행동에 대한 머리 속에서의 리허설, 이른바 하나의 행동예행 과정이다. 행동계획이라기 보다는, 하고자 하는 혹은 필요로 하는 행동에 대한 일상적이며 간편한 상상이라고 할 수 있다. 즉 어떤 행동들이 가능한가(행동대안의 상정), 어떻게 수행할 수 있는가(행동수행양식), 그렇게 하면 어떤 결과와 가치를 얻게 되는가(가치와 행동의 대응)에 관한 편안한 정신적 예행연습이라고 할 수 있다.

요구와 행동 사이에서, 충동이나 욕구를 강조한 초기 이론들은 생리적인 충동과 심리적 본성이 행동을 지배한다고 말한다. 태도나 의도를 중시한 심리학 이론들은, 그것이 타고난 것이든 학습된 것이든, 행동이 개인적 의도에 의해 영향을 받는다고 주장한다. 충동(욕구), 요구, 목표, 태도, 의도 등의 양상은 모두 인간의 내면적 인지과정에 의해 정해진다. 사람들의 심리세계 그 정신과 인지작용 안에서 형성되고 정의되는, 말하자면 사람들 스스로의 내면적 동기**intrinsic motivation**라고 할 수 있다. 인간행동을 설명하는 많은 이론들이 인간의 인지과정을 통해 구축된 이런 내면적 동기를 강조하며, 이 내적 에너지가 행동에 직접적으로 작용한다고 말한다. 이런 이론들은 내면 동기와 행동 사이에 어떤 직접적인 관계가 있음을 전제하고 이 직접 관계를 규명하려 애쓴다.

하지만 우리 도시주거 전문가는 동기-행동의 직접 관계보다는 동기-환경-행동의 간접관계에 더 큰 관심을 가지고 있다. 우리는 도시건축환경 안에서의 인간행위를 연구하고자 하며, 요구나 의도와 같은 내면적 동력이 필연코 도시건축환경이라는 외적 영향에 의해 조정되고 강화되며 혹은 왜곡된다고 믿는다. 내면적 동기가 행동으로 이행되는 중간에 행동표상이라고 부를 수 있는 또 다른 인간 내면적 인지과정이 작용하며, 행동표상을 통해 환경의 영향력을 고려한 행동실천의 가능성을 미리 점친다는 점을 강조한다. 다시 말하면 요구, 목표, 기대가치라는 내면적 에너지가 구체적인 행동으로 표출되기 전에 행동의 가능성 그리고 그 효과를 미리 가늠해보는 과정이 존재한다는 것이다.

행동표상은 '어디에서 누구와 함께 어떤 행동을 할 것인가' 에 대한 행동상황 이미지를 자기 스스로 구상하는 과정이다. 이것은 하나의 상상이며 연습이다. 하지만 현실적이며 구체적인 것으로서, 기대가치로부터 시작하여 현실에서의 적용을 전제로 하는 현실 속에서의 행동에 관한 예상을 말한다. 따라서 현실에 대한 해석이 포함된다. 이를테면 요구가 행동으로 전이되기 전에 '어떤 행동을 어떻게 이행해야 요구를 만족시키게 되는가' 에 관한 구체적인 내면적 예행internal rehearsal을 말한다. 행동표상에 대한 우리의 이론은 구체적으로 어디에서 어떤 행동을 어떻게 수행해야 요구가 만족되는가에 대한 내면의 인지예상cognitive picturing이 가치와 실제 행동 사이의 관계를 조종하는 매체로 작용한다는 점을 강조하고 있다 (요구 → 가치 → 행동표상 → 행동).

행동표상은 이전의 이론들이 말하고 있는 행동계획, 실천의도, 자기과제 등과 개념적으로 유사하다. 이런 기존 개념들로부터 발전된 것으로 보면 된다. 이들 모두는 하나의 동기를 충족하기 위한 행동실천의 예행적 의사결정을 다룬다. 하지만 행동표상은, 전략이나 계획이 주는 개념적 무게에서 벗어난다는 것 이외에도, 크게 세 가지 점에서 다른 주장들과 차이를 보인다.

첫째, 행동표상은 행동계획과는 달리 '상황' 을 강조한다. 마그누손David Magnusson의 상황이론theory of situation에 의하면 상황은 행동과 함께 행동의 주체 그리고 행동발생의 시공간 맥락이 하나의 단위 현상으로 묶여져 단일 이미지로 나타나는 하나의 작은 환경-행동 세계로 이해된다. 행동표상 역시 '행동 + 행위자 + 행동시공간' 을 표상단위로 삼는다. 행동계획이나 자기과제가 주로 행동에 치중하여 행동절차에 대한 정보를 다루는 개념이라면 행동표상은 상황에 내포된 '누구와 어디에서 어떻게' 에 관한 종합적 정보를 다룬다. 행동표상은 예상행동은 물론이고 가능한 상황들에 대한 인지표상을 포함하는데 여기에는 물리적, 공간적, 사회적, 시간적 환경정보가 포함된다.

말하자면 행동표상은 내면 동기를 현실 환경에 한번 얹어보는 인지작용이다. 여기에서 행하는 동기－환경－행동에 관한 예행의 인지정보는 실제 행동실천을 위한 하나의 준비물이며 사전 자료로 사용된다. 현실상황과 맞닥뜨렸을 때 이 사전정보는 현실을 보다 정확하고 신속하게 평가하는 기준으로 사용된다. 우리의 주장은 인간행동이, 이전의 이론들에서 한 발 더 나아가, 이런 환경과 현실에 대한 평가정보까지 포함하는 사전 준비과정에 의해 영향을 받는다는 것이다. 우리의 이론은 요구나 가치와 같은 내면적 관념언어로부터 '행동언어 + 환경언어'의 묶음으로 전환되는 이 행동표상 과정을 중시한다. 이 문제는 뒤에서 제안하는 환경효능이론, 환경행위자원 등과 연관하여 더 자세하게 서술하기로 한다.

둘째, 행동표상은 행동계획이나 실천의도와 같은 개념들과는 달리 행동실천에 대한 구체적인 이미지를 구축하는 작업이다. 한 사람의 머리 속 인지세계 안에서 실제로 행위와 상황을 그려보는 작업으로서, 단순히 앞으로 어떻게 행동할 것인가라는 행동전략을 짜는 과정과는 차이가 있다. 어떤 행동을 어떻게 수행할 것인가에 대한 작전으로서의 의미가 아니라 모든 가능한 현실 정보를 동원하여 그 행동을 실제로 수행하는 것과 같은, 현실 행동에 대한 생생한 연습이라고 간주된다. 따라서 그 행동에 의해 획득할 수 있는 결과와 가치에 대한 예상도 단순히 행동계획을 구성하는 과정보다 더 현실적이며 구체적인 것이 된다.

행동계획은 다만 계획을 짜는 과정이지만 행동표상은 행동의 결과 그리고 그 결과가 내포한 가치를 함께 표상한다. 따라서 최초에 요구가 지시하고 있던 결과와 가치를 보다 명확하게 정의하고 평가하는 작업이라고 할 수 있다. 목표, 기대가치 등의 내적 에너지가 가지고 있는 실천적 영향력은 행동표상을 거쳐야 비로소 그 효력이 명확하게 드러난다. 행동표상을 해야만 비로소 기대가치, 자기통제 등의 내면 과정이 지닌 의미를 스스로 판단할 수 있다는 것이다. 다시 강조하자면, 행동표상이라는 중간과정을 통함으로써 (1) 요구나 목표에 함축되었던 기대가치와 (2) 행동에 의해 실현 가능한 기대가치를 서로 비교하는 일이 가능해진다.

셋째, 따라서 행동표상은 행동계획만으로는 불가능한 대안 간의 비교가 가능한 작업이다.

행동계획이나 자기과제는 어떤 한 가지 미리 정해진 방향을 향해 가는 실천적 전략을 말한다. 반면에 행동표상은 기대가치를 충족할 수 있는 여러 대안들을 미리 현실에 대응하여 참작해 보는 유기적인 정신작업이다. 한 가지 행동대안을 가지고도 표상이 가능하지만, 기본적으로 행동표상은 기대가치의 충족에 공헌할 수 있는 여러 행동대안들을 다양한 시각으로 함께 구상하는 다면적이며 다방향적인 작업이다. 이를테면 우리는 한 가지 중대한 필요성 혹은 가치 있는 목표에 연관된 여러 가지 행동대안들을, 각각의 상황과 함께, 표상할 수 있다. 상상력이 풍부한 사람이라면 표상하는 행동상황의 수는 급격히 증가할 수 있다. 말하자면 행동표상은 주어진 상황 안에서 하나의 목표 기대가치에 대한 X라는 행동상황대안의 가치론적 공헌과 Y라는 행동상황대안의 가치론적 공헌을 비교하는 작업이라고 말할 수도 있다.

행동표상은 환경인지environmental cognition와는 다른 개념이다. 인간 내면의 인지활동을 다룬다는 점에서는 같은 맥락에 있지만 전자는 행동상황을 표상하는 보다 복잡한 맥락적 인지작용ecological cognition을 지칭하며, 후자는 환경 그 자체를 이해하고 머리 속에 좌표와 같은 표상작용으로 저장하는 인지과정을 지칭한다. 전자는 행동상황의 인지이며 후자는 객관적 환경의 인지이다. 행동표상은, 이를테면, 아동 A가 어떤 친구를 만나 어디로 가서 무엇을 어떻게 노는가를 그 아동이 한번 그려보는 머리 속 인지작업이다. A의 친구의 시각에서 보면 A가 연락을 하여 어떤 행동과 상황을 제안했을 때 그 안에 어떤 가치가 있을까를 판단하는 일이 곧 행동표상이다. 이를 통해 가치를 높이기 위한 어떤 다른 행동을 제안할 수 있다. 예컨대 '아니, 그보다는 어디 다른 곳으로 가서 어떻게 놀자' 라는 제안이 있을 수 있다. 말하자면 이 현실상황의 예행적 표상과정에는 환경인지가 도움이 되지만 행동표상은 환경인지를 넘어서는, 그리고 행동계획도 넘어서는, 보다 발전된 '동기 + 행동 + 환경' 의 복합적 구조로 이루어져 있다고 이해할 수 있다.

행동표상은 또 두 주부가 일상운동을 위해 속보를 하기로 하였는데 (분명히 건강, 날씬해짐과 같은 어떤 가치를 위해) 어떤 루트를 이용해서 어느 시간쯤에 시행하는가를 머리 속에서 그려보는 예행연습을 말한다. 가치, 행동, 환경과 같은 핵심적인 요소뿐만 아니라 파트너의 운동 스타일, 운동루트 중간에서 발생할 수 있는 어떤 사건들에 대한 예측 등 세부적인 현실정보까지 모두 생각해 볼 수 있다. 행동표상은 또 한 사람에게 여행이 요구되는 상황에서는 이번 여행을 어디로 가며 또 어떤 세부적인 경험을 어떤 방식으로 수행하는가에 대한 몇 가지 대안을 스스로 비교 상상하는 과정을 다룰 수도 있다. 행동표상은 이와 같이 수행자, 행동, 환경의 상황에 대한 구체적인 예행으로서 요구, 목표, 기대가치, 의도, 신념과 같은 내면적 동기가 행동으로 진행하는 과정의 중간에서 작용하는 인지적 전이단계이다.

환경효능평가

(1) 최적환경 표상과 실제 환경여건 행동은 요구나 가치와 같은 내면적 동기뿐만 아니라 상황 혹은 환경과 같은 외적 영향력에 의해 결정된다. 행동은 인간 내면에서 출발하여 인간 고유의 능력에 의해 조정되기도 하지만 동시에 인간이 처한 외부환경에 의해 끊임없이 영향을 받는다. 요구가 절실하고 가치가 소중한 것일지라도 행동을 향한 의도나 신념은 종종 환경의 냉혹함에 의해 좌절될 수 있다. 이 환경의 영향은 어떤 객관적인 잣대로 잴 수 있는 보편적인 기준이 아니다. 그것은 요구를 행동으로 실천하려는 특수한 한 사람의 내면세계에서 주관적으로 계측되는 기준이다. 환경의 영향력은 사실 거의 모든 전문가와 이론가들의 공통 관심사로 다루어져 왔다. 하지만 여기에서 우리가 특히 관심을 두는 것은 당면한 동기와 목표행동에 견주어 특수하게 재단된 환경 영향력이며 이 영향력에 관한 행동 수행자의 주관적 관점이다. 말하자면 행동표상에 의해 예행되는 어떤 행동상황 안에서 측정되는 환경 영향력을 말하며 이는, 다른 인간이나 다른 행동과는 관계없는, 표상된 특정 행동에만 고유하게 적용되는 영향력이다. 결국 환경에는 보편적 영향력이라는 개념은 그 어떤 형태로도 있을 수 없다. 환경여건에 대한 행동 수행자 자신의 판단과 평가가 중요하며, 그 행동 수행자의 판단은 정확하게 자기 요구와 당면한 행동을 기준으로 한다. 이와 같이 행동표상과 함께 행동 수행 이전에 인간이 내면 인지세계에서 행하는 환경 영향력에 대한 평가, 표상된 행동의 실행에 작용하는 외적 환경의 기회 혹은 제한에 관한 평가를 우리는 환경효능평가 environmental efficacy assessment라고 부를 수 있다.

환경효능environmental efficacy은, 간단히 말하면, 환경의 능력을 뜻한다. 환경효능평가는 환경의 지원능력에 대한 사전 판단이다. 환경효능이론의 핵심은 특정 행동을 통해 특정 동기를 충족하려는 한 사람이 현실 환경여건을 미리 평가하여 행동 추진의 가능성을 타진해보는 내면적 인지과정에 있다. 환경효능평가는 기대가치의 획득을 위해 의도된 한 행동의 실천 가능성을 외부의 모든 환경여건을 통해 가늠해보는 사전 평가작업이다. 앞에서 서술한 행동표상(행동예행)을 통해 행동상황의 몇 가지 대안에 대한 비교가 진행되면서 행동실천의 바람직한 환경조건에 대한 구체적인 아이디어들이 제시된다. 환경효능평가는 이런 최적환경의 아이디어들을 자신이 행하고자 하는 표상목표행동과 연관하여 정리하는 작업이다. 이 평가정보에 근거하여 주어진 환경여건을 어떻게 이용할 것인지, 그리하여 행동을 실천하는 것이 가능한 것인지 등 실행의 여부와 방법에 관한 의사결정이 진행된다 (요구 → 가치 → 행동표상 → 환경효능평가 → 행동).

우리의 환경효능이론은 사회심리학의 사회학습론(사회인지론)으로부터 발전된 이론이다. 에이젠에 의하면 강력한 요구와 의도를 지닌 인간에게는 스스로 행동을 통제 수행해나갈 수 있다는 자신감 즉 자기행동에 대한 통제의식이 있다. 자신이 스스로 통제할 수 있는 상황이라는 믿음 하에서는 행동의 실천을 위한 제반 의식과 노력 즉 의도가 강해진다. 자기행동의 실현에 있어서 자신의 능력에 대한 믿음이 중요하다는 것이다.

이와 유사하게 반두라는 '자기효능self-efficacy' 이라는 개념을 통해 행동 수행 과정에 있어서 자신의 능력에 대한 스스로의 믿음이 중요함을 강조하였다. 자신이 그 행동을 수행하는데 필요한 경험이나 지식을 갖춘 능력 있는 사람이라는 믿음을 말한다. 더 나아가 자기 자신의 능력에 대한 믿음을 통해 '그 행동을 수행할 수 있다' 라는 믿음 즉 '반응효능response efficacy' 이 탄생하게 되며, 이 행동수행에 대한 스스로의 자신감이 실제 행동실천에 영향을 미친다는 것이다. 자기효능, 반응효능은 모두 '효능믿음efficacy belief' 이라고 부르는 일반 개념에 포함되는 하위 개념들이다 (예, Maddux et al., 1986). 이 효능이라는 개념을 환경으로까지 연장하여 효능믿음의 또 다른 하위 개념으로서 환경효능평가를 제시할 수 있으며, 이를 표상행동의 수행을 지원하는 외적 환경의 능력에 관한 믿음 혹은 외적 환경을 긍정적으로 이용할 수 있다는 자신감이라고 정의할 수 있다.

덧붙여, 일부 학자들은 루빈Kurt Lewin의 '통로channel' 라는 개념을 도입하여 자기 자신의 능력에 대한 내적 믿음뿐만 아니라 외부 상황을 통해 판단하는 실행 용이성 그 외적 메커니즘에 대한 믿음도 중요하다고 말하고 있다 (예, Ross & Nisbett, 1991; Axelrod & Lehman, 1993). 여기에서 통로는 외적 환경의 영향력에 대한 내면적 해석이라고 할 수 있다. 통로가 확보되면 행동의 실현 가능성은 커진다. 이 개념을 이용하여 다시 정의하면, 환경효능평가는 표상행동을 위한 통로의 평가라고 말할 수 있다. 환경효능평가에 관한 우리의 이론적 제안은 이와 같은 선행 주장들로부터 많은 도움을 받았다.

4-4. 요구가 지시하는 행동대안들에 대한 표상을 거쳐 주어진 환경여건에 대한 구체적인 평가가 진행된다.

어떤 동기를 위해 특정 행동을 수행하려는 인간은 아무런 사전 준비 없이 무작정 임의 환경과 맞닥뜨리지 않는다. 행동의 여로에는 적어도 내면의 사전 준비를 통해 미리 그려본 행동(표상행동), 그 행동에 최적 환경은 무엇인가에 대한 구상 그리고 환경효능에 관한 예행적 평가가 있다. 이들은 이를테면 요구 충족, 목표 달성, 가치 취득, 행동 실현을 위해 자기에게 주어진 환경을 평가하고 선택하며 조정하는 작업이다. 그리하여 결국 외적 환경은 의지의 인간에 의해 선택되고 조성되며 이용된다(환경은 인간에게 부여되어 인간을 조종하고 행동을 결정하는 주체는 결코 아니다). 환경의 능동적 선택 혹은 자발적 조정에 관한 인간의 능력은 환경효능평가의 두 가지 측면과 관련이 있다.

첫째, 행동에 임하는 사람은 행동 수행 이전에 자기 내면에서 우선 표상행동의 실현을 지원하는 핵심적인 환경조건을 미리 인지한다. 이것은 행동 실행 이전에 이미 그 행동을 위한 몇 가지 중요 환경여건을 머리 속에서 그려보는 일이다. 이 작업은, 앞에서 지적한 대로, 행동과 사람과 환경여건을 하나의 상황단위로 묶는 행동표상의 과정 중에 수행된다. 앞으로 실행할 행동을 위해 바람직하다고 생각되는 최적환경여건을 머리 속에서 이미지로 구축하는 작업이다. 이를테면 이것은 내면 인지세계에서 마련한 최적지원환경에 대한 하나의 프로토콜이라고 말할 수 있다. 어떤 환경여건이 필요하며 어떤 여건에서 행동 실행이 용이한가 혹은 최적인가에 대한 구상으로서, 행동을 위해 요구되는 환경자원에 대한 표상이라고 할 수 있다.

둘째, 본격적인 환경효능평가는 이 최적환경여건의 표상 결과에 기초하여 수행된다. 최적환경의 프로토콜, 이 비교기준 혹은 목표환경이 없으면 자기 앞에 놓인 실제 환경의 효능을 제대로 평가할 수 없다. 외부환경과 연계하여 행동 실천의 용이성과 난이도를 가늠하는 작업은

'행동표상 → 외부환경 평가' 와 같은 직접 절차가 아니라 '행동표상 → 최적환경 표상 → 외부환경 평가' 와 같은 매개 절차에 의해 가능하다. 바꿔 말하면, 환경효능평가는 표상목표행동을 주어진 현실환경과 직접 견주는 작업이 아니다. 그것은 목표행동을 표상하면서 동시에 '무엇이 적절한 환경인가' 라는 이상적 환경을 구상한 후 이 최적표상환경을 실제 환경과 견주는 작업이다.

이와 같이 현실환경은 미리 구축된 최적표상환경과의 비교를 통해 그 적합성 혹은 영향력이 평가된다. 실제 외부환경의 프로토콜이 최적환경에 대한 프로토콜과 동일 혹은 유사하거나 그 이상이라고 믿으면 인간은 해당 환경을 긍정적인 것으로 평가할 것이며, 그 환경을 선택, 조정, 이용하여 행동을 실천하려 할 것이다. 반대로 실제 상황이 표상된 프로토콜과 차이가 있다고 믿을 경우에는 행동을 위한 노력이나 의도가 크게 위축될 것이며, 그 환경에서 행동의 실천은 불완전할 것이라고 (불가능하거나 왜곡될 것이라고) 판단할 것이다. 이처럼 환경에 대한 인간의 의식은 매우 합리적이다. 자기 최적여건도 정하지 않고 무모하게 헤매지 않으며 최적여건을 향해 무작정 일방향으로 움직이지도 않는다. 주어진 환경여건에 그대로 복종하는 나약함을 보이는 것도 아니다. 인간은 자기 목표행동에 관련된 이상적 환경, 실제 환경 두 가지 사이에서 정확한 밸런스를 찾는다. 그렇지 않으면 자기 동기의 충족을 위한 방안이나 자신이 수행하려는 행동의 실현은 불가능하다.

외부환경여건이 사전 표상된 최적환경여건과의 비교론적 관점에서 평가된다는 말은 어떤 절대적인 외부환경의 힘이라는 것은 없다는 점을 뜻한다. 모든 행동플랜에 좋다 혹은 나쁘다라고 평가되는 보편적 관점은 적용되지 않는다. 환경에 대한 효능평가는 철저하게 당면한 요구와 행동의 실현이라는 특정 상황의 고유 맥락에 따라 결정된다. 환경효능은 환경의 능력, 행위 지원성에 대한 자기 스스로의 주관적 믿음이다. 행동 실행의 여부, 환경 이용의 여부는 이 주관적 믿음에 의해 좌우된다. 따라서 여기에는 다른 사람들로서는 이해하기 힘든 결정이 있을 수 있다. 이를테면 최적환경여건에 대한 표상의 수준이 지나치게 높은 경우 혹은 현실 환경여건의 능력을 과대평가하는 경우에 행동은 크게 왜곡될 수 있는데 이것은 모두 개인의 주관적 의식 안에서 결정되는 것으로서 다른 사람들로서는 개입하거나 이해하기 힘든 세계인 것이다.

환경효능평가는 행동표상에서 이어지는 연속적 과정이다. 행동표상에서 이미 행동과 함께 상황을 동시에 표상한다. 이로부터 최적표상환경의 그림이 그려진다. 환경효능평가는 이

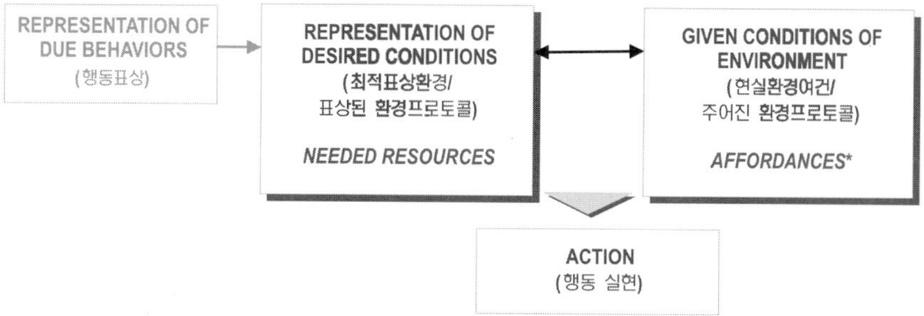

4-5. 환경효능평가는 표상행동과 연관하여 구상하는 바람직한 환경여건과 실제 주어진 환경여건과의 비교대조에 의해 결정된다 (깁슨의 affordances 지각은 다음 장에서 구체적으로 논의하기로 한다).

것을 밑그림으로 깔고 그 위에 실제 환경을 겹쳐놓는 작업이다. 그 결과로 실제 환경의 여러 요소들이 함유하고 있는 긍정적, 부정적 영향력을 판가름할 수 있다. 이제 마음먹은 행동을 수행하기 위해서는 어떤 환경조건이 필요하며 이것이 주어진 환경의 어디에 어떤 형태로 존재하는가를 판단할 수 있다. 행동 실현의 여부와 양상, 공간의 선택과 미사용 등 우리 시야에서 관찰되는 도시주거현실의 여러 현상들이 이 과정에서 대부분 정해진다. 우리는 이 두 중간과정을 묶어 요구가 행동으로 이어지는 여로를 매개하는 행동제어과정으로 취급한다 [요구와 목표 → 가치 → (행동표상, 환경효능평가) → 행동].

환경효능평가는 외부환경에 대한 행동 수행 이전의 내면적 평가이다. 따라서 이 작업은 행동을 수행한 이후에 나타난 일련의 결과를 최초의 요구 혹은 기대가치와 빗대어 판단하는 일반적인 평가, 이를테면 사후평가나 입주 후 평가 등의 개념과는 다르다. 말하자면 이것은 인간 인지세계 속에서 행하는 사전평가라고 말할 수 있다.

이것은 또 환경인지와도 물론 본질적으로 다르다. 환경인지는 물리적 환경을 물질적 상像이나 도식으로 정리하여 머리에 담아두는 작업임으로 환경효능평가가 다루는 두 가지 덩어리 중에서 외부환경 쪽에 관여하는 작업이다. 환경인지론자들은 인간 인식과 행동이 물리적 환경 자체의 직접적인 영향이 아니라 인간 내면에서 한번 정화되고 정리된 인지환경의 영향에 의해 좌우되는 것임을 강조한다. 이것은 분명 타당하고 적절한 주장이다. 하지만 외적 환경을 다루는 환경인지는 오로지 인간 내면 속 자가발전과도 같은 최적환경 표상과는 다른 것이며, 이 두 가지를 비교하는 환경효능평가와도 다른 과정이다. 이를테면 환경인지에는 사전에 어떤 동기는 있을지언정 구체적인 목표행동이 존재할 필요는 없다. 대부분의 환경인지는 행동목표나 기대가치를 염두에 두지 않은 상태에서 물리적 환경 자체만 가지고 본능적으로 수행될 수 있다. 더욱이 환경효능평가에서는 환경이 반드시 상이나 도식의 형식으로 정리되는 것은 아니다. 효능평가는 상이나 이미지 대신에 가치나 행동 혹은 상황을 언어로 사용한다. 물리적 환경이나 인지된 환경의 상으로부터 가치나 행동에 연관된 환경속성, 이를테면 특정 놀이기구, 걸어서 갈 수 있는 곳, 넓은 빈 공간, 조용한 그늘과 같은 속성의 형식으로 요약한다. 환경효능평가는 물리적 환경만이 아니라 행동 수행과 관련된 모든 외적 환경, 사회적 체제나 규정, 부모나 친구, 문화적 가치나 규범과 같은 것들을 포함한다.

환경인지가 우리 환경효능이론에서 중요한 이유는 최적표상환경이 이 개인적 인지환경과 비교된다는 점 때문이다. 사람의 내면에서 외적 환경의 객관적 성질은 직접적인 발언이 없다. 대신 객관적 물성을 지각하고 이해한 결과로 만들어낸 주관적 환경이 중요하다. 나의 목표행동이 필요로 하는 환경여건은 이 주관적 환경, 머리 속의 도상으로부터 찾아진다. 바깥 환경의 내적 이미지, 이 심상환경은 외부세계의 대표선수로서 사람의 환경효능평가에 출전한다. 환경효능평가는 자기 내부에서 일어나는 동기의 에너지에 의해 영향을 받으며 동시에 외부환경에 대한 인간의 기본적인 인지능력에 의해 영향을 받는 과정이다. 내가 표상하는 핵심 요구환경이 인지환경과 일치할 때 (외부환경이 효능이 있다고 판단할 때) 그 환경은 정(+) 혹은 긍정으로 평가될 것이며 행동은 실행을 위한 진로를 계속해 나갈 것이다. 그리하여 궁극적으로 당초 요구는 충족되고 목표가 달성되며 기대가치는 획득될 것이다.

(2) 환경효능평가의 언어 그렇다면 인간은 어떤 언어를 사용해서 환경효능을 평가하는가? 최적환경의 표상과 실제환경의 지각 인지에 어떤 환경언어가 이용되는가? 이 문제는 학술적인 목적뿐 아니라 디자인 실무에도 중요하다. 우리 실무가 만드는 도시주거환경은 주민들에 의해 결국 이 언어로 번역될 것이 틀림없기 때문이다. 우리는 여기에서 이 표상과 인지의 언어가 정확히 동기와 목표행동에 의해 정해지며 동시에 본질적으로 지극히 건축적인, 현실적이며 육질적인 성질을 가지고 있다고 주장한다.

첫째, 사람들이 이용하는 언어는 그들 삶이 부딪치는 이 현실의 세계, 그 건축물리적 요소, 공간적 특질, 사회문화적 맥락이다. 그것이 현실적임으로, 비록 인간 의식 속에서 이용되는 것일지언정, 우리 도시주거 전문가들이 통상적으로 말하는 전문적 언어, 계획설계의 언어와 크게 다를 수 없다. 하지만, 둘째, 이것은 한 사람의 내면에서 출발한 어떤 동기와 목표행동의 언

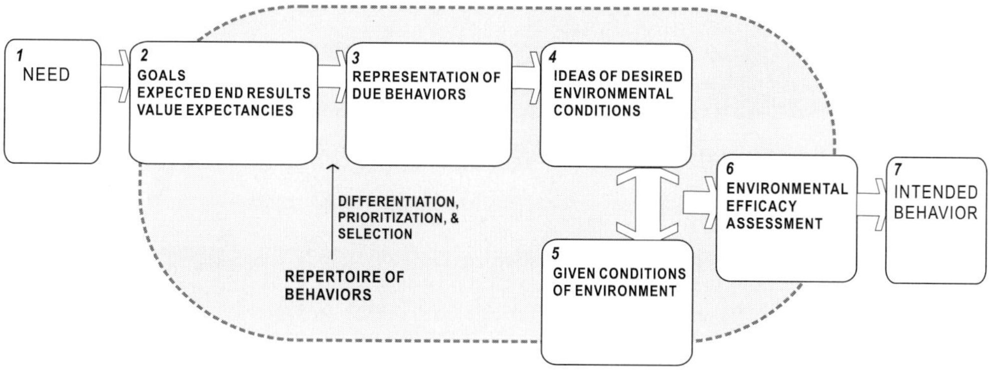

4-6. 요구와 행동의 관계는 행동표상이나 환경효능평가와 같은 중간 행동제어과정을 이용하여 체계적으로 설명할 수 있다.

어이다. 단순히 환경적이거나 건축적인 것으로 끝나지 않는다. 건축적인 것이 행동적인 것 혹은 동기적인 것으로 한번 조리되어야 한다. 우리는 이 두 가지 조건을 만족하는 언어를 환경속성 혹은 환경의 속성정보라고 믿는다. 뒤에서는 이를 자원resources이라는 개념으로 통칭하여 설명하고 있다.

이를테면 한 사람이 조용한 휴식을 요구할 때 그 사람에게는 안정, 평안, 재충전과 같은 관념들이 목표 혹은 기대가치가 될 수 있다. 뒤이어 이 기대가치를 획득할 수 있는 행동, 필경 조용한 휴식의 행동을 표상하게 되고 이 표상행동에 바람직하다고 생각되는 환경여건을 구상하게 된다. 안식이나 평안과 관계하는 건축적 상황들, 이를테면 조용한 환경, 사람이 적다, 바람이 분다, 조망이 양호하다, 새들이 운다, 앉거나 오래 머무를 수 있는 여건, 외진 곳이나 프라이버시의 위치와 같은 환경속성적 언어를 사용할 것이다. 이제 실제로 맞닥뜨리는 외적 환경에 대한 지각과 인지는 필경 본래의 목표가치 그리고 이 속성언어에 의해 결정될 것이 틀림없다. 외적 환경의 평가에서도 역시 속성정보적 언어, 목표하는 가치와 행동에 연계된 환경속성의 언어가 사용된다. 내면에서 사용하는 이 표상의 언어, 환경과 행동을 융합한 통일언어가 내면적이고 동기 종속적이면서 동시에 외면적이고 현실적이며 도시건축적이라고 말할 수 있는 것은 아래와 같은 두 가지 이유 때문이다.

첫째, 목표이론가들이나 자기과제를 연구하는 환경심리학자들 그리고 환경맥락이론가(예, Roger Barker, Daniel Stokols)들이 일관성 있게 보여주는 사실 중 하나는 인간이 통상적으로 말하는 목표 혹은 일상과제가 '행동'의 언어로 말해지며 거의 대부분이 특정한 공간 혹은 위치를 지정하고 있다는 것이다. 사람들은 스스로 중요한 일상행동들 하나하나를 거의 틀림없이 어떤 장소 혹은 공간과 함께 묶어 하나의 지식단위로 저장하고 있다 (우리는 앞에서 이를 '상황'이라고 말했으며, 뒤에서는 '장소'라는 개념으로 발전시켜 구체화할 것이다). 동기나 행동은 환경이나 공간과 떨어질 수 없다. 인간은 동기, 행동표상, 환경효능평가, 환경 이용, 행동 실현의 전 과정을 통틀어 특정한 시공간 그리고 그 환경적 특질의 언어를 결코 멀리 두지 않는다.

둘째, 깁슨과 그 생태지각이론의 후학들은 인간이 환경 지각과정에서 이미 어떤 행동목표와 연계된 효용성을 고려한다고 가정한다. 인간은 환경을 단순히 게슈탈트적 혹은 통감적, 감관적 과정으로 지각하는데 그치지 않는다. 지각이라는 환경과의 최초 조우에서조차 인간은 환경의 합목적적 기능성에 주목한다. 환경지각이 행동을 벌써 함유한다는 것이다. 우리도 이들과 같은 이론적 입장을 취한다. 요구, 목표, 기대가치, 의도나 신념, 행동표상과 같은 일련의 합목적적 전제가 없으면 환경은 어떤 의미도 전해주지 못한다. 돌려 말하면, 임의의 외적 환경에 대한 인간의 해석은 자기 목표나 표상행동을 향한 기능적, 합목적적 성향을 가진다. 인간은 자기지시적 목적과 연계된 기회 혹은 제한의 기준으로 환경을 조망하고 평가한다. 이 기준은 목표행동에 필요한 '환경의 기능적 속성'을 언어로 삼고 있다. 이 언어에 의하면 동기와 행동은 환경속성과 떨어져 정의될 수 없다.

이 언어는 목적행동의 실천과 연관된 외적 환경의 모든 기능적 재료이다. 외적 환경이 물리적, 사회문화적, 시간적 환경을 포함하므로 언어도 물리적 언어이며 사회적, 문화적 언어이고 시간적, 상황적 언어이다. 한 아이의 바깥놀이에는 특정 친구의 존재가 결정적인 조건이 될 수 있고 그 친구와의 만남을 허용 혹은 불허하는 부모의 방침이 또한 중요한 여건이 될 수 있다. 도로 위 놀이에는 도로를 공용하는 다른 요소들로부터의 방해를 피하기 위한 모든 유용한 상황언어와 기회 포착의 언어가 동원된다. 이 효능평가의 언어가 특정 목적행동에 따라 달리 정해지기 때문에 그 행동의 특수한 이행방식과 연관된 환경요소의 물성이 언어로 사용되는 경우가 많다. 구석공간보다는 프라이버시, 운동장보다는 축구를 위한 충분한 크기의 공간, 도로보다는 평탄한 바닥 면, 나무보다는 나무가 주는 신선한 그늘 등 환경의 행동정보속성 혹은 기능적 유용성의 정보를 말한다 (이 내용은 뒷장에서 심도 있게 논의하기로 한다).

이렇게 보면 우리가 여기에서 말하는 환경효능평가의 언어는 깁슨의 어포던스(affordance, 환경기능속성)의 의미와 흡사하다. 또 루빈이 말하는 생애공간 속의 장력(場力, valence)과도 개념적으로 유사점이 있다. 뒤에서 우리는 이 환경효능평가의 언어를 우리의 자원resource이라는 개념과도 비교할 것이다. 환경효능평가가 최적표상환경과 실제 외부환경의 비교임으로 효능평가의 언어 또한 이상적 환경속성과 실제 환경속성을 동시에 다루게 된다. 전자는 필요로 하는 환경의 내적 표상언어이며, 후자는 외적 환경에 대한 지각과 인지의 언어이다. 우리는 뒤에서 후자에 해당하는 언어를 어포던스로 취급할 것이다. 말하자면 표상환경과 비교되는 실제 외적 환경의 지각언어이다. 반면에 루빈의 장력은 전자에 가깝다. 루빈이 말하는 생애공간lifespace은 한 인간에게 고유하게 존재하는 사회적, 물리적 제반 변수가 긍정적 벡터와 부정적 벡터의 네트워크로 구성하는 그 인간의 생애장(生涯場, life field)을 지칭하는 개념이다. 인간의 성격, 동기, 심리적 움직임, 행동목표, 성장 등은 이 생애장 안에서 움직이며 어떤 시점에서 형성된 그 장의 긍정적, 부정적 장력(의미와 강도와 방향을 지닌 심리사회적 에너지)의 영향을 받아 형성된다. 생애공간과 그 속의 장력은 모두 극단의 주관적 의식 안에서 정의되는 개념이다. 인간의 내면세계이며, 객관적 환경과는 거리가 멀다. 이 점에 있어서 생애공간 속 장력은 내면적 표상의 언어에 가깝다. 그러나 루빈의 장이론field theory은 인간 스스로의 해석에 의해 구축된 총체적인 생애 컨텍스트 그 사회심리적 세계를 다룬다. 한 행동의 추진과 관련된 환경적 지원과 장애를 다루는 우리의 미시적 관점과는 차이가 있다. 우리는 뒤에서 자원을 위 효능평가의 두 가지 언어, 즉 최적환경표상의 내면적 환경언어와 실제 외부환경의 지각언어의 상관관계, 일치 혹은 불일치의 판단으로 설명할 것이다. 즉 자원은 최적표상환경과 어포던스의 변증법적 결과물이다. 말하자면 바야흐로 목표했던 행동으로 이어진, 현실 행동에 실제로 이용된 환경속성이라는 것이다.

우선행동의 정의

우리는 지금까지 인간행동이 우리 실무에 왜 중요한 것인지, 우리의 논리에서 인간행동의 개념적 역할은 무엇인지를 말하려 하였다. 사실을 말하자면, 인간행동은 우리가 제시하려는 한 줄기의 긴 논리에서 정확히 중심점으로서의 역할을 가지고 있다. 요구의 동기에서부터 장소의 생활세계까지의 일련의 긴 체험의 막대를 회전시키는 중심의 에너지이다. 동기는 행동으로 충족되어 의미로 남게 되고, 행동은 환경을 이용하며 공간을 장소로 변형시킨다. 그리하여 장소는 의미를 담게 되어 한 사람의 일상체험의 생활세계를 형성한다. 인간행동은, 첫째, 우연이나 무의식의 산물이 아니라, 적어도 한 행동의 시작에 있어서, 그것은 의도적이며 합목적적이고 특정한 목표나 가치를 향해 움직이는 합리적인 과정의 산물이다. 둘째, 그것이 특정 가치를 향한 것임으로 대부분의 행동은 그 사람에게 어떤 의미를 남기게 된다. 셋째, 행동은 필연코 특정한 환경자원을 필요로 하며 그 환경자원은 행동표상이나 환경효능평가와 같은 인간 내면의 주관적 해석의 산물임과 동시에 매우 건축적이며 실무적 언어다.

한 사람의 모든 행동이, 일상행동 레퍼토리 속 잠재행동과 습관적 행동까지도, 그 사람의 중요한 삶의 의미에 공헌하는 것일까? 행동들이 각각 제시하는 의미들이 그 사람에게 모두 동등한 중요성을 가지고 있는 것일까? 모든 행동은 관련된 환경자원이 고갈될 때 자연히 사라지게 된다. 그러나 그 고갈의 부작용이 모두 다 심각한 것은 물론 아니다. 어떤 행동은 그것이 내부적 요인이나 외부적 요인에 의해 현실에서 사라진다 해도 크게 문제가 되지 않는다. 행동이 지목하는 목표나 가치가 경미할 때, 행동의 결과로 취득하는 의미가 나의 생존이나 일상기능 혹은 존재가치에 그다지 큰 영향을 미치지 않을 때, 그 행동의 존폐는 그 사람의 중대사가 되지 못한다.

바커와 같은 인간행동 관찰에 관심을 둔 생태심리학자들은 각각의 행동에 어떤 목표가 연루되어 있음을 담담하고 객관적인 시각으로 관찰하고 추론하였다. 행동이 자원에 힘입어 한 공간 속에서 공고한 하나의 패턴을 형성하며 따라서 이 패턴—공간의 단위가 우리의 분석단위가 된다고 주장하였다 (behavior setting). 아쉽게도 이들은 각 행동이 가지고 있는 의미의 무게를 비교하지는 않았다. 행동이 각각 지향하고 있는 목표의 상호 중요성의 차이를 거론한 적은 없다. 행동하는 사람의 시각으로 혹은 관찰자의 기준으로 인간행동들 사이 중요성의 차이를 분간한 선행이론은 드물다.

반면에 우리는 앞에서 절실함, 집요함, 명백함의 뜻을 이용하여 인간의 동기를 구분하려 하였다. 삶의 동기, 그 요구와 가치의 종류가 다양할 것임으로, 절실함, 집요함, 명백함의 함수도 여러 가지일 것이 분명하다. 한 시점에서 한 인간이 가지고 있는 모든 동기가 똑같이 절실할 수는 없다. 또한 우리는 앞에서 한 사람의 일상행동 레퍼토리 안에 있는 여러 행동들을 절실한 동기에 접목된 행동과 그렇지 않은 행동으로 구분할 수 있음을 제안하였다. 결국 여러 행동들이 내게 주는 의미의 중요성에도 당연히 차이가 생기게 마련이다. 한 사람에게 있어서 한 행동의 중요성은 이처럼 그 행동과 연결된 동기의 절실함, 의미의 중요함을 근거로 판단할 수 있다. 행동이 어떤 가치를 향한 것인지 그리고 그 배후의 요구가 얼마나 절실하게 여겨지는 것인지에 따라 행동이 내게 전달하는 의미의 중요도가 달라지고 내 행동들의 중요도 우선순위가 달라진다. 우리는 절실한 의미와 연계된 행동들, 중요한 동기를 향해 가며 그리하여 중요한 의미로 귀결될 (혹은 이미 현실에서 귀결된) 행동들을 우선행동**priority behaviors**이라고 부른다. 일상의 여러 단위행동이나 행위체계 중에서 특히 한 사람 혹은 집단에게 당면한 중요성의 것들을 일컫는다 (비록 Brian Little이 어떤 중요성의 구분을 강조하지는 않았으나 우선행동은 Little 등이 제안한 자기과제와 유사한 개념이라고 볼 수 있다. 자기과제 중에서 중요함, 절실함의 우선순위가 높은 과제로 간주할 수 있다).

명백히, 한 사람의 모든 행동이 그 사람에게 동등한 중요성의 수준을 가지고 있는 것은 아니다. 틀림없다고 해도 좋을 만큼, 그 사람의 행동들은 절실한 행동과 그렇지 않은 것들로 구분되며 소중한 행동들과 덜 중요한 행동들로 나누어 진다. 한 사람의 모든 행동은 이 절실함 혹은 소중함의 차원에 의해 한 줄로 정렬될 수 있다. 혹은 적어도, 그 차이를 구분하고 경계를 지을 수 있다. 그리고 어떤 한 시점에서 일견 복잡하고 혼란스럽게 여겨질 수 있는 한 사람의 생활과 일상행동들이 이 정렬체계에 의해 하나의 정연한 질서로 정리되기도 한다. 이를테면 어느 수험생에게 있어서 수험공부는 체중감량보다 더 절실하며 중요하다. 또 그에게 있어서 공부와 체중감량은 이를테면 부모와 대화를 나누는 일보다 상대적으로 더 절실한 문제일 수 있다. 친한 친구를 만나 개인적인 대화를 나누는 일은 이 수험생에게 있어서 어떤 다른 일상들보다도 더 중요한 가치를 가지고 있는 것일 수 있다. 이 수험생의 일상과 생활세계는 이와 같이 행동들의 중요도 우선순위 그리고 우선행동들의 발생 장소를 중심으로 하나의 질서를 획득한다. 우선행동이 우리에게 중요한 이유는 그것이 인간체험의 결정체인 의미의 생활세계에 질서를 부여하는 기준이 되기 때문이다.

인간 적응능력의 한계 혹은 환경정보 소화력의 한계를 지적하는 이론들에 따르면 (예, stimulus capacity 이론, environmental load 이론, 예, Milgram, 1970, Webb & Sheeran, 2005) 개인에게는 어떤 한 상황에서 자신이 목표로 하는 행동들에 투여할 재원과 능력에 일정한 한계가 있다고 볼 수 있다. 이 시각에서 보면, 사람에 따라 개인 차는 있겠지만 우리 각각은 모든 가능한 행동을 실천에 옮길 수 없다. 그러기 위한 재원과 능력이 부족하다. 심지어는 원하는 행동을 모두 실행할 수도 없다. 재원과 능력은 자신에게 더 중요하다고 믿는 행동들에게 먼저 투여된다. 우선행동들이 실현되기 위해서는 다른 덜 중요한 행동들, 그다지 중요하지 않다고 생각되는 문제들이 희생되어야 한다.

어느 한 시점, 한 상황에서 인간은 나름대로의 순위로 자기 행동들을 구분하고 선택하며 나열한다. 우선행동을 선별하는 작업이다 (prioritization). 잠정적일지라도 행동들은 행동 레퍼토리 안에서 일정한 의미 구분과 우선순위에 의해 정리된다. 절실한 행동은 중대한 필요성에 연관되어 있고, 이런 행동에 대해서는 물론 그 필요성에 합당한 실천의 노력과 의지가 부여될 것이다. 사람들의 의도와 신념은 우선적으로 중대한 동기, 중요한 행동에 집중되게 마련이다.

하지만 그렇지 않은 행동들이라고 해서 모두 유보되는 것은 아니다. 특별한 노력이나 재원이나 의미가 투여되지 않아도 무리 없이 실현될 수 있는 행동들은, 설사 그들이 절실하거나 중요하지는 않다 하더라도, 일상적인 행동 틀 속에 생성 혹은 유지될 수 있다. 앞서의 수험생이 부모와 나누는 대화가 내밀한 개인의 소중함을 드러낼 필요가 없는 것이라면 그것은 그다지 많은 노력이 필요하지 않는 것이며 따라서 잠시 동안의 일상적 대화는 수험생에게 있어서 그다지 부담스러운 것이 아니다. 더욱이 부모와의 일상대화와 같이 이미 생활의 루틴으로 정착된 행동에는 새로운 재원, 새로운 능력이 필요치 않다. 결국 중요한 요구와는 거리가 있더라도 부모와의 대화는 끊이지 않고 실행될 것이다. 더군다나 이런 이차적, 부수적 행동들은 절실한 우선행동을 실현하는 과정에 때때로 도움을 주기도 한다. 하위순위의 행동들이 우선행동들을 향한 디딤돌이 될 수도 있다는 것이다. 차 순위 행동을 통해야만 우선행동의 실현이 보다 효율적이 되는 경우를 말한다. 요약하면, 행동은 절실함(소중함)의 프로파일 이외에 실천 용이성의 프로파일에 의해서도 나타날 수 있다. 앞서 환경효능이론의 논의에서 소개한 바와 같이 모든 인간행동이 철저한 요구 기원적 동기에 의해 절실한 목표나 가치를 추구하는 동력으로서 발현되는 것은 아니다. 우리 일상의 많은 행동들은 다만 환경효능 때문에 (환경자원의 근원적인 풍요로움 때문에) 혹은 우선행동의 부차적 역할로서 끊이지 않고 실행된다.

우선행동의 구분과 발견

우리 실무자들로서는 우선행동과 기타 행동을 구분할 필요가 있다. 우리 디자인은 우선행동 혹은 우선행동에 부수된 이차 행동에만 집중해도 충분하다. 첫째, 우선행동은 도시주거 요구의 충족을 위한 핵심적인 수단이다. 주민 삶의 절실한 동기를 실현하는 매체이며 요구를 표현하는 현실적 현상이다. 마치 보이지 않는 뜻이나 메시지를 필름으로 찍어 영상으로 표현하는 것과 같이, 행동은 하나의 현상으로서 혹은 상像으로서 인간의 요구와 목표에 대한 갈망을 가시화한다. 요구와 연관된 후속 개념들, 이를테면 한 목표나 가치에 대한 태도, 의도, 신념과 헌신, 노력 등과 같은 내면적 과정들도 결국은 인간의 육체 움직임으로 언어를 전하는 판토마임과 같이 행동 움직임에 의해 현실로 표출된다. 요구를 충족하고자 하는 과정에 늘 동반되는 기대결과나 기대가치에 대한 관념도 결국은 행동으로의 실천에 따른 결과 혹은 한 행동에 내재된 가치에 대한 기대를 말하는 것이다. 우선행동은 이런 동기 지향적 행동을 대표한다.

둘째, 따라서 우선행동은 다른 행동들보다 더 굳건하고 명확한 의미와 연결되어 있다. 우선행동이 명확한 기대가치를 향한 것임으로 행동이 현실화되면서 그 가치가 실현될 때 의미는 무슨 전리품처럼 커진다. 결국 사람들은 어떤 다른 종류의 경험들보다도 우선행동을 통해 자기가 지향했던 가치를 획득한다. 우선행동을 중심으로 생활의 의미를 도시주거의 공간으로 전이하게 된다. 따라서 우선행동에 의존함으로써 도시주거 속에서 의미 있는 장소들을 만들어나갈 수 있다. 그리하여 우선행동을 통해 외적 세계를 이해하고 자기 의미체계와 생활세계를 형성하게 된다. 기타 다른 행동들이 전하는 의미는, 만약 의미가 있다 할지라도, 한 사람에게 있어서 상대적으로 간과해도 무방한 것들이다.

셋째, 우선행동은 반드시 실행하겠다는 굳은 신념과 연결된 것으로서 이를 위한 환경효능 평가는 다른 행동들에 비해 더 세심하게 진행된다. 최적환경여건에 대한 표상도 더 구체적일 것이며, 현실 환경여건의 평가 또한 그 행동의 절실함의 수준만큼 세밀하고 치밀할 것이다. 말하자면 기타 행동을 위해서는 환경효능평가가 수행되지 않을 수도 있다. 또 수행된다 하더라도 외적 환경여건에 쉽게 영향을 받아, 이를테면 조금만 어려움이 있어도 행동이 비교적 쉽게 포기될 수 있다. 환경효능 판단과정 전체가 수동적이 될 수 있다는 것이다. 반면에 우선행동을 위한 환경효능평가는 더 집요하고 적극적이다. 그것이 절실한 것임으로 기존 환경에 머무르지 않고 여타 환경여건을 탐구한다거나 환경을 능동적으로 변형 조정하는 일까지 마다하지 않는다. 자기가 필요로 하는 환경여건을 찾아 더 넓게 깊게 탐구한다.

(1) 절실한 행동: 결국 우선행동은 한 사람의 중대한 필요성, 중요한 목표나 가치에 연결되어 있다. 행동 실현의 의지가 굳건할 것이며, 그것이 절실하게 받아들여질 것이며, 여러 소중한 재원이 투여될 것이다. 실천이 어려운 여건 속에서도 실천을 위한 노력이 제공될 것이다. 이를테면 추운 날씨 속에서도 바깥 놀이를 시도하는 어린 아동들은 우리 도시주거지 도처에 있다. 또 그것이 스스로 매우 가치가 높다고 믿는 일들과 연결된 행동이라면 그 절실함 때문에 실천에 어떤 치열함이나 집요함이 관찰될 것이다. 이를테면 근처의 슈퍼마켓을 마다하고 20분 이상 자동차를 몰아 시장을 보는 주부, 파트너 없이 벽만을 쳐야 하는 경우에도 테니스 라켓을 들고 밖으로 나서는 남편, 자기 주관적인 잣대에 기대어 끊임없이 체중감량에 집착하는 젊은 여성 등을 볼 수 있다. 이와 같은 집중된 노력, 특이한 집착, 독특한 치열함 등이 보이는 행동은 분명 우선행동이라고 보아도 크게 틀림이 없다.

(2) 집요한 행동: 어떤 절실한 필요성에 의한 행동은 하나의 방향과 목표를 향해 끊임없이 움직이는 경향이 있다. 한두 번의 실패로는 행동이 중단되지 않는다. 행동은 지속적으로 추진되고 반복적으로 시도된다. 중요하지 않은 필요함에 대해서는 지속성의 특징이 없다. 한두 번의 시도로 종말이 보인다. 행동의 절실함이 더할수록, 그 중요성과 기대가치가 높을수록 추진력의 에너지는 시들지 않으며 노력의 지속성도 유지될 것이다. 행동은 계속 같은 모양으로 관찰된다.

패턴은 단순히 동일성의 단순 반복을 말하지 않는다. 그것은 변화 속에서의 통일성 내지는 반복 안에서의 변화를 일컫는다. 우리는 어렵지 않게 관찰할 수 있다. 지속적 패턴 속에서도 작은 발전들이 끊임없이 전개되는 것을. 일개 행동이 특정 목표나 기대가치를 향해 반복되는 양상 (예, 매일 반복되는 귀교 길의 놀이), 다수의 행동이 어떤 기대가치를 향해 하나의 구조적 특성으로 모이는 구조화 현상 (예, 저녁나절 동네 골목공터에 모여드는 사람들의 행동패턴), 그 양상이 끊이지 않고 관찰되는 그런 행동에 주목할 필요가 있다. 이런 집요하며 지속적인 행동은 거의 틀림없이 어떤 중요한 요구 혹은 절실한 가치와 연결되어 있다. 우리가 만약 현장에서 이런 조직화된 구조적 행동들의 군群이 만드는 어떤 패턴을 읽을 수 있다면 이는 십중팔구 절실하며 소중한 요구와 연결된 우선행동으로 보아도 된다.

(3) 명백한 행동: 명백한 요구와 잠재적 요구를 구분하는 일은 학술적으로 그다지 어려운 일이 아니다. 명백한 요구는 명백하게 의식되고 말로 표현되며 행동으로 전이되어 관찰된다. 그 발견과 정의가 용이하고, 그것이 발견되면 우리는 그것이 명백한 요구에 속한다고 말할 수 있다. 반면에 잠재하고 있는 요구는 찾아내기가 쉽지 않다. 그들은 일상의 가장 편안한 루틴 속에 숨어 루틴이 내적 요인 혹은 외적 요인에 의해 심하게 흔들리지 않는 한 자신을 쉽게 드러내지 않는다. 그들은 또 인간의 습관적 세계 혹은 제도화된 자연적 세계에서 (적어도 명백한 인식과 인지의 범위에서 벗어난 세계에서) 활동하며 일상적으로는 이 습관세계 밖으로 좀처럼 나타나지 않는다.

어쩌면 한 인간이 한 시점에서 실제로 가지고 있는 수많은 요구 중 대다수가 이런 잠재의식 속에 숨어있는지도 모른다. 일상적인 평정의 루틴 속에서 잠재적 요구가 갑자기 그 모습을 드러내는 때는 그 일상적 평정의 한 부분이 무너져내려 이를 스스로 회복하려는 바로 그 과정에서일 것이다. 모르고 지냈던 자신들의 일상이 무의식에서 의식으로 나타나는 시기는 환경과 인간이 이루고 있는 어떤 평정의 상태를 위협하는 요소들이 갑자기 등장하면서부터일 것이다. 예컨대 거주지역에 오수처리장이나 원자력발전소가 건설된다는 새로운 정책이 그 위협요소가 될 수 있다. 혹은 캠페인이나 언론운동에 의해 지구환경에 대한 주민사회의 전체적 가치관이 변화하는 경우도 생각할 수 있다. 또 일상으로부터 갑자기 명백하게 대두되는 행동들은 인간 스스로의 자각이나 내적 변화에 의해 잠자고 있던 요구가 표면으로 등장하는 경우에도 나타난다. 이를테면 갑자기 영어 공부에 전념해야 한다는 자각, 지금까지와는 다른 커리어를 인생의 목표로 삼는 경우 등이 이에 속한다.

기존의 평범하고 일상적인 시스템 안에서 새로운 행동이 등장했다면 그 행동에는 반드시 어떤 계기가 있다고 보아야 한다. 계기는, 위에서 말한대로, 외적인 요인에서 올 수도 있고 인간 내면적 동기에서 유발될 수도 있다. 이 두 가지 요인이 동시에 복합적으로 작용한 것일 수도 있다. 어떤 방식이든 그 계기와 이유는 그 동안 우리 안에 숨어있던 요구 혹은 새로이 유발된 요구가 무엇인지에 대한 매우 사실적인 힌트를 주게 되며 그 요구가 하나의 우선행동으로 실현되고 있음을 알리는 경보가 된다. 만약 우리가 어떤 지역 혹은 집단을 지속적으로 관찰할 때 이런 명백한 상황이 등장한다면 이 상황에서의 행동반응에 주목할 필요가 있다. 혹은 우연한 기회에 평범한 지속에서부터 이탈하는 이런 돌연변이와 같은 행동반응을 목격했다면 반드시 그 계기를 해명해야 한다.

이런 일련의 특징적인 행동들, 중요행동들을 우리는 우선행동이라고 부른다. 그리고 이런 행동들은 절실한 요구, 집요한 목표, 명백한 가치와 같은 힘찬 동기와 연계되어 있다. 이들은 이를테면 선택된 행동이다. 이런 행동은 새롭게 등장하는 어떤 가치와 연결되어 있거나 기존의 가치에 어떤 변화의 징조가 있음을 암시한다. 우리는 이런 요구를 절실한, 집요한, 명백한 요구로 간주한다. 그리고 이런 중요한 요구, 소중한 가치를 향해 움직이는 행동은 반드시 '나의 소중한 장소' 에 어떤 변화를 야기한다. 기존의 장소들이 만들어놓은 생활세계의 공간적 네트워크에 변화가 생긴다는 것이다. 허전하고 의미 없던 공간을 알찬 의미의 장소로 만들기도 할 것이다. 기존 장소 중 일부의 의미가 뚜렷하게 변할 것이며, 새로운 장소가 추가될 것이다. 이미 가지고 있던 중요한 장소들의 중요성의 배열이 조정될 것이다. 생활세계가 한 국면을 지나 다음 국면의 성장주기로 진행하는 것이다.

Chapter 5.

자원:

비판적 휴머니즘의 실천언어

주민의 일상 거주행동은 크게 두 가지 영향력 아래 놓여있다. 하나는 그 사람이 가지고 있는 요구나 목표의식, 추구하는 가치와 의미, 그리고 이 의미를 향한 의지와 신념 등 내면적 동기에 의한 영향이다. 행동에 따라서는 한 사람이 강한 집념과 집중력을 가지고 수행하는 것이 있다. 이런 행동은 그 사람의 내부 능력이나 믿음에 의해 발생 여부와 발생 양상이 결정된다. 목표의식이나 의지가 강한 사람의 내부 에너지는 그만큼 강하다. 또 하나는 목표나 행동에 대해 외적 환경이 가지고 있는 영향력이다. 환경은 명백히 한 사람의 밖에서 그 사람의 의식과 행동에 영향력을 행사한다. 이 환경의 영향력은 어쩔 수 없는 외력인데, 그 이유는 사람의 생존과 기능 모두가 필연코 어떤 시공간적 환경 안에서 이루어지는 현상이기 때문이다. 외적 상황의 지배력은 종종, 심지어는 의지가 강한 인간에게도 사람의 오금을 저리게 만드는 힘이 있다.

도시주거 속에서 인간은 자신에게 중요한 우선행동을 실현하기 위해 반드시 도시주거의 환경적 영향력을 가늠해야 한다. 자신이 원하는 행위를 자신이 바라는 방식으로 수행하기 위해 외적 상황을 이용해야 한다. 환경의 힘은 피할 수 없다. 그것은 풍요로운 자원을 제공하기도 하지만 시퍼런 복수의 날을 세우기도 한다. 필요 행동을 현실화하기 위해서는 자기 요구와 외적 환경 사이에서 밸런스를 찾아야 한다. 한편으로는 자기 목표나 기대가치를 조정하며 다른 한편으로는 당면한 환경을 탐색 혹은 조절해야 한다.

환경을 만들고 변경하는 전문가로서 우리 도시주거 실무자들은 무엇보다 먼저 이 환경적 영향력에 주목해야 한다. 우리가 정하는 도시주거의 환경실체 속에서 주민들이 자기 요구, 목표, 가치에 부응하는 지원요소를 찾을 수 있는지를 스스로에게 질문해야 한다. 그리하여 주민들이 우리가 제공하는 환경에 힘입어 스스로의 목표와 가치를 일상행동을 통해 실현할 수 있도록 도와야 한다. 환경이 우호적이어야 그 환경 안에서 의미와 가치의 행동들이 풍요롭게 꽃필 수 있다.

환경이 우호적임을 어떻게 판단하는가? 앞에서 우리는 행동표상과 환경효능평가의 역할에 관해 논의하였다. 이들은 인간이 실제 행동하기에 앞서 외적 환경의 영향력을 자기 내면에서 미리 가늠해보는 과정이다. 이 내적 판단과정이 어느 주어진 환경을 요구행동에 충분히 우호적이라고 판단하면 그 행동은 비교적 용이하게 실현될 것이다. 좀더 정확히 말하면, 한 사람이 행동을 위해 요구하는 환경 그리고 그 사람이 처한 실제 환경 이 두 가지 사이에서 어떤 핵심부분이 서로 일치한다고 판단할 때 행동의 실천 가능성은 현저히 증가한다. 우호적인 환경 안에서 사람은 자신이 하고자 하는 행동을 실행할 수 있다.

어떤 환경을 만들어야 이런 상호 일치의 경지에 근접할 수 있을까? 이 질문에 대한 해답은 우리 도시주거 실무자들이 스스로 준비해야 할 중대한 과제이다. 하지만 우리 디자인 실무자들로서는 그 수많은 주민들의 심리 속 과정들을 일일이 들춰내거나 이해할 수는 없을 것이다. 그것은 불가능하다. 그들의 내면의식 속으로 파고들어가 그들이 어떤 환경여건을 요구하며 어떤 외적 환경을 가장 우호적인 것으로 판단할 것인지를 정확히 알아낼 수는 없다. 사실을 말하자면, 우리 실무자들로서는 인간의 환경효능평가 과정 자체를 해독하는 고단한 이론적 작업에 매달릴 필요가 없다. 대신 우리는 명백한 외적 현실 그리고 이 세계의 가시적 사건과 현상에 치중할 수 있다. 이를테면 주민 우선행동을 정의하고 관찰하는 일이 그 중 하나이다. 행동은 삼차원적 아날로그 현실이며 명백한 가시적 현상이다. 행동은 자기 목표를 성취하는 채널이다. 의미와 지식을 형성하는 수단이며, 한 공간을 자기의 장소로 만드는 중요 경로이다. 우리가 관찰하는 행동 하나하나는 목표, 신념, 행동표상, 환경효능평가와 같은 내면적 프로세스가 모두 완료된 후에 나타나는 완성품이며 하나의 결과론적 증상이다. 불가해한 인간 내면과정에 매달려 명백한 가시적 증상을 경시할 수는 없다. 왜냐하면 우선행동에는 목표나 환경효능평가와 같은 고단한 과정들이 이미 고스란히 녹아있기 때문이다.

이 말은 우리에게 중요한 뜻을 전한다. 인간이 행동을 실행하는 경로를 따지고 그 과정에서 환경의 영향력을 어떻게 소화해내는가의 문제는, 학술적으로는 몰라도, 실무에는 당장 유용한 정보가 못 된다. 우리 실무자는 현실의 결과론적 현상으로서 행동 안에 이미 융해되어 있는 '해석되고' '사용된' 환경정보에 주목할 수 있다. 이를테면 '환경이 어떤 기회와 제한을 줄 것인가' 의 미래 예측형 논의 보다는 '환경이 어떤 기회로 작용하였고 어떻게 이용되었는가' 의 과거형 논의가 더 효과적이라는 것이다. 우리는 현실에서 행동을 관찰하고 그 과정을 역추적함으로써 행동에 이용된 환경의 재료들 그리고 행동에 영향을 미친 실질적인 환경여건들을 조사해낼 수 있다.

이 역추적 작업은 비교적 간단하며 동시에 현실적이고 유용하다. 이로부터 도출하는 행동과 환경의 관계에 관한 구체적 정보는 우리 디자인 실무에 쓸모 있는 자료로 이용될 수 있다. 그리고 우리가 관찰하는 우선행동들 하나하나 속에 이미 함축되어 있는 환경의 행동지원적 요소들, 이른바 환경행동자원 (자원, **behavioral resources of environment**)에 대한 정보는 우리 실무에 결정적인 역할을 가진다. 말하자면 우리는 우리가 계획하는 도시주거 안에서 이 자원들의 집단을 디자인함으로써 그 속에서 사람들의 주요 거주행동들 그리고 의미의 장소와 의미로 가득찬 일상들이 나타나게 될 것을 기대할 수 있다.

행동 요구자원과 환경 제공자원

여러 비슷한 도시주거지 광장들이 많지만 이들은 대개 쓰여지는 용도가 서로 다르고 이용빈도 또한 서로 다르다. 한 단지의 여러 놀이터들도 어떤 것들은 제법 쓰이는데 나머지에는 아이들이 없다. 어떤 주거단지의 보행로는 주민들의 만남과 교류가 꽤 활발한데 다른 단지의 보행로는, 디자이너의 고뇌와 선의의 흔적에도 불구하고, 다만 천편일률적인 보행의 단순함만 보일 뿐이다. 혹은 많은 보행로들에서는 그 단순한 보행 조차도 흔히 보이지 않는다. 우리네 옛 골목과 마당은 사는 사람들의 삶들이 가득 찼던 것으로 기억되는데 지금 우리가 사는 주거단지의 길과 광장에는, 설계의 화려한 수사학에도 불구하고, 그런 다채로운 일상과 생활이 좀처럼 보이지 않는다. 우리 도시주거 공간을 이용하는 사람들의 계층은 한 켠으로 치우쳐있고, 그들의 이용행동은 전혀 다양하지 않다.

많은 경우에서 인간은 디자인이 의도하는 용도에 따르지 않는다. 그 지정된 기능을 외면하거나, 지정된 것과 다른 방식으로 이용하거나, 아예 이용하지 않는다. 그들의 일상과 생활양상은 그들 자신이 스스로 개척한다. 이 자발적이며 능동적인 삶의 길 속에서 우리가 디자인한 환경들은 다시 읽혀지고 새롭게 활용된다. 그 근원적인 동력은 자기지시적 동기이며, 그 실용적 언어는 여기에서 우리가 논의할 환경행동자원(자원)이다. 이 두 가지는 끊어지지 않는 관계를 가진다. 동기에 의해 자원이 정의되고, 자원을 활용함으로써 동기가 충족된다. 동기는 행동을 불러일으키고, 행동은 자원을 이용해야만 탄생한다.

이 '동기–우선행동–환경자원' 의 삼각구도는 우리 실무자들이 가슴 속에 항상 담고 있어야 할 이념이다. 행동은 목표에 의존하고, 자원은 행동이나 목표와 한 짝이다. 자원은 오직 특정한 행동으로부터 도출된다. 사실 우리 실무는 주거지 안에서 다채로운 삶의 행동들이 나타나는데 목표를 두고 있다. 특히 주민의 우선행동들이 활발하게 등장하는 것을 목표로 삼고 있다. 이를 위해 우리는 '행동 맞춤형 자원' 을 재단해야 한다.

반면에 어떤 경우에는 인간이 디자인의 의도와 디자인에 의해 지정된 용도에 철저하게 복종한다. 놀이터에서만 놀고 정자에서만 만나고 쉰다. 특정한 길로만 주로 걷는다. 만약 주민이 철저히 디자인 의도에 복종하는 생활을 보인다면 우리는 이것이 더 큰 문제라고 생각해야 한다. 인간행위는 인간 영혼과 의식의 표현이다. 고분고분한 행위는 의식이 이미 환경의 노예가

5-1. 황량한 공간에는 치열한 삶의 흔적이 없다. 집중된 노력이나 특이한 집착, 집요한 반복의 증상도 없다. 삶의 자원이 없다. (오사카 인근 히가시마치 주거단지와 타케미다이 주거단지 2001년)

되었음을 암시한다. 환경이 어떤 파시즘의 조짐을 보이는 도시주거지는 여타의 삶의 대안을 허용하지 않고 다만 일방향의 강압적인 적응을 강제한다. 이런 환경에는 자원이 공간적으로 한정되어 있다. 다른 곳에서는 사람들이 스스로를 위한 자원을 찾을 수 없다. 행동은 자율성을 잃는다. 이런 곳에서는 인간 삶의 창의성이 있을 리 없고, 환경으로부터 여러 자원들을 캐내어 정제하는 사람들의 활기찬 모습도 기대할 수 없다. 환경행동자원이 어떻게 인간행동에 영향을 미치는지 좀더 자세히 살펴보자.

표상환경 속의 행동재료와 인지환경 속의 행동재료

앞에서 환경효능평가를 논하면서 우리는 이것이 외적 환경에 대한 인간의 내적 해석과정이라고 밝힌 바 있다. 어떤 필요 행동을 실행하려는 길 위에서 주변 환경의 영향력을 한번 탐색해보는 작업이라고 말하였다. 하려는 행동이 가능한 것인지, 얼마나 용이한지를 알기 위해 내면 의식의 촉수를 외부환경까지 한번 뻗쳐보는 일과 다르지 않다. 외부환경에 대한 적극적 탐색은 아래와 같은 두 가지 이유 때문에 어쩔 수 없는 인간의 운명이다 (이 작업을 수행하지 않으면 어떤 행동도 외면적으로 나타나지 않을 것이며 어떤 요구도 충족되기 힘들 것이다). (1) 정상적인 도시주거 행위는 필히 어떤 시공간적 실체 안에서 발생하며 그 환경실체로부터 어쩔 수 없이 영향을 받는, 이를테면 환경의존적 성질을 가지고 있다. (2) 행동은 외적 환경으로부터 물질적, 사회문화적, 상황적 재료나 원자재를 부여 받아야 비로소 작동되는 재료 의존적 성질을 가지고 있다.

5-2. 베트남 위넌 2001년, 수원 영통 2002년

우리는 인간행동을 생산하고 행동을 지탱하는 환경실체 속의 원자재를 자원이라고 부른다. 자원은 실행을 위한 그리고 행동에 활용된 환경재료를 뜻한다. 물론, 앞서 지적한 것처럼, 행동을 지탱하는 재료는 인간 내부로부터 오는 것들도 있다. 강력한 요구, 절실한 동기, 강한 집념, 자신감 등이 그것이다. 하지만 여기에서 우리가 말하는 자원은 인간이 외적 환경으로부터 얻는 재료를 지칭한다. 우리가 특별히 외적 환경에 치중하는 이유는 우리 실무의 관심이 인간 일상생활에 대한 우리 디자인의 영향력에 맞춰져 있기 때문이다.

나에게 필요한 것들, 건강과 성장, 교류와 소속, 자율적 통제능력, 행복과 만족, 흥미와 여흥, 안정과 재충전 등 많은 절실한 요구와 가치들은 실제로 현실에서 모두 다 기대수준만큼 실현되지 못한다. 인간이 이런 일상의 필요요건들을 현실로 이행하는 과정에는 여러 환경상황적 변수들이 작용한다. 이 변수들의 작용력은 막대해서 인간으로 하여금 자기 요구의 중요도를 재편성하도록 촉구하기도 하고 어떤 요구의 실천을 유보 혹은 포기하도록 유도하기도 한다. 인간 내면의 작용은 대체로 유연하고 타협적이다. 반면에 인간을 둘러싼 외적 환경상황의 힘은 견고하고 고집스럽다.

자원은 가슴 속에 어떤 요구나 목표를 지닌 사람이 이 막강한 환경상황을 대면하면서 그 정의가 시작된다. 자원은 특정 목적을 지닌 사람이 외적 환경을 평가하는 작업으로부터 얻어진다. 환경효능평가는 행동표상의 연장선 상에 있다. 행동표상은 목표행동에 대한 예행적 구상 그리고 그 행동을 실천하기 위해 필요하다고 생각하는 최적환경에 대한 구상 등 두 가지 구상을 포함한다. 이 말은 자원에 대한 구상이 이미 행동표상 속에서 이루어지고 있다는 것을 뜻한다. 이를테면 동네에서 축구를 하고 싶은 아이들은 자신이 하고 싶은 혹은 할 수 있다고 생각되는 축구의 실행을 의식 속에서 먼저 예행한다. 이와 동시에 자신들이 생각한 축구의 양상을 가능하게 하는 몇 가지 환경적 조건들, 예컨대 놀이친구, 공간, 바닥, 방해여건과 같은 환경 상황적 변수들을 미리 생각한다. 현실적으로 가능한 환경여건을 한번 구상해 본다는 것이다(어디에서 어떤 축구놀이를 할 것인가를 타진해 본다). 그리하여 아이들은 몇 가지 현실적 대안을 생각할 것이며 그 중 하나를 선택할 것이다. 실제 축구놀이는 이 대안으로부터 각가지 자원들을 취득하는 노력들, 즉 친구에 대한 연락, 비어있는 적절한 크기의 공간, 평탄한 바닥, 골대로 사용할 수 있는 지장물, 축구공 그리고 공을 막아주는 적절한 경계들에 의해 실행된다.

이 말은 우리가 환경을 두 가지 방향에서 정의할 수 있다는 것을 뜻한다. 하나는 행동 실천을 위해 필요하다고 판단 구상된 환경이며 또 하나는 실제로 인간이 맞닥뜨려야 하는 현실의 환경이다. 전자는 행동표상으로 구상된 최적 요구환경 즉 '표상환경' 이고 후자는 현실환경에 대한 자신의 지각 혹은 인지의 결과 즉 '지각/인지환경' 이다 (앞서 강조한 대로, 후자가 객관적 환경을 말하는 것은 아니다). 표상환경은 인간이 자기 요구의 충족과 목표행동의 실행을 위해 적합하다고 스스로 지시하는 환경속성을 담고 있으며, 지각/인지환경은 실제 환경을 인간 스스로의 방식으로 느끼고 이해하여 만들어낸 인지적 환경속성, 자기 머리와 가슴 속에 저장된 환경정보를 말한다. 환경효능평가에서 전자의 환경은 평가의 기준이며 후자의 환경은 평가의 대상이다.

예컨대 표상환경은 한 아동이 자기의 축구에 대한 열정이나 갈망을 실제 행동으로 실현하는데 필요하다고 믿는 환경을 말한다. 표상환경 안에서 행동 실천에 필요한 환경재료들을 정의하게 되는데 이 '표상된 환경재료' 안에는 앞서 말한 환경속성들, 즉 누구와 같이 놀 것이며, 공간은 어느 정도로 넓어야 하고, 바닥은 어떠해야 하는지 등이 포함된다. 표상행동이 달라지면 이 표상재료도 더불어 변한다. 예컨대 아동이 원하는 축구가 작은 규모의 아기자기한 놀이가 아니라 많이 뛰는 넓은 공간에서의 축구일 때 아동은 어쩌면 방과 후 학교 운동장과 같은 환경여건을 표상할지 모른다. 아이들이 이런 표상된 주요 환경재료를 실제 주어진 환경에서 찾을 수 없으면 그들이 생각한 축구놀이를 쉽게 실행할 수 없을 것이다. 아이들이 알고 있는 그들의 도시주거환경은 그들이 필요로 했던 축구의 이상적 여건이 아니며 또 그들과 함께 축구를 즐길 수 있는 놀이동료들을 쉽사리 찾을 수 없는 그런 곳일 수 있다. 따라서 우리는 크게 두 가지 종류의 환경재료를 말하고 있다. 하나는 표상된 환경재료들의 집단이며, 또 하나는 실제 취득한 혹은 취득 가능하다고 믿는 환경재료들이다. 전자는 환경의 효능을 평가하는 일에 있어서 기준이며 비교의 시작점이고, 후자는 평가의 대상이며 비교의 상대역이다.

실제 환경은 목표행동에 관련된 기회와 제한으로 가득 차 있다. 어떤 환경속성이 기회이고 어떤 속성이 제한인가를 판단하는 것은 전문가들이 아니라 온전히 일반 사람들의 몫이다. 기회에 대한 정의는 표상환경과 인지환경, 두 가지의 상호작용에 달려 있다. 어떤 한 가지로는 정의가 불충분하다. 목표행동이 달라지면 표상환경이 달라질 것이며 결국 실제 환경이 기회인가, 지원적인가의 판단도 달라진다. 동시에, 사람들이 지각 또는 인지한 환경이 달라지면 실제로 기회인 것도 기회로 알지 못하며 제한인 것도 제한으로 알지 못한다. 모든 판단과 결정은 인간 내면에 달려있다. 사람들의 이해 범주 안에서 스스로 경험에 의해 얻어진 자기 나름대로 느끼고 이해하는 환경이 중요하다. 예컨대 실제로 몇 평인가, 객관적으로 얼마나 평평한가는 문제가 되지 않는다. 또 골대에 대한 규정이나 제도 역시 중요하지 않다. 중요한 것은 자기 지각세계의 거울에 비쳐진 환경, 자기 인지세계로 조각한 환경이다.[19]

자원일치 이론과 행동주의 실무

우리는 여기에서 지금까지 전통적으로는 서로 독립적으로 논의되어 온 두 가지 종류의 환경, 목표행동으로부터 표상된 환경 그리고 외적 환경으로부터 지각 인지된 환경을 서로 이어서 비교하는 인간의 해석능력에 주목할 필요가 있다. 이 두 가지 환경에 대해 좀더 자세히 논의해 보자.

하나는 어떤 동기로부터 이어진 표상된 행동에 의해 자신이 스스로에게 지시하는 필요환경 혹은 바람직하다고 믿는 환경여건이다. 표상된 행동의 이미지에 덧붙여 그 행동을 위해 자신이 적합하다고 표상하는 환경의 이미지를 말한다. 또 하나는 자신이 몸과 정신으로 지각하

19 Gärling et al.(1984)은 인간행동의 양상이 그 행동과 연계된 어떤 행동계획(action plan)에 의해 결정된다고 믿는다. 기존의 지각환경 혹은 인지도(認知圖, cognitive map)가 이 행동계획에 적용되면서 그 계획을 위해 정밀하게 조정되고 배열된다고 말하고 있다. 물론 특정 요구나 행동목표 없이도 환경은 경험(지각/인지)된다. 하지만 특정 행동목표가 있는 경우에는 환경의 지각과 인지 자체가 목표행동, 표상환경과의 비교라는 관점에 의해 영향을 받는다는 것이다. Bess et al.(2002)을 참고하면, 환경에 대한 논의에서 중요한 것은 hard science가 지향하는 객관적 측정요소가 아니라 인간의 배경, 지식, 요구에 의해 좌우되는 환경에 대한 주관적 판단이다. 인간-환경의 사이에서 발생하는 여러 증상과 현상은 이런 환경적 가치판단에 기인한다. Kaplan & Kaplan(1982)에서 말하는 '선호는 인간의 내면적 인지와 평가의 절차를 수반하는 진화론적 개념' 이라는 주장과 일맥상통한다.

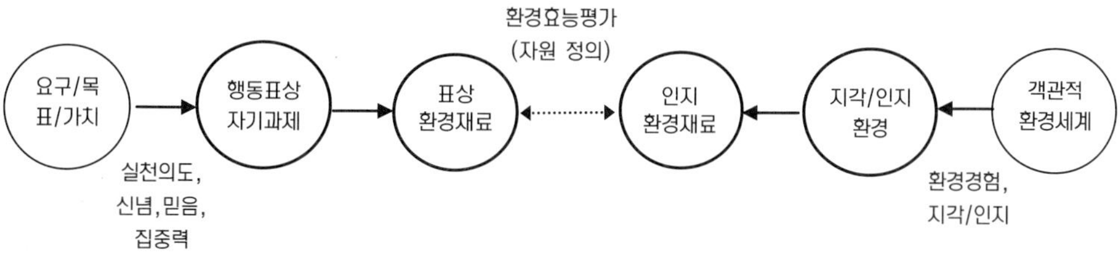

5-3. 표상환경의 환경재료와 인지환경의 환경재료

고 인지하여 경험한 결과로 얻은 실제 외적 환경에 대한 인지정보이다. 특정 목표행동을 위해 새롭게 시작되는 인지도 있지만 (예, 처음 찾아가는 여행지에 대한 자료 수집) 대개는 지난 직간접의 경험이 쌓아놓은 축적된 정보로 이루어져 있다. 전자는 행동표상에 의해 행동에 필요하다고 생각된 재료로서 인간에 의해 요구되는 재료이다. 반면에 후자는 주어진 조건으로서 현실에서 탐색, 이해, 발견된 재료이다. 이를테면 후자는 선택이나 비교의 대상이 되는 넓은 전시장 혹은 진열장과 같은 현장의 환경이라고 말할 수 있는데, 표상행동으로 이용될 잠재력을 가지고 있는 환경요소들 즉 잠재적 자원을 담고 있다.

두 환경은 모두 인간 내면에 존재하는 환경이며 서로의 영향력 아래 있고 상호 의존의 관계에서 정의된다. 먼저, 외적 세계의 지각과 인지를 통해 형성되는 인지환경은 그 사람의 내면에서 익어가는 동기와 목표행동에 의해 영향을 받는다. 지각이나 인지가 어떤 행동에 대한 관념 없이 무작정 진행되는 무목적의 경험과정이 아니라는 것이다. 이를테면 한 공간의 넓이는 아동이 하고자 하는 길거리 축구와 연계하여 지각되며 이 목적행동을 기준으로 해석된다. 미지의 환경세계는 이와 같이 무엇이 필요한가에 대한 사전 표상을 기준으로 판단된다. 이런 사전 지침이나 판단기준이 없으면 광활한 지각환경 안에서 한 목표행동에 적용할 요소를 추출하는 일이 쉽지 않을 것이다.[20]

---

20 우리는 인간이 어떤 동기에 근거하여 환경을 지각한다고 믿는다. 인간이 특정 목적과 관련하여 지각하는 환경의 기능적 영향력이 중요하다 (여기에서 기능은 환경이 동기 충족에 기능적으로 이용된다는 의미이다). 이 점에서 우리는 Gibson의 affordance 이론, Canter의 purposive behavior 이론, Garling의 행동계획인지 이론, Barker의 behavior setting 이론 등과 뜻을 같이 한다. 이를테면 Gibson의 이론은 목표행동과 환경지각을 직접 연계하여 인간 지각경험을 해명한다. 특정 행동과 관련해서 인간은 주어진 환경을 적극적으로 해석하고 또 합목적적으로 판단한다고 볼 수 있다. 왜냐하면 환경의 해석과 판단을 좌우하는 에너지는 자기 동기에서 발현된 목표행동 그리고 그 표상행동이 필요로 하는 최적환경여건에서부터 나오는 자발적이며 능동적인 것이기 때문이다.

그 반대 방향의 경우도 마찬가지이다. 행동표상과 표상환경 역시 그 사람이 지각하고 인지한 환경정보에 의해 영향을 받는다. 한 사람이 표상하는 환경의 내용은 그 사람이 가지고 있는 자기 지각과 인지의 경험범주 안에서 구상된다. 인식의 창고 안에 없는 엉뚱한 내용을 가지고 원하는 환경을 그려볼 수는 없는 노릇이다. 말하자면 표상의 범위는 실제 경험환경의 부분집합이다. 예컨대 표상에는 과거와 현재의 직간접적 경험이 모두 동원된다. 이전의 교육과 학습, 상상과 갈망, 지각경험, 환경적 창의력과 인지능력 등이 영향을 미친다. 특히 지금까지의 유사 행동경험이 가장 중요하다고 믿어지며, 앞서의 표상환경과 마찬가지로, 개인적 혹은 문화적 배경에 따라 차이가 있다고 보아야 한다. 이를테면 한 어린 한국 아동이 생각하는 축구에 연관된 표상환경과 인지환경은 나이 든 아동의 그것 그리고 다른 문화적 배경의 아동이 가지고 있는 그것과 차이가 있다. 우리가 환경에 대한 인간의 반응, 경험, 행동이 사회문화적으로 결정되는 변수라고 말할 수 있는 이유는 표상환경과 인지환경이 사회문화적으로 결정되는 것이기 때문이다.

이 두 가지 환경재료는 인간 내면 속에서 일치 혹은 불일치를 판단하는 두 개의 근거기준이다. 인간은 표상된 목표행동을 수행함에 있어서 외적 환경의 긍정적, 부정적 벡터를 끊임없이 감정한다. 외적 환경에 대한 평가는 자기 요구의 충족 혹은 요구가 지시하는 목표행동의 실천이라는 현실적 과제에 정확히 조준되어 있다. 결국 외적 환경의 평가란 자신이 하고자 하는 행동을 위해 필요하다고 여기는 환경이 외적 환경의 지각 또는 인지의 결과 안에 있는지 판단하는 작업이다. 다시 말하면, 환경효능평가는 단순히 자기가 하고자 하는 행동과 실제 외적 환경을 직접 비교하는 작업이 아니다. 그것은 하고자 하는 행동으로부터 먼저 그 행동을 위한 최적 환경여건을 구상하고 이 표상환경을 이용하여 외적 환경의 적합성을 평가하는 작업이다. 이 상대적 비교평가의 결과에 따라 목표행동의 실천이 결정된다.

자원은 이 두 가지 환경의 일치에 의해 결정된다. 어떤 목적행동을 위해 표상된 환경재료와 외적 세계로부터 인지된 환경재료의 중첩부분, 그 교집합이 곧 자원이다. 인간이 자기가 목적한 행동을 수행한다는 말은 필요 환경재료와 인지 환경재료가 상호 부합했음을 뜻한다. 우리가 도시주거지에서 어떤 일관된 행동을 관찰한다는 것은 도시주거지 안에서 이 두 가지 재료가 지속적으로 일치하고 있음을 의미한다. 도시주거지가 지원적이며 바람직하다고 말할 수 있는 것은 사람들이 자기가 하고자 하는 행동들 즉 우선행동이나 자기과제 등을 위해 필요로 하는 환경재료를 도시주거환경이 제공하고 있기 때문이다. 사람들이 원하는 환경과 우리가 계획한 환경이 지속적으로 일치하는 환상적인 상태를 말한다. 이 상호 일치의 결과가 곧 우리가 실무에서 추구하는 환경행동자원이다.

자원을 이와 같이 다소 복잡한 해석과정으로 정의하는 이유는, 다시 강조하지만, 자원이 요구와 환경, 목표행동과 환경여건의 상호 영향력 아래에서 결정되는 것이기 때문이다. 따라서 행동 역시 내적 요구와 외적 여건의 상호관계에 의해 결정된다. 행동은 요구의 발로이며 동시에 환경의 지원과 제한에 좌우된다. 행동은 어떤 목표와 기대가치에 의해 미리 구상되고, 이를 뒤따르는 환경효능평가에 의해 영향을 받으며, 이와 동시에 현실 환경에서 이에 대응하는 환경재료를 발견하는가의 여부에 의해 결정된다. 말하자면 행동은 행동표상에 의해 정의되는 표상재료가 실제 주어진 환경의 재료와 일치할 때 그 교집합 안에서 비로소 실현된다. 행동은 표상재료와 현실재료의 일치 혹은 불일치에 대한 인간의 판단이 내리는 결과이다. 모든 행동 하나하나는 자원이라는 교집합을 만드는 인간의 능력이 있기에 가능한 것이다.

따라서 우리는 행동 그리고 자원을 두 가지 환경 사이의 균형 혹은 불균형의 공식으로 해명할 수 있다. 자원일치 이론theory of resource fit은 행동에 사용되는 환경재료 즉 환경행동자원이 표상환경과 인지환경의 일치 혹은 균형에 의해 정의되는 것으로 본다. 행동은 이 두 가지 환경재료가 일치함으로써 탄생하는 것이며, 자원은 그 일치의 과정을 거쳐 인간이 외적 환경에서 취득한 그리고 목표행동의 실현에 활용한 환경재료를 뜻한다.

두 가지 환경의 일치를 따지는 이 주장에 의하면 두 가지 환경재료 중 어느 한 가지로는 행동의 실현이 불가능하다. 한 행동의 실현을 모색하는 사람은 행동표상으로 구상된 필요 자원을 실제 환경에서 탐색한다. 그 표상자원을 현실 환경에서 과연 구할 수 있는지, 얼마나 쉽게 찾을 수 있는지를 타진한다. 두 환경의 일치에 주목하는 이 이론에서는 두 환경 중 어느 하나의 실패에도 행동은 실패한다. 목표와 자기과제가 있어도 주거지 현실이 필요한 재료를 제공하지 못하면 구상된 행동은 실현될 수 없다. 혹은 그 사람이 어떤 이유에서건 현실에서 재료를 찾지 못하거나 재료를 추구하는 일이 지극히 어렵다고 판단할 경우에도 행동은 나타나지 않는다. 당초의 요구는 보류되고 기대가치는 유실되며 행동은 소멸된다. 결국 그 주거지는 필요 행동에 대해 부정적인 환경으로 받아들여질 것이며, 주거지 여러 공간들에서 주민의 다양한 활동은 사라질 것이다. 우리는 이것을, 그 화려한 모양이나 보기 좋은 재료에 관계없이, 바람직하

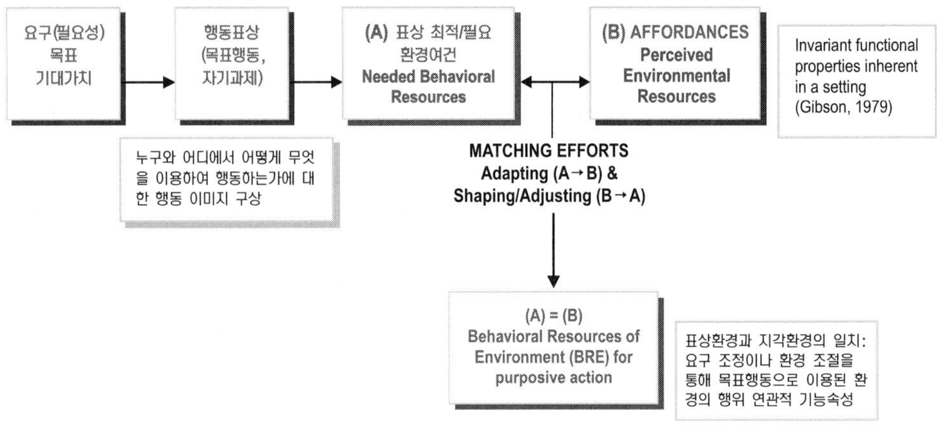

5-4. 한 환경의 목적평가(purposive evaluation)는 목표행동과 환경의 직접 연계가 아니라 목표행동 – 최적환경표상 – 실제환경의 다소 복잡한 비교과정에 의해 수행된다.

지 않은 집, 살기에 좋지 않은 동네라고 말할 수 있다.

마찬가지로, 현실 환경여건이 풍부하게 제공되었다 하더라도 주민의 요구나 목표, 의도나 집념이 없다면 행동은 나타나지 않는다. 요구와 미래관, 도전의식이 이미 사라져버린 인간에게는 풍요로운 환경도 소용없다. 주민들의 자발적이며 적극적인 의지가 사라진 뒤라면 그 주거환경은 무용지물이 되고 만다. 그 풍부한 환경에 어울리는 긍정적이며 활발한 주거생활을 기대할 수 없다. 인간의 요구와 목적이 사라진 집은 황폐하다. 일상행위의 풍요로움이 없다. 우리는 이런 것도, 그 모양이나 재료에 관계없이, 바람직하지 않은 집, 좋지 않은 동네라고 말할 수 있다.

혹자는 다양한 환경 옵션을 제공하면 이에 따라 행동을 유발하고 요구까지도 촉발할 수 있다고 주장한다. 혹자는 또 요구라는 것이 애매하지만 분명히 존재하는 것이기 때문에 환경적 선택의 기회를 폭넓게 제공하면 대개는 요구와 일치할 수 있다고 제안한다. 이런 제안들은 주거지 아동연구에서 흔히 볼 수 있다 (예, Brower & Williamson, 1974; Marcus & Moore, 1976; Wilkinson, 1982). 다양한 자연요소, 여러 놀이공간, 여러 놀이기구와 같은 옵션과 기회를 풍부하게 제공하고 이에 따라 아동의 풍요롭고 자유로운 외부활동을 기대한다는 제안이다. 우리는 자원일치론에 힘입어 이런 제안을 부정확하고 소극적이며 비효율적인 실무라고 생각한다. 사실 이렇게 무작정 선택의 기회를 제공하자면 그 끝이 없는 것 아니겠는가. 현실에서는 이들이 부정확한 가설이 될 우려가 있다. 우리가 제안하는 보다 효율적인 대안은 사람들의 우선행동을 정의하고 그 핵심적인 환경행동자원을 찾아 이 자원에 초점을 맞춰 계획하자는 것이다.

우리가 이론에서 일치를 가정하면 불일치도 함께 가정해야 한다. 불일치는 행동의 실패, 행위들이 사라진 상황을 말한다. 우리는 이런 불일치 현상을 일방적으로 열악한 도시주거환경의 탓으로 돌리는 경향이 있다. 하지만 불일치는 주관적이며 상대적인 현상이다. 도시주거지 여러 공간에서 일상의 행동이 빈약한 이유는, 반드시 환경이 나빠서 혹은 계획이 잘 못되어서가 아니라, 주어진 환경재료가 주민이 필요로 하는 환경재료와 어긋나는 것이기 때문이다. 계획된 환경이 주민이 요구하는 환경과 다르다는 말이다. 다양하고 화려하게 계획된 도시주거지라 할지라도 사람들이 추구하는 환경과 어긋나는 것일 때 불일치의 현상, 행동이 사라지는 상황이 초래한다.

더불어 우리는 일치, 불일치가 주민의 내면적, 의식적, 자발적 노력에 달려있는 문제임을 주시해야 한다. 앞 장에서 우리는 인간의 비판적 의식과 자정화 능력을 강조했다. 인간은 환경이 자기 요구를 충족해 줄 것을 막연히 기다리지 않는다. 대신, 일치를 위해 자발적으로 또 적극적으로 노력한다. 자신의 요구나 목표행동을 조정하는 노력을 보인다. 또 신념을 공고히 하고 실천의도와 집중력을 배가하는 노력을 보일 수도 있다. 이와 동시에 외적 환경을 자기 목표에 맞춰 조정 변형하는 능력도 가지고 있다. 물론 지각이나 인지의 능력을 키우고 정제하는 노력도 첨가된다. 우리는 이런 일련의 과정을 '일치노력matching efforts' 이라 부르며, 이를 통해 자원을 취득하고자 애쓰는 적극적 행위를 통틀어 자원취득행위라고 부른다. 인간행동은 자기 심리 속의 환경과 주어진 외적 환경과의 일치를 위한 제반 노력, 자원 취득을 위한 인간의 자발적 노력 여하에 달려있다. 우리 계획이 인간행동으로 넘치는 활기찬 도시주거를 목표로 하는 것이라면 그것은 이런 능동적, 자발적 일치노력을 지원하는 것이어야 한다 (환경이 주민의 일상적 시도에 인센티브를 제공해야 한다는 말이다).

우리는 이런 일치 혹은 불일치 이론이 우리 도시주거지의 모든 일상적 현상에 적용되는 원리라고 볼 필요가 있다. 우리가 주부들의 교류행위, 청소년들의 외부활동, 아동들의 각가지 놀이를 관찰할 수 있다면 이 행위들의 근간에는 목표와 기대가치가 있고, 행동표상과 환경효능평가가 있으며, 적극적인 일치노력과 자원취득과정이 있음을 알아야 한다. 일상행위 하나하나는 표상된 환경재료와 현실 환경재료 사이의 일치가 만들어낸 증상이다. 일치노력의 대가로 취득한 환경행동자원이 만들어낸 결과이다. 가령, 단순한 보행, 일상적인 출퇴근이나 통학, 고령 거주자들의 습관적인 휴식, 우연한 이웃 만남과 같은 비교적 단순한 일상행동들도 자원일치의 이론적 공식 안에서 움직이는 현상이다.

우리의 계획실무가 현실의 환경재료에만 초점을 맞추면 계획이 실패할 공산이 크다. 사람들의 공간 활용과 일상행위를 기대할 수 없다. 대신 우리가 사람들이 원하는 환경재료, 그들이 우선행동을 위해 필요로 하는 환경을 충분히 고려하여 이에 대응하는 현실 환경을 계획한다면 우리 실무가 성공할 가능성은 크게 높아진다. 우리가 계획한 공간들 안에서 사람들의 생활과 일상활동이 활발하게 살아날 것을 기대할 수 있다. 사람들이 어떤 환경을 필요로 하며 어떤 환경을 표상하는가를 알기 위해서는 그들의 우선행동, 그들이 생각하는 바람직하고 의미 있는, 가치 있는 일상활동을 이해해야 하며 그 행동 속에 녹아 있는 환경재료를 파악해야 한다. 그들의 행동 속에서 소화된 자원, 이것이 우리가 반드시 참고해야 하는 인간들의 표상환경이다.

이점은 매우 중요하기 때문에 다시 설명한다. 표상환경(사람들이 우선행동을 위해 필요로 하는 환경여건)과 현실 환경의 일치 그 교집합이 곧 자원이라 하였고, 자원이 행동을 만든다 하였다. 따라서 행동현상을 보면 자원을 볼 수 있고, 바라는 환경과 주어진 환경의 일치를 위한 사람들의 노력을 이해할 수 있으며, 그 이전의 목표행동과 자기과제를 간파할 수 있고, 그 근저에 놓인 요구와 목표와 기대가치를 추론할 수 있다 (행동 → 자원 → 일치노력 + 자원취득 → 행동표상 → 의도와 신념 → 요구와 목표와 기대가치). 이것은 우리 실무의 출발을 인간행동에서 찾자는 제안이다. 이론적 관념이나 추상적 개념보다는 현실의 일상행동을 이해하고 행동을 세심히 관찰하는 작업, 이를테면 신행동주의neo-behaviorism로부터 문제를 정의하고 해결하는 실마리를 찾자는 것이다. 신행동주의는 인간행동을 환경자극에 대한 즉각적 반응으로 간주하는 전통적 행동주의로부터 벗어나 인간이 세계에 대한 의미 해석과 자기세계 창출의 방안으로서 자신의 행동을 스스로 결정한다는 우리 비판적 휴머니즘의 독트린을 따른다. 우리 비판적 전문가들에게는 무엇보다 먼저 사람들이 스스로 정의하는 바람직한 행위들, 가치 있는 삶의 일상활동들, 그들이 중요하다고 판단하고 있는 생활행동의 양상을 탐구하는 작업이 필요하다. 주민 일상의 패턴에 주목하고 우리가 계획하는 도시주거지에서 어떤 생활행동들이 펼쳐져야 하는가를 사는 사람의 시각에서 고민해야 한다. 바람직한 생활모습과 가치 있는 행동양상을 그려내면 이로부터 우리의 계획이 어떤 것이 되어야 하는지를 꽤 효과적으로 역추적할 수 있다.

자원의 탐색과 판별

우리는 도시주거의 여러 장소들, 길과 마당과 공원과 광장에서 사용자의 중요한 일상행동들이 자유롭게 발현되는 도시주거를 추구한다. 우선행동의 자유 실천을 통해 주민생활의 의미와 가치로 탄탄하게 긴장된 도시주거를 바란다. 여러 장소들 하나하나에 바람직한 주거생활과 의미들이 석류열매처럼 알알이 들어찬 그런 장소들의 도시주거를 지향한다. 현실의 의미나 가치 한 조각은 인간의 자유 행동을 통해 구현된다. 행동이 억제되면 환경과 인간은 격리되고, 행동이 자유로우면 인간은 장소와 하나가 된다. 우리 전문가들의 숙명은 물론 이 후자의 상황으로 집중되어 있다. 우리에게 주어진 책무는 도시주거 속 인간 자유행동을 지원하는 일에 모든 노력과 지식을 투여하는데 있다. 우리들의 일상업무는 주민 행동을 지원하는 각종 자원을 정의하고 계획하는 작업에 초점을 맞춰야 한다.

도시주거생활과 자원: 자원의 특징 여섯 가지

자원은 도시주거의 외적 환경을 정의하는 한 가지 개념이다. 도시주거 환경을 도로, 마당, 공원, 광장, 놀이터, 휴게소와 같은 공간유형이나 기능유형으로 잘라 말하는 것은 사람들의 일상을 설명하는데 크게 도움을 주지 못한다. 환경을 경관이나 스카이라인과 같은 지각적, 통감적 미학언어로 말하는 것도 사람들 주거생활의 진정한 의미에 도달하는데 부족함이 있다. 주거지 미시기후나 개방감, 바람길이나 소음, 에너지 등도 주거생활 하부구조로서는 중요하지만 그 상위의 복잡한 생활구조를 이해하는 데에는 충분치 않다. 자원은 도시주거 환경을 이해하는 이런 기존의 방법들에 대한 대안이다. 대안으로서 자원은 사람들의 일상활동과 직접 연관된 개념이다. 인간의 목표와 가치를 추구하는 구체적인 일상행위들 그리고 그 의미들에 직접 관여하는 환경이다. 자원은 환경의 한 측면을 지칭하는데, 그것은 사람들이 자신들 의미의 생활세계를 만들어내고 이를 도시주거 속 장소들에 이식하는데 사용하는 환경이다.

자원은 행동기능적 개념이다. 우리 이론에서 자원을 중하게 여기는 이유는 그것이 사람들의 일상 행동에 기능적으로 기여하는 것이기 때문이다. 경관 속의 나무는 자원이 아니다. 아이들이 기어오르고 매달리는 나무는 자원이다. 사진 속 풍경, 멀리서 관망하는 환경보다는 일상의 현상학적 행동경험 속에서 자기 의미로 소화하는 풍경이 중요하다. 사람이 풍경 속에 있음을 말한다. 이를 통해 풍경은 하나의 정확한 의미로 진화한다. 자원은 인간이 행동하는, 인간의 삶이 담기는 환경이다. 자원은 이런 일차적, 현상학적 기능성에 의해 정의된다. 인간행동의 현장 밖에 있는, 행동 표출에 사용되지 않는 환경은 자원이라는 명칭으로 불리지 않는다. 이를테면 다만 감지되고 지각되는 자원이라는 말은 없다. 지각되고 인지 절차를 통과한 환경이라 할지라도 행동으로 이어지지 않는 환경은 자원이 아니다. 또한 행동표상에 의해 표상된 필요환경의 이미지만으로도 자원에 대한 정의를 완성할 수 없다. 현실 환경은 머리 속의 환경과 다르기 때문이다. 자원은 현실의 환경세계 속에서 취득되는데, 그 무수한 잠재적 기능성들 중에서 특정 행동의 실현을 위한 재료로서 간택된 기능성이며 실제로 행동과정에 투여된 환경여건이고 그 행동으로 소진된 환경요소를 말한다.

따라서 자원은 비판적 휴머니즘의 기본정신 안에서 생겨난 개념이다. 이 시각의 주안점은 행동을 통한 인간의 자기지시적 해석, 이 세계 안에서 자기 존재의 자정화, 자기 생활의 구축, 자기 의식과 의미의 해방을 강조하는데 있다. 자원은 누군가에 의해 주어지거나 강제되는 것이 아니다. 그것은 한 사람이 스스로 결정한 행동, 그 행동을 위해 자신이 스스로 필요하다고 판단하는 환경여건, 그리고 그 환경에 대한 자발적인 탐구능력에 의해 스스로 얻어내는 재료이다. 같은 환경이라도 개인의 목표에 따라 믿음과 지각에 따라 그로부터 얻는 자원이 달라진다. 따라서 자원은 보편적이거나 사회적으로 인정받는 어떤 기준에 의해 획일적으로 정의되지 않는다. 이런 환경은 인간의 자기 세계 구축에 그다지 도움을 주지 않는다. 필요하면 인간은 주어진 환경을 능동적으로 변형하여 자신의 여건으로 만든다. 자신의 목표나 행동을 부분적으로 조정하여 주어진 환경과의 합치점을 찾기도 한다. 자기 목표지향적 행동을 위해 적극적으로 환경을 인지하고 해석한다. 이런 적극적 작용과 능동적 과정의 환경언어가 자원이다.

자원은 요구, 목표, 가치, 의미와 같은 인간 삶의 근원적인 동기와 직접 관련된 개념이다. 우리는 흔히 주거요구를 추구하며 주거지 가로를 계획한다. 하지만 많은 가로는 사람들의 주거요구를 충족하지 못한다. 우리는 또 사람들의 생활을 고려하여 도시주거지에 풍부한 자연환경을 제공한다. 하지만 자연환경은 주민들의 생활목표를 정확히 관통하지 못한다. 우리는 또 사람들이 도시거주에서 찾는 어떤 의미와 가치를 생각하며 경관의 미학을 추구한다. 하지만 사람들 생활세계 속 진정한 삶의 의미는 경관미학과는 거리가 있다. 우리는 지금까지 요구와 목표와 기대가치 → 의도와 신념 → 행동표상과 환경효능평가 → 자원 → 행동의 순차적 연관관계에 대해 논하였다. 자원은 요구와 목표를 원천으로 삼아 정의된다. 그것은 요구에 의해 판별되며 자기 목표가 지시하는 표상행동과 자기과제, 그리고 요구 충족을 위한 목표행동과 연계하여 탐색된다. 자원은 환경여건이 목표행동에 어떤 공헌을 하는가에 대한 가치 해석의 결과이며 목적평가의 산물이다. 이를테면 자원이 있는 가로가 생활가로이며, 자원을 주는 자연환경이 생활자연이다.

따라서 자원은 주관적인 개념이다. 자원은 환경 속 객관적 물체가 아니다. 환경은 누구에게나 동등한 가치로 해석되지 않는다. 자원은 한 사람의 요구가 변함에 따라, 목표행동이 변함에 따라 다르게 정의된다. 개인에 따라 다르고, 그 사람이 하고자 하는 행동에 따라 다르며, 환경과 상황에 따라 다르다. 보행자전용도로 위 어떤 녹지휴게공간이 아동들 일상 놀이모임의 자원이라면 이 공간은 일상 놀이에 대한 아이들의 요구에 의해 특정하게 정의되는 자원이다. 따라서 그것은 다른 요구에는 의미가 없으며 다른 행동에는 자원으로 이용되지 않는다. 한 단지, 한 도시, 한 세계의 모든 아동의 모든 놀이모임에 두루 쓰이는 녹지휴게공간이란 없다. 객관적이며 보편적인 자원이란 존재하지 않는다. 다만 우리는 공통의 자원, 공유의 자원을 생각할 뿐이다. 개개 행동의 고유 자원을 우선 정의하고 이를 주민계층이나 어떤 상황에 따라 집단화하는 귀납적 방법으로 공유자원이 도출될 수 있는데, 이런 계층별, 상황별 공유자원은 우리 계획에 대단히 유익하다. 이를테면 한 주거지나 도시 단위에서 특정 연령계층의 아동집단에게 공통으로 유용한 자원을 정의하면 그 주거지 혹은 도시의 아동들 삶에 크게 도움이 되는 계획을 도모할 수 있다.

마지막으로, 자원은 긍정적 환경이다. 그것은 환경의 제한이나 문제가 아니라 환경이 제공해주는 기회와 지원을 지칭한다. 이를테면 가까움, 방해 없음, 안전함은 아이들이 맘껏 바깥놀이하는 일상의 긍정적 자원이다. 그 반대들, 멀다, 방해 많다, 위험하다는 제한이며 장애이며 위해 요인이다. 그 동안 우리 실무가 제한과 장해를 양산한 것이 사실이다. 앞으로 우리 실무는 제한적 요소를 제거하는 일이 아니라 기회와 지원을 제공하는 일에 목표를 두어야 한다. 실무에서 환경의 부정적인 측면에 초점을 맞출 필요는 없다. 왜냐하면 실무는 본질적으로 살기 좋은 집과 바람직한 동네 그리고 만족스런 도시를 만드는 작업이기 때문이다. 풍요로운 도시주거환경이란 주민 목표행동과 일상생활이 자유롭게 나고 엮이는 환경을 말한다. 그것은 사람들이 자원의 긍정적인 효과를 최대한 활용하는 환경이다. 기회를 찾고 그것을 행동으로 소화하는 과정에서 자원이 탄생한다. 반대로, 문제만 찾다 보면 그 속에서 자원을 발견하기는 어렵다.

내용언어와 속성언어

자원은 요구와 목표, 표상행동과 자기과제, 환경효능평가로 이어지는 일련의 자기 해석과정을 통해 구상되며, 목표 충족과 기대가치의 획득을 향해 움직이는 어떤 목적행동에 근거하여 정의된다. 요구로부터 행동으로 이어지는 일련의 과정을 배제하면 어떤 환경적 영향력도 자원이라고 말할 수 없다. 이 연속과정에 일관적으로 사용되는 환경요소는 크게 내용언어와 속성언어로 표현해볼 수 있다. 전자는 환경의 형식적 유형, 물질적 내용이나 대상, 객관적 형태들을 말한다 (substances, objects). 예컨대 그네, 나무, 물 등이다. 후자는 환경의 성질이나 속성을 지칭하는 환경정보언어를 말한다 (properties, attributes). 한 객관적 요소가 여러 속성을 제공할 수 있는데, 예컨대 나무가 주는 시각적 청량감, 그늘의 시원함, 프라이버시 공간 등이 각각의 속성이다. 이 두 가지 환경언어를 구분하는 일은 자원을 정의하는데 매우 중요하다. 결론을 지금 말하자면, 우리는 이 두 가지를 모두 자원이라 말하는데 특히 후자의 무게를 중시한다.

갈링Tommy Gärling은 환경의 물리적 실체, 객관적 사물을 내용content으로 그리고 인지에 의해 조리된, 따라서 지각과 의식의 수준에서 소통하는 환경을 정보속성informational properties으로 말하고 있다. 인간은 나무, 물, 도로, 차량, 건물과 같은 환경내용뿐만 아니라 프라이버시, 서늘한 그늘, 청량한 물 소리, 도로의 복잡한 구성요소, 색채의 다양함, 환경의 가독성legibility과 같은 환경의 정보속성에 대해 반응한다.

환경에서 형식유형이나 내용구분은, 사람으로 치자면, 사람의 외관이고 생김새이며 가시적인 배경이다. 말하자면 아날로그이며 하드웨어이다. 반면에 환경을 그 정보속성으로 따지는 일은 한 사람의 성격이나 취향 혹은 사람 됨됨이를 논하는 일과 같다. 이것은 디지털이며 소프트웨어의 언어이다. 두 가지 언어는, 의사전달 방식은 유사할지 모르지만, 전달하려는 내용의 의미에 있어서는 서로 다르다. 내가 그 사람을 통해 보고자 하는 것이 외관에 있다면 형식유형언어를 택할 것이고 (성별, 나이, 키, 직업, 배경 등) 이 언어를 사용하여 외형을 판단하면 될 것이다. 반대로 따뜻함, 우애, 사랑과 같은 무형적 성질이나 의미에 관련된 것이라면 필연코 그 사람의 내면적 속성에 대한 정보를 택할 것이다. 그리고 그 속성은 외형적 유형과는 달리 그 사람으로부터 따뜻함이나 우애를 기대하는 상대방의 시각에 따라 다르게 정의될 것이다. 그것은 보는 사람에 따라 다를 것이며 보는 사람의 충분한 지각과 인지를 거쳐 형성될 것이다.

도시주거환경에 적용하자면, 전자는 환경 속 물체나 공간의 외형적 생김새를 따라 형식의 유형과 구분을 위해 부여된 언어이다. 보행로, 광장, 분수, 놀이터와 같이 그 부르는 방식을 통해 형태와 용도에 대한 내용을 이미 지정하는 언어를 말한다. 편안히 앉을 곳이라는 표현 보다는 벤치나 플라스틱 의자와 같은 구체적인 모양언어, 기능언어로 그 내용을 즉각적으로 대변한다. 많은 경우에서 어떤 이름으로 부를지 애매한 사례가 적지 않다 (광장, 마당, 포켓공원, 공터 등). 이들도 물론 모두 자원이 될 수 있다. 특히 한 사람이 자기 행동의 실현을 위해 벤치와 같은 물리적 오브제를 벤치의 본래 기능으로 사용할 때에는 더욱 그렇다 (그러나 벤치에 누워 있는 경우라면 벤치라는 내용언어를 자원으로 지칭하기는 힘들다).

반면에 후자는 한 물체대상이나 공간이 가지고 있는 잠재적이며 내재적인 속성 혹은 쓰임새에 대한 속내의 정보를 말한다. 그것은 예컨대 모래라는 하나의 물체형태를 즉각적으로 지칭하지 않고 모래가 주는 부드러움, 가변성과 조작 가능성, 습기에 의해 단단해지는 성질, 친근성이나 익숙함과 같은 속성을 지칭한다. 모래 자체는 중요하지 않다. 그 속성의 대체물이 제공된다면 모래는 없어져도 좋다. 놀이터는 놀이터 자체로서 중요하지 않으며, 놀이터가 제공하는 흥미, 새로움, 친구들과의 어울림이라는 성질로서의 정보가 중요하다. 놀이터 정글짐을 이용하여 어떤 재미있는 게임을 발명했다면 이 새로운 흥미 때문에 정글짐이 다시 중요해진다. 벤치나 플라스틱 의자보다는 편안하게 앉을 곳이 중요하다 (실제로 인간은 돌, 계단과 같은 여러 도구를 이용하여 앉는다). 나무 그 자체보다는 나무가 주는 그늘 혹은 기어올라가는 대상으로서의 나무가 중요하다. 더욱이 그늘은 나무 이외에 여러 다른 물체로도 만들어지는 것이며, 아이들은 꼭 나무가 아니더라도 다른 비슷한 물체를 찾아 그 속성을 이용할 수 있을 것이다.

속성언어는 목표나 행동을 보다 직접적으로 지칭한다. 나무는 여러 속성을 제공할 수 있고 여러 다른 행동에 자원으로 이용될 수 있다. 따라서 우리가 나무라고 말하면 그것이 어떤 행동에 어떤 목적으로 사용된 자원인지를 분명히 알 수 없다. 반대로 우리가 나무의 그늘이라는 속성언어를 사용하면 그것은 휴식과 같은 어떤 구체적 행동을 직접 지칭하게 된다. 깁슨이나 갈링 그리고 와이즈만Gerald Weisman 등은 인간행동이 환경의 외형적, 유형적 실체보다는

5-5. 용인 상갈 2005년, 일본 오사카 니시키노하마 2005년

이런 속성정보에 더 의존해 있음을 명백히 말하고 있다. 속성언어는 인간의 요구나 목표행동에 직접 연관되는 환경정보로서 요구나 목표행동 자체에 의해 정의된다.

도시주거환경을 보는 우리 시각은 사람들이 그 안에서 목표행동을 통해 자기 요구를 실현하는 과정 그리고 이에 대한 환경의 영향력에 초점을 맞추고 있다. 건축환경은 인간이 행동을 통해 요구를 충족하려는 노력에 도움을 주어야 한다. 목표나 행동이라는 렌즈를 통해 환경을 조망하면 환경은 형식이나 유형보다는 물성이나 속성의 정보로 읽혀진다. '무엇이 절실하게 필요한가', '행동은 어떤 목적과 의미를 가지고 있는가' 라는 어떤 요구에 대한 문제는 놀이터나 보행로와 같은 형식언어보다는 마음껏 뛰어 노는 즐거움, 평화롭고 홍미로운 일상 걸음과 같은 '형용사적' 목적에 영향을 미치는 '형용사적' 환경속성과 더 연관되어 있다. 자원은 환경이 인간의 요구, 가치, 의도행동과 연관하여 전달하는 환경속성이다. 스스로 하고자 하는 행동의 실천여부나 실천방식과 관련하여 인간이 취득하고 이용하는 환경의 기능적 성질을 말한다.

지금까지 우리 실무는 내용형식, 기능유형, 공간구분과 같은 통상적 수단에 의존해왔다. 놀이터, 보행자도로와 같은 유형적 언어를 주로 사용해왔다. 하지만 지금까지 논의를 통해 우리는 환경의 속성언어, 기능적 정보언어로 우리 실무를 재편해볼 필요가 있음을 강조하였다. 환경을 속성언어로 이해함으로써 우리는 주민생활과 주거행동에 직접 관여하는 환경을 다루게 된다. 자원을 실무언어로 사용한다는 말은 우리 계획이 주민의 주거목표와 일상행위에 직접적인 도움을 줄 수 있다는 것을 뜻한다. 더욱이 자원의 속성언어를 이용한 실무는 우리의 계획을 유연하고 다채로우며 창의적인 것으로 만든다. 이를테면 '앉을 것' 이라는 속성자원은 벤치뿐만 아니라 여러 다른 방법으로 계획할 수 있으며, '그늘' 과 같은 속성자원도 나무가 아닌 여러 다른 방법으로 실현될 수 있다. 자원을 통해 우리 계획언어의 수사력과 실무자의 창의력은 완전하게 자유로운 상태로 전개될 수 있다.

자원과 어포던스

깁슨의 지각이론**ecological perception theory**에서 제시된 어포던스**affordance**는 환경에 존재하는 요소나 성질로서 인간이 자신의 실용적 지각목표나 어떤 행동의식과 연계하여 지각하는 환경의 기능적 지원성을 뜻한다. 물체와 시공간에 존재하는 사물의 특성은 그 자체로는 객관적이며 불변이다. 하지만 그것을 지각하는 인간의 시각은 이로부터 어떤 실용적 기회 혹은 행동도구적 가능성을 판단한다. 한 공간 혹은 사물 안에 함축되어 있던 특성이 인간에 의해 생존 혹은 행위 도구로서의 영향력으로 지각되면서 한 행동을 지원하는가 (afford?) 혹은 행동이 가능한가의 문제로 치환된다. 예컨대 한 조경석은 앉기에 적합한가의 문제로 (sit-able), 그리고 나무줄기는 기어오르기 (climb-able), 이웃이나 친구는 대화하기 (talk-able) 등의 도구적 가능성으로 타진된다. 이 특정한 응용적 지각에 의해 그 불변의 환경속성이 가진 의미는 주관적으로 지각된다.

지각은 한 사람이 환경을 어떤 실용의식으로 혹은 잠재적 이용 가능성으로 보는가에 따라 달라지며 따라서 그 결과 역시 여러 개인적 변수, 예컨대 생존전략, 신체적 조건, 개인의 지각적 능력이나 성향 등에 따라 달라진다. 우체통은 우편물 발송이라는 행동관념을 가진 사람에게는 우체통으로 지각되지만 기능적 관념이나 목표가 다른 사람에게는 이 기능속성이 전달되지 않는다. 어른들의 앉기에 적합한 벤치는 아이들에게는 앉을 수 있는 어포던스로 지각되지 않는다. 컵은 물을 마시는 도구도 되지만 지각방향에 따라서는 물건을 담는 용도나 재떨이의 기능으로 지각될 수 있다. 이를테면 컵이 가지고 있는 특성은 게슈탈트적 형태특성 혹은 복잡함, 화려함, 청결함과 같은 감관적 지각언어가 아니라 그 행동기능적 공헌 가능성으로 읽혀진다.

이 개념이 게슈탈트나 감관지각의 전통과 의견을 달리하는 점은 환경이 실용적 관점 즉 도구로서의 기능으로 조망된다는 것이다. 여기에는 인간의 적극적인 지각노력과 다시점적多視點的 탐색이 동원된다. 여러 시점에서 자기 필요성의 시각으로 지각한다는 것이다. 이 점에서 어포던스는 자원과 본질적으로 유사하다. 어포던스가 자원과 유사한 또 다른 관점은 환경을 정의할 때 주관적 의식과 객관적 환경을 상호 독립적으로 측정하지 않는다는 것이다. 하나의 속성은 환경에 본래 내재되어 있지만 그것은 인간에 의해 재조명되고 다시 정의되며 새롭게 만들어진다. 객관적으로 측정된 환경은 의미가 없다. 환경은 개인이 주관적으로 알고 있는 어떤 생존의 조건, 행동습관, 행위의도와 같은 기능적 방향이 전제되어 이 방향에 대한 지원여부의 관점에서 재정의된다. 이것은 주어진 환경에 대해 한 개인이 자기의 고유 의미와 가치를 부여하는 과정이다. 이 과정이 개인의 신체적, 사회문화적 특성에 따라 다르기 때문에 환경으로부터 지각되는 기능속성도 개인 혹은 집단에 따라 고유하다.

깁슨 이후로 이론이 발전을 거듭하면서 어포던스의 개념은 크게 광의와 협의로 해석되고 있다. 광의의 해석은 어포던스를 환경 속의 지각된 잠재적 기능성potential affordances에서 더 나아가 인간이 실제로 행동에 이용한 속성actualized affordances을 포함하는 개념으로 본다. 말하자면 어포던스는 환경 속에서 읽혀지는 속성과 실제 행동으로 탑재된 속성을 포괄한다. 전자는 환경의 기능성에 대한 탐색의 결과이며 동시에 행동까지는 연계되지 않고 지각 단계에서 정의되는 속성이다. 반면에 후자는 이 환경 잠재력에 대한 현실적 활용의 결과이며 지각세계의 범위를 벗어나 현실 행동세계에서 정의되는 속성이다. 어포던스를 광의로 보는 시각에 따르면 환경에 내재하는 잠재속성은 환경 안에서 가능한 모든 행동관념의 경우 수만큼 무한하다. 반면에 행동으로 이용된 실현속성은 그 행동 속으로 잠입하고 그 행동에 의해 표출되는 것으로서 관찰과 같은 현실적 방법으로 가시화된다. 말하자면 실현속성은 잠재속성의 한 부분이다.

이 광의적 시각은 환경 안에 내재된 기능적 지원속성의 탐지 단계 그리고 그 속성의 실제 행위 이용 단계를 동시에 '지각'으로 취급하면서 이 두 과정 사이에 인간의 선택과 변형과 창조가 있음을 명백히 인정한다. 또한 환경의 변형과 응용을 인정함으로써 자신과 환경 사이의 일치를 위한 인간의 자발적 노력을 인정하며 그 일치의 정도와 수준을 핵심적인 변수로 취급한다. 하지만 이 두 가지 속성은, 앞에서 살펴본 바와 같이, 그 내용과 정보속성에 있어서 명백히 서로 다르다. 이를테면 환경으로부터 읽혀진 속성이 반드시 원형대로 행동에 이용되지는 않는다. 따라서 이 두 가지 다른 환경속성 사이의 관계를 제시해야 하고, 전자에서 후자로 이어지는 복잡한 과정을 해명해야 한다. 예컨대 우리가 앞에서 제시한 환경효능평가나 자원일치노력과 같은 별도의 설명이 있어야만 지각 어포던스와 행동 어포던스 사이의 끊어진 다리를 이을 수 있다. 어포던스를 광의로 해석하는 선행 시각들은 이 문제와 관련하여 정확한 답변을 제시하지 못하고 있다.

협의의 해석은 깁슨의 전통적 시각에 치중하여 어포던스를 환경 속의 피지각 속성, 환경이나 사물에 내재된 불변의 기능성으로 정의한다. 그것이 인간의 행동과 생존에 연관된 기능적 지각의 대상임은 분명하지만, 지각된 어포던스가 행동으로 이어져야 함을 전제한다거나 행동에 실제 이용된 그것과 일치하는 것으로 가정하지는 않는다. 지각은 인간 내면의 심리적 과정으로서 자신의 일상작용과 생존기능의 문제를 주위 환경의 기능적 가능성과 견주는 작업이다. 이것이 협의의 어포던스가 지칭하는 환경의 영향력이다. 반면에 행동 속으로 실제 투입된 환경적 언어는 전통적 의미로서 지각의 정의 속에 산입하지 않는다. 하지만 여기에도 역시 미진함이 있는데 그것은 이 시각이 행동까지의 여정 그리고 행동으로 실제 이어진 환경의 쓰임새에 대한 우리의 의문을 충족하지 못한다는 것이다.

어포던스가 이렇게 두 가지 다른 시각으로 정의되기 때문에 이를 자원과 비교하는 관점이 명료하지 않다. 우리는 적어도 두 가지 수준에서 이들을 비교할 필요가 있다.

먼저 광의의 어포던스와 비교할 수 있는데 이 일은 꽤 불명확하다. 어포던스의 광의 속에는 지각된 속성과 행동으로 활용된 속성이 포함되기 때문에 얼핏 보면 자원이 어포던스에 속하는 부분개념이라고 판단하기 쉽다. 그러나 실제로 광의의 어포던스와 우리가 말하는 자원은 본질에서부터 서로 상이한 개념이다. 이렇게 주장할 수 있는 것은 광의의 어포던스에 내재된 개념적 모순 혹은 논리적 허점 때문이다.

첫째, 광의의 어포던스는 환경 속의 잠재속성과 행동 속의 환경속성을 모두 인간 지각작용으로 포함시키며 상호 순차적으로 이어지는 것으로 본다. 전자의 일부가 후자로 이어진다는 것이며 따라서 당연히 두 가지를 모두 어포던스로 지칭한다. 이와 동시에 두 가지 사이에 선택, 변형, 창조와 같은 인간의 창의적 과정이 중재한다고 주장한다. 결국 전자와 후자 사이에 속성적 변질을 전제하고 있다. 이를테면 우리는 실제 행동에 사용된 환경이 본래 지각된 환경의 변형일 가능성을 배제하지 않는다. 환경으로부터 지각된 어포던스가 행동으로 탑재될 때 인간의 적극적 중재에 의해 그 속성이 변질되므로 행동 속 환경속성은 더 이상 본래의 어포던스가 아니다. 당초의 지각된 어포던스와 비교할 수는 있을지언정, 인간의 비판적 능력과 적극적 창의성을 고려할 때 그것은 당초 지각속성과는 내용과 성질 측면에서 다른 어떤 것이 된다. 그것이 당초의 것과는 다른 성질을 뜻하기 때문에 그것을 계속 어포던스라고 부를 수 없다. 따라서 '실현된 어포던스actualized affordance' 라는 개념도 없다. 어포던스를 광의로 해석하는 시각은 이미 행동으로 소화된 환경정보를 일컫는 자원과의 비교를 개념적으로 모호한 작업으로 만든다.

둘째, 광의의 시각은 지각과 행동 사이에서 작용하는 인간의 선택 혹은 의사결정을 인정하면서도 이런 중간적 매개과정을 구체적으로 제시하거나 해명하려는 노력은 적다. 따라서 지각된 어포던스 중에서 특정 행동을 위해 선택된 것과 남겨진 것의 차이를 구분하기 어려우며 이 선택의 이유를 설명하기도 어렵다. 또 어떤 어포던스가 왜 변형되는지를 규명하는 일도 쉽지 않다. 더욱이 이 시각은 환경의 잠재적 속성, 사용 지각환경, 미사용 지각환경, 변형된 지각 속성 등을 모두 어포던스로 부르는 용어 사용상의 혼돈을 보여준다. 우리가 말하는 자원은 물론 지각환경 중 인간의 자의적 선택이나 창의적 변형을 거쳐 행동으로 도입된 환경을 뜻한다. 이 의사결정은 인간의 목표행동, 최적환경의 표상, 지각환경과의 비교와 일치노력 등으로 해명된다. 자원의 이런 명백한 설명과정을 광의의 어포던스와 비교하는 일은 쉽지 않다. 그 이유는 어포던스를 넓게 해석하는 시각이 지각환경에 대한 인간의 선택, 변형, 창조의 메커니즘을 명철하게 제시하지 못하기 때문이다.

셋째, 이 시각은 지각과 행동을 일개 경험체계로 간주하며 한 체계 속에서 직접 연결되어 연차적으로 진행되는 것으로 본다. 지각 자체가 행동을 전제하여 수행되는 것임으로 지각과 행동은 서로 떨어뜨려 설명할 수 없다. 지각환경 중 일부는 행동으로 채택되는 것이며 행동의 일부로 사용되는 것이다. 그러나 이점은 광의의 해석이 가지고 있는 논리적 모순이다. 왜냐하면 어포던스는 다만 행동의 관념이나 방향만 가지고 판단하는 환경의 영향력 혹은 가능성이지 여기에 명백한 행동 동기나 의도가 전제되는 것은 아니기 때문이다. 여기에 동원되는 것은 잠재적 행동의식이나 실용의식일 뿐 특정 요구나 기대가치가 전제되는 것은 아니고 또 어떤 뚜렷한 목표행동이 연루되는 것도 아니다. 이를테면 화분을 키우겠다는 명백한 과제나 목표가 없어도 컵에서 이것을 화분으로 사용할 수 있는 기능적 잠재력을 지각할 수 있다. 어떤 여행의 구체적인 의도가 없을 때에도 지도나 여행가이드북을 흥미롭게 읽을 수 있다.

이 말은 어포던스가 행동을 전제로 한 개념이 아니며 어포던스를 정의할 때 행동을 전제해서도 안 된다는 점을 일깨운다. 행동 의사결정에는 반드시 지각이 전제된다. 하지만 지각은 반드시 행동을 전제하지 않으며 지각의 결과가 모두 행동으로 이어지는 것도 아니다. 앉을 필요성이나 갈망, 욕구가 없어도 한 사물로부터 앉기에 기능적으로 적합한 속성(sit-ability)을 읽어낼 수 있다. 말하자면 앉기에 적합한 속성을 지각했어도 반드시 앉지는 않는다. 우체통을 우체통의 본래 기능성으로 지각했다 해도 우체통을 그 목적으로 이용하지 않는 경우는 허다하다. 인근 잔디밭이나 벤치를 편히 누울 수 있는 곳이라고 지각했다 하여 실제 모든 지각 경우에서 그 위에 편히 눕지는 않는다. 이를테면 어포던스 중 그 어떤 하나도 실제 행동으로 이어지지 않을 수 있으며 그것이 행동으로 이어질 필연성도 없다.

우리는 이런 몇 가지 논리적 이유에 의해 어포던스를 광의로 해석하는 시각 그리고 행동 실현을 지각과정에 포함시켜 논하는 입장에 반대한다. 광의의 시각으로 환경을 해명하면 개념적 혼란과 정의론적 함정에 빠지게 된다. 반면에 전통적인 협의의 어포던스는 명확한 용어론적 논리와 개념적 범주를 가지고 있으며, 따라서 다른 유사 개념들과의 비교와 연결도 명확해진다. 이제 우리의 자원과 비교해보자.

어포던스는 인간 지각능력에 의해 밝혀진 환경 속의 기능적 속성으로서, 원천적으로 인간 지각세계 안에서 정의된다. 이것은 매개이론mediation theory이나 상호작용론interactional theory이 말하는 '객관적 환경의 일차적 주관화' 작업이다. 즉, 인간의 지각적 혹은 정신적 중재에 의해 그리고 감각과 이해능력에 의해 정제되고 재구성된 환경세계를 말한다. 현실의 객관적 환경이 인간의 감각정신세계로 치환되고 그 치환된 이차 환경이 행동에 영향을 미친다는 시각을 대변한다. 반면에 자원은 행동의 동기와 의도, 자기과제와 목표행동으로부터 표상되는 필요환경조건에서 일차적으로 형상화된다. 그리고 이 필요조건(요구환경, 표상환경)에 대응하는 충분조건을 자신의 지각환경 속에서 찾음으로써 정의된다. 따라서 자원은, 이를테면 '주관적 환경의 일차적 객관화' 작업에 의해 정의된다고 말할 수 있다. 말하자면 자원은 내면의 행동동기 혹은 행동세계에서 출발하여 환경세계를 향해 움직이는 개념이다.

따라서 인간행동의 여정에서 지각이 먼저 오는가 아니면 목표행동이 먼저인가의 질문에 대해 어포던스와 자원은 서로 다른 대답을 준다.

어포던스로 환경 영향력을 해명하는 시각은 환경지각이 선행하며 행동이 그 뒤를 따른다고 본다. 나무를 지각하여 기어오르기의 가능성과 그 흥미로움의 잠재력(climb-ability)을 읽고 이 지각의 연장선 상에서 나무 기어오르기의 실현에 관한 의사결정이 수행될 수 있다고 믿는다. 하지만, 앞서 지적한 대로, 협의의 어포던스 이론은 행동 실현의 여부, 행동방향 조정, 자기목표나 환경조건의 일부 수정과 변형과 같은 행동 의사결정의 구체적 과정을 설명할 이론적 의무를 가지고 있지는 않다. 환경에 대한 지각이 자신의 행동기능적 관념에 의해 영향을 받지만 지각 결과를 자기 행동으로 이용해야 한다는 절박감은 없다. 따라서 자기 요구 혹은 목표행동을 조정해야만 어포던스를 지각하는 것은 아니다.

반면에 자원으로 환경 영향력을 해명하는 시각은 사람의 행동의도와 목표행동 표상이 환경지각에 선행한다고 믿는다. 물론, 앞에서 강조한 대로, 지각이 반드시 행동을 전제하는 것은 아니다. 하지만 먼저 행동욕구를 가지고 환경을 탐색 판단하는 것과 그렇지 않은 단순 지각 사이에는 환경이 한 사람에게 주는 의미에 있어서 큰 차이가 있다. 자원을 강조하는 시각은 인간이 어떤 한 환경의 탐색에 의해 자기 행동욕구를 위한 기능적 지원성 이른바 맞춤형 어포던스를 읽을 때 그 환경에서 목표행동을 실현하게 된다고 본다. 다시 말하면 이 시각은, 목적성이 환경지각의 필수 전제조건은 아니라 할지라도, 행동동기와 목표행동 혹은 필요환경조건에 대한 이미지에 연관된 인간 내면과정이 우선되고 이것이 실제 환경과의 접촉을 유도하는 것으로 간주한다. 자원의 탄생에 중요한 것은 인간의 자발적인 일치노력으로서, 개인이 자원을 얻기 위해서는 요구나 목표와 같은 자기 동기를 조정하여 환경에 맞추는 적극성을 필요로 한다.

결국 환경세계의 일차적 주관화 개념인 어포던스와 인간 행동세계의 일차적 객관화 개념인 자원은 인간 행동과 환경 영향력을 설명하는 작업에 있어서 상보의 관계를 갖는다. 어포던스는 행동 의사결정에 있어서 환경에 관한 참고자료이고 목표행동이 필요로 하는 표상환경과의 비교대상이며 비교기준이다. 지각과 인지는 한 사람의 경험과 이해의 능력에 의해 어떤 주어진 환경을 요약 정리하는 작업이다. 그것이 특정 목표를 염두에 두거나 미리 전제된 어떤 행동에 의해 조정되는 작업은 아닐지라도, 지각환경 안에는 마치 준비실의 진열대와 같이 인간 행동에 쓰여질 수 있는 무수한 잠재적 자원들이 존재한다. 인간은 지각을 통해 주변 환경 속에 잠재해있는 행동기능적 속성들을 읽어내고 이들을 향후 행동을 위한 옵션으로 인식한다. 어떤 목표행동이 표상되었을 때 인간은 그 행동에 필요하다고 믿는 환경여건을 자신의 지각환경 속 어포던스의 프로파일에서 구한다.

자원의 정의에는 한 쪽의 지각환경과 또 다른 한 쪽의 표상환경이 동원되는데 여기에서 지각환경 쪽을 구성하는 것이 어포던스이다. 따라서 자원을 이용하였다는 말은 지각환경을 이용하여 목표행동을 실천하였다는 것을 말한다. 목표행동을 위한 표상환경과 지각환경 속 어포던스가 일치했다는 뜻이다. 그것은 깁슨이 말한 협의로서의 어포던스 지각과정을 이미 수행하

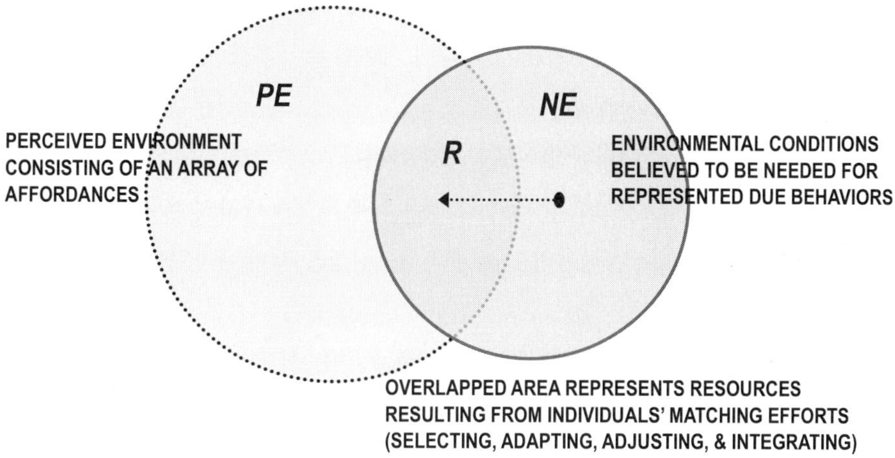

5-6. 어포던스와 자원

PE: 어포던스 지각환경 (행동을 위한 잠재적 어포던스)
NE: 목표행동이 요구하는 환경여건 (표상된 요구환경)
R: 인간의 일치 노력에 의해 정의된 자원 (*NE* 중 *R*의 비율이 증가할수록 바람직한 환경)
PE—*R*: 행동으로 혼입되지 않은 남겨진 어포던스
NE—*R*: 지각환경에 의해 충족되지 않은 요구환경 ('*NE*—*R*' 이 감소할수록 바람직한 환경)

였음을 뜻한다. 지각을 거치지 않고는 자원을 이용할 수 없고 행동을 실천할 수 없다. 이 경우 어포던스 지각은 자원 정의라는 폭넓은 과정 속에 포함되는 하나의 부분이다.

하지만 자원은 어포던스 지각이라는 행동지향적 준비작용을 현실 행동으로 단순히 이어 연장한 개념은 아니다. 바꿔 말하면 우리는 자원을 선택되고 치장된 어포던스라고 단순하게 정의할 수 없다. 이렇게 말하는 이유는 지각환경이 행동환경으로 변환되는 과정에 선택과 적용이라는 단순 작용으로는 설명하기 어려운 인간의 자발적이고 능동적인 과정 즉 일치노력이 있기 때문이다.

일치노력은 목표행동과 지각환경의 상호 대응을 증대시키기 위한 일체의 내면적 작업이며 목표행동의 실현을 위한 필수 자원을 스스로 생산해내는 제반 과정을 말한다. 여기에는 물론 지각환경이 제시하는 어포던스 옵션들로부터의 선택이 포함된다. 하지만 일치노력에는, 단지 원형의 어포던스를 집어 사용하는 수준을 넘어, 여러 옵션들과 자기 목표행동을 상호 비교하고 다양한 각도로 조정하여 적합성을 스스로 정의하고 이를 통해 가장 적절한 옵션을 간택하는 인간의 능동적인 해석작업이 요구된다. 더욱이 이 일치노력의 결과 즉 자원에는 행동하는 인간 스스로의 필요와 판단에 따라 변형되거나 재창조된 어포던스들이 포함된다. 행동 실현과 목표 달성을 향해 달려가는 인간은, 단순히 적절함의 정의나 자기 목표의 조정이라는 차원을 넘어, 환경의 부적합한 부분을 자기에게 적합하게 만드는 적극적인 노력을 보여준다. 이제 자원으로 변모한 환경은 더 이상 어포던스가 아니다. 이를테면 자원은 더 이상 지각환경의 진열장 중에서 간택된 어포던스가 아니다. 그것은 특정 행동목표와의 대응관계 즉 합목적성이나 합리성에 관한 인간의 자발적이며 능동적인 의사결정을 통해 행동언어로 재구성, 재탄생된 환경을 말한다.

따라서 자원은 어포던스와는 다른 세계에 존재한다. 어포던스는 환경 속 행동속성이며, 자원은 행동 속 환경속성이다. 어포던스가 환경세계 안에 있으면서 환경 속 행동 관련 속성으로서 환경으로부터 추출되는 것이라면, 자원은 행동세계 안에 있으며 이미 행동 속으로 융합된 환경속성으로서 행동으로부터 추출되어야 마땅하다. 어포던스는 환경과 행동의 관계를 환경을 기점으로 조망한다 (이 환경에는 어떤 행동기능적 속성이 존재하는가). 따라서 행동에 대한 환경의 영향력은 다만 간접적으로 해명된다. 반면에 자원은 그 관계를 인간의 우선행동을 기점으로 정의한다 (이 행동에는 어떤 환경속성이 도입되었는가). 결국 행동에 직접적으로 영향을 미친 환경을 파악하는 일이 가능하다. 더욱이 행동으로부터 자원을 읽으면 일치노력의 의사결정 과정들 그리고 그 근저의 행동목표나 행위의도를 추론할 수 있다.

자원이 우리 실무에 중요한 첫 번째 이유가 여기에 있다. 우리는 어포던스만으로는 행동(사용), 장소(공간의 자기 의미화), 생활세계(의미체계)를 꿰뚫는 경험의 의미론적 작용을 이해할 수 없다. 어포던스는 아직 삶의 의미 속으로는 정확하게 투입되지 않은 일차적 주관화에 그친 환경이기 때문이다. 반면에 자원은 일치노력이라는 자기지시적이며 합목적적인 의사결정을 거친, 자신의 자발적 노력이 투입된 결과이기 때문에 개인에게는 특별한 의미를 주는 환경이다. 우리가 인간을 위한, 인간에게 의미 있는 환경을 계획하기 위해 자원에 주목해야 하는 이유가 여기에 있다.

덧붙여, 우리가 이처럼 두 개념을 두 가지 다른 세계에 존재한다고 말할 수 있는 이유는 어포던스가 행동과정으로 유입되어 자원이 되면서 단순히 행동에 삽입 혹은 편승하는 것이 아니라 행동의 구조로 완전히 혼입되고 행동과 하나로 융합되기 때문이다. 지각환경 속 어포던스는 그것이 행동으로 편입되면서 모양과 성질을 바꿀 뿐만 아니라 하나의 행동구조 속에 존재하는 다른 여러 자원들과 어떤 끊지 못할 관계를 형성한다. 한 행동은 여러 자원들을 이용하며 이들을 어떤 고유한 구조로 엮는다. 그리고 이 구조 속에서 자원들은 지배와 종속의 관계, 상호기능적 의존의 관계, 선행과 후행의 관계에 의해 재정의되고 재배열된다. 이런 자원들의 관계 구조에 의해 한 행동이 온전하게 수행되고 정의될 수 있다. 따라서 하나의 자원 혹은 어포던스는 행동에 단순히 이용되는 것이 아니라 행동 속에 융합되는 것이며 그 행동과 상호 분리가 불가능한 일체로 변모하는 것이다.

자원은 동기와 행동과 환경을 하나의 이론적 도식으로 묶는 포괄적 개념이다. 또 환경과 인간과 경험과 시간개념을 결합하여 이 합일의 단일체를 상호 분리가 불가능한 하나의 분석단위로 취급한다 (우리는 이것을 경험이라 부르며 이점에서 이른바 인간–환경 상호일치론 **transactional theory**의 시각에 동의한다). 우리는, 지각환경 자체는 물론이고, 지각경험 이전의 몇 가지 선행 단계들이 인간행동을 설명하는데 유효하다고 믿는다. 여기에는 어떤 환경이 내가 하고자 하는 행동에 적합한가에 대한 구상, 주어진 환경이 내가 필요로 하는 환경에 부합하는가에 대한 효능평가, 나의 목표는 어떻게 조정될 수 있으며 주어진 환경은 어떻게 재창조될 수 있는가에 관한 일치노력 등 인간의 내면적 인지해석 작업들이 포함된다. 환경의 목적평가에는 최적환경 혹은 필요환경에 대한 기대치가 중요하다. 효능평가와 일치 노력은 그 표상된 요구환경을 주어진 실제 환경과 비교하는 과정을 통해 이루어진다.

따라서 자원은 이미 행동으로 혼입된 환경뿐만 아니라 앞으로 행동으로 혼입될 혹은 혼입시키고자 하는 환경도 지칭한다. 그것이 행동언어의 세계에 존재하는 것임으로 자원은 필요환경의 사전구상에서 표상되는 환경여건도 포함한다. 이를테면 우리는 이미 실현되고 있는 행동에서뿐만 아니라 향후의 행동 실현을 전제로 하는 행동의도나 목표행동만으로도 자원을 정의할 수 있다. 우리의 실무계획은 아직 실현되지 않은 주거행위, 아직 충족되지 못한 주거요구를 위해 환경을 고안하는 작업이다. 행동과 이용을 미리 예상하거나 기대하는 작업이다. 자원이라는 개념 안에 이 두 가지, 행동으로 이미 이용된 환경은 물론이고 특정 요구행위가 필요로 하는 미래환경의 기대치가 포함된다는 사실은 우리 실무에 큰 도움이 된다. 실무를 위해 우리가 필요로 하는 환경에 관한 지식은 이미 진행 중인 행동 속 환경보다는 우리가 바람직하다고 생각하는 미래 행동 속 환경 안에 있다.

5-7. 용인 상갈 2004년

자원의 발견과 도출

우리는 지금까지의 논의를 통해 환경 영향력이라는 거대 변수를 자원이라는 손에 잡히는 개념으로 치환하였다. 이 조작적 치환은 우리 비판적 휴머니즘의 기본정신에 근거하고 있다. 환경은 사람들의 일상행동과 도시주거생활에 영향을 미치는데 우리는 이 환경 영향을 자원에 대한 인간의 해석 그리고 자원의 적극적 이용으로 설명하였다. 환경은 또 사람들의 삶, 그들의 의미세계와 생활세계에 영향을 미치는데 이러한 환경 작용 또한 사람들이 환경으로부터 자원을 획득하여 자기 행동을 실천하는 과정으로 설명하였다. 자원은 따라서 인간의 자기 목표 설정에서부터 목표행동의 구상, 환경의 평가와 해석, 행동의 실천과 생활의미의 구축까지의 전 과정에 영향을 미치는 외적 환경의 키워드이다. 바꿔 말하면, 주민 도시주거 생활을 위해 환경을 계획하고자 하는 우리 전문가에게 자원은 실무의 시초 개념이자 실무수단이다. 따라서 우리는 도시주거환경을 계획하기 위해 먼저 자원을 발견하고 정의해야 한다.

지금까지 여러 차례에 걸쳐 우리는 자원이 인간 행동 속에 존재하고 있음을 강조하였다. 일상행동이 주민 스스로 자기 요구를 충족하고 목표와 가치를 성취하며 생활과 존재의 의미를 정의하는 가장 힘 있는 경험채널임을 누차 지적하였다. 그리고 행동은 필연코 외적 환경으로부터 자원을 취득함으로써 수행되는 것임을 강조하였다. 따라서 자원을 정확히 집어내어 정의하는 유일한 방법은 행동을 관찰하고 분해하는 것이다. 특히 앞서 제안한 우선행동 즉 사람들의 절실한 목표와 소중한 가치에 연관된 일상 그리고 주민 스스로 자기 일상과 존재를 유지하는데 특히 중요하다고 믿는 행동들에 주목해야 한다. 우선행동에 내재하고 있는 자원, 우선행동과 짝을 이뤄 움직이는 자원을 먼저 도출할 필요가 있다.

자원을 발견하는 과정에서 우리가 어쩔 수 없이 직면하게 될 몇 가지 혼란과 애로를 우선 논의해보자. 자원은 외적 환경이 객관적으로 제시하는 물질이 아니다. 우리는 이미 누차에 걸쳐 이점을 강조하였다. 자원이 행동 속에 있다 해도 자원을 찾아 행동으로 이용하는 일은 엄연히 인간 내면의 의식작용 속에서 진행된다. 이를테면 목표행동의 표상, 최적환경의 구상, 외적 환경의 지각, 지각환경의 효능평가, 자기목표의 조정, 환경의 변형과 창조 등 자원을 얻기 위한 일련의 의사결정 과정은 모두 지각과 인지 그리고 해석과 같은 내적 과정에 의존한다. 자원을 정확히 찾아내려면 우선 이 인간 내면작용을 이해해야 할 터인데, 이것이 우선 우리가 자원을 발견하는 일을 어렵게 만드는 이유로 작용한다. 이 근본적인 어려움에 의해 아래와 같은 몇 가지 연관된 문제들이 나타난다.

첫째, 자원이 하나의 목표 혹은 어떤 목적행동에 고유하게 정의되는 것임으로 주민 일상의 여러 행동들로부터 일일이 자원을 나열하는 작업은 광범위하며 고단한 작업이 될 수 있다. 목표와 우선행동이 개인별로 또 계층에 따라 달라진다는 점도 문제를 어렵게 만든다. 아이들의 하루는 여러 행위로 이루어져 있고 이것은 또 청소년이나 어른들의 일상과 다르다. 더욱이 주거행위는 다양하고 복잡하며 또 상황에 따라 양상이 변한다. 주부들만 보아도 가사나 자녀에 관련된 일과 동시에 자신의 취미활동이나 사회생활을 위한 프로파일을 가지고 있다. 단지 안에서의 일상이 있으며 동네나 도시에서의 생활도 있다. 실제로 현실에서 일상행위 하나하나로부터 자원을 도출하여 모두 모으면 주민들이 꽤 다양한 자원을 이용하고 있음을 알 수 있다. 주거지 아이들의 외부행위만 보더라도 공간적 특성, 사물과 도구, 놀이동료나 부모, 놀이규칙과 행동규범 등 다양한 환경속성과 요소들이 아이들 행위에 이용되고 있다. 여기에서 우리는 비교적 소수의 우선행동과 연결된 주요 자원 즉 우선자원 그리고 특히 여러 개인이나 다수 계층의 행동들에 중복 이용되는 중복자원에 주목할 필요가 있다. 사람에 따라 또 행동에 따라 여러 자원이 이용되지만 하나의 주요 자원은 또 역으로 여러 사람들, 여러 행동들에 중복 이용되기도 한다.

둘째, 자원이 일상행동에 완전히 융해되어 일상과 자연스러운 일체로 융합되어 있음으로 그것을 설문이나 면담으로 찾아내는 일이 쉽지 않다. 예컨대 '당신의 일상 운동을 위해 당신이 이용하는 환경요소나 특성은 무엇인가' 에 대한 정확한 응답을 주민에게 요구하는 것은 무모하

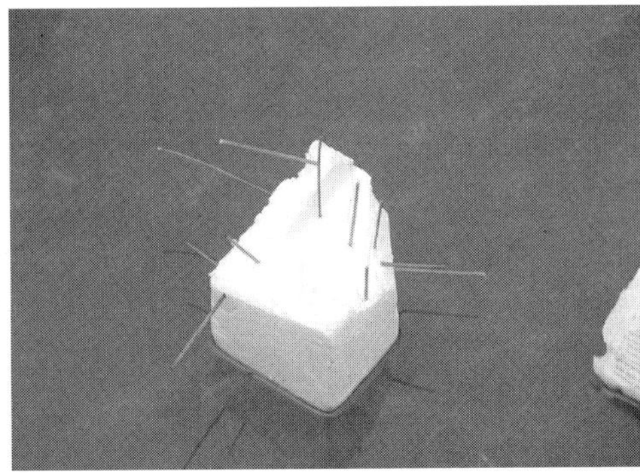

5-8. 남양주 대성, 2005년, 베트남 달라트 2001년 (아이들의 스티로폼 배)

다. 질문 자체도 부정확하며 질문의 뜻이 제대로 전달되기도 힘들다. 설사 그 뜻을 이해한 주민들 조차도 자기 의식과 일상행동 속 환경의 낱알들을 분해하여 제시하기란 불가능하다. 행동은 궁극적으로 자연스런 일상의 세계 속 하나의 의미로 융화되는 것이며, 자원 역시 이와 동시에 개인의 현상학적 생활세계 속 의미와 함께 의식 안으로 잠수하는 것이다. 깊은 의식 속 의미의 망으로 함께 잠수하는 대신에 우리는 드러나는 현상에 대한 일차적 독해 즉 행동의 관찰에 기댈 필요가 있다. 관찰된 하나의 행동 속에서 그 사람이 가지고 있는 목표와 가치를 추론하며, 그리하여 우선행동을 정의하고 그 관찰이 제시해주는 주요 환경자원을 도출해야 한다.

셋째, 통상 한 행동은 다수의 자원을 이용한다. 그것이 일견 단순한 것이라 할지라도 행동은 여러 자원들의 구조적인 받침이 있어야 실현된다. 이것은 우리가 관찰하는 행동 하나하나가 사실은 여러 작은 소행동들의 구조적 상관관계에 의해 나타나며, 이 소행동들 각각이 나름대로 자원(들)을 이용하기 때문이다. 예컨대 대화는 앉거나 서있기, 마주보기, 말하기, 응답하기와 같은 작은 요소행동들이 정보교류나 친목이라는 목적을 향해 일사 분란하게 결합된 구조를 가진다. 아이들의 길거리 축구와 같은 좀더 복잡한 단위행동은 어떤 육체적, 사회적, 기능적 목적을 지향하는 요소행동들, 예컨대 뛰기, 공 차기, 떠들거나 크게 외치기, 구경하기 등이 일정한 상호관계를 유지하며 서로 연합된 행동이다. 이런 요소행동 각각이 하나 이상의 자원을 이용한다. 이를테면 여기에는 앉기 위한 사물이나 환경여건, 마주보고 대화하는 대상, 축구놀이를 위한 적정한 공간크기, 방해 여부, 길 바닥 특성, 놀이동료, 공, 골대, 게임의 규칙, 구경하는 친구들이 포함된다. 이들이 마치 호숫물에 돌을 던지듯 서로 퍼져 얽혀나가며 단위행동을 지탱한다. 여기에서 우리는 한 행위의 요소행동들을 구분하여 요소행동 각각의 자원을 도출할 필요가 있다. 요소행동들이 가지고 있는 지배와 종속의 관계, 기능적 의존의 관계, 선행과 후행의 관계를 분간하고 그 행위의 성격을 결정하는 중요 요소행동들이 어떤 자원을 이용하는지를 파악해야 한다.

이와 같은 일상행동의 다양성, 행동의 구조적 특성 때문에 자원을 정의하고 도출하는 작업이 간단치 않다. 우선 자원의 종류와 개수가 많아진다. 우리가 계획하는 대상지 주민들의 우선행동들을 간략히 도출했다 해도 이 행동들에 이용되는 자원들을 종합 정리하는 작업은 매우 고단하며 혼란스러운 일이 될 것이다. 자원은 어떻게 판별하고 도출할 수 있는가? 한 행동이 어떤 자원에 의존함을 어떻게 알 수 있는가? 여기에서 우리는 몇 가지 힌트에 의존해야 한다.

(1) 속성으로서의 자원단위 자원을 형식이나 유형이 아니라 정보속성으로 정의하면 정확한 자원을 찾아낼 수 있고 자원의 개수가 대폭 감소할 뿐 아니라 자원의 실무 활용도 또한 높아진다. 예컨대 환경의 세부 요소나 사물을 자원의 단위로 간주하면 파골라 정자 그늘 아래의 휴식에 사용된 자원은 파골라와 벤치가 된다. 아주 유사한 휴식행위가 나무 그늘 아래에서 발견된다면, 이것이 앞의 휴식과 본질적으로 동일한 것이라 할지라도, 이 휴식의 자원은 나무와 돌이 된다. 하지만 속성으로 자원을 정의할 경우에 두 행위의 자원은 공히 그늘과 편히 앉을 장치가 된다. 두 휴식의 본질이 동일하기 때문에 자원을 서로 구분할 이유가 없다. 속성은 이처럼 행동의 본질 즉 성격과 의미에 따라 자원을 구분하는 수단이다. 따라서 이런 속성을 기준으로 자원을 정의하면 환경을 행동의 본질에 따라 몇 가지의 간단한 자원의 종류로 치환할 수 있다.

이를테면 주민 일상 모임, 친교 교류행위, 대화 등에 사용되는 자원은 친구, 같은 학급 학생, 이웃주민이 아니고 친교의 상대방, 대화의 대상, 즉 인간이며 사회적 자원이다. 또 이 행위들에서 이야기되는 대화의 내용에 대해서도 우리는 숙제에 관한 내용, 아이들의 학원 문제 등으로 구분하지 않고 이들을 대화의 주제라는 하나의 자원으로 묶을 수 있다. 이 밖에도 각가지 세부 내용을 열거하지 않고 단순히 길거리 축구의 게임규칙, 게임놀이 동료, 구경하는 집단, 공동행위의 공적 프로그램(예, 꽃꽂이, 조기축구 등의 사회적 규범들) 등으로 요약할 수 있다. 연관 행동의 본질을 해치지 않고 속성으로 치환할 수 있으며, 필요하면 속성을 유형으로 구분한 후 유형 안에 몇 가지 중요 세부 내용을 예시할 수 있다.

표 5-1. 주거지 아동 외부행동 자원 (예시)

공간속성 (Spatial Qualities)	공간/면적	한 행동의 수행에 적합한 공간의 크기
	프라이버시/영역성	사적 공간의 확보, 배타적 공간구획, 행동영역의 Physical Behavioral Cues
	연접성/근접성	집과의 근접성, 타인이나 타 행동과의 지각적/사회적 연결성, 행위간 상호 인접성, 공간적/기능적 접근성
인간속성 (People)	공동행위자/행위동료	친구, 형제, 이웃 등
	중요 타인/Significant Others	구경집단, 보호자, 잠재적 행위참여자
	구경 대상자	구경의 대상으로서의 타인과 그들의 행위
사물속성 (Physical Objects & Qualities)	행동재료/Materials	모래, 돌, 물, 꽃잎 등 행위의 재료
	기능지원속성	바닥특성, 기댈 수 있는 사물요소, 앉을 수 있는 계단 등
	환경조건	그늘, 바람 등 환경적 여건
개인지참도구 (Brought-in Objects)	장난감, 공, 자전거, 먹을 것 등 행위자가 행위장소로 가져와 환경속성과 함께 사용함으로써 해당 행위를 완성하는 제반 지참도구	
상황속성 (Situational Opportunities)	시공간 상황의 이용 (물리적/사회적 방해 상황의 회피, 행위상황의 포착, 위험요소의 제거, 기타 시간적, 물리적, 사회적 상황판단)	
규칙속성 (Programs & Rules)	행위의 사회적 규칙과 규범, 집단 안에서 개인에게 주어진 역할과 책임, 타인이나 문화에 의해 정해진 자기 행동의 모델과 기준, 기타 공식적, 비공식적 프로그램	

(2) 지배적 요소행동과 지배자원 한 행동은 그 요소행동들의 상호 관계와 의존의 구조에 의해 지탱된다. 예컨대 주민 친교행동 하나를 보면 여기에는 만남과 대화가 동시에 존재해야 하며 만남이 선행되고 대화가 뒤따른다. 요소행동들의 양상과 구조가 그 행동의 성격과 의미를 규정하는 것처럼, 요소행동들이 각각 이용하는 자원들이 또 그 행동의 특성을 규정한다. 예컨대 자전거를 끌고 가며 서로 이야기 하는 행동은 자전거를 신나게 타는 육체사회적 유희와 그 성격과 의미가 다르다. 요소행동의 구조 그리고 자원의 구조를 파악하면 한 행동이 진정한 자전거 타기의 성격인지 아닌지를 명백히 알 수 있다. 하나의 행동에 친교의 의미가 강한지 아니면 단순한 휴식이나 아이 돌보기의 의미가 더 강한지를 명쾌하게 분간할 수 있다.

서로 의존관계를 가지고 있는 이런 요소행동들 중에는 그 행위의 성격을 결정하는 핵심적인 것이 있고 또 단순히 부수적인 역할을 가지고 있는 것들이 있다. 서로 대화하며 자전거를 끌고 가는 아이들의 행동에서 자전거는 부수적이며 대화가 핵심이다. 놀이터의 주부들 행위에서도 이런 핵심적 지배요소행동을 분류해냄으로써 그 행위의 진정한 성격이 친교인지 아니면 아이 돌보기인지를 분간할 수 있다. 각 요소행동에 대응하는 자원들도 이와 동일하게 핵심적

5-9. 인도 뭄바이 거리 2000년, 용인 상갈 2004년

인 자원과 부수적인 자원으로 구분할 수 있다. 당연히 이 구분은 한 행동의 성격에 대한 요소행동의 결정력에 의해 정해지는데, 핵심적 요소행동에 사용되는 자원은 그 행위에 대해 핵심적인 자원 즉 지배자원이 된다. 우리가 주목할 것은 핵심적 요소행동에 이용되는 지배적 자원들이다. 물론 우리에게는 행동을 이처럼 구조적으로 관찰하고 이를 통해 행동의 정확한 성격과 의미를 이해한 후 그 성격을 좌우하는 지배적 환경자원을 도출하는 치밀함이 필요하다.

(3) 자원의 가상제거와 행동본질의 변화 핵심적 자원은 그것이 제거되거나 그 속성이 변할 때 행동도 따라서 제거되거나 그 본질이 변하는 그런 환경속성을 말한다. 자전거를 끌고 걸으며 이야기하는 행동에서는 자전거가 없어도 그 본질적 성격이 훼손되지 않는다. 반대로 자전거를 열심히 타며 즐기는 아이들에게서 자전거를 제거하면 아이들의 행동은 사라질 것이다. 주민 친교에서는 만남과 앉기와 대화와 친교주제가 모두 필요하지만, 놀이터 주부들의 아이돌보기 혹은 휴식에서는 옆 주부와 나누는 대화가 핵심적인 요소행동이 아니며 대화의 상대나 친교주제도 핵심적인 자원이 아니다.

어떤 결정적인 자원이 없어지면 행동도 사라진다. 그 성질이 변하면 행동의 성격과 의미도 따라 변한다. 핵심적 자원을 파악하는 일은 인간행동에 대한 환경의 영향을 해명하는 연구작업에도 중요하며 동시에 한 공간의 활용을 촉진하고자 노력하는 실무계획에도 중요한 작업이다. 자원을 발견하기 위한 효과적인 작업 중 하나는 우리가 관찰하는 하나의 행동에 관련된 환경속성들을 하나씩 제거해보는 일이다. 제거를 가정했을 때 그 행동의 성격이 변하는가 그리고 어떻게 변하는가를 추론하는 일이다. 가상 제거에 의해 행동의 본질이 변한다고 판단되면 그것은 우리가 핵심적 자원을 제거했기 때문이라고 믿을 수 있다.

(4) 자원의 자기지시적 해석에 대한 이해 행동의 본질 그리고 그 본질을 결정하는 지배요소행동에 집중함으로써 우리는 핵심적 자원, 지배자원을 발견해낼 수 있다. 이 시점에서 우리는 자원이 반드시 우리 실무자가 관습적으로 사용하고 있는 전문계획언어에 한정된 것이 아님을 알게 된다.

행위자는 자신의 요구와 목표행동에 따라 외적 환경으로부터 자원을 융통적이며 창의적으로 도출해낸다. 주어진 환경을 지각 인지하여 그 속에 깊이 잠재되어 있는 어떤 새로운 속성을 발견하고 이를 필요에 의해 활용하는 작업에서도 창의성을 엿볼 수 있다. 더 나아가 사람들은 주어진 환경을 자신의 목표에 따라 다양하게 고안하고 변용하는 능력을 가지고 있다. 행동의 실현을 위해 환경의 여러 잠재력을 능동적으로 계발하는데, 이를테면, 앉기 위해서 돌덩어리, 낮은 펜스, 도로 연석 등을 사용한다. 또 풍성한 숲뿐만 아니라 단 한 그루의 가로수가 만드는 그늘도 목표행동에 따라서는 진실로 유용한 자원으로 활용된다. 아이들은 축구를 위해 길거리 구석 공간이나 놀이터 공간에서도 쓸모 있고 흥미로운 공간자원을 발견한다.

자원 사용이 융통적이라 함은 행위자가 행동 실천을 위해 환경의 제반 이용 가능성을 폭넓게 모색한다는 것을 의미한다. X가 없으면 Y나 Z로 X의 기능을 대신한다 (대안자원의 이용). 한 행동 안에서 자원의 조합에도 융통적이기 때문에 a-b-c의 조합이 어려울 경우 a-b-d로 대체할 수 있는지를 집요하게 타진한다 (대체 조합). 요구가 절실하고 집요하며 명백하기 때문에 그 충족을 위한 행동으로의 여정도 당연히 절실함과 집요함의 성질을 지니게 된다. 물론 그 결과로 나타나는 행동에도 역시 절실함과 집요함이 배어있게 마련이다. 어떻게든 되도록 자원을 발견하거나 고안하고 또 조합하여 목표행동을 실현하려는 노력을 보인다. 자원은 이 집요한 행동으로의 추진을 위한 창의적이며 집요한 환경 탐구(일치노력)의 결과로 얻어지는 재료들이다.

대개 어떤 한 지배요소행동을 보고 그것과 연관된 계획요소, 예컨대 미끄럼틀, 보행자전용도로, 축구운동장 등을 연상하는 일은 우리 전문가로서는 비교적 용이한 작업이다. 그러나 이것은 현실과 동떨어진 것이다. 현실의 주민행동을 직시하면 주민들은 우리가 아는 계획언어보다는 그들이 생활에서 터득한 그들의 언어로 주어진 환경을 개척하고 있음을 알 수 있다. 말하자면 하나의 지배요소행동으로부터 핵심적 자원을 도출할 때 혹은 한 행위의 본질적 의미를

5-10. 베트남 나짱 2001년, 분당 한솔 2004년

해석할 때 우리는 전문계획의 수사능력을 버리고 사람들의 현실적 시각으로 환경을 재조명할 필요가 있다. 그리하여 우리가 계획한 환경 안에서 우리가 뜻하지 않은 방식으로 이용되는 여러 자기지시적 자원들을 탐색해야 한다. 우리 눈을 주민의 눈과 정확히 같은 높이로 맞춘 후 그들의 행동과 환경을 관찰해야 한다.

(5) 장소 안의 자원: 자원의 중복 이용 이제 마지막으로 자원의 중복 이용성을 감안하여 자원을 좀더 효과적으로 도출하는 방법을 생각해보자. 한 행동이 다수의 자원을 이용하는 것도 사실이지만, 반대로 하나의 환경속성이 여러 행동들의 자원으로 이용될 수 있는 잠재력을 보유하고 있는 것도 사실이다. 환경 속 하나의 속성이나 오브제가 여러 행동들에 접목되는 것은 그것이 가지고 있는 두 가지 특성 때문이다.

하나는 한 속성이나 오브제가 하나의 동일 자원으로 여러 행동에 이용되는 경우이다. 예컨대 아파트 상가 문방구 앞 공터는 아이들의 프라이버시나 영역의식에 관련된 속성이 있으며 아이들의 여러 일상행위들, 모임, 게임, 대화와 휴식, 공놀이 등에 이 영역자원을 두루 제공한다. 이밖에도 운동장 평탄한 바닥은 공놀이와 자전거 타기에 그리고 휴게정자는 쉼터이며 동시에 놀이터로 혹은 공부방으로 이용 가능하다. 또 하나는 한 속성이나 오브제가 여러 다른 자원으로 변모하며 다수 행동에 이용되는 경우이다. 스스로 유연하게 본질적 기능속성을 달리하여 여러 자원으로 탈바꿈하면서 다수의 행동들과 연계된다. 예컨대 조경석의 평탄한 상부 면은 앉기에 적합한 자원이기도 하지만 아이들 소꿉놀이의 테이블로서 적당한 자원이 될 수도 있다. 나무는 휴식을 위한 그늘을 제공하기도 하며 또 기어오르거나 매달리는 장난의 자원이

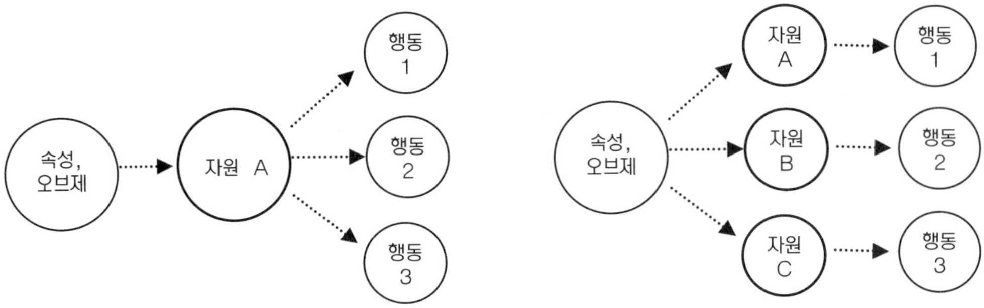

5-11. 일개 환경속성(오브제)의 가변적 이용

되기도 한다. 한 친구는 놀이동료로서 기능적 자원이 될 때도 있고 은밀한 개인적 대화를 나누는 사회적 자원이 될 때도 있다. 단순한 그네 하나도 그네타기, 그네 꼬며 놀기, 그네 잡고 모여서서 이야기하기, 어린 아이 그네 태워주기 등 본질적 성격이 다른 여러 행동들에 다양한 자원을 제공할 수 있다. 전자는 한 환경속성이 여러 행동의 공통자원이 되는 것이며, 후자는 한 환경속성 자체의 탈바꿈으로 인해 여러 행동을 위한 가변자원이 되는 것이다. 이와 같은 환경속성의 기능적 유연성을 전제하면 우리는 공간과 자원의 상호 관계에 관한 세 가지 현실적 경우를 가정해볼 수 있다.

첫째, 도시주거 속 다수 공간들이 동일한 하나의 자원을 모두 제공하면 이 공간들에서 동일한 하나의 행동이 일어날 것을 기대할 수 있다. 주민들로서는 한 행동을 위해 다수의 공간적 대안을 보유하는 것이 된다. 하지만 일상 행동의 경우 수와 종다양성을 늘리는 것이 우리 실무의 목적이라면 이 경우는 공간 이용 측면에서 그다지 효과적인 것이라고 볼 수는 없다.

둘째, 도시주거 속 다수의 공간들이 각각 고유한 자기 자원을 제공하면 공간 각각에서는 다른 공간들에서의 것과는 다른 고유 행동이 일어날 것을 기대할 수 있다. 하나의 공간이 하나의 자원을 제공하고 그것이 다른 공간들의 자원과 다름으로 행동의 경우 수는 공간의 수와 일치한다. 행동의 경우 수를 늘리기 위해서는 공간의 수를 늘려야 한다는 실효성 상의 난점이 있다.

셋째, 도시주거 속 하나의 공간이 기능적으로 유연한 환경속성이나 다수의 자원을 제공하면 그 공간에서 다수의 행동이 일어날 것을 기대할 수 있다. 공간—행동 효율성 측면에서 보면 이 경우는 가장 바람직하다. 공간 속 다수의 자원들이 개별적으로 여러 행동들을 유발할 뿐만 아니라 그들이 서로 조합하면서 다수의 새로운 행동들을 추가로 유도할 수도 있다. 행동들은 그 공간에서 동시에 발생하기도 하고 시간 차를 두고 발생하기도 할 것이다. 이런 도시 주거 공간은 그 자원의 풍요로움과 사용패턴의 다양함으로 인해 진정으로 잠재력이 풍부한 생활공간이 될 수 있다. 우리 옛집의 마당, 달동네 골목길, 아파트의 한 쓸모 많은 소운동장이 예가 된다.

행동은 자원에 의존하는 것이며 따라서 자원에 따라 이동한다. 꼭 같은 길거리 축구가 두 공간에서 발생하고 있다면 두 공간은 길거리 축구에 대한 동일한 자원을 보유하고 있다고 말할 수 있다. 하지만 이처럼 한 종류의 자원이 한 주거지 내 여러 공간에서 발견되는 것은 공간-행동 효율성 측면에서는 그다지 효율적이라고 말할 수 없다. 그 자원과 연결된 일개 행동이 근처 여러 공간에서 발견될지언정 이 공간들의 쓸모는 오직 이 한 가지 행동에 한정되어 있기 때문이다. 상상해보라, 우리 동네 여기저기에서 꼭 같은 길거리 축구만 발견되는 양상을. 한 공간이 경험에 대해 가지고 있는 영향력은 자원을 통해 발휘된다. 자원이 희박한 공간은 이용도 희박하다. 반대로 주거지의 어떤 한 공간 이를테면 한 길거리에서 축구를 비롯한 여러 일상행동이 혼재한다면 이 가로는 일상생활을 지원하는 다양하고 풍족한 자원을 보유하고 있다고 말할 수 있다. 자원으로 흘러 넘치는 공간은 행위와 경험이 흘러 넘치고 인간의 존재, 행위, 감정에 연관된 각가지 의미와 가치가 흘러 넘치는 풍요로운 장소로 변모한다. 한 장소에서 다양한 행동들이 발생할 경우 우리는 그 장소가 다양한 자원, 공통자원(여러 행동에 공통적인 자원으로 이용되는 환경속성), 가변자원(여러 행동을 위해 여러 다른

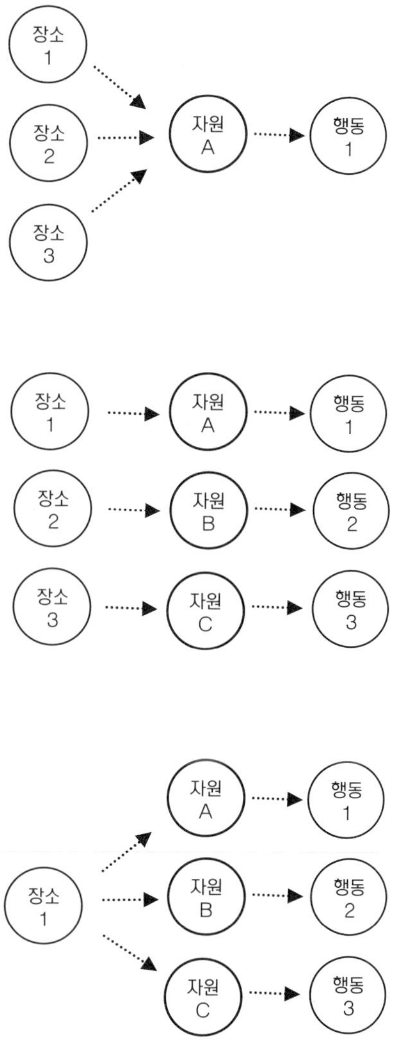

5-12. 장소, 자원, 행동의 관계

자원으로 변모하는 환경속성)을 제공하고 있다고 믿을 수 있다. 따라서 만약 자원을 도출하는 일이 지나치게 광범위하거나 복잡하다고 생각되면, 우리는 어떤 한 장소에 초점을 맞춰 그 장소로부터 집중적으로 자원을 발견해낼 수 있다. 다양한 행동이 밀집된 장소를 먼저 찾아내고 (예, 상가 뒤편 문방구 앞 공터), 그 장소의 주요 일상행동들을 취합하며 (비디오게임, 일상 모임, 공놀이, 게임놀이, 각가지 몸 장난 등), 일개 장소 안 여러 행동들에 연결된 주요 자원을 도출하면 된다. 이 방법이 상대적으로 효율적인 이유는 장소를 찾는 일이 비교적 용이하고, 한 공간에 다양한 행동이 밀집되어 있으며, 이 행동들이 자원을 중복 이용하는 경우가 많다는 점 때문이다.

5-13. 동일한 성격의 행동이 여러 다른 공간상황들에서 나타날 수 있다. (수원 영통 2004년, 일본 핫고베 나다노하마 2001년, 일본 타마 벨콜린 2002년)

Chapter 6. 장소: 생활세계의 공간적 형상

몇 번을 강조해도 지나치지 않다. 우리 삶의 중요한 부분들은 하나같이 시공간의 현실적 틀 속에서 탄생하고 소멸한다. 경험은 결국 우리에게 지식을 주고, 시공간 속 우리의 행동들은 끝내는 의미로 남는다. 그 지식과 의미는 우리 삶의 속내를 이룬다. 그것은 허공에 떠다니지도 않으며 우리 의식 속에 그림자처럼 숨어있는 것도 아니다. 인간경험에 의해 현실 시공간 속에서 솟아난 지식과 의미는 현실로 되돌려져 시공간의 사물에 상징으로 남는다. 그리하여 공간은 그 본래의 객관성을 벗어나 사물 하나하나가 개인의 혹은 한 집단의 기호로 작용한다. 우리는 이 공간을 장소라고 부른다. 장소는 삶의 정서와 주요 일상행동과 존재의 가치와 생활의 의미가 농축된 공간이다. 삶의 중요한 부분들은 장소에서 진행되고 장소를 통해 교류되며 장소에 의해 유지된다. 백지에서 어떤 의미 있는 삶을 창출하고자 애쓰는 우리 도시주거 실무자들은 우선 삶의 장소가 지닌 의미를 이해해야 한다. 그리하여 인간의 삶을 통해 딱딱한 도시주거 공간들이 스스로 탈피를 거듭하여 의미의 장소들로 변모하는 과정에 주목해야 한다.

환경의 네 가지 수준과 의미

라파포트Amos Rapoport는 그의 환경의미론에서 우리의 삶이 객관적 물질환경에 대한 경험에서 주관적 의미세계에 대한 경험으로 진행함을 보여준다. 우리는 어떤 한 환경과 조우하면서 그 환경을 크게 네 가지 수준으로 경험한다. 환경의 본질적 실체는 객관적 물질세계로서, 이것은 경험의 대상이며 삶의 물질적 그릇이다. 인간 경험에 의해 변질되기 이전의 순수한 실체를 말한다. 우리는 이것을 (1)물질환경으로 부를 수 있다. 인간은 지각과 인지를 통해 이 객관적 실체를 경험하기 시작한다. 감관을 통해 자기 속으로 접수하고 그 구조와 쓸모를 나름의 방식으로 이해함으로써 물질환경을 자신의 (2)지각환경으로 변환한다. 지각과 인지를 통해 터득한 환경에 관한 정보와 지식은 그 환경 안에서 어떤 반응이나 행동이 가능한지를 말해준다. 이 정보에 의해 환경의 일부에서 인간행동이 발현되고 그것이 어떤 목적을 위해 이용되면서 (3)사용환경이 탄생한다. 사용환경은 행동이 내포하고 있는 목표와 가치, 배경과 상징에 의해 의미를 전달하게 되며, 사용환경의 일부는 마지막으로 사용자의 의식과 의미와 상징이 혼입된 (4)관념환경으로 변모한다. 이와 같이 인간은 하나의 객관적 환경objective/actual을 지각perceived, 사용behavioral/use, 관념conceived/symbolic의 환경으로 전개하면서 의식과 연상과 관계의 상징으로 마감하는 한 사이클의 경험을 완성한다. 경험의 단계를 거치면서 환경이 선별되고 따라서 환경의 공간적 범주는 줄어든다. 하지만 선별된 한 공간이 내포하는 의미의 깊이와 중요성의 정도는 증가한다.

물질환경과 지각환경의 구분은 환경심리학과 같은 인간－환경의 상호관계를 다루는 분야에서 오랫동안 논의되어온 전통적인 주제이다. 20세기 초에서부터 이어온 전통심리학에서는 인간행동과 경험의 여러 현상에 대한 원인을 인성人性, personal traits에서 찾고자 하였다. 이에 대항하여 환경이나 상황과 같은 인간 외적 변수의 영향을 강조하는 환경심리학적 패러다임이 등장하였고, 이에 따라 물질환경 그 객관적, 물리적 실체의 영향을 체계적으로 정의하는 작업이 중요한 문제로 대두되었다. 말하자면 인간행동은 성장, 심성, 태도와 같은 개인적, 인성적 변수와 함께 인간이 처한 물리적 상황이나 사회적 여건과 같은 외적 환경변수에 의해 설명할 수 있다는 것이다. 우리는 전자의 전통적 시각을 인성이론personality theories이라 부르고 환경영향을 강조하는 후자의 시각을 상황이론situation theories으로 부른다. 이 시기의 학술적 노력

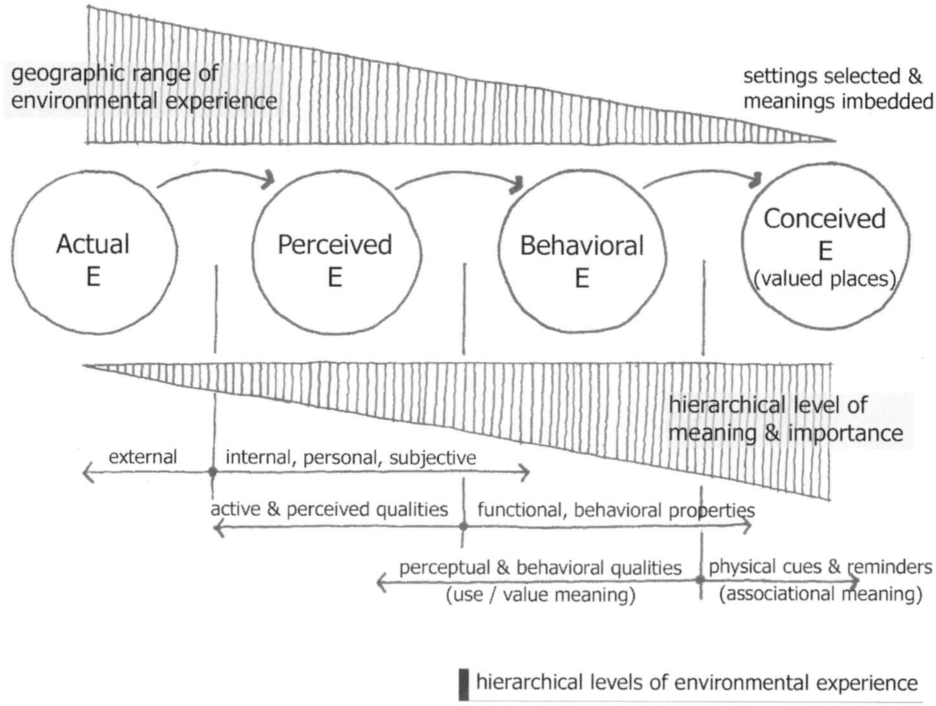

6-1. 환경의 네 가지 수준에 관한 위계적 시각은 인간-환경의 상호관계를 해명하는 중요한 단서이다.

은 환경을 지극히 객관적이고 사실적으로 정의하는데 집중되었다. 예컨대 당시의 자극-반응 이론**stimulus-response theories**은 환경을 자극이라는 영향요소로 나누어 이 작은 단위의 개별적인 영향력을 조사하는데 치중하였다. 자극들이 인간의 물질환경을 구성하며 인간의 생리적, 심리적 반응이나 특정 행동패턴을 유도한다는 것이다.

물질환경을 중시하는 패러다임이 환경을 실체적이며 객관적인 성질로 해석한 반면, 지각환경에 치중하는 시각은 인간의 지각경험이라는 일정한 여과과정을 거친 후에 정의되는 환경의 주관적 속성에 주목한다. 인간행동에 영향을 미치는 것은 환경의 객관적 물성 자체가 아니라 인간이 감지기능을 통해 지각적으로 가공한 환경이라는 것이다. 이를테면 물리적 치수보다는 크다, 작다, 넓다, 좁다 등으로 정의되는 주관적 크기가 중요하며, 요소의 개수나 구성형식과 같은 객관적 변수로 측정되는 복잡함보다는 인간이 심리 속에서 정의하는 복잡함 혹은 단순함이라는 느낌이 중요하다. 또 온도계가 가리키는 치수는 다만 보편적 참고자료일 뿐이고 대신 한 사람이 한 시점에 감지하는 덥다 혹은 춥다의 심리적 변수가 인간행동을 좌우한다. 관련 이론들은 인간과 환경의 최초 대면이 이런 감지능력이나 지각방향에 의해 결정되며, 행동과 경험의 양상도 한 사람이 지각기능으로 여과하는 주관적 환경에 의해 좌우된다고 보고 있다. 특히 지각, 인지 등 내면과정을 인간-환경 상호작용의 중재변수로 간주하는 매개이론 **mediation theories**은 주의력과 산만함, 자기 통솔력, 업무집중력과 같은 심리적 행태와 행동능력이 인간이 감지한 지각환경에 의해 영향을 받는 것으로 믿는다.

반면에, 사용환경을 강조하는 시각은 인간의 이용행태와 행위양상을 담는 행위기능적 배경으로서의 환경을 중시한다. 환경 속의 인간행동을 관찰하고 또 행동과 연결된 환경을 관찰함으로써 인간이 환경을 어떻게 사용하며 행동과 환경 사이에는 어떤 관계가 있는지를 규명한다. 인간체험이 환경을 대상으로 환경 안에서 발생하는 것이기 때문에 환경을 인간행동과 이용체험의 지리적 배경으로 해석하여 연구하는 시각은 설득력이 있다. 물론 환경과 행동의 관계에 관한 구체적인 양상은 이 패러다임 안에서 활동하는 여러 이론들에 따라 다르게 제시된다 (예, 카플란의 p-e fit 이론, 퍼빈의 목표행동론, 바커의 behavior setting 이론. 칸터의 목적행동론, 스토콜스의 장소의존론 등). 그러나 이론들은 공통적으로 물리적, 사회적 환경을 인간이용의 대상 혹은 행동경험의 배경으로 간주하며 또 행동의 발생과 변화, 공간사용 양상, 일상이용 패턴 등에 관련된 환경변수를 찾아내는 일에 공동의 관심을 가지고 있다.

마지막으로, 관념환경은 최초의 물질환경이 인간 외적 세계로서의 옷을 벗고 인간의 가치와 감정에 관한 의식, 연상과 관계의 상징을 담은 내적 매체로 변환된 환경을 지칭한다. 물론 이 변환에는 그 환경에 대한 인간의 집중적인 경험과 애착이 있어야 한다. 한 환경에 대한 관심과 지각 그리고 인지를 통해 그것을 충분히 이해한 후에야 가능하다. 또 그 이해의 향방이 유도하는 대로 환경을 이용하고 그 속에서 어떤 중요한 일상을 행하는 일이 필요하다. 딱딱했던 환경이 자신의 깊은 의미를 담은, 온전한 자기 것으로 변한다는 것은 환경에 대한 인간경험의 완성을 뜻한다. 환경은, 그리고 그 속의 사물과 사건들은, 한 사람 고유의 의미와 가치를 담게 된다. 그리고 그 뜻을 타인과 자신에게 전달하는 상징기호가 된다. 환경이 개인의 감정과 정서를 대변하고, 요구 충족과 행동 실현을 가능하게 하며, 연상과 관계와 존재의 가치를 전한다. 그것은 타인에 대한 그리고 자기 자신에 대한 의사소통의 매체가 된다.

물론 한 사람이 접하는 모든 물질환경이 이런 의미의 완성체가 되는 것은 아니다. 한 사람의 삶에는 얼마나 많은 작은 환경들이 있는가! 그것들이 모두 다 같은 정도로 지각되지 않으며 (물질환경 → 지각환경), 더욱이 지각환경 중 많은 것이 사용환경으로 진화하지 못한다 (지각환경 → 사용환경). 또 모든 사용환경이 관념을 담은 의미의 환경으로 귀결되지도 않는다 (사용환경 → 관념환경). 한 공간을 이용한다고 해서 그 공간이 필연적으로 어떤 중요한 의미나 상징을 담게 되는 것은 아니다. 라파포트는 이 점을 분명히 밝히고 있다. 물질환경, 지각환경, 사용환경은 관념환경의 충분조건은 아니다. 하지만 이 물질, 지각, 사용의 환경경험들은 의미와 상징의 필요조건이며 전제 단계이다. 관념환경이 형성되기 전에 그 환경에 대한 지각과 인지가 필요하며 어떤 의미 있는 사용의 패턴이 있어야 한다. 투안Yi-Fu Tuan이나 시몬David Seamon과 같은 지리학자들도 이에 동의하고 있다. 관념은 감정feeling과 의식thought과 행동action의 견고한 일체화, 구분이 불가능한 완벽한 하모니이다. 관념은 어떤 한 객관적 실체와의 조우, 그 환경과 연관된 모든 지식과 내적 통념들, 그 환경에서의 행동경험들과도 단단하게 하나로 묶어져 있다. 이런 다중적 경험의 채널과 결과들이 인간과 공간을 완전하게 묶어 형성한 실체, 이것이 우리가 말하고자 하는 장소이다.

삶과 존재의 공간적 네트워크로서의 장소

한 사람의 삶이 의지하고 있는 모든 환경이 그 사람에게 동일한 의미를 전달하지 않는다. 의미의 종류도 다르며 그 강도에도 차이가 있다. 한 사람의 일상이 몸담고 있는 여러 시공간적 배경들이 그 사람에게 모두 같은 크기의 중요성을 가지고 있는 것은 아니다. 중요한 부분과 그렇지 않은 부분은 그 공간에 부여된 의미의 내용과 강도만큼의 차이를 가지고 있다. 내 삶에서 중요한 의미의 공간은 어느 것인가? 관념환경은 매우 주관적인 공간이며 그 사람의 생애공간에서 특별히 선택된 공간이다. 일상의 지각과 인지를 통해 접촉하는 여러 공간들 중에서 또 자신이 흔히 사용하는 여러 환경들 중에서 어떤 특정한 부분만이 관념환경으로 귀착된다. 선택된 이 환경 속에는 특별한 의미, 중요한 일상이 있다.

장소는 이렇게 발췌와 선택과 요약의 과정으로 만들어진다. 발췌와 선택은 의미 때문이다. 그리고 의미는 요구의 충족, 기대가치의 달성, 행동의 실현을 통해 만들어진다. 장소는 요구가 충족되는 공간이다. 장소는 자신 삶의 가치와 직결된 일상의 중요 부분 즉 우선행동이 행해지는 공간이다. 그 절실한 필요성이 충족됨으로 장소는 그 사람에게 특별한 의미를 준다. 그리하여 자신의 성향과 감정이 결부된 공간이 되며 자기의 존재와 일상을 상징하는 공간이 된다.

장소는 따라서 이런 중요 행동의 발현을 지원하는 효능 있는 환경여건 즉 행동 실천의 핵심적 자원을 제공하는 환경을 말한다. 장소는 인간이 스스로의 요구를 충족하기 위해 찾아 헤매던 그 바람직한 환경여건을 발견하는, 혹은 스스로의 창조적 힘으로 조성하는, 공간이다. 행동표상을 통해 정의된 이상적 환경조건과 환경효능평가를 통해 정의된 최적의 현실조건이 서로 화합을 이룬 공간을 뜻한다. 한 장소는 적어도 한 사람의 하나 이상의 우선행동과 연관된 환경자원이 존재하는 곳이다. 장소가 여러 사람들에 의해 공유되는 것이라면 그 장소에는 여러 사람들의 공통된 우선행동을 위한 자원이 존재한다고 믿을 수 있다. 이와 같이 장소는 풍부한 건축적 지원체계에 의해 인간이 자신의 요구를 독특한 행동양식으로 충족하는 그런 공간이다.

인간은 본능적으로 장소를 만들어내고 이들을 여타의 물질세계와 구분해낸다. 그리하여 그 선택된 공간을 자기 의미의 패턴으로 독특한 무늬를 입혀 보관한다. 그 안에서는 자신에게 특별한 의미가 있는 삶, 특히 중요한 뜻을 담고 있는 사건, 자기만 이해하는 고유한 일상의 현상들이 담겨있다. 우리는 어떤 익명의 공간이 개인의 독특한 의미의 장소로 변화하는 과정을 이렇게 요구나 목표와 같은 삶의 동기, 일상행위 중 우선행동, 핵심적 환경자원 등으로 설명하고 있다. 가치 있는 행동, 목표로 향해 나가는 일상이 있는 공간 그리고 자기의 고유한 환경여건으로 이 행동들을 지원하는 공간, 이런 공간은 장소로 진화한다. 우리는 장소의 탄생을 이와 같이 행동의 공간으로서의 장소, 요구나 목표의 충족이 가능한 공간, 이를 위한 환경조건을 갖춘 공간 등으로 설명한다. 이는 기존의 장소이론을 우리의 행동유발이론과 통합하려는 시도이다. 장소에 관한 기존 이론들, 예컨대 장소의식론sense of place, 장소애착론place attachment, 장소행동론place specificity, place dependence 등과 우리의 도시주거 행동이론들 즉 행동표상론, 환경효능평가이론, 자원일치론 등을 연결하여 하나의 통합적 이론으로 구성하려는 노력의 증거라고 할 수 있다 [장소 = (시공간, 자원) + (동기, 우선행동) + (의미, 상징)].

장소는 물론 하나의 도시건축적 공간이다. 크건 작건, 어김없이 공간이라는 물질적이며 시간적인 형상을 가지고 있다. 그러나 우리가 습관적으로 생각하는 그런 경계가 확연한 공간은 아니다. 그 물질적 경계가 흔들리는 이유는 장소가 마음 속 혹은 정신 속에 존재하는 형이상학적 공간도 되기 때문이다. 그것이 관념과 의식과 연상과 상징의 공간이 되기 때문이다. 공간이 장소가 되면 그것은 더 이상 물질환경 속에 있지 않다. 그것은 사람의 관념환경 즉 의미의 세계, 한 사람의 생활세계 속에 존재하게 된다. 그리하여 이 내면세계 속에서 한 장소는 하나 혹은 다수의 의미를 가지게 된다. 따라서 기술의 언어, 물질의 공식으로는 그것을 더 이상 올바르게 서술할 수 없다. 그것은 우리 내면세계, 생활세계 속에서 각각 자기의 상징적 신호로 말한다. 의식의 언어로 인간과 소통한다.

장소는 인간과 환경이 하나로 합일되어 나타나는 현상이다. 공간 위에 의미나 상징이 스티커처럼 붙어있거나 겹쳐진 공간이 아니다. 그것은 일상경험의 용광로 속에서 물질과 의식이 완전하게 용해되어 합일된 현상이다. 그리하여 그 안에서는 인간과 물질이 서로 분해되지 않으며 삶과 환경이 서로 분리되지 않는다. 환경과 행동과 관념이 하나의 시공간적 틀 속에서 완전한 합일체가 되며, 그 합일성은 개인의 존재와 일상의 행위와 애착의 정서와 삶의 기억에 관련된 여러 상징적 의미에 의해 지탱된다.

장소는 작은 방에서 큰 지역까지 여러 스케일에 걸쳐 존재할 수 있다. 나의 방도 장소이며 나의 도시도 장소일 수 있다. 사람은 자기 가족이나 집에도 애착을 가지고 있지만 한 민족이나 국가에 대해서도 또 다른 스케일의 애착을 가질 수 있다. 한 사람은 통상적으로 동시에 여러 개의 장소를 가지고 있다. 이런 크고 작은 장소들 하나하나는 특정한 개인적, 집단적 의미로 장식된다. 장소 하나하나에 용해된 감정과 의식의 종류도 각기 다르다. 작은 장소는 작은 대로 큰 장소는 큰 나름대로 개인이나 집단에게 독특한 정서와 추억의 메시지를 전달한다. 이런 장소들이 서로 엮여 하나의 네트워크를 만들며, 네트워크가 한 사람의 생활세계를 형성하고 자기 삶의 구조를 지탱해준다. 결국, 삶은 장소의 네트워크이다.

장소는 또 끊임없이 변화하는 시간종속적 성격을 갖는다. 요구가 변하고 행동동기의 성격과 우선행동의 프로파일이 변함에 따라 장소의 생성에도 변화가 나타난다. 일상생활의 각가지 행동의 중요도가 시간과 상황에 따라 변하면서 장소의 의미와 성격도 변화를 거듭한다. 예컨대 자기가 살던 옛 동네의 어떤 장소가 한때 자기에게 전달했던 메시지는 시간이 지남에 따라 일부는 증폭되고 일부는 위축되거나 소멸된다. 요구와 행동이 여러 내면적, 외면적 영향을 거치며 진화하는 것처럼 장소의 성격과 중요성 또한 이에 따라 끊임없이 변천을 거듭한다. 한 인간의 삶을 구성하는 장소들이 각자 탄생과 성장과 쇠퇴와 소멸의 생애주기를 숙명처럼 거치면서 그 사람의 경험과 성장의 양상도 함께 진화의 궤적을 만들어간다. 결국 인생의 변화, 삶의 의미의 변화는 장소와 그 네트워크의 변화로 설명된다.

한 사람의 생애에는 얼마나 많은 행동과 사건의 스토리들이 있는가! 한 사람은 평생토록 수많은 환경과 끊임없이 교류하며 자기 생애의 의미의 패브릭을 직조해나간다. 이 의미의 무늬는 하나하나 장소들 안에 저장된다. 사람의 생활은 몇 가지 장소에 의지하여 진행된다. 삶은 특징적인 행동과 사건의 시간적 시퀀스이며, 삶은 또 그 행동과 사건의 공간적 환경 즉 장소의 네트워크이다. 삶은 과거의 중요했던 장소들, 지금도 중요한 기억으로 남아있는 장소들, 현재의 일상을 담는 장소들에 직조된 생활과 사건의 이야기들로 구성된다. 장소는 나의 행동과 내 삶의 사건들 중에서 특히 중요한 것들만을 담고 있다. 저 밖의 익명의 물질세계, 혼란의 외적 세상은 인간이 피나는 경험을 통해 획득한 자기의 장소들에 의해 하나의 정연한 질서를 회복한다. 현재와 과거에서 형성한 소수의 선택된 장소들은 나름대로 세계를 경험하고 이해하는 교두보이며 매개체이다. 개인의 경험과 생활의 가장 핵심적인 부분들을 지탱하는 인생의 징검다리와도 같은 존재이다. 장소를 만드는가 못 만드는가는 끊임없이 주변 환경과 만나며 살아가는 우리들의 숙명과도 같은 문제이다. 한 사람의 삶의 질과 가치는 장소의 질과 가치로 대변된다.

6-2. 달동네 거리의 아이들 장소 (출처: 키요시 소노베 저, "아동의 영역", 일본 단고우 출판사, 1996년)와 아파트 출입현관의 아이들 (과천 원문동 2001년)

장소의 세 가지 구조적 요소: 환경, 행동, 의미

장소가 무엇인가를 논할 때 놓치지 말아야 할 논점은 장소가 인간경험이 초래하는 경험론적 결과라는 것이다. 물질이나 과학기술과 같은 객관과 보편의 논리만으로는 도저히 감당하지 못한다. 물리적 공간을 지칭하는 것이지만, 공간 안에서 유기적으로 진행되는 인간의 유연한 삶과 자발적 경험방식을 그 공간과 함께 논해야만 장소를 이해할 수 있다. 이 말은, 다른 한편으로, 장소를 관념적이며 추상적인 현상으로만 이해해서도 곤란하다는 뜻이다. 감정과 의식과 존재론의 언어만으로는 장소를 이루는 지리적, 물질적, 사회규범적 실체의 존재를 결코 감당할 수 없다. 장소는 이처럼 양면적 성격을 가지고 있다.

앞에서 장소의 생성과정에 대해 말하며 우리는 공간과 자원, 요구와 행동, 의미와 상징 등이 장소를 구성하는 요소임을 말하려 하였다. 이 요소들이 장소의 탄생에 어떻게 공헌하며 이들이 어떤 단계를 거쳐 장소 하나로 응축되는지를 논의하였다. 동시에 우리는 자원, 행동, 의미 등이 단순히 평행으로 서로 엮이거나 상호 연접에 의해 그저 한 공간으로 모여드는 것이 아님을 명백히 전제했다. 하나의 장소를 만들어가면서 이들 각각은 자기 본래의 성질을 상실하고 대신 다른 요소와의 관계에 의해 새롭게 정의되는 것이라고 말하였다. 우리는 이것을 용해라는 말로 표현하였다. 이를테면, 하나의 장소 안에서 환경, 행동, 의미는 서로의 관계 속에서만 정의가 가능하다. 장소 안에서는 행동을 말하면서 환경과 의미를 고려하지 않을 수 없고, 의미를 말하면서 장소 안의 환경과 행동을 생각하지 않을 수 없다. 따라서 장소의 생성과정은, 크게 보면, 공간환경과 우선행동이 융합하여 의미와 지식으로 귀결되는 하나의 변증법적 사이클이다. 이것 저것 명백한 재료를 집어넣었더니 전혀 내용이 다른 결과가 나온다는 말이다.

예컨대 상가 문방구 앞 공터, 동네 거리의 한 모퉁이는 아이들의 장소가 될 수 있다. (1) 적당한 자원을 제공하는 그럴듯한 공간, (2) 모이고 놀고 공차는 여러 중요한 행동들의 자유, 그리고 (3) 개개 아이의 마음 속에서 혹은 정신 속에서 차지하는 이 공간의 의미의 무게가 이런 빈터를 장소로 만든다. 우리는 장소가 유동적인 것이며 그 의미가 유연하다는 것을 이미 지적하였다. 유동적이라 함은 시간에 따라 성질과 형태가 변한다는 것인데, 그것은 또 장소를 이루는 다양한 요소들 그리고 이들의 상호관계들이 변화하며 그 변화에 의해 장소의 본질이 자연스럽게 진화한다는 것을 뜻한다. 예컨대 장소 안 어느 한 행동이 변하면 다른 행동들과 연결관

6-3. 베트남 플레이쿠 2001년, 분당 한솔 2003년

계도 변할 것이며, 행동의 변화가 거듭되면 장소의 공간적 경계가 흔들리고 따라서 그 속의 자원의 성격이 변화할 것이다. 이에 따라 그 공간과 환경속성과 행동의 의미들 또한 내용과 강도에 있어서 마치 삼투압을 거듭하는 것처럼 증폭이 반복될 것이다.

하지만 어떤 시점에서 진정한 장소 하나를 신중하게 관찰하면 이런 요소들의 변화를 알아챌 수 있다. 아이들이 자주 모이는 길거리의 한 모퉁이, 주거단지 주부들의 모임장소를 가만히 살펴보면 장소의 요소들이 서로 긴밀하게 작용하여 하나의 게슈탈트를 만드는 모습을 볼 수 있다. 여러 학자들이 장소의 이 해면체와 같은 유연한 형체와 다층적 구성관계를 요소적 구조로 간략히 해명하고자 하였다. 대표적으로는 역시 칸터David Canter를 들 수 있다. 칸터의 요소이론facet theory은 한 장소가 가지고 있는 다면적 특성을 강조한다. 얼핏 여러 다른 얼굴로 나타나기 때문에 제대로 이해하려면 내포된 대표적 요소측면들 그리고 좀더 세분화된 그 하부 카테고리의 위계구조로 설명해야 한다는 것이다.

칸터와 여러 다른 학자들 주장을 함께 묶어 살펴보면, 한 장소의 다양한 얼굴은 장소의 세 가지 요소, 시공간 환경맥락environmental context, 경험과 사용의 방식modes of place experience, 의미와 가치meaning and value의 상호관계에 의해 나타난다는 것을 알 수 있다. 좀 전에 말한 '장소 = (환경*행동*의미)' 와 크게 다를 바 없다. 세 가지 요소를 사용해서 장소를 간단히 정의하면 장소는 경험(사용)을 통해 의미(관념)가 부여된 공간(환경)이라고 말할 수 있다. 하지만 그 정의가 이렇게 간단치는 않다. 왜냐하면 큰 요소 안에는 복잡한 작은 요소들이 있고, 또 그 상호관계는 순차적 일방향이 아니라 동시복합적 혹은 순환적 방향으로 진행하기 때문이다. 결

표 6-1. 장소 구성 요소 (Constituents of Place, 선행연구 정리)

CONSTITUENTS/ FACETS	ECOLOGICAL CONTEXT OF PLACE (ENVIRONMENTAL SITUATION/CONTEXT)			BEHAVIOR (CHARACTERISTICS AND MODES OF EXPERIENCE)	SELF/CONCEPT/ MEANING
	SPATIO-PHYSICAL	SOCIAL/ CULTURAL	TEMPORAL		
Relph' s Components of Place (1976)	Physical setting(static), Physical features and appearances			Activity (observable activities and functions)	Meaning
Canter' s Earlier Conceptualization of Place (1977)	Physical attributes			Action: Behavioral processes	Conception: Psychological process
Sixsmith' s Meanings of Home (1986)	Physical features (structure, spatiality, etc.)	Social meanings (being with others, social relationships, friends, etc.)			Personal meanings (happiness, belonging, self-expression, etc.), Social meanings
Rivlin' s Four Domains (1987)	Spatial location and distribution (where the personal needs are met)	Social affiliation (role of affiliations to others in the place)	Temporal patterns (continuity, regularity, etc.)	Personal needs (ways that personal needs are met)	Personal needs, Social affiliation
Canter' s Facets of Place (1997)	Aspects of design (function, form, and space of places),Scale of interaction (differences in experiences of different environmental scales)			Functional differentiation (core activities, typical distinct characters),Place objectives (personal, social, and cultural aspects of goals)	Place objectives (different objectives for considering the effectiveness of place, different aspects of goals in a place)
Moore' s Facets of Home (Moore, J., 2001)	Physical significance of home	Social significance of home	Autobiographies and personal histories of home experience, Developmental aspects	Patterns of interaction over time	Symbolic (cognitive) and emotional contexts of home
Gustafson' s Meanings of Place (2000)-Triangular Model	Environment (built and natural, symbolic and historical, institutional, etc.)	Others (self s relationship with others, sense of community, social recognition, group identity, sociocultural climate, membership, etc.)	Self-Others-Environment (festivals, anniversaries, traditions, frequent visits, etc.), Self (life path, origin, length of residence, life stages, etc.)	Self (self s activities associated with place), Environment (activity opportunities)	Self (life path, emotional experience, self-identity, familiarity, personal development, etc.)
Rowles' Dimensions of the Elderly' s Attachment to Community (1983)	Physical insideness (body-awareness of and experiential familiarity with physical features)	Social insideness (integration to social fabric and order, social awareness network)			Autobiographical insideness (personally meaningful events, personal history and remnants, extension of self, emotional bond)
Rubinstein & Parmelee' s Elements of Place Attachment in Later Life (1992)	Geographic (Environment): Space versus place	Interdependence (social processes): Norms of interpersonal relationships, Roles, Autonomy versus dependency		Personal as opposed to collective experiences, Pursuit of desired goals and activities	Identity: culturally determined life course versus individual life experience, personal meaning and attachment

국 장소는 환경(자원)이 경험(행동)에 영향을 미쳐 의미로 귀결된 결정체라고 말할 수도 있고, 의미(가치)에 대한 요구가 공간(환경)과 만나 행동으로 실현된 현상이라고 말할 수도 있다.

이를테면 장소의 환경맥락이라 함은 지리적, 공간적, 위치적, 물리적 맥락은 물론이고 사회적 환경, 문화적 환경의 맥락을 포함한다. 범죄가 빈번한 동네, 외부인들이 수시로 드나드는 주거단지, 차량이 급하게 자주 다니는 도로 속 아이들의 장소 만들기에는 부모의 사회적 통제나 간섭이 더 심하게 마련이다. 이런 사회적 환경때문에라도 장소가 제대로 성립될 수 없다. 잠시 거쳐 지나가는 동네, 누구나 뜨내기처럼 보이는 사람들이 살고 있는 주거단지가 제대로 의미와 가치와 상징을 겸비한 장소로 만들어지기는 쉽지 않다. 다른 사람들이 나와 다르며 그들은 무심하다라는 이런 문화가 장소 만들기를 저해한다. 장소의 환경은 보이는 것 즉 형체적이거나 물질적 특성과 함께 보이지 않는 많은 것을 포함하고 있다. 사회문화적 환경은 물론이고 상황적 환경도 보이지 않는 환경이다. 우리 아파트 아이들은 차량이 빈번하게 통과하는 도로에서도 차량이 지나가는 잠시의 시간을 피해가며 경찰도둑놀이와 같은 놀이에 열중한다. 이 찰나적 사용이 도로를 아이들에게 의미 있는 장소로 만드는 것이라면 이런 상황이나 기회도 분명히 장소의 환경에 포함된다.

더욱이 장소의 환경 안에는 시간적 개념도 포함되는데, 시간환경 역시 장소를 형성하는 중요한 맥락이다. 장소의 생성, 성장, 쇠퇴의 생애주기가 곧 시간의 산물이다. 한 장소가 한 사람에게 주는 의미가 시간에 따라 달라지는 그 흐름도 물론 시간변수로 설명해야 한다. 동네 도로의 어느 한 부분이 여럿 아이들에게 장소라고 친다면 이 장소의 환경맥락은 도로 공간이며, 공간 속의 물리적 요소들이며(도로 바닥, 주변의 나무와 물, 건물 등), 그 아동들이 서로 지니고 있는 사회적 관계(학교 친구들, 동네 친구들, 선후배 등)이다. 여기에 덧붙여 이 도로 공간을 사용하는 특정한 시간 프레임(학교가 끝난 직후, 주말의 오후), 계절에 따른 변화, 과거의 추억과 미래의 예상 등도 장소의 환경맥락으로 함께 고려되어야 한다.

이처럼 장소 안에는 우리 계획실무자들이 고려해야 할 측면들이 많다. 더욱이 이런 한 무리의 환경요소들이 자기가 가진 본래의 형체 그대로 장소의 경계 안으로 진군하지 않는다. 환경은 인간경험의 체를 거쳐 정제된다. 인간의 몸과 감관, 정신과 인지를 통과한 환경은 한 사람 고유의 경험양식에 의해 다시 색 칠해지고 다시 정돈된다. 지리적 거리는 지각적 거리로 번역되고, 물건의 크고 작음의 판단도 심리적 치수에 의해 측정된다. 환경이 인간에 동화되기도 하

6-4. 독일 프라이부르그 리젤펠트 2005년, 수원 영통 2002년

며, 인간이 환경에 조절되기도 한다. 밖으로부터 전해지는 사회문화적 방송은 자기 내면 안에서 다른 주파수의 에코로 변모한다. 남들이 말하는 사회, 다른 사람에 의해 재단된 문화는 소용없다. 장소 속의 시간은 또 시계 속의 시간이 결코 아니다. 시간은 사람의 추억과 현재 안에서 그 길이의 감각이 다시 정해진다. 이와 같이 장소의 경계 안에는 인간경험의 필터를 통과한 환경만이 진입하는데, 이것은 본래의 환경과는 전혀 다른 것이 될 수 있다.

하지만 장소의 요소들은 한 사람의 생활 안에서 그 사람에게는 매우 명쾌하다. 장소의 정체는 그 사람의 명쾌한 삶 자체이다. 이를테면 한 사람은 자신의 생활을 자기 장소들이 각각 전하는 의미의 궤적으로 요약할 수 있다. 자기 삶을 과거의 장소들이 말하는 의미 그리고 현재의 장소들이 충족하는 가치의 네트워크로 정리할 수 있다. 그것이 자신의 삶임으로 그 정의는 자기에게 있어서 너무도 명쾌하다. 그것이 명쾌하게 보이지 않는 이유는 우리 실무자들이 인간경험의 필터를 거치지 않은 날 것으로서의 환경에 집착하여 물질과 기술의 언어로 환경을 재단하는 습관을 버리지 못하기 때문이다. 환경이 결국 경험을 통해 장소의 세계, 지식과 의식의 세계, 인간의 생활세계 속으로 산화되는 것이며 따라서 물질언어가 아니라 의미언어로 재구성된다는 것을 이해하려 들지 않기 때문이다.

장소의 세 가지 의미

우리는 이 책 전체를 통해 물질로부터 관념으로, 공간에서부터 장소로의 전환과정에서 인간 행동경험의 영향력이 크다는 점을 강조하고 있다. 그 어떤 경험양식보다도 행동을 통한 경험이 장소 만들기에 효력이 크다는 점을 누차 지적하고 있다. 지각이나 인지가 행동으로 이어지지 않으면 장소의 생성에는 크게 도움이 되지 않는다. 상상이나 사이버 경험, 책이나 영화와 같은 매체경험도 현실에서 일상의 행동으로 이어지지 않으면 장소와는 관계가 적다. 우리는 장소에서의 행동경험이 느닷없이 생겨나는 것이 아님을 말하고 있다. 행동에는 깊은 뿌리가 있다. 그 깊은 곳에는 인간의 요구, 목표, 가치라는 동기의 힘이 있다. 동기는 의도와 신념을 떠받치며, 인간으로 하여금 행동을 표상하게 하고 환경을 평가하게 하며 자원의 일치를 위해 노력하도록 만든다. 그리하여 장소 안에서 그 우선행동이 실현된다. 우리는 장소가 이런 행동의 절차를 통해 만들어진다고 믿는다.

동기, 의도와 신념, 행동표상, 환경효능평가, 자원일치 등의 합목적적 발자취를 거친 행동은 그 사람에게 고스란히 하나의 명확한 의미나 가치를 전달한다. 다른 허드레 행동들은 몰라도 동기가 부여된 이런 고귀한 행동들은 고스란히 하나의 장소를 숙성시키는 재료가 된다. 이런 중요 행동들은, 그리고 그들이 만들어내는 삶의 의미들은, 하나의 장소를 직조하는 원자재이다. 그리하여 한 공간에 어떤 중요함의 뜻이 부여된다. 이 뜻의 축적물이 공간에 차곡차곡 쌓여 공간은 더 이상 말없는 물질이 아니고 삶과 일상, 존재와 감정에 관한 의미를 전달하는 상징적 매체로 변모한다. 그것은 의미의 타피스트리가 된다. 이를테면 동네 아이에게 있어서 길거리 모퉁이 한 장소는 내가 누구인가를 말해주는 존재에 관한 상징이며, 일상적 중요 행동을 담아내는 생활의 배경이며, 감정과 정서가 엮인 감성의 대상이다.

이런 관념적 내용이 없는 공간은 장소가 아니다. 일견 훌륭해 보여도 나에게 혹은 내 집단에게 어떤 특별한 가치를 전하지 않는 공간은 장소가 아니다. 가치가 부여되지 않은 공간은 그것이 없어져도 크게 불편하지 않으며 있어도 크게 절실하지 않다. 이런 것들은 내 생활세계의 경계선 밖, 존재와 의식의 세계 그 변두리에 위치하는 잉여공간이다. 다른 사람에게는 몰라도 내 삶과 존재에는 크게 중요치 않다. 그 곳에는 요구와 목표의 관념이 없고, 우선행동이 없으며, 삶의 중요한 의미도 없다.

표 6-2. 장소의 의미: 존재, 행위, 감정

Meanings/Values	PERSONAL	GROUP
Ontological (Place Identity)	Self-identity, Sense of belonging to place, Rootedness, Insideness	Social (group) identity, Sense of belonging to group and its place, Sense of community, Being with significant others
Behavioral (Place Dependence and Specificity)	Place as a physical context for individual' s behavior and survival	Place of a group as a significant backdrop for communal behavior and collective survival, Shared actions, Interactions with others
Emotional (Place Attachment)	Person' s psychological and affective tie to place	Shared attachment to place, Role of place in community/neighborhood attachment, Communal reactions to external threats

공백 안에 사건과 사용과 기억이 삶의 스토리로 엮여 공간이 그 사람의 삶과 역사를 대신 전해주는 경지, 우리는 이런 하나의 상징의 공간을 위해 일해야 한다. 인간을 향한 도시주거는 공간 하나하나에 사람의 존재와 감정과 일상이 어울져 넘치는 장소로 가득 찬 도시주거를 말한다. 가치와 정서와 행동이 그 빈터에 알알이 박혀, 장소는 이제 스스로 한 사람의 존재에 대해 말하며 감정을 떠받치며 일상을 포용한다. 장소는 공간과 인간이, 크게 보면, 존재, 애착, 행동이라는 세 가지 의미에 의해 떨어질 수 없게 서로 응고된 실체를 말한다.

자기 존재 Ontological Bond

내가 (우리가) 누구인가를 말하는 일은 스스로에게도 모호하고 표현이 어렵다. 내가 누구인가를 스스로에게 혹은 다른 사람에게 말할 때 우리는 직접 말하는 대신 여러 레퍼런스를 사용한다. 가족, 나이, 출생지, 학력과 같은 개인적 배경은 나에 관한 좋은 대안언어이다. 학교, 동호회, 소속기관, 내가 맡은 역할과 같은 사회적 정보도 다소 공식적이기는 하지만 나를 꽤 정확하게 대변한다. 여기에 덧붙여 현재 거주하는 집과 동네에 대해 말한다면, 이런 지리적인 정보는 나를 좀더 친근하고 자세하게 알리는 방법이다. 과거에 살았던 집과 동네에 대해서도 말할 수 있다. 마치 학력이 교육과 연계된 내 삶의 맥락을 정리하듯 나의 주거역사는 성장과 가치와 존재에 연관된 내 삶의 한 흐름을 정리해준다. 집은 위치나 공간이나 재료의 언어로 읽혀지지 않는다. 대신 그 속의 삶의 단편들, 의미 있는 생활이야기들로 요약된다. 여기에 과거의 집에서 일어났던 내 삶의 지난 이야기들을 덧붙이면 거의 확실한 나를 말해줄 수 있다.

우리 전문가들이 흔히 말하고 그려내는 도시주거의 공간은 그 위에 인간 삶의 역사가 없어지기 전까지는 비어있는 공백이다. 그것이 누군가의 영혼과 감정이 깃든 하나의 장소가 되기 전까지는, 그것은 개인의 정체성에 대해 말하지 못하며 존재가치를 보여주지 못한다. 그 공백이 삶의 사건들과 생활의 이야기들로 채워지면서 공간은 이제 사람에 대해 말하기 시작한다. 공간 속에서 날줄과 씨줄의 의미들이 물결을 일으키며 공간은 사람의 존재 의미를 상징하는 기호의 장소로 변모한다.

여러 학자들이 이를 지적하였다. 볼노우는 장소를 나에 관한 최저기준이라 하였고 (zero point of the reference system, Bollnow, 1967), 시몬은 존재의 기초라 하였으며 (basic platform for existence, Seamon, 1982), 아일스도 인간 존재의 중심이라 말하고 있다 (profound centre of human existence, Eyles, 1989). 하이데거가 말하는 거주dwelling라는 개념 역시 집이나 동네라는 장소를 통해 나 자신 혹은 우리를 스스로 정의하는 작업을 일컫는다. 장소이론의 대표적 선두주자인 프로샨스키Harold Proshansky는 장소가 인간 존재의 의미와 수준을 결정한다고 까지 주장한다. 그는 장소를 가지고 있다는 사실, 장소를 이용한다는 것 자체가 사람이 스스로의 일상적 존재를 스스로 인지하고 확인하는 작업이라고 말한다.

초대한 손님이 집에 첫발을 디딜 때 주인은 "우리 집 사는 게 이래요"라고 말한다. 새로 사귄 친구에게는 "여기가 우리 동네야"라는 말로 자기가 사는 동네를 소개한다. "난 매일같이 이 공원에 와"라고 말하며 은근히 나라는 사람의 한 부분을 전해준다. 집, 동네, 공원은 나의 장소이며 이들을 통해 나의 한 부분이, 내 존재와 가치가 엿보인다. 이를테면 내가 자란 옛 동네, 나의 사무실과 작업실, 집, 헬스센터, 자주 가는 레스토랑, 나의 가족이 아끼는 뒷동산 등은 내 삶의 장소들이며 이들은 각각 나름대로의 방식으로 내가 누구인지를 말하는 일을 거든다. 내가 다른 사람과 다르며, 내가 속한 사회문화집단이 다른 집단과 다름을 말해준다. 한 청소년의 장소가 학교, 학원, 도서관, 집인데 반해 또 다른 청소년의 장소가 공원, 놀이터, 게임방, 길거리 모퉁이라면 이런 장소의 조합을 통해 우리는 두 사람의 존재와 생활이 말하는 깊은 차이에 대해 논할 수 있다.

장소는 또 종종 '우리'를 정의하는 신분증과도 같다. 우리가 공유하는 장소에 들어서면 나는 우리를 알 수 있다. 청소년 친구집단이 편의점 근처 어느 도시공간을 장소로 공유하고 있을 때 집단의 일원은 그 장소로 진입하는 순간 공동체의 존재를 금세 알아 차린다. 그리고 자신이 집단의 한 부분임을 인지한다. 다시 말하지만, 그 공간이 중요한 것이 아니다. 공간에 기대어 행해지는 집단의 행동들과 사건들 그리고 이 행동을 통해 느끼게 되는 집단의식(의미)이 중요하다. 상가 문방구 앞 공터를 장소로 공유하는 일단의 동네아이들에게 있어서 공터는 하나의 공동체를 상징한다. 그곳에 일상적으로 모이는 아이들에게 그 공터는 사회적 소속감과 안정감을 부여한다. 그리하여 아이들 각각이 사회적인 자신을 스스로 일깨우는데 일조한다. 로스앤젤레스의 코리언 타운도 코리언에게는 문화적, 정치적 공동체를 상징하는 의미심장한 하나의 장소가 될 수 있다. 장소는 그 장소에 엮인 집단의 일상과 사건들에 대한 결정적인 정보를 말해준다. 집단은 그 장소 때문에 고유성과 독특함을 인정받는다. 장소는 또 우리라는 개념을 통해 우리 속의 나를 정의하도록 도와준다. 그리하여 그 장소는 우리를 통해 또 다시 나의 존재를 일깨워준다.

'공간이 사람을 말한다', '공간이 존재를 증명한다', '네 생애의 장소가 무엇인가를 알면 나는 너를 읽는다', 이런 기제는 그렇게 쉽게 인정하고 쉽게 넘어갈 수 있는 성질의 것들이 아니다. 공간이 다만 물질이 아니라는 말은 얼마나 많은 것을 의미하는가! 공간으로부터 삶과 생활을 읽고 삶의 이야기를 통해 사람을 읽을 수 있다는 말에는 경외가 있다. 장소 하나하나가 곧 나이며 나의 정체성이다. 나의 장소들을 모두 모아 맥락으로 구성하면 그것은 '나는 누구인가'를 대변하는 매우 유용하고 강력한 하나의 지도가 된다. 나 혹은 우리의 실체와 내용은 장소 속에 있다. 나는 내가 어떤 의미의 장소들을 보유하고 있는가로 정의되며, 우리 집단은 우리가 어떤 장소를 어떤 의미를 위해 공유하고 있는가로 정의된다. 장소는 존재의 기호이며, 나와 나 아닌 모든 것 사이의 경계를 구분하는 공간적, 경험적 매체이다. 따라서 자기 자신에 대해 말하라 하고 혹은 자기 정체성에 대한 요구에 대해 말하라 하고, 그 존재론적 의식이 기대고 있는 공간에 대해 또 말하라 하면, 그 공간은 틀림없이 장소이다. 자기 자신에 대해 공간을 이용하여 말하라 해도 그 대답은 틀림없이 한 사람의 장소들을 보여줄 것이다.

행동 의존 Behavioral Bond

우리 일상은 수많은 작은 행동들로 구성되어 있다. 일정한 관계를 공유하는 작은 행동들이 모여 몇 가지 행위패턴을 형성하고, 몇 가닥 행위패턴들이 우리 생활의 큰 흐름을 결정한다. 한 장년층 거주자의 생활은 아마도 안정된 직장이나 사업, 여가와 취미활동, 자녀의 안정성장과 분가, 어떤 동호회, 교회에서의 봉사활동, 자기 동네에서의 일상운동과 같은 행위시스템들로 규정될 수 있을 것 같다. 한 시스템은 여러 행동들로 엮여 있으며, 이 행동들의 성질과 수준이 그 시스템의 특성을 결정한다. 이를테면 일상운동은 속보, 만남과 교제, 길섶 꽃이나 풀에 대한 이야기, 휴식과 한담, 체조나 스트레칭, 상가나 가게 들르기, 바람이나 하늘 혹은 계절 느끼기, 노는 아이들 소리 듣기 등 여러 유익한 행동들의 집단구조가 될 수 있다. 한 사람에게는 자기 생활이 어떤 행위시스템으로 이루어져 있는가도 중요하고 또 각 행위시스템이 어떤 작은 행동들로 이루어져 있는가도 중요하다. 여기에 과거의 일상까지 더해서 고려하면 한 사람의 행동패턴을 시간에 따라 변하는 흐름으로 규명할 수 있고, 또 과거 행동이 현재의 것에 어떤 영향을 미치는지에 대해 논의해볼 수도 있다.

우리는 두 가지 점을 계속 강조하고 있다. 하나는, 놀랍게도, 일상생활의 행동과 사건 하나하나가 정확하게 어떤 시공간 환경맥락 안에서 움직인다는 것이다. 그 어떤 것 하나도 도시주거 공간이나 인간 생애공간 밖에서 진행되는 것이 없다. 모두 어떤 물리적, 사회문화적 환경 속에서 발생한다. 또 하나는 한 시점에서 어떤 한 사람의 생활을 구성하는 행동들 혹은 행동시스템들이 그 사람에게 서로 다른 중요도를 가지고 있다는 것이다. 특히 몇 가닥의 행위패턴은 내게 특별히 중요하며, 그 행위시스템 안의 행동들은 다른 시스템의 행동들보다 더 중요하다. 이들은 내 생존과 일상기능에 중요하고, 내가 고귀하다고 믿는 인생의 가치에 대해 중요하며, 나의 바람과 요구를 충족시키는데 중요하고, 또 내가 가장 선호하는 행동임으로 중요하다.

우리는 이런 특별한 행동들, 절실한 행위패턴들, 중요한 행위시스템들이 발생하는 시공간 환경을 장소라고 부른다. 장소라 함은 일상의 중요 행동, 한 사람의 우선행동이 발생하는 공간이다. 장소의 의미 중 하나는 이런 소중한 일상행동들이 장소를 통해 비로소 실현된다는 점이다. 장소는 이런 중요 일상행동을 실행하는데 필요한 핵심적 자원을 제공한다. 장소가 아닌 다른 공간들에서는 불가능하다. 중요 행동과 연관된 특정 자원들은 다른 공간에서는 좀처럼 발견하기 힘들다. 중요하지 않은 행동들이 발생하는 공간은 장소에서 제외한다. 이들은, 이를테면, 생활의 잉여공간이다.

사람은 자기 생활의 중요 행동을 실행하기 위해, 이 일상의 기능적이며 현실적인 목적을 위해 자신의 장소에 의존하게 된다. 이것이 스토콜스가 말한 행동–장소 고유성 즉 한 장소에서 개인 혹은 집단이 특정 행동을 정규적으로 혹은 지속적으로 수행하는 현상이며 (place specificity)[22], 또 이것이 행동–장소 의존성 즉 개인 혹은 집단이 특정 행동을 위해 하나의 장소에 의존하는 현상이다 (place dependence)[23]. 동네 또래들은 어떤 놀이를 위해 혹은 스스로의 사회적 의식을 위해 특정한 작은 운동장이나 동네 공터에 의존한다. 청소년들의 어떤 영역, 예컨대 도시 길거리나 쇼핑몰의 특정 지점은 그들이 일정 시간 즈음에 늘 모이는 정규행동의 장소가 된다. 또 복지관과 그 옆 나무그늘 속 정자는 일상적인 모임과 소일을 위해 고령 거주자들이 의존하는 그들의 장소이다.

장소와 행동은 이처럼 서로 단단히 묶여 있다. 그 이유는 장소의 풍요로운 자원 때문이다. 자원이 없으면 행동이 없다. 행동이 없으면 장소도 없다. 예컨대 매일처럼 학교와 학원을 오가는 어느 청소년이 스스로 중요한 일상이 없다고 믿으면 그 아이의 생활세계에는 중요한 장소도 없다. 충족하고자 하는 동기, 획득하고자 하는 가치, 실천하고자 하는 자기과제가 없음으로 그 아이에게는 우선행동이 없으며 자원도 없고 특별히 자기에게 중요하다고 믿는 일상의 공간들도 없다. 장소가 없음으로 더 이상 중요한 일상을 만들어갈 수도 없다. 이를테면 역으로, 장소가 없으면 중요 행동도 볼 수 없다. 장소가 없으면 더 이상의 동기와 목표가 단절된다. 잉여공간만으로는 안 된다. 장소가 있어야 의미의 일상이 있다. 오직 공간만이 가득한 주거지에서는 동기 넘치는 삶의 실현이 불가능하다. 장소가 없는 도시주거지에는 겉도는 행동들, 떠도는 일상들만이 있을 뿐이다.

장소가 넘치는 도시주거에서는 의미의 일상들이 흘러 넘친다. 중요 일상과 의미의 행동들이 장소에 의존하게 되면서 우리 전문가들은 어느 한 장소에서 특징적인 일상 행위패턴을 관찰할 수 있다. 장소를 보면 다른 공간에서는 잘 볼 수 없는 어떤 일상행동들이 정규적으로 보인다. 개인의 행위패턴이 나타나기도 하고 그 장소를 공유하는 집단 소속원들이 한두 가지 행동을 집중적으로 보여주기도 한다. 말하자면 장소에서는 몇몇 행동들의 집적현상을 관찰할 수 있다. 잠시 나타났다가 사라지는 행동이 아니라 절실한 행위, 명백한 행위, 정규적인 행위, 집요하며 반복적인 사용패턴을 볼 수 있다. 끊이지 않고 집요하게 나타나는 일상 행동현상을 말

---

22 "We describe people as place specific when they perform particular activities in the same location or in categories of places, on a regular, predictable basis." (Stokols & Shumaker, 1981, p.456)

23 "The concept of place dependence is used to describe the strength of association between group functions and the physical environment. The place dependence of setting is defined as the degree to which group members perceive the major functions of their setting to be exclusively tied to a particular location. Major functions are those that are viewed as essential for the existence and/or effectiveness of the setting." (Stokols, 1981, p.402)

한다.

내게 있어서 장소는 내 삶의 중요한 부분을 수행하는데 필요하다. 장소는 이런 행동 의미론적 역할을 가지고 있다. 장소는 일상의 과거와 현재와 미래를 보여준다. 그 곳에서 어떤 삶이 있어왔는가를 말해주며, 향후에는 그 곳에서 어떤 삶이 진행될 것인지를 보여준다. 장소는 또 행동의 수행지침에 대해 보여준다. 어떤 행동을 어떤 방식으로 수행해야 마땅한지에 대해 장소 이용자들 사이의 의사소통을 가능하게 한다. 말하자면 장소를 보면 삶이 보이고, 행동을 관찰하면 장소를 정의할 수 있다. 자기 삶의 중요한 행위패턴이 의존하는 공간은 틀림없이 장소이다.

6-5. 일본 소화시대 (출처: 이노우에 기무라 저, "소화시대 사진", 치쿠마 출판사, 1995년), 용인 상갈 2005년

정서 애착 Emotional Bond

한 공간이 장소가 되면 그 공간에 대한 사람의 감정에 변화가 일어난다. 여타 공간은 몸 밖에 혹은 이성 속에 있을지언정, 장소는 가슴 속에 있다. 그것이 개인의 장소이면 개인 고유의 정서를 움직일 것이며 집단의 장소이면 여러 사람을 하나의 감정으로 묶어 공동의 정서를 유도할 것이다. 이 움직임은 다분히 감정적이며 정서적인 작용으로서 대개는 공간에 대한 애정과 애착심이 증폭하는 현상을 수반한다. 이것은 참으로 오묘한 인간 심성의 변화이다. 어떤 인물, 사건, 역사에 대한 따뜻한 감정에 더해서 그 사건을 담고 있는 공간에 대해서도 인간 감성이 발동한다니! 이것은 장소애착 place attachment이다. 한 장소에 대한 가슴 속 편향과 사랑, 장소를 아끼고 심려하는 감정적 유착을 말하며, 심리적으로 나와 장소를 함께 배려하는 감정적 동일화를 뜻한다.

콜펠라Kalevi Korpela같은 학자들이 장소가 사람에게 주는 이 감정적 변화를 연구하였다. 장소 안에 있으면 혹은 자기 장소에 대해 생각하면 가슴이 따뜻해지고 심리적 위안과 감정적 안정을 얻는다. 장소 안에서는 정신이 반듯해지고 자기 감정에 충실해진다. 어느 공간이 한 사람에게 따뜻한 감정적 평온과 동요를 준다면 우리는 알 수 있다, "그것이 장소였구나". 공간 자체가 아니더라도, 빛 바랜 사진과 같이 장소에 대한 정서를 상기하는 대리물만으로도 마음이 푸근해질 수 있다. 아름다운 추억의 물줄기를 거슬러 오르면 그곳엔 반드시 공간이 있다. 장소는 나의 정서가 의지하는 익숙하며 친숙한 공간이다.

장소가 감정적 안정과 친근감, 평안과 위로를 주기 때문에 장소에 대한 사람의 태도에도 변화가 생긴다. 장소를 아끼게 되며, 장소에 대해 주의와 관심을 기울이게 되고, 애정과 감상을 지니게 된다. 사람이나 동물이나 어떤 사물만 사랑하는 것은 아니다. 도시주거의 어느 선택된 공간에게도 비슷한 성격의 사랑과 관심을 준다. 여타 공간에 대해서는 보이지 않는 어떤 특별한 감정적 집착을 보인다. 장소에 대한 추억을 간직하고 장소와 연계된 삶을 반추한다.

이런 감정의 유착은 그 장소가 해체될 위기에 처했을 때 가장 명확하게 확인된다. 장소가 어떤 외적 혹은 내적 요인에 의해 파괴될 위기에 처해있다고 판단하면 자기 가슴에 잠재해 있던 그 장소에 대한 감정적 소중함은 내외적 위협에 대한 강한 저항세력으로 변모한다. 감정적 대항과 함께 어떤 가시적인 행동을 통해 자기 장소에 대한 감정 가치를 해하고 변질시키려는 외부 세력에 대항한다. 어쩔 수 없이 장소가 파괴된 이후에도 사람들은 특징적인 반응을 보인다. 감정적 혼란이나 패배감 혹은 허전함은 물론이고, 없어진 장소를 대체할 유사 장소를 찾거나 본래 장소를 상기하는 어떤 상징적 대리물로 회귀함으로써 장소애착의 심리를 회복하기 위해 애쓴다.

개인 대 장소의 관계에서는 이 해체와 변질에 대한 저항세력이 아무래도 약해지기 쉽다. 장소애착이 개인적 문제일 때에는 자신의 감정적 상처를 스스로 추스르거나 치료해야 한다. 대개는 자기 내면에서 소화할 수밖에 없다. 대리 장소나 상징물에 의존하는 소극적 반응도 종종 보인다. 하지만 그것이 한 장소에 대한 집단의 공동 감정일 경우에는 저항력이 공동의 문제로 집약되어 보다 구체적인 행동반응이 나타난다. 장소애착이 집단 대 장소의 관계일 경우, 예컨대 한 마을의 주민이 보편적으로 가지고 있는 마을에 대한 보호의식, 한 지역 주민의 자기 고장에 대한 애착심, 자기 학교나 직장의 어떤 장소에 대한 소유의식으로 발전된다. 장소의 붕괴를 꾀하는 내외부적 세력에 대한 치유력이 보다 적극적인 형태를 취하게 된다.

장소애착에 대한 몇 가지 특징을 추가해보자. 하나는, 장소가 작은 공간에서 넓은 지역까지 여러 지리적 범위에서 나타나는 것처럼, 감정유착의 공간적 대상도 집이나 정원과 같은 소규모 공간에 대한 애착에서부터 동네, 도시, 그리고 국가에 대한 것까지 다양하다는 것이다. 그 범위와 감정 사이에는 어떤 비례적 관계가 있을 수 있다. 예컨대 작은 공간은 더 개인적이고 큰 공간은 보다 공적이다. 공간이 지리적으로 커질수록 공간 자체보다는 어떤 상징물에 대한 감정으로 전환될 가능성이 커지고 (예, 국기, 정체성 등) 또 그 감정이 개인보다는 공동의 집단 감정이 될 가능성도 증가한다.

또 하나는, 애착심의 정도와 양상이 시간에 따라 변한다는 것이다. 과거에는 소중한 줄 몰랐던 한 공간에서의 삶이 지금은 추억이 되어 그 공간이 지금의 내게는 소중한 장소가 된다. 과거에 자신이 살던 집이나 동네를 지금 와서 돌이켜보면 새로운 애착심이 발동할 수 있다. 지금 자신이 살고 있는 동네에 대한 감정도 먼 훗날에는 어떤 다른 변화를 일으킬 수 있다. 한 공간에 대한 지금의 애착은 그 공간에 대한 과거의 감정과 다르며 미래의 그것과도 다르다. 애착은 이와 같이 기억이나 추억과 같은 회상의 인지적 발동에 의해 영향을 받는다. 추억 안에는 장소가 있다. 추억은 사건에 대한 감정이며 장소에 대한 감정이다. 추억이 시간의 변수인 것같이 장소애착도 시간의존적 감성이다.

마지막으로, 애착심과 추억은 공간의 물리적 양상 자체보다는 그 공간에서의 삶과 사건 그리고 그 사건에 담긴 가치로부터 야기되는 경우가 많다는 것이다. 장소는 행동 즉 생활경험에 의해 탄생하는 것임을 상기하자. 지각이나 인지, 몽상이나 무의식이 아니라 치열한 행동과 현실 일상에 의해 비로소 이 공간물질세계가 한 사람의 삶의 의미와 가치가 담긴 생활세계로 전환되는 것임을 상기하자. 장소애착은 '어떤 장소에서 누구와 함께 어떤 일을 했으며 그 일이 어떠했는가' 에 관한 자기 스스로에 대한 혹은 타인에 대한 대화체의 형식으로 더 명확하게 드러난다. 이 경우에 공간은 매개체로서 역할을 한다. 애착은 공간 자체에 대한 감정 유발은 아니다. 그것은 공간 속의 사람, 경험, 사건과 같은 삶의 현상 그리고 생각, 관념, 의미와 같은 인지 현상에 의해 유발되는 현상이다. 따라서 장소에 대한 애착은 종종 그 안에서의 삶을 상징하는 사건이나 상징물에 대한 애착으로 대변된다. 집에 대한 감정은 자기가 만든 정원에 대한 그것으로, 동네는 길거리에서의 삶으로, 연인과 걷던 오솔길은 연인에 대한 추억으로, 자기의 온 삶은 사진 몇 장으로 대변될 수 있다. 장소는 이와 같이 행동과 사건과 삶의 공간적 용기容器이다. 이 용기가 인간의 따뜻한 감정을 담고 있다면 그것은 틀림없이 장소이다.

Chapter 7. 장소—행동—자원의 통합과 도시주거실무

책 머리에서 시작된 비판적 휴머니즘에 관한 제안은 제법 먼 길을 거쳐 장소의 의미에 관한 논의로 마무리되었다.

비판적 휴머니즘을 통해 말하려는 우리의 논지는 인간 의식의 자율성과 비판적 자정력에 모아져 있다. 외적 세상은 견고한 체제와 우직한 이념으로 나약한 인간을 에워싸고 있다. 삶의 거의 모든 환경들이, 심지어는 자연적 환경들까지도, 누군가에 의해 미리 정밀하게 조리되어 삶의 테이블에 세트메뉴처럼 하나하나 제공된다. 그 속에 삶의 전부를 '올—인' 하는 평범한 인간들, 그들의 의지와는 빗나가는 온갖 제조된 공간들이 그들 삶의 방향과 내용을 기계처럼 재단해나간다. 하지만 이 지배적 에너지 속에서 인간은, 뜻밖에도, 적극적인 참여와 튼튼한 자기정신으로 그 세상과 조우한다. 외적 세계와의 이 험한 독대의 상황에서 인간은 자기 내면의 힘과 일상행위의 언어로 그 기계적이며 물질적인 바깥세상을 하나의 자기 관념과 의식의 세계로 번역한다. 그리하여 자신에게 고유한, 나름대로의 의미와 지식으로 이루어진, 자기만의 생활세계를 구축한다. 타인 A와 타인 B가 내 속에서 다른 의미를 가지고 있듯이, 도시주거공간 X의 경험은 다른 비슷한 공간 Y의 경험과 내 삶의 세계에 서로 다른 의미를 제시한다. 이것이 우리가 말하고자 하는 도시주거에서의 비판적 휴머니즘이며 인간정신의 자기 해방이고 인간체험의 자율적 의사결정이다. 생활세계는 도시주거 속 내 의미의 세계이다. 아무리 초라한 사람에게도, 나약해 보이는 계층에게도, 나름대로의 생활세계는 있다. 이것이 그 사람의 삶이며 생활이며 실재이다.

도시와 주거의 문제들 중 대부분은 바깥과 속, 물질과 관념, 객관과 주관, 이 두 가지 세계의 대치와 조화의 함수이다. 문제들 중 대부분은 오히려 전문가들에 의해 악화되기 십상인데,

그 이유는 당연히 인간 편에 서서 객관세계의 현상을 조망해야 할 전문가들이 오히려 물질 편에 서서 인간을 관망하는 타성이 있기 때문이다. 인간적 세계의 밖에서 인간에게 이념과 체제와 특정 가치를 족쇄 지우는 이 시대의 지배력들 예컨대 자본과 제도와 과학기술과 홍보세력의 시녀가 되기를 자처함으로써 전문가들은 스스로 비판적 지식인의 지위를 포기하고 있다. 온갖 구성요소들이 세분화로 치닫고 있는 이 시대에서 전문가들의 직무유기로 인해 도시주거의 객관적 대상과 인간, 물질과 관념 사이에는 치명적인 분화가 진행되었다. 환경과 인간 사이에는 간극이 벌어지고 있다.

사실 도시주거 실무자들이 가지고 있는 전문적 무기의 용처는 외적 세계와 인간 생활세계를 상호 조정하고 중재하는데 있다. 우리 실무지식의 소중한 역할은 외적 시스템의 거대 운동력과 헐벗은 채 맞닥뜨리고 있는 평범한 사용자의 의식 자생력을 보듬어주는데 있다. 도시주거 실무자들의 선천적 책무는 도시와 주거지에서 사는 사람들이 그 환경 속에서의 하루하루 혹은 일생을 자신의 풍요로운 삶의 의미와 가치로 장식하도록 도와주는 작업일 것이다. 주민들 각자가 스스로 중요하다고 믿는 삶의 가치와 일상의 꿈을 현실에서 스스로 구현할 수 있도록 돕는 도시건축적 장치들에 대해 고심하는 것이다. 우리가 이 사명을 유기할 때 인간은 환경 속에서 의식을 찾지 못하고 부유할 것이 틀림없다. 자기 세계의 꿈은 메말라 버리고, 일상의 각가지 채색들은 거북 등처럼 갈라져 터질 것이며, 사람들 진솔한 삶의 스토리들 사이의 의사소통도 단절되고 말 것이다. 자기 의식과 자기 삶의 의미가 사라진 세상 속에서 인간은 외적 세계가 강제하는 시스템의 노예가 된다. 외부환경이 지시하는 생활에 로봇처럼 종속된다. 행동패턴은 물론이고 사상조차도 꼭 같이 길들여진다.

장소-행동-자원의 개념모델

이와 같은 지금의 위기에 대해 우리의 비판적 휴머니즘은 하나의 해답이 될 것이라고 믿어진다. 우리는 이 비판적 휴머니즘이라는 사상적 창문을 통해 우리 도시주거환경과 계획실무를 새롭게 조망할 수 있을 것이다. 도시주거 전문가들의 이른바 인간적 사명은 자기 요구의 충족과 삶의 의미를 향해 움직이는 인간의 노력 그 일상현실에 가장 적합한 환경적 재료들을 제공하는 일이다. 이 작업을 위해서 우리는 장소와 행동과 자원이라는 세 가지 화두에 필연적으로 의존해야 한다. 또 휴머니즘의 논리를 장소, 행동, 자원의 세 개념과 연결하기 위해서 우리는 인간 삶의 동기(요구와 가치)에 대해 그리고 인간이 스스로 작동하는 행동유발과정에 대해 강도 높게 논의해야 한다.

(1) 장소 → 생활세계 휴머니즘을 장소로 설명하는 데에는 또 실무의 인간적 사명을 장소 계획과 동일시하는 데에는 한 가지 명확한 논리가 있다. 우리는 앞에서 생활세계가 크게 세 가지 지식의 세계 즉 생리심리적, 행동기능적, 가치상징적 의미의 구조임을 명시하였다. 그리고 이 세 가지 의미 중 많은 부분이 도시주거의 외적 환경으로부터 온다는 점을 천명하였다. 생활세계는 일상 행동경험으로부터 터득한 의미의 세계이며, 이 행동경험은 도시주거의 시공간 안에서 그 환경으로부터 힘을 얻어 탄생한다. 생활세계(그 속의 의미들의 구조)가 도시주거환경이라는 외적 세계로부터 탄생하는 것임으로 그것은 장소들의 네트워크이다. 장소는 도시주거의 여러 공간들 중에서 인간 삶의 동기가 충족되고 자신이 하고자 하는 일상의 주요 행위들이 펼쳐지는 공간이다. 이런 소중한 행위들을 통해 삶의 소중한 의미들을 만들어내는 공간적 배경이다. 따라서 우리는 생활세계라는 의식의 세계를 장소라는 공간적 구조로 번역할 수 있다. 생활세계의 세 가지 지식은 장소에서의 행동경험을 통해 고스란히 그 장소라는 시공간적 그릇 속으로 배열되기 때문이다. 그리하여 장소는 하나의 시공간적 실체지만 그것은 동시에 도시주거 속 한 사람의 모든 삶의 의미들 즉 생리심리적, 행동기능적, 가치상징적 지식을 담게 된다. 자기의 소중한 장소들 안에서 인간은 일상의 의미를 만들어나가고 이 의미들을 장소들 안에 고스란히 저장한다. 말하자면 장소는 인간 생활세계의 도시주거적 실체이다.

(2) *동기* → 장소 → 생활세계 장소는 어떻게 만들어지는가? 전문가들은 인간의 장소를 어떻게 만들 수 있는가? 인간이 장소를 만드는 일을 우리는 어떻게 지원할 수 있는가? 비판적

휴머니스트에게 있어서 이런 질문들은 중요한 뜻을 전한다. 이 질문의 답을 찾기 위한 노력의 시점에서 우리는 필연코 도시주거 속 인간의 삶의 동기에 대해 논해야 한다. 왜냐하면 우리가 계획한 여러 익명의 공간들 중 몇몇이 한 사람의 소중한 장소로 탈바꿈하는 과정 그 깊은 밑바탕에서는 그 사람의 동기가 작용하기 때문이다. 동기는 삶을 지탱 혹은 개선하기 위해, 삶의 의미를 위해, 인간이 속에서부터 분출해내는 내면의 힘이다. 무엇을 스스로 요구하고 목표를 세우며 기대가치를 정립하고 자신의 신념을 곧추세워 한 방향으로 추진하는 삶의 자발적 에너지이다. 주거지 아이들의 자유로운 외부놀이, 청소년들이 만드는 자기들만의 내밀한 세계, 가정의 안식, 흥미와 여유, 건강한 의사소통과 관계들, 힘들 때 도움을 받는 일. 이런 절실하고 집요하며 명백한 필요성의 에너지 하나하나는 도시주거환경 속에서 태어나고 환경으로부터 영향을 받는다. 장소는 스스로 절실하고 집요하며 명백하다고 판단하는 어떤 동기와 연관되어 있다. 한 사람이 스스로 중요하다고 믿는 삶의 동기가 연결되어 있는 공간, 절실한 필요성이나 목표와 가치 혹은 의도와 신념이 연관되어 있는 공간이 그 사람의 장소이다.

(3) 동기 → *행동* → 장소 → 생활세계 그러나 이런 갈망이나 바람만으로는 장소가 만들어지지 않는다. 장소는 행동하는 인간에 의해, 자신의 갈망을 실천하는 사람에 의해 비로소 자신의 정체를 드러낸다. 장소는 동기가 행동으로 실천되는 공간이다. 장소는 인간이 스스로 외적 세계의 칼날을 인내하고 그 차가운 환경 속에서 어떤 잠재력과 가능성을 탐구해내는 적극성을 보일 때 비로소 탄생한다. 삶의 구체적 현실들 이를테면 상황과 가시적 현상과 일상행동들이 있어야 장소가 있다.

사실 인간 행동경험을 논리의 중추로 삼는 주장들은 많다. 파슨스나 기든스를 비롯한 수많은 사회학 이론들이 사회질서를 해명하는 중심개념으로 인간의 사회적 행동을 연구하였다. 인성심리학에서는 리틀의 자기과제이론 그리고 사회심리학에서는 반두라의 사회인지론, 에이젠의 계획행동론이 대표적이다. 우리 도시주거환경 쪽을 보면 머레이나 퍼빈Lawrence Pervin의 동기이론 (요구이론과 목표이론), 깁슨의 지각론, 바커의 행동심리학 등이 환경 속 인간행동에 논점을 모은 선구적 이론들이다. 이밖에 라파포트의 의미론, 칸터의 목적행동이론, 스토콜스의 장소행동론과 환경맥락이론, 그리고 와이즈만의 환경속성론 등이 외적 환경에 대한 인간 행동경험의 중요성을 논지의 근거로 삼고 있다. 무엇보다도 인간행동에 관한 우리의 이론적 중점을 공고하게 떠받치고 있는 선행이론은 리틀의 자기과제 이론 그리고 철학에서의 실용

철학pragmatism이라고 말할 수 있다.

물론 우리는 인간경험에서 간접적 혹은 이차적 경험 그리고 지각적, 인지적 경험이 주는 효과를 배제하지는 않는다. 지각과 인지가 인간 감성의 진폭을 조정하고 지식의 어휘력을 넓히는데 일조한다는 점에는 이의가 없다. 또 간접경험과 지각환경이 행동과 서로 어떤 관계를 맺고 움직이는 것도 확실하다. 하지만 장소 형성이나 생활세계의 구축과 관련해서 이런 간접적, 지각적 경험이 가지는 효과는 매우 제한적이다. 그것이 심리적 효과는 있을지언정, 의미의 탄생이나 장소의 형성까지는 책임지지 못한다. 이를테면 행동경험을 배제하고 감각, 사고, 관념과 같은 심리적 경험으로만 삶을 설명하는 시각이 우리의 인간적 실무에 도움을 줄 수는 없는 것이다. 대신에 우리는 환경과 직접 맞닥뜨리는 상황의 삶, 환경 속의 일상, 환경과의 개인적 대면, 가시적 행동경험과 같은 이른바 행동참여의 중요성을 강조한다. 하나의 경험이 완성된다는 뜻은 인간이 환경 안에서 환경을 이용하여 어떤 실리적, 실용적 의미를 터득한다는 것을 말한다. 경험이 참이 되기 위해서는 삶의 기능적, 실천적 결과가 뒤따라야 한다.

이런 행동주의적 경험사상에 덧붙여 우리는 한 사람 일상의 행동레퍼토리 안에는 그 사람의 특별한 동기(요구, 목표, 기대가치, 의도, 신념)와 연결된 일부 중요 행동이 있다는 점을 제안하였다. 한 사람 일상의 행동들은 그 사람이 정하는 중요도의 프로파일로 정렬될 수 있다. 중요한 일상과 덜 중요한 일상, 절실하고 집요하며 명백한 필요성으로 연결된 행동들과 그렇지 않은 행동들은 서로 명백히 구분된다. 이 프로파일 안에서 하나의 행동은 다른 행동들보다 그 사람에게 더 중요하거나 덜 중요하다. 이를테면 아파트에 거주하는 평범한 주부에게 있어서 아이들 교육 뒷바라지는 자신의 일상운동이나 사회교류와 같은 여타 일상들보다 더 중요할 수 있다. 이 중요도 프로파일의 상위에 정렬된 행동들은 한 사람의 삶을 떠받치고 있는 일상의 특별한 부분들이다. 우리는 삶의 절실한 동기들을 충족하기 위해 수행하는 이런 중요 행동을 우선행동이라고 칭하였다. 절실하고 집요하며 명백한 요구 에너지에 의해 촉발된 것임으로 우선행동은 그 사람에게 있어서 절실하고 집요하며 명백한 행동이다. 자기 삶 중에서 스스로 명확히 끄집어낼 수 있는 어떤 특별히 중요한 일상이다.

우선행동이라는 개념을 추가함으로써 우리는 행동과 장소의 관계에 관한 우리의 이론적 주장을 완성하고자 하였다. 즉 우선행동들이야말로 의미의 장소를 탄생시키는 핵심적 수단이라는 것이다. 한 공간에서 우선행동을 실현함으로써 그리고 그 공간으로부터 우선행동의 구현을 위한 환경적 여건을 발견하고 사용함으로써 인간은 그 공간을 자기의 장소로 간직하게 된다. 장소는 한 사람의 일상 중 특별한 부분들 즉 그 사람의 삶을 굳건하게 떠받치고 있는 중요 행동들이 수행되는 공간이다. 그 속에서 행해지는 행동의 특별함, 중요함, 소중함 때문에 장소는 의미와 관념과 의식으로 빛나는 뜻 깊고 의미 깊은 공간이 되는 것이다. 장소가 절실하고 집요하며 명백하고 중요한 자기 삶의 필요성들이 충족되는 곳임으로 장소는 비로소 한 사람의 의미와 지식과 관념의 생활세계 속에 존재할 수 있다. 그리하여 장소를 보면 중요한 동기, 중요한 일상행동, 중요한 생활의미들이 동시에 보인다.

(4) 동기 → *환경(자원)* → 행동 → 장소 → 생활세계 한 사람이 가지고 있는 모든 갈망과 바람과 동기는 현실 행동으로의 실천을 전제로 형성되는 개념이다. 몽상이나 현실포기, 무의식이나 무인지의 개념은 우리 이론에는 없다. 인간에게는 충족을 전제로 하지 않는 동기는 없다. 행동 없이 충족되는 동기도 없다. 절실한 필요성, 절박한 목표, 중요한 자기과제에는 특히 더 강한 행동실천의 의도가 부여된다. 그러나 실제로 행동이 실현되지 못하는 까닭은 무엇인가? 동기가 충족되지 못하는 이유가 무엇인가?

모든 행동은 특정 시공간 안에서 행해지며 시공간 환경으로부터 원료를 얻어 비로소 작동한다. 끊임없이 연료를 소모하는 로코모티브처럼, 인간 동기의 충족에는 필연코 환경의 끊임없는 도움이 필요하다. 우선행동이 발현되었다 함은 행동유발과정에서 환경이 기회로 혹은 재료로 작용하였음을 뜻한다. 환경은 행동에 원료를 제공하고 행동은 환경에 기능적으로 의존하는 상보적인 관계가 성립되었다는 것이다. 반대로 인간이 행동 실천의 과정에서 중도포기 내지는 좌절하게 되는 이유는 환경이 제한요인으로 작용하거나 (환경이 인간 행동 추진에 역작용 하거나) 환경 속에서 적절한 재료를 찾을 수 없다는 (환경이 인간이 필요로 하는 원료 측면에서 빈약하다는) 이유 때문이다. 결국 행동유발과정, 동기충족과정에서 무슨 커다란 수문장같이 버티고 서서 인간행동을 걸러내는 것은 우리가 매일 몸 부대끼며 경험하는 우리의 도시주거환경 그 물리적, 사회문화적 세계인 것이다.

비판적 휴머니즘은 행동유발, 동기충족 과정이 인간의 자발적이며 창의적인 추진력에 좌우되는 것이라고 주장한다. 자기 동기를 정의하고 환경을 평가하며 환경으로부터 동기 충족의 재료를 찾는 일련의 추진작용이 모두 인간의 주관적인 경험과정 안에서 결정된다고 간주한다. 결국은 맨몸으로 맞닥뜨리는 인간과 환경 사이의 대결이다.

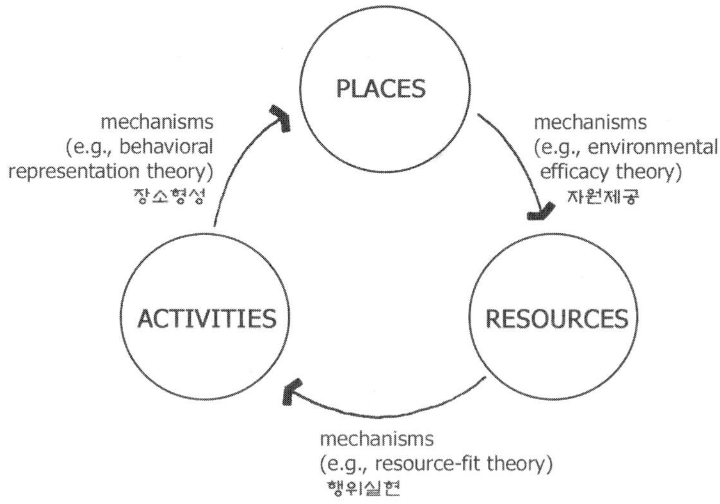

Place - Activity - Resource Model

7-1. 장소는 행동에 의존하고 행동은 자원에 의존하며 자원은 장소에 의존한다. 이 개념들의 순환적 상호관계는 행동표상론, 환경효능론, 자원일치론과 같은 과정이론으로 설명된다.

우리는 여기에서 행동표상, 환경효능평가, 자원일치라는 세 가지 과정이론을 제시함으로써 환경과 대면하고 있는 인간의 경험구조를 설명하고자 하였다. 행동표상은 내 동기의 충족을 위해 내가 수행해야 할, 수행하고 싶은 행동을 스스로의 내면에서 예행 표상하는 단계이다. 환경효능평가는 내 동기 충족을 위해 내가 필요로 하는 환경여건(최적표상환경)을 주어진 현실환경여건에서 찾을 수 있는지의 관점에서 현실환경을 평가하는 단계이다. 자원일치는 최적표상환경과 현실환경여건 사이의 일치의 상태 혹은 일치를 위한 노력을 말한다. 여기에는 인간이 환경을 선택하는 수동적 간택에서부터 자기 요구의 조정, 주변 환경의 변형과 같은 적극적인 투쟁의 결과까지 포함된다. 이 세 가지 과정 즉 행동표상, 환경효능평가, 자원일치는 모두 인간이 자신의 우선행동에 필요한 자원을 찾기 위한 여정이며 동시에 그 자원을 이용하여 목표행동을 실행하기 위한 작업이다.

자원은 행동의 언어이며 동시에 환경의 언어이다. 자신의 중요 행동을 실천하는데 필요한 자원의 조합은 어느 공간에서나 흔히 발견되는 것은 아니다. 최적의 자원을 갖춘 공간을 찾는 일에는 특별한 탐구, 우연한 발견, 어느 정도의 타협, 적극적인 조정 등이 필요하다. 한 공간에서 자신이 필요로 하는 자원들을 찾을 때, 우선행동을 실현할 때, 동기를 충족하고 삶의 의미를 획득할 때 그 공간은 자신의 소중한 장소가 된다. 장소는 필요한 자원을 제공하는 공간이다. 자원은 장소를 만드는 행동의 재료이다. 자원이 없으면 행동이 없고 장소도 없다. 이것이 우리가 제안하는 '장소—행동—자원의 모델' 이다.

장소—행동—자원 모델은 인간 삶의 동기에서 시작하여 자기 생활세계로 마감하는 도시주거경험의 큰 순환구조를 이론적으로 또 실무적으로 요약하기 위한 우리의 개념적 장치이다. 한 사이클의 경험에서 작용하는 인간과 환경의 상호작용과 연관해서 (1) 환경의 영향은 자원이라는 개념으로, (2) 인간의 동기는 우선행동으로, 그리고 (3) 생활세계의 의식은 장소라는 공간 의미론적 어휘로 각각 설명한다. 자원, 우선행동, 장소 이 세 가지 개념은 서로 복잡하게 얽

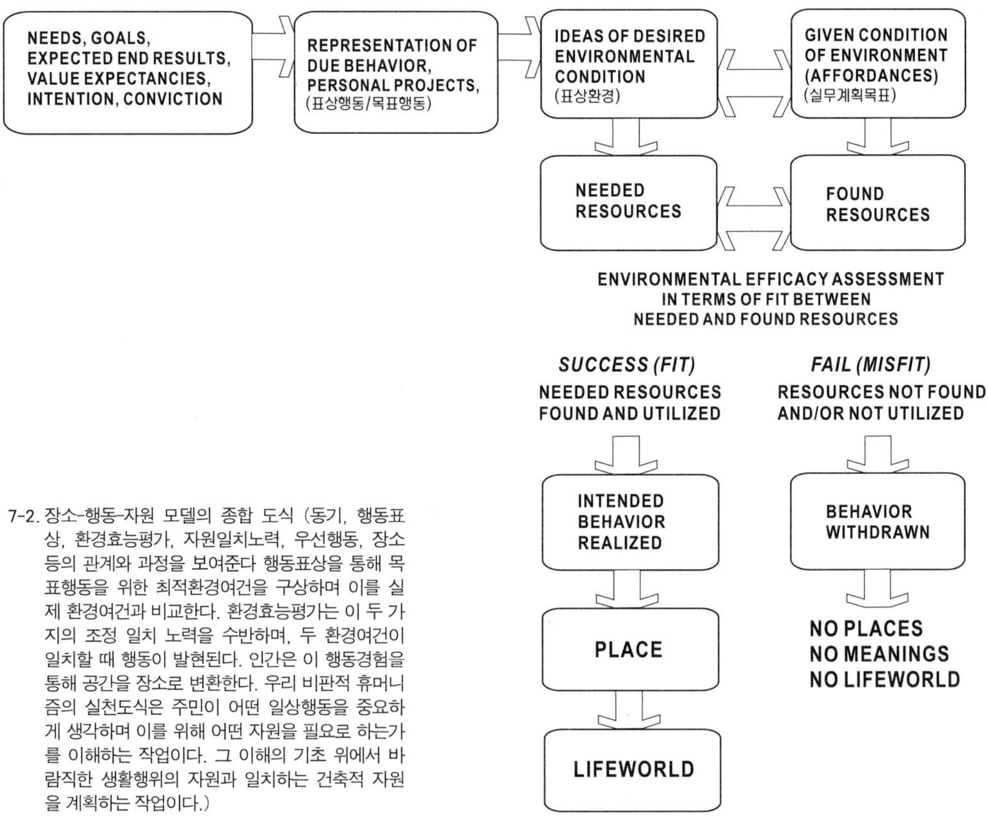

7-2. 장소-행동-자원 모델의 종합 도식 (동기, 행동표상, 환경효능평가, 자원일치노력, 우선행동, 장소 등의 관계와 과정을 보여준다 행동표상을 통해 목표행동을 위한 최적환경여건을 구상하며 이를 실제 환경여건과 비교한다. 환경효능평가는 이 두 가지의 조정 일치 노력을 수반하며, 두 환경여건이 일치할 때 행동이 발현된다. 인간은 이 행동경험을 통해 공간을 장소로 변환한다. 우리 비판적 휴머니즘의 실천도식은 주민이 어떤 일상행동을 중요하게 생각하며 이를 위해 어떤 자원을 필요로 하는가를 이해하는 작업이다. 그 이해의 기초 위에서 바람직한 생활행위의 자원과 일치하는 건축적 자원을 계획하는 작업이다.)

혀 서로 영향을 미치며 서로 상대방의 필요조건이 되는 불가분의 관계를 지니고 있다. 반면에 그 상호 영향관계는 그림과 같이 일련의 순차적 과정으로 정연하게 정리될 수도 있다.

첫째, 우선행동은 (1) 인간 내면의 힘찬 동기 에너지 (중대한 필요성, 목표, 기대가치, 의도와 신념 등) 그리고 (2) 동기가 지시하는 필요 행동의 예행 즉 표상행동에 의해 정의된다. 이것은 자기 동기의 충족을 위한 현실적 수단으로서 목표행동이라고 할 수 있으며, 우리는 이를 리틀 등이 제안한 자기과제와 동일한 것으로 간주할 수 있다. 둘째, 자원은 (3) 예행 행동이 그려내는 최적표상환경과 주어진 현실환경의 비교평가 (환경효능평가) 그리고 (4) 두 환경 사이의 조화와 일치를 위한 노력(자원일치노력)에 의해 정의된다. 자원은 행동—환경의 연결개념으로서 우선행동에 대한 환경의 긍정적 기여를 말한다. 우리는 이것을 깁슨과 그 후학들이 발전시킨 어포던스 이론을 한 걸음 더 발전시킨 하나의 이론적 공헌으로 자부하고 있다. 셋째, 장소는 (5) 이런 자원일치노력이 성공하면서 자원이 우선행동의 실현에 이용되는 시공간으로서 (6) 최초 동기의 에너지가 지니고 있던 갈망과 가치가 하나의 삶의 의미로 결정되는 환경으로 정의된다. 따라서 우리는 장소들의 네트워크를 이용하여 후설이나 슈츠가 제안한 외적 환경의 자기 의식화 즉 의미의 생활세계를 설명할 수 있다.

결국 우리의 개념적 모델은 동기의 발현, 우선행동의 표상과 목표행동의 예행, 현실환경의 지각과 환경효능평가, 자원일치노력과 자원의 활용, 우선행동의 실현과 의미의 탄생, 장소의 형성과 생활세계의 유지라는 일련의 단계들이 한 시공간적 상황 안에서 하나도 빠지지 않고 차근차근 연결 진행되는 그 유연하고 끈질긴 과정이다.

이 경험의 여정은 동기 충족을 위한 과정이며 행동 유발의 과정이다. 그것은 또 장소 형성의 과정이며 인간이 일상에서 의식과 의미의 실을 뽑아 자기세계를 직조하는 과정이다. 실무는 이 순환경험과정에서 인간 경험의 대상, 지각의 대상을 만드는 역할을 맡는다. 실무는 인간이 자기 필요환경여건을 빗대어 보는 실제의 거울을 만드는 일이며, 인간이 자기 우선행동의 실현을 위해 원자재를 얻어내는 자원의 큰 바구니를 만들어 주는 작업이다. 이 거울과 바구니는 외적 현실이다. 실무가 관여하는 현실적 환경은 인간 마음 속의 이상적 환경과 함께 인간의 경험세계 안에서 환경의 양 축을 형성한다. 물론 각각의 축은 늘어나고 줄어드는 삼투압 같은 증폭을 만들며 진행한다. 요구와 목표가 변하면서 인간이 필요로 하는 최적표상환경도 가변성을 갖게 되며, 인간이 지각하는 현실환경의 모양도 (비록 요구환경만큼은 아닐지라도) 유연하게 진화를 거듭한다. 이 변화하는 두 환경 축이 특정 부분에서 중첩 일치할 때 (두 축의 부분 조정에 의한 인간의 일치노력이 성공할 때) 자원이 탄생하고 비로소 행동이 실현되며 의미의 장소와 의미의 생활세계가 형성될 수 있다. 이 성공을 결정하는 두 열쇠 중 하나를 우리 실무자가 가지고 있다.

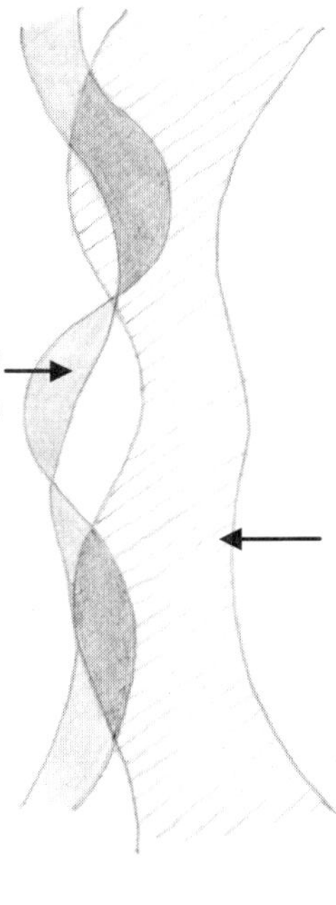

7-3. 인간 경험세계의 2개 환경 축

실무가 성공하려면 인간이 필요로 하는 환경자원을 적절히 제공해주는 현실환경을 만들어야 한다. 인간으로 하여금 이 현실환경에서 자신이 표상하는 필요여건을 찾을 수 있도록 도와야 한다. 도시주거환경이 인간적이라 하면 자원이 풍부함을 뜻하며, 반대로 그것이 험난하다 함은 자원이 희박한 것을 말한다. 소중한 의미의 장소가 없다 함은 인간 삶의 동기가 제대로 구현되지 않는다는 것을 말하며 도시주거환경이 사람들 우선행동의 실천을 위한 자원 측면에서 허약하다 함을 뜻한다. 자원이 빈한한 환경에서는 사람들의 행동, 공간의 사용들이 같이 빈한해진다. 자원이 없으면 행위도 없고 동기 실현도 없으며, 장소도 없어지고 의미도 없어지며 생활세계도 없어진다. 실무의 능력, 실무의 성공은 모두 자원에 달려있다. 도시주거 실무의 역할은 이처럼 중대하다. 자원을 제공하는가의 여부를 결정한다. 그리하여 인간 삶의 동기가 일상으로 실현되는가 어떤가를 결정한다. 인간 삶의 터가 의미의 장소로 넘치는가 찬바람만 부는 황량한 것인가를 결정한다. 도시주거환경이 인간동기가 행동으로 실현되어 삶이 의미로 넘쳐흐르고 그 의미가 공간 속에 차곡차곡 쌓여나가는 생활세계의 터전인가 어떤가를 결정한다.

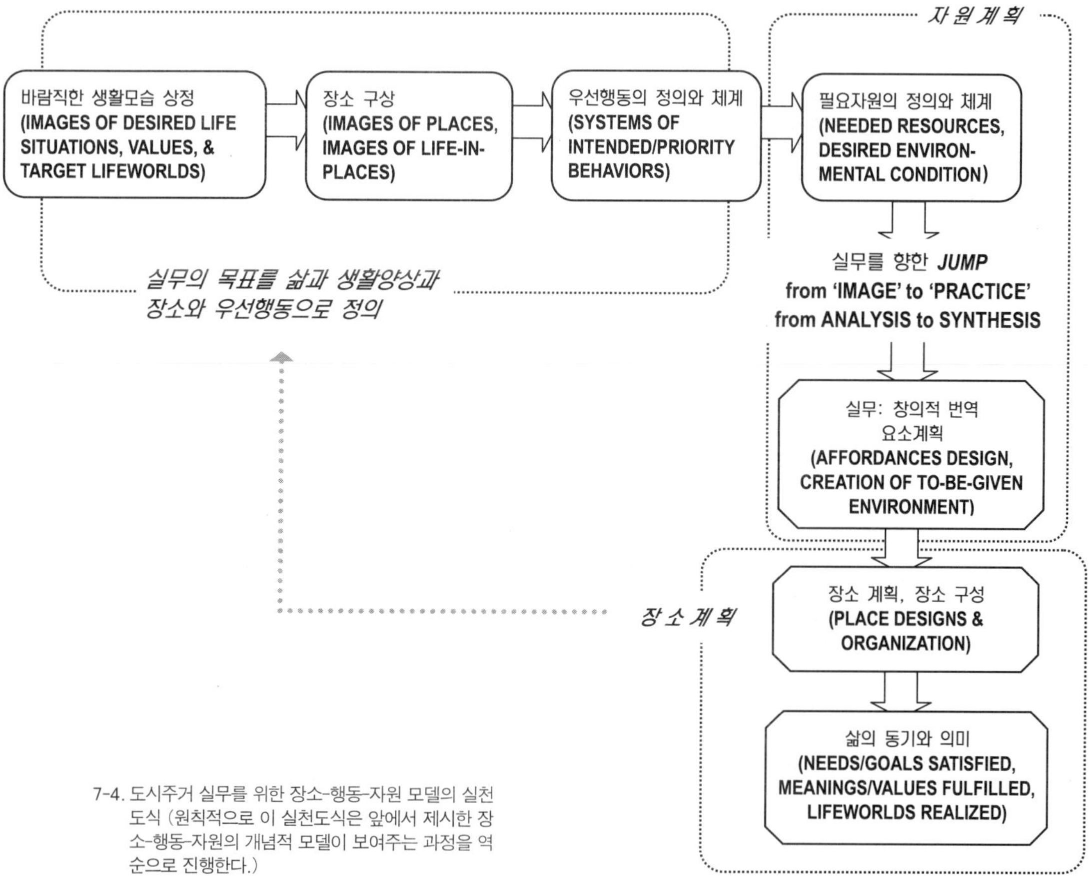

7-4. 도시주거 실무를 위한 장소-행동-자원 모델의 실천 도식 (원칙적으로 이 실천도식은 앞에서 제시한 장소-행동-자원의 개념적 모델이 보여주는 과정을 역순으로 진행한다.)

비판적 휴머니즘의 실무 프로세스는 장소-행동-자원의 개념모델을 대체로 역순에 따라 진행한다. 앞서 제시한 개념적 모델은 무엇보다도 외적 세계에 대한 인간경험을 이론적으로 설명하기 위한 것이다. 동기에서부터 자원, 행동, 장소를 거쳐 생활세계까지의 경로이며, 특히 그 중간에서 자원일치와 행동유발의 중요성을 강조하였다. 실무 프로세스는 이 개념적 모델을 실무에 적용함으로써 풍부하고 의미 있는 인간경험을 유도하고 인간적으로 깊이 있는 도시주거환경을 만들자는 것이다. 이를테면 인간을 향한 실무, 인간중심적 도시주거계획 즉 PCPND People-Conscious Process for Neighborhood Design 같은 방법을 말한다.

이 프로세스는 선을 그린다거나 공간을 뭉친다거나 하는 일에 앞서 (1) 한 프로젝트가 도달해야 할 바람직한 삶의 모습, 인간경험의 가치, 목표하는 생활세계와 그 의미들에서부터 시작한다. 삶의 의미나 가치라는 것이 다소 추상적으로 느껴지겠지만 이미지들을 모으고 그려봄으로써 보다 현실적인 아이디어로 번역할 수 있다. (2) 그 방법 중 하나는 실제 사례 등에서 바람직한 장소의 예들을 찾아 계획목표로 삼는 일이다. 또 다른 방법은 (3) 바람직한 삶, 가치, 목표 등과 관련된 여러 인간행동들을 상정하는 것이다. 삶이란 것을 행위시스템으로, 가치는 이를 표현하는 인간행위로, 그리고 생활세계나 의미는 대표적 우선행동으로 표현할 수 있다. (4) 바람직한 삶, 삶의 질과 수준이라는 목표를 장소나 행동으로 조작적 정의를 마친 후에는 이로부터 비로소 자원을 도출할 수 있다. 자원이란 각 행동이 사용하고 있는 환경의 속성, 성능, 요소 등을 말한다. 장소나 행동상황으로부터 자원을 도출하는 방법은 앞에서 자세히 제시한 바 있다. (5) 자원을 실무계획으로 번역하는 일, 자원으로부터 계획언어를 생산하는 작업은 순전히 실무자의 창의성에 달려있다. 그늘, 부드러운 경사, 조용함과 서늘함, 우연하고 흥겨운 만남들과 같은 환경속성정보로서의 자원을 현실환경으로 실현하는 방법은 수없이 많다. 인간이 자원을 찾아 자기 동기를 일상 행동으로 실현하듯이, 실무자도 자원을 자기 언어에 의해 실제 계획으로 실현하면 된다. 이런 비판적 휴머니즘의 실무는 그 결과로서 (6) 인간의 장소, 각종 의미로 색칠해지는 일상의 장소들을 예상할 수 있고, (7) 생활세계, 삶의 동기와 의미로 가득한 도시주거환경을 기대할 수 있다.

이 프로세스의 궁극적인 메시지는 오직 '인간적' 인 것이어야 한다. 인간적인 것은 '행동적' 이어야 하며 '자원적' 이어야 한다. 그리하여 '장소적' 이어야 한다. 사실 생활세계나 장소를 계획하는 작업은 그렇게 어렵지 않다. 인간의 삶을 관조하고 그들 삶의 중요한 부분과 우선행동을 찾아 정의하는 작업도 어렵지 않다. 찾은 행동으로부터 자원을 찾아 정의하고 자원의 속성적 개념을 이용하여 계획언어로 치환하는 작업도 결코 어렵지 않다. 이 어렵지 않은, 하지만 중요한 일을 실행하기 위해서 우리는 다만 우리 실무에 대한 근본적인 정의를 다시 써야 한다. 우리 실무를 인간 삶의 경영과 관계하는 것으로 규정해야 한다. 우리 관심을 인간과 거리가 먼 자본과 제도와 기술의 체제가 아니라 주민의 생활과 행동과 일상에 둔다면 자원이 저절로 보인다. 우리는 다만 인간에 대해 무관심했다. 인간 생활을 오해하였으며 무시했다. 우리는 휴머니즘을 등한시했다.

이 역순의 실무 프로세스에서도 중심은 역시 자원이다. 자원은 우리 실무자들이 진정으로 살기 좋은 도시주거를 만드는데 마땅히 고려해야 할 건축적 재료이며 실무 언어이다. 자원은 계획의 어휘이며, 인간행동은 문법이고, 장소는 문장이다. 문장이 뜻하는 바는 인간 의식과 의미의 생활세계이다. 삶의 궁극적 상황 즉 생활세계는 의미의 장소들로 이루어져 있다. 장소는 삶의 중요한 일상행동에 의해 형성된다 (우리는 이런 행동을 동기, 신념, 목적을 향한 우선행동이라고 부른다). 그리고 이런 삶의 행동부분들은 모두 환경의 영향력 아래 놓여져 있으며 환경으로부터 취득하는 자원에 의존한다. 우리가 자원을 제공하도록 계획하면 우선행동은 실현되고 삶의 동기는 충족될 것이다. 그리하여 경험, 추억, 감정, 관념, 의미, 지식 등이 단단하게 박힌 장소들이 탄생할 것이다. 장소에 기대어 인간의 도시주거는 행복할 것이다. 장소를 통해 인간은 삶의 질을 높일 것이며, '웰빙' 을 이룰 것이며, 지속가능을 성취할 것이며, 무엇보다도, 진정으로 인간적인 삶을 살게 될 것이다. 이것이 우리가 고대하는 우리 실무의 목표가 아닌가! 그렇다. 이것이 도시주거 환경을 인간 삶의 장소로 만들고자 하는 비판적 휴머니즘의 실천도식이 추구하는 결론이다. 인간 삶의 중요 부분들로부터 삶의 행동양식에 관여하는 계획요소를 추출한다는 것이다. 이 계획요소들이야 말로 인간 스스로 자기 주거요구를 일상행동을 통해 충실히 충족하도록 지원하는 건축적 원자재이다. 이런 인간적, 행동주의적 계획이야말로 인간이 이 무심한 도시주거 공간을 자신의 영혼과 가슴의 장소로 만들어가도록 독려하는 건축적 장치이다. 이것이 비판적 휴머니즘의 실무이다.

Chapter 8.

에필로그:

구상(構想)과 구상(具象)의 사회과학

높은 가지를 흔드는 매미소리에 묻혀
내 울음 아직은 노래 아니다.
차가운 바닥 위에 토하는 울음,
풀잎 없고 이슬 한 방울 내리지 않는
지하도 콘크리트벽 좁은 틈에서
숨막힐 듯, 그러나 나 여기 살아 있다.
귀뚜르르 뚜르르 보내는 타전소리가
누구의 마음 하나 울릴 수 있을까.
지금은 매미떼가 하늘을 찌르는 시절
그 소리 걷히고 맑은 가을이
어린 풀숲 위에 내려와 뒤척이기도 하고
계단을 타고 이 땅 밑까지 내려오는 날
발길에 눌려 우는 내 울음도
누군가의 가슴에 실려가는 노래일 수 있을까.

(나희덕, '귀뚜라미' 전문)

구도(求道)의 로드맵

집 지을 빈 땅과 막 최초의 선을 긋기 시작한 백지를 마주하며 스스로에게 다시 묻는다. 이제 또 어디로 가려 하는가? 수많은 집을 짓는 동안 같은 질문을 몇 번이나 반복했을 터인데 해답은 명료치 않다. 질문은 질문이거니와, 손과 발은 똑바른 정신과는 다른 길을 걷는다. 길은, 언제나처럼, 어지럽게 흔들린다. 한 프로젝트의 모호함은 또 다른 모호함을 담보로 한다. 실패는 끝날 줄 모른다. 우리는 이것을 귀한 경험이라 부른다. 하지만 실수가 실수로 회귀하는 숙명 속에서 이를 어찌 귀하다고 할 수 있는가.

우리가 지금 그려내는 도시주거에는 메시지가 없다. 우리가 지금 보고 배우는 주거에는 영혼이 없다. 필로티와 광장과 가로와 놀이터의 건축에는 언어의 유형학이 있을 뿐이다. 언어는 어떤 메시지를 전하기 위해 존재한다. 메시지의 이미지가 자유롭지 못하면 언어는 다만 오브제가 되고, 우리는 그 오브제의 노예가 된다. 하지만 처절한 인간 삶의 세계를 감히 오브제의 유형으로 희화할 수는 없다.

우리는 수많은 건축언어로 어떤 섬세함을 발휘하려 한다. 하지만 이것은 인간에 대한 '자신 없음' 을 표현하는 일이다. 똑바로 보지 못함으로, 우리가 봉사해야 할 인간들을 복잡한 메뉴로 현혹할 뿐이다. 그것이 명백히 봉사가 될 수 없고 오히려 우리 인간들, 그 하나하나의 아름다운 삶을 족쇄로 얽매는 일임은 모른다. 인간은 얼마나 창의적인가! 그들의 굳건한 의도와 생활과 행동의지의 강물에 역류하는 전문가의 의도는 하찮은 비듬처럼 흩어질 것이다.

우리 실무자들은 스스로에게 말한다. 우리들이 끝까지 놓치지 않는 '이것은 아닐지 모른다' 라는 농밀한 의구심은 바로 우리들의 힘찬 에너지이다. 버릴 것은 버리고 스스로 찾으려 하는 사람에게 방법은 어디에나 있다. 그리고 우리들의 영원한 클라이언트인 인간들은 어떤 해답을 주려 할 것이다. 여기, 이 책에서, 한 가지 방법이 소개되었다. 우리는 이것을 비판적 휴머니즘이라 부르지만, 이것은 말하자면 눈앞의 커튼을 걷어버리고 구도하는 자에게만 보이는 아름다운 인간들의 건축적 모습일 수 있다. 비판적 휴머니즘, 인간중심계획은 도시주거 안에서 살아가는 인간들의 일상생활, 행위와 사건의 스토리, 의미와 가치가 담긴 인간의 소중한 장소 place들을 지원하는 계획이다. 이것은 자기 고유의 이론적 체계를 기초로 삼아 발전된 실무모델이다. 이론을 실천으로 모색하려는 노력이다.

인간은 살면서 요구를 만들고, 요구는 자기만의 기대가치를 함유하며 끝없이 행동으로 표현된다. 행동을 향한 여정에는 광활한 외적 환경의 영향력이 있다. 하지만 인간은 다만 환경에 복종하지 않으며, 환경을 가늠해내며, 마치 체를 곱게 쳐서 모래들로부터 금싸라기 한 알을 찾아내듯이, 환경에 내재된 가능성을 발견한다. 인간의 행동은 이 환경적 가능성의 산물이다.

8-1. 인도 자이살메르 2001년 (장소는 인간에 의해 개척된 절대적 의미의 공간이다. 길은 똑 같은 사막공간에서도 정확히 선택된다.)

따라서 우리 도시주거 전문가들은 인간들이 끊임없이 가늠해내는 그 가능성 바로 옆에 서있어서야 할 사람들이다. 인간들이 목적 없고 이름 없는 공간들로부터 자신의 생활을 모두 걸고 만들어내는 장소들! 우리가 만드는 집에서 인간이 살아간다는 현실은 결국은 이 소중한 장소들을 구분해내는 과정에 다름 아니다. 인간은 일상의 주거경험 그 끝에서 장소라는 꽃을 피운다. 집 짓는 우리들은, 과장된 제스처나 자기 과시 혹은 온갖 훼방을 절제하고, 꽃 피는 장소들에 물을 주어야 한다. 도시주거계획은 이와 같이 인간의 행동과 그들의 장소 사이에서 작동하는 환경의 맥을 짚어내는 일이다.

모든 물질적이며 요소적이며 유형적인 틀을 벗어버리고, 우리들의 목표는 인간적이어야 한다. 왜냐하면 환경이라는 것은 결국 삶의 현상이나 일상의 현실과 하나로 묶여 함께 늙어가는 것이기 때문이다. 모든 인간적이지 않은 것들은 언어의 조작이다. 여기에는 깊은 고뇌와 창의와 신념 조차 허망하다. 반대로 우리의 영혼을 인간을 향한 공감으로 채우면 집 짓는 일의 항로는 창의성으로 넘쳐난다. 계획이라는 험난한 길 한발 한발마다에 시작과 끝의 명쾌함이 가득 찬다.

내가 만든 집 안에서 인간은 존재하고 살아가며 사라진다. 울고 웃고 걷고 뛰고 만나고 헤어지고 커지고 작아지고 즐겁고 행복하다. 이것은 감격이다. 생활 하나하나가 우리들 선 하나에, 말 하나에 영향을 받을 것이다. 이 감격을 이해하면 굳이 절차는 따질 것 없다. 절차는 집 짓는 사람들 각자의 몫이다. 바람직한 삶의 모습들을 향해 일사 분란하게 작동하면 될 것이다. 목표로 하는 생활이 구현되는 최적의 지원장치를 마련하면 될 것이다. 도시주거의 비판적 휴머니즘이 시도하는 실천도식은 바람직한 인간 삶의 모습들이 담긴 환경장치를 만들자는 것이다.

돌이켜보면, 인류의 역사는 끝간 데 없는 인간 사랑이나 자기 희생, 숭고한 고뇌의 기록은 아닌 것 같다. 역사 속 수많은 사건들은 인간 중시의 노고보다는 인간애의 종말을 경고하는 흔적들로 가득하다. 전쟁과 노예와 기아와 살인과 방치의 역사를 보라. 그 험난한 시간의 궤적 안에서 힘없는 인간은 자기의 가치를 어쩔 수 없이 포기하고 나무토막처럼 쓰러지거나 바람 한줄기만도 못하게 천대 받거나 볏짚처럼 처단되었다.

기술은 편리할지 몰라도 이 시대의 기술은 나를 정의하고 우리를 찾으려는 인간들의 노력에 크게 도움이 되지 못했다. 오히려, 기술을 서둘러 좇다가 기술적 과제와 정보에 압도되어 질식될 것 같다. 불행히도, 자본이나 기술적 오브제를 젖혀두면 이제 우리의 인간적 대화에는 주제가 없다. 도시주거가 기술과 용도와 효율의 형식에 압도되면 건축과 인간 사이에는 화합하기 어려운 갈등이 생긴다. 형식은 다만 수단이다. 그것은 집 짓는 우리의 대화 중간쯤에 설 수는 있다. 하지만 집 짓는 일의 처음과 마무리는 아니다. 그곳에는 인간에 관한 것들, 마구 커나가는 어린 아이들, 우리의 아름다운 청소년들, 집에 의존하는 가족들에 관한 주제로 채워져야 한다. 곰곰 생각해보면, 인간 한 사람 한 사람에게 집 짓는 우리가 할 일이 참으로 많다.

구상(構想)과 구상(具象): 인간과 장소의 합일

도시주거 속 인간의 일상은 삶의 이야기로 가득하다. 사람 사는 이야기는 나의 이야기, 우리의 이야기, 타인과의 이야기, 사회적 체계 속의 이야기, 문화에 대한 이야기들이 정연하게 얽힌 하나의 구상構想, idea의 모습을 지닌다. 이것은 삶의 여러 이벤트에 대한 추상적인 개념이다. 삶에 관한 손에 잡히지 않는 관념이다. '우리 가족은 행복했다', '우리의 사랑은 진실했다', '나는 즐거웠다'와 같은 현상학적 이미지를 말한다. 결국 삶이라는 것은 이런 이벤트적 현상들의 시간적 관계이다. 그 관계는 인간 역사의 수많은 노래와 연극과 영화로 표현된다. 혹은 한 인간의 아련한 기억 안에서 말해진다.

그 추상으로서의 이야기들은 하나하나가 필연코 구상具象, substance으로 변환되어 손에 잡히는 현실적, 건축적 이미지로 탈바꿈하게 마련이다. 이 구상화 과정에서 삶의 이야기는 하나 또는 몇 개의 건축환경적 배경과 결속된다. 배경은, 우리 전문가에게 익숙한, 공간이나 위치나 마당이나 길이라는 물질적 언어이기도 하며, 가족, 학교, 한민족과 같은 사회문화적 테두리일 수도 있다. 이 도시건축적 배경 안에서 비로소 삶의 관념들은 명쾌한 형상을 갖춘다. 결국 삶은 이벤트들의 공간적 관계로 변모한다. 이를테면 삶은 어릴 적 우리 가족이 살던 집 마당의 꽃밭에서 행복했던 이야기, 지난 해 사랑하는 사람과 다녀온 어떤 여행지에서의 사랑 이야기, 그리고 학교에서 보냈던 즐거웠던 시간과 같은 '배경 속의 이야기' 즉 '인간-환경 합일체' 로서 완성된다. 여기에서 마당, 꽃밭, 여행지, 학교와 같은 도시주거적 환경은 더 이상 단순하며 객관적인 누구나의 물질이 아니다. 그들은 삶의 의미를 담은 '나' 의 혹은 '우리' 의 이야기 책이다.

이런 '인간-환경 합일', '삶-장소 융합' 의 논리 안에서 도시주거를 계획하는 일은 인간 살아가는 이야기를 배제할 수 없다. 집과 동네를 만든다는 것은 그 안에 산재한 공간들을 매개로 하여 인간에 대한, 인간을 위한 이야기들을 만드는 일과 별개의 것으로 생각할 수 없다. 인간은 배경과 동떨어져 혼자 공기 속을 부유하는 존재가 아니다. 오히려 끊임없이 배경과 만나고 교류하며 그 과정에서 각가지 현상을 창출한다. 배경 안에서 태어나고 행위하며 만족하고 느끼며 사라진다.

여기서 잠시 멈추고 한번 생각해보자. 우리의 평범한 하루가 얼마나 많은 배경 안에서 흘러가고 있는가를. 우리의 과거의 삶과 현재의 삶이 어떻게 장소들과 결속되어 있는지를.

아래 글은 당시唐詩를 번역한 이원섭 선생이 이백의 '황학루송맹호연지 광릉黃鶴樓送孟浩然之廣陵' 을 역해하며 토를 달은 것이다. 마음은 풍경 속에 숨어 풍경이 그 뜻을 전한다. 도시 안에, 마을 안에, 자연 안에, 그리고 우리들 마음 속에 있는 하나하나의 풍경은 고스란히 하나의 삶의 대변자이며 뜻의 홍보물이다. 풍경은 또 인간의 관계와 존재와 눈물과 성장의 매우 인간적인 정보를 담은 하나의 삽화이다. 마음과 뜻과 삶은 고스란히 경景 속에 있다. 인간 존재가 풍경의 존재를 전제로 한다면 그 풍경을 만드는 우리의 작업은 결국 인간의 삶을 만드는 일과 크게 다르지 않다.

黃鶴樓送孟浩然之廣陵

故人西辭黃鶴樓 烟花三月下揚州 孤帆遠影碧空盡 惟見長江天際流

나를/황학루에 남기고/-안개 낀 삼월/친구는 배에 올라/양주로 떠나고,

이윽고, 돛대마저/시야에서 사라져/뵈는 것, 아득히 하늘에 닿은

장강 물 뿐이어라

이 시는 눈에 보는 풍경을 말했을 뿐, 한 자도 별리別離의 정을 건드리지 않았건만, 정서가 도리어 문자 밖에 출렁임은 경景 속에 정情이 함축되어 있는 까닭이다. 더욱 외로운 돛대가 먼 하늘 끝에 사라졌음이 어찌 단순한 풍경이며, 홀로 남아 굽어보는 장강이, 작자의 무궁한 정과 무연한 것이겠는가.

(이원섭, 「당시唐詩」, 현암사, 1996년에서 발췌)

장소: 삶의 공간적 구상(具象)

비판적 휴머니즘의 실천도식은 마음을 담는 풍경으로서, 삶의 의미를 담는 공간배경으로서 장소를 만들자고 한다. 장소는 물질적 공간과 인간 삶의 단편이 서로 분간하기 힘들게 얽혀 형성한 하나의 '삶-공간'의 구체적인 상황이다. 그것은 물질적 공간 안에 존재하는 인간에 관한 세계이다. 그것은 공간이라는 물질적인 구상具象 안에 삶이라는 구상構想, idea이 존재하는 그런 건축적 현상이다.

장소 안에 각가지 의미가 알알이 박혀있어 장소를 보면 주인의 지난 생활과 현재의 삶을 읽을 수 있다. 추억과 사건, 아름다움이라는 것과 기억할 만한 일들, 생활의 소중한 알갱이들이 담겨있는 공간. 그리하여 지난 '나' 와 현재의 '나' 를 말하는, '나는 누구인가' 를 대변하는 그런 물리적 형체가 바로 장소이다. 나의 소중함이라는 것들이 건축적 언어로 전환되어 건축이 내 뜨거운 감정을 보관하고 있는 곳이 곧 장소이다. 내 삶의 중요한 기능이 발현되는 곳이 장소이며, 그 행동의 정상적인 발현을 가능하게 하는 각가지 자원들이 고스란히 담겨있는 건축적 항아리가 모두 장소이다. 인간에 관한 것, 상징적이며 감정적이고 기능적인 것들이 담겨있는 '건축+경험' 의 현상이다.

그리하여 나는 철저히 장소에 의존한다. 내 존재는 장소에 담겨있는 삶의 이야기들에 의해 존재하며, 내 감정은 장소의 언어들에 의해 장식되며, 내 행동은 장소의 소중한 기능성에 의해 유지된다. 누구든지 적어도 한두 개의 장소는 가지고 있어야 하는 것이다. 과거의 것이든 지금의 것이든 장소가 있어야 그 인간을 말할 수 있다. 장소가 있어야 삶의 의미가 있다. 스스로 곰곰 생각해보자. 나에게도 소중한 기억, 귀한 스토리, 없어서는 곤란한 삶의 사건들을 말해주는 어떤 '마음의 공간' 이 있는지를. 당신의 인생에는 몇 개의 장소가 있는가? 장소가 없는 인간은 쓸쓸하며 허전하다. 존재는 허망하며, 삶은 정착하지 못하고 허공을 부유한다. 반대로 여러 귀한 장소들을 머리와 가슴과 몸 여기저기에 담고 있는 사람은 풍요로운 사람이다. 그 삶은 여러 이야기로 풍성하고, 정신은 진한 색채로 가득하며, 몸에서는 인간의 향기가 그윽하다. 그 삶은 장소들의 촘촘한 징검다리로 요약된다. 한 장소에서의 삶의 이야기가 다른 장소에서의 이야기로 넘어가는 식으로 인생이 정확하게 요약 정리된다. 장소의 징검다리는 곧 인간 스토리의 시간적 공간적 관계, 삶 그 자체이다. 우리 도시주거의 비판적 휴머니스트들은 바로 이 장소의 네트워크를 인간의 '도시주거적 생활세계lifeworld' 라고 간주하고 있다.

비판적 휴머니즘은 결국 장소를 만들자고 한다. 도시주거의 계획을 장소 만드는 일과 동일시하자는 것이며, 장소를 매개로 삼아 이 딱딱한 도시주거의 건축언어를 인간의 이야기들로 채우자는 것이다. 삶의 이야기들을 장소의 징검다리로 엮어내자는 것이다. 장소 안에는 삶의 단편과 엮어진 한 인간의 상징가치, 감정가치, 행위가치가 고스란히 담겨있다. 그리하여 우리가 장소를 만들기로 결심하면 결국 우리는 인간이 도시주거 안에서 자신의 삶을 고귀한 것으로 만드는 노력에 도움을 줄 수 있을 것이다. 인간은 우리가 만든 장소들 속에서 풍족한 삶의 스토리에 대한 매듭을 하나씩 만들어낼 것이다.

평범한 공간, 하잘것없이 보이는 시설이라 할지라도 예컨대 동네 골목어귀 손바닥만한 마당이라도 그 속에 소중한 삶의 이야기들이 담긴 것이면 그것이 장소이다. 큰 것과 작은 것이 모두 장소가 될 수 있으며, 먼 것과 가까운 것이 모두 장소가 될 수 있다. 장소의 크기와 거리는 마음 속의 잣대, 삶의 측정지표로 측량된다. 삶의 소중함은 장소와 떨어져서는 살아 움직일 수 없다. 하물며, 많은 부분, 삶은 사라져도 장소만 남아 대신 인간의 이야기를 전해준다.

> 18년이라는 세월이 흘러 버린 지금에 와서도 나는 그 초원의 풍경을 선명하게 떠올릴 수가 있다. ...기억이라는 건 어쩐지 이상하다는 생각이 든다. 실제로 내가 그 초원에 몸을 두고 있었을 때, 나는 그런 풍경에 거의 관심을 갖지 않았다. 특별히 인상적인 풍경이라는 느낌도 없었고, 더구나 18년 후까지 그 풍경을 구석구석까지 선명하게 기억하리라고는 상상조차 못했다. 솔직하게 말해서 그때 나에게 풍경 같은 건 아무래도 좋았던 것이다. ...하지만 이제 와서 나의 뇌리에 맨 먼저 떠오르는 건, 그 초원의 풍경이다. 풀 냄새, 차가움을 머금은 부드러운 바람, 산의 능선, 개 짖는 소리, 그런 것들이 먼저 떠오른다. 너무도 선명하게, 그것들은 너무도 선명해서 손을 뻗으면 그 하나하나가 손가락으로 만져질 것만 같다.
>
> (무라까미 하루끼村上春樹, 유유정 옮김, '상실의 시대Norwegian Wood', 문학사상사, 1989년에서 발췌)

그러나 분명히 말하건대, 삶이 먼저이며 장소는 그 뒤를 따른다. 어떻게 무작정 한 공간을 만들어놓고 그곳이 향기로운 인간의 이야기로 채워질 것을 장담할 수 있으랴. 대개의 추억과 이야기들은 인간의 삶 속에 내재하며 그 속에서 태동한다. 소중한 의미들은 대체로 사건과 관계들에서 시작되는 것이지 그것이 건축환경적 배경으로부터 시작되는 것은 아니다. 사실을 말하면, 인간의 행동 조차도 그 동기에는 건축과 관계없는 목표가 있는 것이며, 삶이라는 것도 그 처음에는 건축과는 무관한 하나의 추상적 가치를 위해 조정되는 것이다. 가치는 삶의 함수이지 공간의 함수는 아니다.

여기에는 인간의 고의적이며 전략적인 의도가 작동한다. 인간은 어떤 형식의 공간에서도 소중한 스토리를 만들어낼 수 있다. 그리하여 남이 볼 때 험난하며 보잘것없는 건축에서도 의미 있는 삶이 싹트게 된다. 삶은 스스로 시작되고 스스로 흘러가며 곳곳에 스토리의 매듭을 짓는다. 그리하여 이렇게 혼자 시작된 관념이 점차 구체적인 공간을 찾으며, 적절한 공간을 선택하며, 그 공간을 장소로 변환한다.

따라서 삶을 먼저 보는 것이 중요하다. 이야기의 태동과 변환을 이해해야만 장소의 태동 즉 '공간 → 장소' 의 변환이 이해될 수 있다. 공간을 먼저 찾아 헤매는, 공간만을 우선 주목하는 실무자는 인간 삶의 깊은 자기 추상抽象 속에서 벗어나기 힘들다. 반대로 인간을 먼저 보고 공간을 보는 능력 있는 인간적 실무자는 삶과 건축의 관계를 정확히 꿰뚫을 수 있을 것이다. 인간의 장소들을 만들기 위해서는 인간을 먼저 보아야 한다는 말이다. 우리 비판적 휴머니즘의 실천도식은 장소를 보고 인간 삶을 이해하는 방법(이것은 학술적 연구주제임)이 아니라 인간 삶의 이해에 근거하여 장소를 만드는 방법을 추구한다. 그리하여 삶을 해독하는 단계에 그치지 않고 그 삶을 유도하는 건축적 해법을 제시한다. 스토리들이 어떻게 장소에 매듭지어져 있는가를 논술하는데 그치지 않고 목표로 하는 스토리들을 어떻게 장소로 담아낼 수 있는가를 실천하려는 것이다.

내게 중요한 행위들, 중요한 장소들, 중요한 의미들

어떻게 정확하게 또 효과적으로 삶이라는 것을 다룰 수 있을까? 훌륭한 조리예술가가 몇 가지 재료로 향기로운 음식을 만들어내듯이, 시 짓는 사람들이 자신의 정제된 언어로 하나의 마음을 만들어내듯이, 집과 동네를 계획하는 사람들은 어떤 삶의 재료로 어떻게 하나의 새로운 의미를 그려낼 수 있을까?

다행히도 도시주거 속 수많은 삶의 이야기들은 어떤 패턴으로 구체화된다. 존재에도 집단이 있어 구분이 가능하고, 감정에도 무늬가 있어 판독이 가능하며, 행동에도 루틴이 있어 해법이 가능하다. 더욱이 도시주거를 계획하는 사람들에게는 집단과 무늬와 루틴에 대한 어떤 이상理想도 있지 않은가! 사실을 말하면, 한 인간에게 있어서 나와 관련된 모든 이야기들이 동등하게 내게 중요한 것은 아니다. 현재의 삶에서도 그렇고 과거의 이야기들 중에서도 특별히 중요한 부분, 특히 의미 있는 소중한 이야기는 이른바 간택되기 마련이다. 어떤 중요한 단편은 '나'에게 중요하고 또 어떤 다른 중요한 단편은 '우리'에게 중요하다. 어떤 쪽이든 나의 상징과 감정과 행동의 한 중요한 스토리는 중요성의 정도에 기준하여 다른 스토리들과 차별된다. 중요한 것만 중요하다!

8-2. 삶이 선택한 풍경으로서의 장소

삶의 이야기들 하나하나가 모두 도시주거의 시공간에 매듭지어져 있는 것이므로 이야기들의 중요도가 다르듯이 당연히 공간들에도 특별히 중요한, 내게 의미 있는 것이 따로 있다. 우리가 주변의 사람들을 볼 때에도 어떤 사람은 다른 사람들에 비해 내게 특히 중요하다. 그 사람은 나의 감정과 행동과 존재에 힘을 실어준다. 도시주거에서도 어떤 한 공간은, 그것이 내포하는 나 혹은 우리에 관한 특별한 의미에 의해, 다른 공간들에 비해 내게 특히 중요하다. 그 중요한 공간은 나 혹은 우리를 대신 말해주며, 나의 끈적한 감정을 대신 표현하며, 나의 중요한 행동을 가능하게 한다. 다른 공간들은, '글쎄…', 없어도 크게 아쉽지 않은 것들이다. 그렇다. 내 삶의 공간들은 각각 중요성의 수준을 가지고 있다.

도시주거 속 인간의 삶은 (사실, 인간의 모든 형식의 삶은) 중요성을 기준으로 단편들을 하나씩 선으로 그어 나눔으로써 하나의 장편을 만드는 작업과 크게 다르지 않다. 여러 공간들도 그들과 각각 연결된 삶의 단편들의 중요도에 따라 중요성의 기준으로 서로 구분된다. 도시주거 속 삶의 중요한 부분들은 도시주거 속 중요한 공간들에 담겨있다. 이 중요성의 기준은 무엇일까? 그것은 삶의 단편이, 도시주거의 공간들이, 인간에게 어떤 의미를 주는가의 지표에 달려있다. 단편이, 공간이 얼마나 소중한 의미를 담고 있는가의 기준을 말한다. 도시주거의 경험이란 것은 도시주거의 그 무덤덤한 공간들 위에 한 인간의 고유한 의미체계를 스스로의 방법으로 무슨 템플리트처럼 덮어 씌움으로써 비로소 호흡을 시작한다.

인간은 집과 동네 안에서 스스로의 방법과 의도로 중요한 것과 그렇지 않은 것을 구분한다. 중요한 것들을 자신의 의미의 언어로 선택한다. 더 중요한 것들과 덜 중요한 것들을 각각의 의미를 저울질하여 나열한다. 거주라는 삶의 방식 속 수많은 요소들은 의미의 중요순서로 정리된다. 거주라는 삶을 구성하는 여러 행동들과 감정들도 그 순서의 줄 안에 배열된다. 집과 동네의 공간들도 내게 있어서, 우리에게 있어서, 이 의미의 중요도라는 잣대 안에 정렬된다. 잠시 조용히 자리에 앉아 내게 중요한 삶의 의미들이 무엇인가를 생각해보자. 우리가 도시주거를 계획할 때 잠시 시간을 내어 그 집과 동네에서 살아갈 사람들에게 행위와 장소의 중요성의 의미라는 것이 도대체 어떤 것인지를 한번 궁리해보자.

비판적 휴머니즘은 중요한 것들을 우선 보자고 제안한다. 마치 정확한 조준으로 과녁의 중심을 겨냥하듯이, 조리와 시 짓는 일을 위해 향기로운 재료와 언어를 정제하듯이, 인간 삶의 중요한 단편들 그리고 집과 동네의 중요한 장소들에 초점을 맞추자고 말한다. 도시주거 속 인간의 삶은 중요한 행동을 중요한 장소에 하나하나 배열하는 일과 다르지 않기 때문이다. 그리하여 도시주거의 계획은 중요한 행동과 의미를 담는 중요한 장소들에 집중해도 괜찮은 것이기 때문이다.

구상(具象)으로의 번역

인간은 참으로 능동적인 존재이다. 인간은 자기 삶을 자신의 적극성에 의해 스스로 결정해 나가는, 운행의 주체이다. 목표를 세우고 행동하며, 의미를 만들고 삶을 엮어나간다. 이런 적극적인 인간 앞에서 우리가 그들 삶에 대해 더 적극적이라고 어떻게 감히 말할 수 있겠는가. 우리가 그들만큼 적극적으로 일한다 해도 우리가 만든 도시주거는 결국 인간들의 적극성에 의해 새롭게 또 다르게 변모할 것이다. 사람은 모두가 다르며 그들의 작은 사회적 집단들도 서로 다르다. 그들의 이상들도 또한 다르다. 그런 다름의 적극성들이 우리가 만든 하나의 집 안에 모두 만족되기란 어려운 일이다. 하지만 이런 복잡하고 어려운 질문들은 비교적 간단하고 쉬운 답변으로 해결될 수 있다. 삶의 이 적극성은 반드시 도시주거의 어떤 건축적 속성에 연루되어 있기 때문이다.

삶의 중요한 의미와 행동들은 하나도 빠짐없이 환경적 실체 안에 내포된 어떤 건축언어 혹은 환경요소에 의존하고 있다. 공부가 중요하면 그 공부는, 휴식이면 그 휴식은, 운동이면 그 운동은 그리고 어떤 추억이면 그 추억은 각각 그것이 필요로 하는 환경적 재료를 이용해야 한다. 한 행동, 한 장소, 한 의미는 모두 건축적 실체나 환경적 여건 중 한 가지 혹은 몇 가지를 원자재로 삼아 비로소 발현된다. 그것이 과거의 것이든 현재의 것이든, 자신에게 향한 것이든 타인에게 향한 것이든, 단절적인 것이든 복잡하게 얽힌 것이든 관계없이 인간 삶의 모든 양상은 반드시 어떤 환경적 자재의 도움을 받아야 한다. 행동이나 의미가 중요한 것이면 이에 연루된 환경재료들도 그 수많은 세상의 환경자재들 중에서 특히 중요한 것으로 분류된다. 말하자면 이 환경세계의 모든 잠재적 재료들(깁슨이 말한 어포던스들)은 한 시점에 있어서 내게 중요한 것들과 그렇지 않은 것들로 나뉘어진다.

8-3. 주차장 소방차 주차공간도 아이들의 어울림 게임놀이에 훌륭한 자원이 된다 (수원 영통 2003년)

인간 삶의 중요한 사건들이 의존하는 건축환경적 지원요소를 우리는 환경행동자원, 간단히 자원이라고 부른다. 자원은 하늘과 바람과 그늘과 벤치가 될 수 있다. 빛과 책상과 조용함이 될 수 있으며 넓은 공간과 골대가 될 수도 있다. 그것이 어떤 중요한 일상행동을 실현하는 재료라면, 먹을 것도 자원이 될 수 있으며 물이나 모래나 벌레도 자원이 될 수 있다. 물론 친구나 가족이나 이웃과 같은 중요한 다른 인간들도 내 행동의 자원으로 쓰여질 수 있다. 이를테면 나무와 바람과 그늘에 의존하는 한가한 어울림의 일과가 한 동네의 어른들에게 중요한 일상단편이 될 수 있다. 이런 사람들에게는 함께 앉아 시간과 대화를 나누는 다른 사람들이 또한 중요한 환경재료이다.

자원에는 또 동네 네거리 편의점 앞 공간도 있다. 이 공간을 '우리' 들의 일상적 모임장소로 사용하고 있는 일단의 청소년들에게는 다른 편의점이나 다른 도로의 공간들은 익명의 것들이다. 이 공간은 학원이 끝나고 친구들이 모여 무슨 궁리를 나누는 '우리' 의 중요한 일과의 장소이며 하나의 사회적 관계성을 유지시켜주는 건축적 자원이다. 편의점이나 공간이나 친구들이 없어지면 이 중요한 일과에는 어떤 변화가 나타날까? 중요한 자원들 중에서 어떤 한 가지가 누락되면 일과는 변형되고 사건은 사라지며 행위의 중요성은 추락한다. 이 청소년들의 일상 중 한 중요한 부분이 붕괴된다. 삶의 중요한 부분은 이렇게 환경행동자원에 의존한다. 자원은 중요한 행위경험을 중요한 방식으로 유지시키는 일에 필연코 동원되는 중요한 건축환경적 지원요소이다.

자원이 비록 포괄적이며 다양한 요소를 포함하지만 그것은 반드시 어떤 구체적인 행동에 활용된 환경요소를 지칭한다. 자원을 찾으려면 필연코 행동을 보아야 한다. 우리는 자원을 그것이 없어질 때 행동의 본질이 바뀌는 그런 환경요소로 정의한다. 이를테면 길거리 축구에서 공이나 길거리 공간, 놀이친구가 없어지면 축구도 없어진다. 이런 본질적 환경재료들이 자원이다. 반대로 자전거를 끌고 가며 이야기하는 아이들에게 자전거는 행동의 본질을 결정하지 않는다. 없어도 그만이다. 행동 자체가 관찰 가능한 구체성을 가지고 있기 때문에 자원도 구체적이며 현실적인 현상으로서 파악할 수 있다. 자원은 다름아니라 우리 실무자들이 늘 말하고 이용하는 건축적 언어들인 것이다. 인간들은 그들의 존재와 감정과 행동을 위해 이런 건축적 언어들을 이용한다. 비판적 휴머니즘은 이런 평이한 건축언어들을 사용하는, 인간의 행동과 경험을 위한, 하나의 문법이다.

사회과학적 번역을 위하여

인간이 도시주거 안에서 보여주는 삶의 의미와 장소의 이야기들은 모두 이 세계의 현상이다. 밤이 되면 달이 뜨고 별이 빛나는 명백한 물리적 현상들과 하나도 다를 바 없다. 따라서 거주일상의 경험현상을 자연과학적 이치와 달리 생각할 이유는 없다. 이런 자연과학적, 사회과학적 현상들이 모두 도시건축 속에 섞여있다. 역학과 기술을 말할 때 사회과학을 멀리 둘 수 없으며, 기능이나 자본 혹은 생활을 말할 때 자연과학을 등한시할 수 없다. 하나는 또 다른 하나와 필연코 함께 논의될 성질이다.

하지만 지금까지 집 짓고 동네 만드는 우리 작업은 얼핏 보아도 지나치게 한쪽으로 치우쳤다. 한편으로는 지나치게 자연과학적이어서 도시건축을 물질적 현상에 관한 원리나 물체들의 관계에 대한 법칙으로 해독하는데 치중해왔다. 또 한편으로는 사회과학적인 듯하면서도 과학과는 거리가 먼 추상적 관념이나 궤변 혹은 규범이나 관례 안에서 움직여왔다. 아무리 너그럽게 보아도 기능, 공간, 접근성, 연결, 자연생태와 같은 얼핏 형이상학적인 개념들은 디자이너의 손 안에서 늘리고 줄이고 짜맞추는 주관적 논리에 불과했다. 심지어 우리는 공간들 사이를 움직이는 인간의 자발적 이동경험조차도 동선이라는 매우 기술적인 규범으로 해명하려 하지 않는가. 불행하게도, 자연과학적 원리나 추상적 논리 안에서 인간은 물질적 개체로 취급된다. 로봇처럼 작동한다. 이리 가라 하면 이리 가고 저기 앉으라 하면 그곳에 앉도록 조정된다. 그리하여 인간은 의식 없는 개체로서 커다란 보편원리의 함수 속 하나의 변수가 된다. 거대담론은 분석적 사고, 제도적 체제, 추상적 규범 등으로 스스로를 무장하고 인간을 맘껏 조종할 수 있다고 믿는다. 인간은 어떤 막대한 힘에 의해 저절로 움직이는 이름없는 유전자가 된다.

이제 기존의 모든 기계 조종자들은, 조정자가 되려 하는 사람들과 조종자일수 밖에 없다고 믿는 사람들과 조정자가 되는 법을 무던히 교육받는 사람들은, 도시주거를 사회과학적인 것으로 받아들여야 한다. 거주라는 사건을 인간논리적인 것으로 이해해야 한다. 집이라는 것 자체와 집 안에 사는 사람들과 집에서 나타나는 현상들 그 어떤 것도 스스로 말없는 물질이 아니며 고유의 의미를 포기한 대상이 아니다. 그들은 모두 스스로 말하고 해석하며 경험한다. 그들은 스스로의 창조적인 방법으로 항상 무엇인가를 좇아 행동하며 그 가치를 이루기 위해 애쓴다. 그들은 울며 웃으며 느끼며 외면하거나 혹은 찾아 다니며 인지하고 통제한다. 그리하여 결국 스스로의 한 일상세계를 구축하는 사회과학적 주체가 된다. 이제 비판적 휴머니즘에 동조하는 모든 사회과학적 실무자들은 집과 연관된 개체들 그 어떤 것도 물질이나 형상이나 규범이나 추상으로 보지 않는다. 아무리 너그럽게 보려 애써도, 집 짓는 일은 비인간적 조각들을 기계적인 관례와 분석적인 구조로 짜맞춰 인간에게 던져주는 작업이 아니다. 그것은 오히려 그 역逆이다. 그것은 너와 나 그리고 그들이라는 인간들에 관한 소중한 이야기를 만들어내는 하나의 사회과학적 작업이다.

Bibliography

참고문헌

Abelson, R. P. (1988). Conviction. *American Psychologist, 43*, 267-275.

Ajzen, I. (1985). From intentions to action: A theory of planned behavior. In J. Kuhl & J. Beckman (Eds.), *Action-control: From cognition to behavior*. Heidelberg: Springer.

Ajzen, I. (1991). The theory of planned behavior. *Organizational Behavior and Human Decision Processes, 50*, 179-211.

Ajzen, I. & Fishbein, M. (1980). *Understanding attitudes and predicting social behavior*. Englewood Cliffs, NJ: Prentice-Hall.

Ajzen, I. & Madden, T. J. (1986). Prediction of goal-directed behavior: The role of intention, perceived control, and prior behavior. *Journal of Experimental Social Psychology, 22*, 453-474.

Altman, I. (1975). *Environment and social behavior*. Monterey, CA: Brooks/Cole

Altman, I. (1976). Privacy: A conceptual analysis. *Environment and Behavior, 8*, 7-30.

Altman, I. & Low, S. (1992, Eds.). *Place attachment*. New York: Plenum

Altman, I. & Rogoff, B. (1987). Worldviews in psychology: Trait, interactional, organismic, and transactional perspectives. In I. Altman & D. Stokols (Eds.), *Handbook of environmental psychology, Vol. 1*. New York: Wiley.

Andersen, S. M., Chen, S., & Carter, C. (2000). Fundamental human needs: Making social cognition relevant. *Psychological Inquiry, 11*, 269-275.

Axelrod, L. J. & Lehman, D. R. (1993). Responding to environmental concerns: What factors guide individual action? *Journal of Environmental Psychology, 13*, 149-159.

Bagozzi, R. P. (1992). The self-regulation of attitudes, intentions, and behavior. *Social Psychology Quarterly, 55*, 178-204.

Bandura, A. (1977a). *Social learning theory*. Englewood Cliffs, NJ: Prentice-Hall.

Bandura, A. (1977b). Self-efficacy: Toward a unifying theory of behavioral change. *Psychological Review, 84*, 191-215.

Bandura, A. (1982). Self-efficacy mechanism in human agency. *American Psychologist, 37*, 122-147.

Bandura, A. (1986). *Social foundations of thought and action: A social cognitive theory*. New York: Prentice-

Hall.

Barker, D. (1994). Designing for human needs. *Modus, November*, 255-256.

Barker, R. G. (1963). On the nature of the environment. *Journal of Social Issues, 19*, 7-38.

Barker, R. G. (1978). Stream of individual behavior. In R. G. Barker & Associates (Eds.), *Habitats, environments, and the human behavior*. San Francisco: Jossey-Bass.

Barker, R. G. & Wright, H. F. (1951). *One boy' s day: A specimen record of behavior*. New York: Harper.

Berger, P. & Luckman, T. (1966). *The social construction of reality*. Garden City, NY: Doubleday.

Bess, K. D., Fisher, A. T., Sonn, C. C., & Bishop, B. J. (2002). Psychological sense of community: Theory, research, and application. In A. T. Fisher, C. C. Sonn, & B. J. Bishop (Eds.). *Psychological sense of community: Research, applications, and implications.* New York: Kluwer Academic/Plenum.

Blumer, H. (1969). *Symbolic interactionism: Perspective and method*. Englewood Cliffs, NJ: Prentice-Hall.

Bollnow, O. (1967). Lived-space. In N. Lawrence & D. O' Connor (Eds.), *Readings in existential phenomenology*. Englewood Cliffs: Prentice Hall.

Brower, S. N. & Williamson, P. (1974). Outdoor recreation as a function of the urban housing environment. *Environment and Behavior, 6*, 295-345.

Brown, B. B. (1987). Territoriality. In D. Stokols & I. Altman (Eds.), *Handbook of environmental psychology*. New York: Wiley.

Brown, B. B., Burton, J. R., & Sweaney, A. L. (1998). Neighbors, households, and front porches: New urbanist community tool or mere nostalgia? *Environment and Behavior, 30*, 579-600.

Brown, B. B. & Perkins, D. D. (1992). Disruptions in place attachment. In A. Altman & S.M. Low (Eds.), *Human behavior and environment: Advances in theory and research. Vol. 12. Place attachment*. New York: Plenum.

Brown, B. B. & Werner, C. M. (1985). Social cohesiveness, territoriality, and holiday decorations: The influence of cul-de-sacs. *Environment and Behavior, 17*, 539-565.

Brunson, L., Kuo, F. E., & Sullivan, W. C. (2001). Resident appropriation of defensible space in public housing: Implications for safety and community. *Environment and Behavior, 33*, 626-652.

Burton, J. (1979). *Deviance, terrorism, and war: The process of solving unsolved social and political problems*. Oxford: Martin Robertson.

Campbell, D. T. & Stanley, J. C. (1966). *Experimental and quasi-experimental designs for research*. Chicago: Rand McNally.

Canter, D. (1977). *Psychology of place*. New York: St. Martin' s Press.

Canter, D. (1982). Facet approach to applied research. *Perceptual and Motor Skills, 55*, 143-154.

Canter, D. (1983). The purposive evaluation of places: A facet approach. *Environment and Behavior, 15*, 659-697.

Canter, D. (1991). Understanding, assessing, and acting in places: Is an integrative framework possible? In T. Garling & G. W. Evans (Eds.), *Environment, cognition, and action.* New York:

Oxford University Press.

Canter, D. (1997). The facets of place. In G. Moore & R. Marans (Eds.), *Advances in environment, behavior, and design, Vol. 4*. New York: Plenum.

Cherry, E. (1999). *Programming for design: From theory to practice*. New York: John Wiley & Sons.

Chipuer, H. M. & Pretty, G. H. (1999). A review of the sense of community index: Current uses, factor structure, reliability and further development. *Journal of Community Psychology, 27*, 643-658.

Clitheroe Jr, H. C., Stokols, D., & Zmuidzinas, M. (1998). Conceptualizing the context of environment and behavior. *Journal of Environmental Psychology, 18*, 103-112.

Coley, R. L., Kuo, F. E., & Sullivan, W. C. (1997). Where does community grow? The social context created by nature in urban public housing. *Environment and Behavior, 29*, 468-494.

Cook, T. D. & Campbell, D. T. (1979). *Quasi-experimentation: Design and analysis issues for field settings*. Chicago: Rand McNally.

Daish, J., G. J., Kernohan, D., & Salmond, A. (1982). Incorporating POE as a normal activity. In P. Bart, A. Chen, & G. Francescato (Eds.), *Knowledge for design*. Proceedings of the thirteenth international conference of the Environmental Design Research Association, College Park, Maryland.

Dawson, M. (1994). Objectivity and human needs in historical perspective. *Monthly review, 45*, 41-45.

Deci, E. L. & Ryan, R. M. (2000). The "what" and "why" of goal pursuits: Human needs and the self-determination of behavior. *Psychological Inquiry, 11*, 227-268.

Devine-Wright, P. & Lyons, E. (1997). Remembering pasts and representing places: The construction of national identities in Ireland. *Journal of Environmental Psychology, 17*, 33-46.

Doyal, L. & Gough, I. (1991). *A theory of human need*. New York: The Guilford Press.

Doyal, L. (1993). Thinking about human need. *New Left Review, 201*, 113~128.

Downs, R. M. & Liben, L. S. (1993). Mediating the environment: Communicating, appropriating, and developing graphic representations of place. In R. H. Wozniak & K. W. Fischer (Eds.), *Development in context: Acting and thinking in specific environments*. Hillsdale, NJ: Lawrence Erlbaum.

Duerk, D. P. (1993). *Architectural programming: Information management for design*. New York: John Wiley & Sons.

Eubanks Owens, P. (1994). Teen places in Sunshine, Australia: Then and now. *Children's Environments, 11*, 292-299.

Eyles, J. (1989). The geography of everyday life. In D. Gregory & R. Walford (Eds.), *Horizons in human geography*. Totowa, NJ: Barnes & Noble.

Farbstein, J. & Associates with P. Sullivan Associates (1991). *Architectural program and concept design for model residential facility*. San Jose, CA: Jay Farbstein & Associates.

Farbstein, J. & Wener, R. (1982). Evaluation of correctional environments. *Environment and Behavior, 14*, 671-695.

Feldman, R. M. (1990). Settlement-identity: Psychological bonds with home places in a mobile society. *Environment and Behavior, 22,* 183-229.

Fisher, J. D., Bell, P. A., & Baum, A. (1978). *Environmental psychology.* New York: Holt, Rinehart and Wiston.

Francescato, G., Weidemann, S., Anderson, J., & Chenoweth, R. (1977). *Residents' satisfaction in HUD-assisted housing: Design and management factors.* Washington, DC: US Government Printing Office and US Department of Housing and Urban Development.

Francis, M. (1995). Childhood' s garden: Memory and meaning of gardens. *Children' s Environments, 12,* 183-191.

Fried, M. (2000). Continuities and discontinuities of place. *Journal of Environmental Psychology, 20,* 193-205.

Garfinkel, H. (1967). *Studies in ethnomethodology.* Englewood Cliffs, NJ: Prentice Hall.

Garfinkel, H. (1964). Studies of the routine grounds of everyday activities. *Social Problems, 11,* 225-250.

Garling, T. (1998). Introduction: Conceptualizations of human environments. *Journal of Environmental Psychology, 18,* 69-73.

Garling, T., Book, A., & Lindberg, A. (1984). Cognitive mapping of large-scale environment: The interrelationship of action plans, acquisition, and orientation. *Environment and Behavior, 16,* 3-34.

Gibson, J. J. (1977). The theory of affordances. In R. Shaw & J. Bransford (Eds.), *Perceiving, acting, and knowing.* Hillsdale, NJ: Lawrence Erlbaum Associates.

Gibson, J. J. (1979). *The ecological approach to visual perception.* Boston: Houghton and Mifflin.

Giddens, A. (1984). *The constitution of society: Outline of the theory of structuration.* Oxford: Polity.

Gollwitzer, P. M. (1996). The volitional benefits of planning. In P. M. Gollwitzer & J. A. Bargh (Eds.), *The psychology of action: Linking cognition and motivation to behavior.* New York: Guilford.

Gollwitzer, P. M. (1999). Implementation intentions: Strong effects of simple plans. *American Psychologist, 54,* 493-503.

Goodrich, R. (1982). Seven office evaluations: A review. *Environment and Behavior, 14,* 353-378.

Guadalupe, J. L. & Freeman, M. (1999). Common human needs in the context of diversity: Integrating schools of thought. *Journal of Cultural Diversity, 6,* 85-92.

Gustafson, P. (2000). Meanings of place: Everyday experience and theoretical conceptualizations. *Journal of Environmental Psychology, 21,* 5-16.

Habermas, J. (1968). *Knowledge and human interest* (Translated by J. Shapiro). London: Heinemann.

Habermas, J. (1970). Toward a theory of communicative competence. *Inquiry, 13,* 360-375.

Habermas, J. (1981, 1984). *The theory of communicative action. Vol. 1. Reason and the rationalization of society, Vol. 2. System and Lifeworld: A critique of functionalist reason* (translated by T. McCarthy). Boston: Beacon.

Hechter, M. (1988). Rational choice foundations of social order. In J. H. Turner (Ed.), *Theory building in sociology*. Newbury Park, CA: Sage.

Heft, H. (1988). Affordances of children' s environments: A functional approach to environmental description. *Children' s Environments Quarterly, 5*, 29-37.

Heidegger, M. (1971, originally published in 1954). Building dwelling thinking. In *Poetry, language, and thought*. New York: Harper and Row.

Hershberger, R. G. (1999). *Architectural programming and predesign manager*. New York: McGraw-Hill.

Hillier, J. (2002). Presumptive planning: From urban design to community creation in one move? In A. T. Fisher, C. C. Sonn, & B. J. Bishop (Eds.), *Psychological sense of community: Research, applications, and implications*. New York: Kluwer Academic/Plenum.

Howell, S. (1977). Post occupancy evaluation: Transfer strategy. *Industrial Forum, 8*, ?29-35.

Howell, S. C. (1983). The meaning of place in old age. In G. D. Rowles & R. J. Ohta (Eds.), *Aging and milieu: Environmental perspectives on growing old*. New York: Academic Press.

Hull, C. L. (1943). *Principles of behavior*. New York: Appleton-Century-Crofts.

Kahana, E., Lovegreen, L., Kahana, B., & Kahana, M. (2003). Person, environment, and person-environment fit as influences on residential satisfaction of elders. *Environment and Behavior, 35*, 434-453.

강대기 (2001). 현대사회에서 공동체는 가능한가. 서울: 아카넷.

강부성, 강인호, 박광재, 박인석, 박철수, 백혜선, 이규인 (1999). 한국공동주택계획의 역사. 서울: 세진사.

강부성, 강인호, 박광재, 박인석, 박철수, 백혜선, 이규인 (2000). 한국공동주택16제. 서울: 토문.

강인호 (1994). 디자인 정보특성을 고려한 공동주택 거주후 평가방법에 관한 연구. 연세대학교 대학원 박사학위논문.

Kantrowitz, M. & Associates (1978). *A program for housing for low income elderly in North Barelas*. Albuquerque, NM: City of Albuquerque & MKA.

Kantrowitz, M. & Nordhaus, R. (1980). The impact of post-occupancy evaluation research: A case study. *Environment and Behavior, 12*, 508-519.

Kaplan, S. & Kaplan, R. (1982). *Cognition and environment: Functioning in an uncertain world*. New York: Praeger.

Kim, J. & Kaplan, R. (2004). Physical and psychological factors in sense of community: New Urbanist Kentlands and nearby Orchard Village. *Environment and Behavior, 36*, 313-340.

Kyttä, M. (2002). The affordances of children' s environments. *Journal of Environmental Psychology, 22*, 109-123

Kyttä, M. (2004). The extent of children' s independent mobility and the number of actualized affordances as criteria for child-friendly environments. *Journal of Environmental Psychology, 24*, 179-198.

Ladd, F. C. (1976). Residential history: A personal element in planning and environmental design. *Urban Planning, Policy Analysis and Administration* (Policy Note P76-2), Department of City and Regional Planning, Harvard University.

이규인 (2004). 세계의 지속 가능한 주거. 서울: 발언.

이현정 (2005). 거주자 일상행위에 대한 자연환경에 관한 연구. 아주대학교 석사학위논문.

Lewin, K. (1936). *Principals of topological psychology*. New York: McGraw-Hill.

Lewin, K. (1951). *Field theory in social science: Selected theoretical papers* (Edited by D. Cartwright). New York: Harper and Row.

Little, B. R. (1972). Psychological man as scientist, humanist and specialist. *Journal of Experimental Research in Personality, 6*, 95-118.

Little, B. R. (1983). Personal projects: A rationale and method for investigation. *Environment and Behavior, 15*, 273-309.

Little, B. R. (1987). Personality and environment. In D. Stokols and I. Altman (Eds.), *Handbook of environmental psychology, Vol. 1*. New York: John Wiley.

Locke, E. A. & Latham, G. P. (1990). *A theory of goal setting and task performance*. Englewood Cliffs, NJ: Prentice Hall.

Low, S. M. & Altman, I. (1992). Place attachment: A conceptual inquiry. In I. Altman & S. M. Low (Eds.), *Human behavior and environment: Advances in theory and research, Vol. 12, Place attachment*. New York: Plenum.

Lowenthal, D. (1975). Past time, present place: Landscape and memory. *Geographical Review, 65*, 1-36.

Lynch, K. (1960). *Image of the city*. Cambridge, MA: The MIT Press.

Lynch, K. (1981). *A Theory of good city form*. Cambridge, MA: The MIT Press.

Maddux, J. E. & Roger, R. W. (1983). Protection motivation and self-efficacy: A revised theory of fear appeals and attitude change. *Journal of Experimental Social Psychology, 19*, 469-479.

Maddux, J. E., Norton, L. W., & Stoltenberg, C. D. (1986). Self-efficacy expectancy, outcome expectancy, and outcome value: Relative effects on behavioral intentions. *Journal of Personality and Social Psychology, 51*, 783-789.

Magnusson, D. (1981). Wanted: A psychology of situations. In D. Magnusson (Ed.), *Toward a psychology of situations: An interactional perspective*. Hillsdale, NJ: Lawrence Erlbaum.

Marcus, C. C. (1974). Children' s play behavior in a low-rise inner-city housing development. In R. C. Moore (Ed.), *Childhood city*. In D. H. Carson (General Ed.), *Man-environment interactions*. Stroudsburg, PA: Dowden, Hutchinson.

Marcus, C. C. (1978). Remembrance of landscapes past. *Landscape, 22*, 34-43.

Marcus, C. C. & Moore, R. (1976). Children and their environments: A review of research 1955-1975. *Journal of Architectural Education, 29*, 22-25.

Maslow, A. (1954). *Motivation and personality*. Reading: Addison-Wesley.

Mazumdar, S., Mazumdar, S., Docuyanan, F., & McLaughlin, C. M. (2000). Creating a sense of place: The Vietnamese-Americans and Little Saigon. *Journal of Environmental Psychology, 20*, 319-333.

McAndrew, F. T. (1998). The measurement of 'rootedness' and the prediction of attachment to home-towns in college students. *Journal of Environmental Psychology, 18*, 409-417.

McGrath, J. E. (1988, Ed.). *The Social psychology of time*. Beverly Hill, CA: Sage.

McMillan, D. & Chavis, D. (1986). Sense of community: A definition and theory. *Journal of Community Psychology, 14*, 6-23.

Mead, G. H. (1934). *Mind, self and society* (Edited by C. W. Morris). University of Chicago Press.

Milgram, S. (1970). The experience of living in cities. *Science, 67*, 1461-1468.

민병호 (1998). 과거 주거지의 외부공간 특성과 아동 놀이행위, 대한건축학회논문집, 14권 4호, 35-44.

민병호 (1998). 주거지 외부공간의 물리적 환경과 아동의 사회적 행위, 대한건축학회논문집, 14권 6호, 13-24.

민병호 (1998). 아동 외부활동에 영향을 미치는 과거 주거지와 현재 아파트단지의 주거환경, 주택연구, 6권 1호, 73-106.

민병호 (2001). 라퓨타를 찾아서: 아동을 위한 주거단지계획. 서울: 세진사.

Min, B. (2004). Activity and resource of people in places: Place theory revisited. In K. Funahashi (Ed.), 建築計劃讀本. 大阪大學出版部

Min, B., Heo, H., & Lee, H. (2004). *Neighborhood activities and place experience: Study of children in a planned neighborhood*. Paper presented at the biennial conference of Environment Behavior Research Association. Tianjin, China, October, 2004.

Min, B., Kang, H., & Lee, J. (2005). Behavioral resources of environment and children' s experiences of neighborhood places. Paper presented at the poster sessions of the 36th annual conference of Environmental Design Research Association, Vancouver.

Min, B., Heo, H., Lee, H. (2006). Children' s behavioral and conceived domains in neighborhood environments. *Journal of Asian Architecture and Building Engineering*, May, 2006.

Moore, G. T. (1982, Ed.). Applied architectural research: Post-occupancy evaluation of buildings. Special mini-issue of *Environment and Behavior, 14*.

Moore, G. T. (1987). Environment and behavior research in North America: History, developments, and unresolved issues. In D. Stokols & I. Altman (Eds.), *Handbook of environmental psychology*. New York: John Wiley & Sons.

Moore, J. (2001). Placing home in context. *Environmental Psychology, 20*, 207-217.

Murray, H. A. (1938). *Explorations in personality*. New York: Oxford University Press.

Neuberg, S. L. (1993). Perceiver' s self-presentational goals as moderators of expectancy influences: Ingratiation and the disconfirmation of negative expectancies. *Journal of Personality and Social Psychology, 64*, 409-420.

Newman, O. (1971). *Architectural design for crime prevention*. Washington, DC.: National Institute of Law Enforcement and Criminal Justice.

Norberg-Schulz, C. (1971). *Existence, space, and architecture*. New York: Praeger.

Palmer, M. A. (1981). *The architect' s guide to facility programming*. Washington DC: The AIA Press.

Pena, W., Parshall, S., & Kelly, K. (1977). *Problem seeking: An architectural programming primer*. Houston, TX: CBI publishing Co.

Pervin, L. A. (1968). Performance and satisfaction as a function of individual-environment fit.

Psychological Bulletin, 69, 56-68.

Pervin, L. A. (1978). Definitions, measurements, and classifications of stimuli, situations, and environments. *Human Ecology, 6*, 71-105.

Pervin, L. A. (1982). The stasis and flow of behavior: Toward a theory of goals. In M. M. Page (Ed.), *Nebraska symposium on motivation*. Lincoln: University of Nebraska Press.

Piaget, J. (1951). *Play, dreams, and imagination in childhood*. New York: Norton.

Plas, J. & Lewis, S. (1996). Environmental factors and sense of community in a planned town. *American Journal of Community Psychology, 24*, 109-143.

Preiser, W. F. E. (1985, Ed.). *Programming the built environment*. New York: Van Nostrand Reinhold.

Preiser, W. F. E. (1993). *Professional practice in facility programming*. New York: Van Nostrand Reinhold.

Preiser, W., Rabinowitz, H. Z., & White, E. T. (1988). *Post-occupancy evaluation*. New York: ?Van Nostrand Reinhold.

Proshansky, H. M., Fabian, A. K., & Kaminoff, R. (1983). Place identity: Physical world socialization of the self. *Journal of Environmental Psychology, 3*, 57-83.

Rapoport, A. (1977). *Human aspects of urban form*. Oxford: Pergamon.

Rapoport, A. (1982). *The meaning of the built environment: A nonverbal communication approach*. Beverly Hills, CA: Sage.

Rapoport, A. (1990). *History and precedent in environmental design*. New York: Plenum.

Reed, E. S. (1993). The intention to use a specific affordance: A conceptual framework for psychology. In R. H. Wozniak & K. W. Fischer (Eds.), *Development in context: Acting and thinking in specific environments*. Hillsdale, NJ: Lawrence Erlbaum.

Relph, E. (1976). *Place and placelessness*. London: Pion.

Richardson, M. (1984). Place and culture. *Geoscience and Man, 24*, 1-3, 63-67.

Rivlin, L. G. (1987). The neighborhood, personal identity, and group affiliations. In I. Altman ?& A. Wandersman (Eds.), *Neighborhoods and community environments*. New York: Plenum.

Ross, L. & Nisbett, R. E. (1991). *The person and the situation: Perspectives of social psychology*. New York: McGraw-Hill.

Rowles, G. D. (1983). Place and personal identity in old age: Observations from Appalachia. *Journal of Environmental Psychology, 3*, 299-313.

Rubenstein, R. E. (2001). Basic human needs: The next steps in theory development. *International Journal of Peace Studies, 6*, 51-58.

Rubinstein, R. & Parmelee, P. (1992). Attachment to place and the representation of the life course by the elderly. In I. Altman & S. M. Low (Eds.), *Place attachment*. New York: Plenum.

Sanoff, H. (1977). *Methods of architectural programming*. Stroudsburg, PA: Dowden, Hutchinson & Ross.

Sanoff, H. (1990, Ed.). *Participatory design: Theory and techniques*. North Carolina State University

Press.

Sanoff, H. (2000). *Designing with community participation*. New York: McGraw Hill.

Scher, S. J. & Cooper, J. (1989). Motivational basis of dissonance: The singular role of behavioral consequences. *Journal of Personality and Social Psychology, 56*, 899-906.

Schutz, A. (1967, originally published in 1932). *The phenomenology of the social world* (Translated by G. Walsh & F. Lehnert). Evanston, IL: Northwestern University Press.

Seamon, D. (1982). The phenomenological contribution to environmental psychology. *Journal of Environmental Psychology, 2*, 119-140.

Shah, J. (1997). Expectancy x value effects: Regulatory focus as determinant of magnitude and direction. *Journal of Personality and Social Psychology, 73*, 447-458.

Shields, R. (1997). Spatial stress and resistance of spatialization. In G. Benko & U. Strohmayer (Eds.), *Space and social theory: Interpreting modernity and postmodernity*. Oxford: Blackwell.

Singer, M. S. (1993). The relative utility of expectancy-value theory and social cognitive theory in predicting psychology student course goals and career aspirations. *Journal of Social Behavior and Personality, 8*, 703-723.

Sites, P. (1973). *Control: The basis of social order*. New York: Associated Faculty Press.

Sixsmith, J. (1986). The meaning of home: An exploratory study of environmental experience. *Journal of Environmental Psychology, 6*, 281-298.

Smith, D. M. (1994). A theory of human need (book review). *Urban Geography, 15*, 297-298.

Snyder, J. C. & Catanese, A. J. (1979). *Introduction to architecture*. New York: McGraw-Hill.

손세관 (2000). 도시주거형성의 역사. 서울: 열화당.

Stokols, D. (1981). Group x place transactions: Some neglected issues in psychological research on settings. In D. Magnusson (Ed.), *Toward a psychology of situations: An interactional perspectivive*. Hillsdale, NJ: Lawrence Erlbaum Associates.

Stokols, D. (1988). Transformational processes in people-environment relations. In J. E. McGrath (Ed.), *The social psychology of time*. Beverly Hills, CA: Sage.

Stokols, D. & Shumaker, S. A. (1981). People in places: A transactional view of settings. In J. Harvey (Ed.), *Cognition, social behavior and the environment*. Hillsdale, NJ: Erlbaum.

Talen, E. (1999). Sense of community and neighborhood form: An assessment of the social doctrine of New Urbanism. *Urban Studies, 36*, 1361-1379.

Talen, E. (2000). Measuring the public realm: A preliminary assessment of the link between public space and sense of community. *Journal of Architectural and Planning Research, 17*, 344-360.

Talen, E. (2001). Traditional urbanism meets residential affluence: An assessment of the variability of suburban preference. *Journal of the American Planning Association, 67*, 199-216.

Taylor, A. J. W. (2003). Justice as a basic human need. *New Ideas in Psychology, 21*, 209-219.

Tuan, Yi-Fu (1974). *Topophilia: A study of environmental perception, attitude, and values*. Englewood Cliffs, NJ: Prentice Hall.

Tuan, Yi-Fu (1977). *Space and place: The perspective of experience*. University of Minnesota Press.

Tuan, Yi-Fu (1980). Rootedness and sense of place. *Landscape, 24*, 3-8.

Tubbs, M. E., Boehne, D. M., & Dahl. J. (1993). Expectancy, valence, and motivational force functions in goal-setting research: An empirical test. *Journal of Applied Psychology, 78*, 361-373.

Turner, J. H. (1998). *The structure of sociological theory* (*6th edition*) Belmont, CA: Wadsworth Publishing.

Wapner, S. (1987). A holistic developmental, systems-oriented environmental psychology. In D. Stokols & I. Altman (Eds.), *Handbook of environmental psychology*. New York: John Wiley & Sons.

Webb, T. L. & Sheeran, P. (2005). Integrating concepts from goal theories to understand the achievement of personal goals. *European Journal of Social Psychology, 35*, 69-96.

Weisman, G., Chaudhury, H., & Diaz M. K. (2001). Theory and practice of place: Toward an integrative model. In R. Rubenstein, M. Moss, & M. Kleban (Eds.), *The many dimensions of aging: Essays in honor of Powell Lawton*. New York: Springer.

Werner, C. M., Altman, I., & Oxley, D. (1985). Temporal aspects of homes: A transactional perspective. In I. Altman & C. M. Werner (Eds.), *Home environments*. New York: Plenum.

Wicker, A. W. (1987). Behavior settings reconsidered: Temporal stages, resources, internal dynamics, context. In D. Stokols & I. Altman (Eds.), *Handbook of Environmental Psychology*. New York: John Wiley & Sons.

Wilkinson, P. F. (1982). Providing integrated play environments for disabled children: A design or attitude problem? In P. Bart, A. Chen, & G. Francescato (Eds.), *Knowledge for design*. Proceedings of the thirteenth international conference of the Environmental Design Research Association, College Park, Maryland.

Wohlwill, J. F. (1973). The environment is not in the head! In W. F. E. Preiser (Ed.), *Environmental design research*. Stroudsburg, PA: Dowden, Hutchinson & Ross.

Young, R. (1990). *A critical theory of education: Habermas and our children's future*. London: Pearson Education (이정화, 이지헌 역, '하버마스, 비판이론, 교육' , 교육과학사, 1996).

Yun, J., Min, B., Kita, M., & Funahashi, K. (2004). ベトナムの居住地と韓國の集合住宅團地における子どもの外部空間行爲の比較研究:「資源」概念の提案と行爲-資源關係の考察. 日本建築學會計劃系論文集, 576, 59-66.

Yun, J., Min, B., Kita, M., & Suzuki, T. (2005) Activity and resource: Alternative views to the analysis of children's activity in neighborhood environments. *Journal of Asian Architecture and Building Engineering*, November, 2005.

부록

부록 1 PCPND 절차와 과정

PCPND 개요

PCPND(People-Conscious Process for Neighborhood Design)는 비판적 휴머니즘의 사상과 이론을 도시주거계획에 적용하여 실천하고자 하는 계획실무방법의 한 예시이다. 장소 - 행동 - 자원 모델을 도시주거계획 실무에 적용하는 하나의 큰 방향을 보여준다.

주민의 풍요로운 경험, 생활의 의미와 삶의 가치가 넘치는 도시주거지를 만드는 일은 우리 실무의 궁극적 목표이며 꿈이다. 도시주거계획은 인간 존재와 생활의 메시지를 그들의 눈높이와 가슴 높이로 조망하고 삶의 미래를 위한 하나의 뜻을 세워 그 뜻을 도시건축의 언어로 표현해내야 한다.

목표는 명백하지만 현실에서 이 목표를 계획으로 하나씩 만들어가는 작업은 모호하며 추상적이다. 본문에서 우리는 삶의 동기(요구, 목표, 기대가치, 자기과제, 의도와 신념), 목표행동의 표상, 최적환경의 구상, 환경효능평가와 같은 다소 복잡한 이론적 구조를 제시하였다. 주민 일상의 어떤 부분이 진정 중요하고 절실한 메시지를 담고 있는 것인가? 우리는 이 부분을 어떻게 찾아낼 수 있는가? 삶의 질은 환경과 어떤 관계가 있는가? 존재와 생활의 진정한 메시지를 담은 공간은 어떻게 만들 수 있는가? 매우 무겁고 어려운 문제들이다. 짧은 시간에 한 도시주거 세계의 계획을 완성해야 하는 우리 실무자로서는 이런 어려운 문제를 해명하는 좁고 어두운 길로 들어서는 일이 여간 부담스럽지 않다. 실무자에게는, 연구자들과는 달리, 시간과 재원의 제약이 심하다.

PCPND는 이런 난해한 경로를 대신할 몇 가지 실천전략들을 예시한다. 이를테면 우리는 도시주거 요구의 정체, 삶의 목표와 같은 학술적 퍼즐은 배제하고 대신 장소 만들기, 행동 만들기, 자원 만들기라는 세 가지 화두에 관심을 모은다. 또한, 행동이 나타나기 전까지 활발하게 움직이는 인간의 내면작용이나 심리과정의 그 끝없는 미궁에 대해서는 관심을 멀리한다. 대신 그 내면과정이 완료된 후 현실에서 나타나는 구체적인 일상의 현상들, 가시적 사건들에 주목한다. 덧붙여, 우리는 체계적인 분석이나 보편 타당한 추론과 같은 과학적 활동은 피한다. 대신 어떤 생활양상이 바람직한 것인가, 어떤 삶의 부분들을 만들어낼 것인가와 같은 창의적 예측과 향미래적 신념을 앞세운다.

여기에서 우리가 필연적으로 상정해야 할 것은 '바람직한 삶의 모습' 이다. 이것은 우리가 계획을 통해 도달하고자 하는 주민들의 참된 생활양상 혹은 일상상황에 대한 이상과 희망을 말한다. 여기에는 삶의 특별한 사건과 중요한 '행동' , 이런 일상 행동상황이 연루된 공간건축적 '장소' , 그리고 행동과 장소를 공고히 연결하여 하나로 묶어주는 환경여건으로서의 '자원' 이 포함된다. 우리는 우리 계획실무의 목표로서 공간양식이 아니라 생활양식을 상정한다. 물질적, 공간적 구조가 아니라 여러 주민들의 삶의 단편들을 그려낸다. 그리고 우리가 그린 이 바람직한 삶의 그림들을 장소와 행동과 자원이라는 언어로 구현하고자 한다.

첫째, 장소는 주민이 자기 삶의 충족을 위해 의존하는, 인간 생활의 의미가 담긴 공간이다. 사람들의 절실하고 집요한 요구가 일상행동을 통해 실현되는 공간이며, 그 일상을 수행하는데 필요한 핵심적인 환경여건이 제공되는 공간이다. 생활의 중요한 부분이 집중된 환경이며 삶의 중요한 의미들이 부여된 공간이다. 그리하여 주민의 감성과 정신이 저변에 굳건하게 직조된 공간이다. 장소의 동네란 장소들 속에서 주민의 소중한 경험이 풍부하게 형성되는 도시주거환경을 말한다. 그 속에서는 주민의 삶과 존재의 가치가 실현되며 속 깊은 감정과 의식이 성장할 수 있다. 일상생활이 뜻 깊은 의미로 가득 차고, 사람들 사이에서는 소중한 삶의 이야기들이 흘러 넘칠 수 있다. '장소의 주거지' 는 사람들이 그 안에서의 삶을 어느 것 하나 놓치지 않고 자신의 가슴 속에 담아두고자 애쓰는 커뮤니티를 말한다. 우리는 이를 좋은 동네라고 말한다. 이것은 장소의 동네이다.

둘째, 행동은 바람직한 삶의 모습을 말한다. 행동은 삶의 현장에서 자기 요구와 목표와 신념을 충족하는 적극적인 노력의 증상이다. 이런 행동을 우리는 삶의 중요한 부분과 관련된 일상, 자신의 생활에 어떤 중대한 의미를 부여하는 우선행동이라고 부른다. 이는 생활의 어떤 절실한 필요성이나 중요함을 해결하는 수단이다. 따라서 주민은 우선행동을 통해 자신이 바라는 가치 있는 삶의 모습을 만들어나간다. 우선행동은 도시주거지의 장소들과 불가분의 관계를 맺고 있다. 장소 안에서 발생하며 장소에 의존하여 진행된다. 이들은 도시주거생활의 핵심이며, 하나의 임의 공간을 나 혹은 우리의 의미 있는 장소로 만드는 수단이다. PCPND에서 우리는 이런 바람직한 삶의 단편들, 우선행동들에 관심을 쏟아야 한다.

셋째, 자원은 주민이 이런 의미 있는 행동, 우선적 생활행동을 수행하기 위해 이용하는 환경속성이나 건축요소를 뜻한다. 자원은 충만한 삶의 행동들을 가능하게 하는 환경매체이다. 자원을 이용함으로써 바람직한 삶의 모습을 실현할 수 있고 또 하나의 공간을 장소로 만들 수 있다. 여기에서 우리는 자원 → 행동 → 장소의 순리를 생각할 수 있다. 자원을 이용하여 행동하고 행동을 통해 장소를 만든다!

이 관계역학에 근거해서 요약하면, PCPND는 핵심적 자원을 찾아 계획에 적용함으로써 주민의 바람직한 삶의 모습과 주요 일상행동을 유도하는 작업을 말한다. PCPND는 또 이를 통해 주민이 장소와 의미로 충만한 생활세계를 구축하도록 지원하는 실무를 말한다. 우리가 도달하고자 하는 주민의 바람직한 삶의 모습을 정의하고, 그 밑에서 작용하는 환경자원을 찾아낸 후, 이 자원을 이용하여 주민의 장소들을 만들어가는 계획과정이라고 말할 수 있다. 자원은 넓은 공간, 그늘진 장소, 놀이가 가능한 가로의 요소들, 어울릴 수 있는 이웃들, 나무와 물, 접근성과 같은, 우리가 일상적으로 도면이나 모델에서 생각하고 사용하는 우리들의 익숙한 계획어휘들과 다르지 않다. 다만 이들은 주민의 우선행동들과 연결된 것이어야 한다. 다시 말하지만, 자원을 찾을 때 우리는 주민의 바람직한 삶, 중요한 일상행동, 가장 가치 있는 생활양상에 주목해야 한다. 이 조건만이 우리 도시주거계획의 성공을 약속한다.

이제 우리가 만들어내려는 바람직한 주거생활양상을 구상해보자. 우리의 전문가적 양식을 동원하여 우리가 믿어 의심치 않는 진정한 삶의 모습들을 궁리해보자. PCPND는 이 바람직한 주거생활의 목표를 그래픽의 언어로 구상하고 상정할 것을 권장한다. 이를테면 바람직한 생활단편이나 행위양상에 대한 사진과 이미지를 모으거나 이를 스케치로 그려낼 것을 권한다. 이미지를 이용하여 토론하고, 궁극적으로는 이미지의 언어로 도시주거계획을 완성해나갈 것을 권한다. PCPND는 결국 도시주거의 평범한 삶의 모습을 가슴에 담고 계획하는 작업이다. 우리가 지향하는 바람직한 주거생활 이미지로부터 그 생활양상에 필요하다고 판단되는 계획요소를 도출하고 이를 우리의 건축언어로 그려내는 작업이다. 그리하여 주민으로 하여금 진정한 삶의 의미를 터득하도록 도와주는 과정이다.

PCPND 적용범위

PCPND는 고정된 하나의 계획절차, 특정한 계획방법을 지칭하는 말이 아니다. PCPND는 보편적 방침이며 계획일반론이다. 인간중심 철학을 기반으로 삼는 모든 계획방법들을 포괄한다. 거주자 중심의 본질과 방향을 따라 움직이는 여러 방법들이 모두 여기에 속한다. 아래 정리된 작업절차는 PCPND의 한 예시로 읽혀져야 마땅하다. 독자는 인간중심의 취지에 부합하고 그 의도를 지향하는 여러 다른 PCPND적 계획방법을 창의적으로 만들어낼 수 있다.

앞으로 제시할 계획절차는 도시주거지 마스터플랜으로의 적용을 우선으로 생각하여 만들어진 것이다. 대체로 2,000세대에서 6,000세대 내외 범위의 근린주구를 우선적으로 고려하였다. 하지만 하나하나의 작은 개별단지 계획에도 이 방법의 적용을 권장하고 싶다. 아래 절차를 살펴보면, PCPND는 가로의 한 부분, 단지 출입부, 보행자전용도로, 공원의 한 부분과 같은 작은 규모의 공간들이 가지고 있는 의미를 간과하지 않음을 알 수 있을 것이다. 대규모의 신도시나 뉴타운 개발계획에 적용하는 것도 가능하다. 소규모 공간들이 모여 주거지를 이루고 지구를 만들며 도시를 형성하는 것은 당연한 이치이다.[1] 인간체험의 단위가 작은 곳에 있다면 큰 그림을 그릴 때에도 작은 그림들의 관계를 고려해야 마땅하다. 이렇게 보면 PCPND를 지구단위계획이나 토지이용계획에 적용하는 것도 바람직할 것이다.

물론 계획의 지리적 규모나 세대 규모에 따라 계획절차가 다소 조정될 필요가 있다. 또 개별사업의 목적과 사업여건에 따라서도 계획절차의 조정이 가능하다. 이를테면 토지이용계획이나 지구단위계획에서는 전체 지구에서 큰 장소들의 모양을 그려내는 작업이 중요할지 모른다. 반대로 이런 큰 규모의 계획에서는 개별 작업단계의 심도를 전체적으로 얕게 조절해야 할 것 같다. 반면에 단지계획과 같은 소규모 개별사업의 계획에서는 한 단지 안의 크고 작은 공간들이 주민의 장소체험에 기여하는 세부적인 메커니즘을 관심 있게 살펴볼 수 있을 것이다.

---

1 강부성 외 (1999) 등에서 논의된 '단계구성론'이 이를 잘 말해주고 있다. 80-100세대가 모여 사용하는 시설은 200-300세대 규모의 소생활권이 필요로 하는 시설과 다르다. 또 이들은 600-900세대 개별단지의 시설과 차이를 두고 계획되어야 한다. 더 나아가 2,000-3,000세대의 중규모 생활권, 6,000에서 10,000세대 이상 대규모 생활권의 도시 커뮤니티시설과도 다른 계획이 되어야 한다. 각 생활권의 시설들이 서로 유기적인 기능적, 체험적 위계로 구성되어야 함은 물론이다.

PCPND 목표와 의도

PCPND의 화두는 인간 중심, 주민 중시, 입주자 고려의 정신이다. 도시주거지는 인간, 이웃, 가족, 개인이 각자의 방법으로 자신의 생생한 삶을 담보하는 터전이다. 그 주거지를 만드는 일에 굳이 인간중심이란 모토를 강조하는 것 자체가 모순처럼 들린다. 하지만 우리가 처해있는 동시대의 계획에서는 실무목표를 거주자 삶의 세계가 아니라 전문가의 기술적 재간에 두고 있는 것 같다. 많은 집을 짧은 시간에 짓는 과정에서 거주자의 직함은 집의 소비자로 격하되었고, 인간의 오묘한 생활과 경험의 사건들은 기능이라는 추상으로 간단하게 대체되었다. PCPND는 이와 같은 지난 오류와 전문적 타성에서부터 계획의 주인으로서의 주민의 권리를 회복하자는 제안이다.

PCPND는 주민의 적극성과 비판성을 옹호한다. 이 말은 전문계획의 일방적인 주권 침해에 대응하여 인간 스스로가 자주적 삶을 회복하는 과정을 존중한다는 것이다. 주어진 주거환경에 대한 피동적인 순응이나 암묵적인 복종을 관망하거나 당연시하는 대신에, 주민의 적극적이며 자발적인 창의적 삶을 경외한다는 뜻이다. PCPND는 주민의 자기 통제와 참여, 자율적 경험을 지원하는 하나의 방법이다. 우리가 계획한 주거환경의 언저리에 주민을 배열하는 타성에서 벗어나 주민 스스로가 주거환경으로부터 행복과 안락과 충만감과 자긍심을 구하도록 돕기 위해 우리가 꼭 한번 생각해보아야 할 하나의 방안이다.

이를 위한 최선의 방법으로서 PCPND는 도시주거 공간에 대한 주민의 적극적인 사용을 제안한다. 높은 활용도, 다양한 활용양상, 다양한 계층의 활용을 의도한다. 도시주거의 공간들을 일상적으로 활발하게 활용하여 그 안에서 생활양상과 경험의미를 스스로 만들어나가도록 도와야 한다고 주장한다. 이런 생활공간은 미학과 경관의 공간, 기능과 배열의 공간, 형체와 구성원리의 공간에 대응하는 개념이다. 이것은 또 지각과 인지의 수준을 초월하여 공간 내부자로서의 인간insider, 행위 운영자로서의 인간actor을 지향한다. PCPND는 계획의 무게중심을 사람이 보고 느끼는 경험으로부터 생활을 만들고 행동하는 이용의 경험으로 옮겨놓고자 하는 방법이다. 아이들과 주부들, 가족과 이웃과 노인들이 활발하게 공간으로 진출하여 그 안에서 활동하는 도시주거환경을 목표로 삼는다.

사실을 말하자면, 인간은 스스로 자기 생활을 개척하고 만들어나가는 적극적인 행동주체임이 자명하다. 어떤 억측의 환경에 당면해서도 인간은 굳건하게 적응해나간다. 다만 전문가가 발휘하는 그 억지와 오류의 타성에 감염되면 어쩔 수 없이 끝없는 대가와 희생을 치러야 한다. 이런 대가의 위험을 사전에 제거하기 위해 PCPND는 그 초점을 경험과 생활의 공간적 집약체인 장소에 두었다. 주민이 그 무언과 무지와 무관심의 도시건축 공간을 자기에게 소중하고 의미 가득한 자신의 장소로 변모시킨다는 것은 얼마나 위대한 일인가! 주어진 공간 모두는 아닐지라도 그 몇 가지를 자기 생활과 느낌과 존재의 중심지로 만든다는 것은 진정 가치 있는 일이다. 이것이 곧 '주거지에서 산다' 는 것 자체를 말하는 것이며, 이것이 곧 우리 도시주거 전문가들이 추구해야 할 목표일 것이다.

PCPND가 의도하는 방법은 비교적 간단하다. 그것은 우리 도시주거의 공간들을 이런 의미의 장소들로 만들어보자는 것이다.[2] 주민의 바람직한 생활양상, 행위패턴, 일상행동을 찾고, 이들이 의존하는 건축적 속성, 공간특성, 계획요소 즉 자원을 도출하자는 것이다. 자원이 무엇인가? 그것은 전문가들이 도시계획과 건축의 긴 역사에서 거듭 사용하고 있는 계획언어이며 문법이며 수단이며 도구이다. 예를 들어 공간의 크기와 비례, 선과 면과 입체, 나무와 물 등이다. 계획교재와 지침은 이런 어휘들로 가득하다. 자원이라는 이름으로 이들을 따로 지칭하는 것은 그것이 인간의 주요 생활양상과 일상 우선행동에 연관되어 있는 것임을 강조하기 위한 것이다. 여기에서 전하는 PCPND의 방법은 자원을 이용하여 인간생활의 의미를 담는 도시주거의 장소들을 계획하는데 초점을 맞추고 있다.

PCPND 기본 구성

PCPND는 인간중심의 정신에서 출발하여 주민 행위경험을 이해하고 환경자원을 도출하는 과정을 거쳐 장소의 계획과 구성으로 끝난다. 집 짓는 전문가들의 계획적 재능을 주민의 일상생활과 그들의 행동체험으로 모아 주민이 활발하게 이용하는 공간, 주민의 각가지 일상적 의미로 채워지는 주거지를 만들자는 것이다. PCPND의 구조는 크게 X-축과 Y-축으로 구성된

2 근래 박철수 교수의 '공간에서 장소로', '기능에서 생활로' 와 같은 화두(건원건축 강연회 2004년) 그리고 몇몇 주요 현상설계공모의 설계지침에 키워드로 나타나는 '가보고 싶은 곳으로서의 장소 '(서울 은평2지역 마스터플랜 현상설계지침)와 같은 일련의 예들은 도시주거계획에서 장소라는 개념에 관심을 두기 시작한다는 증거이며 전문가들의 인식 변화에 대한 암시이다. 이에 대한 폭넓은 연구와 깊은 토론이 필요하다. 장소는 앞으로의 주거연구 및 계획에 중요한 키워드가 될 것이다.

다. X-축은 '내용의 축'으로서 기술적 내용의 축, 인간적 내용의 축 등 두 개의 부축sub-axis을 갖는다. 이 두 가지 내용의 부축이 상호협력의 관계를 맺고 '과정의 축'인 Y-축을 따라 진행한다. Y-축은 5개 과정으로 구분된다. 몇 가지 특징적인 성격을 자세히 살펴보기로 하자.

PCPND X-축: 기술중심디자인과 인간중심디자인

PCPND에서는 집과 동네의 디자인이 다루어야 할 계획정보 총체를 크게 기술적 정보와 인간적 정보로 구분한다. 디자인의 모든 문제를 기술적인 것과 인간체험에 관한 문제로 구분하며, 디자인이 제시해야 할 해결방안도 역시 기술적 해결과 인간경험 문제의 해결로 양분한다. 세계의 현상들을 이 양분논리로 조망하자고 우기는 것이 아니다. 다만 업무의 편의와 작업의 효율을 위한 임시 논리로 제시하는 것이다. 계획적 문제 하나를 해명하고 해결하는 우리의 시각이 기술패러다임, 인간패러다임 어느 쪽에 더 무게를 두는가의 상대성에 관한 주장이다. 사실 이 두 가지 내용은 주거계획을 떠받치는 튼튼한 축이다. 어느 것 하나 소홀히 다룰 수 없으며 둘 사이의 관계를 또한 소홀히 볼 수 없다. PCPND는 이 두 가지 내용을 각각 기술중심디자인technical design solution과 인간중심디자인human design solution으로 부른다.

인간중심디자인은 계획의사결정의 우선 논점을 인간의 일상과 경험, 반응으로부터 찾는다. 디자인을 인간 삶의 현재와 미래에 대한 효과에서 조망하고 평가한다. 도시건축환경과 인간체험의 접점에 놓여진 현상들에 초점을 두고, 평범한 거주자 클라이언트의 일상 눈높이에서 조망하며, 주민의 몸과 가슴으로 정의하는 살기 좋은 집을 추구한다. 주민을 위한 바람직한 삶이 무엇인가를 궁리하고 그 삶의 도시적, 건축적 장치를 고안한다. 그리하여 인간체험의 각가지 의미와 커뮤니케이션으로 넘치는 도시건축 공간을 꿈꾼다. 이것이 PCPND를 지탱하는 하나의 축이다. 이를 인간디자인 축human design sub-axis이라고 부를 수 있다.

기술중심디자인은 프로젝트의 현실여건과 전문지식을 중시한다. 한 프로젝트에는 어김없이 현실적 기회와 제한이 가득하다. 시설용도, 경제성, 규모, 입지, 생태환경, 토지이용과 같은 큼지막한 문제들은 각각이 세밀하게 분석되고 합리적으로 해결되어야 한다. 문제들 하나하나의 무게와 위계가 정확하게 측정되어야 하고 문제들의 상충도 합리적으로 조정되어야 한다. 다행히도 우리에게는 이 작업들을 위해 누군가가 이미 만들어놓은 규범으로서의 절차와 방법

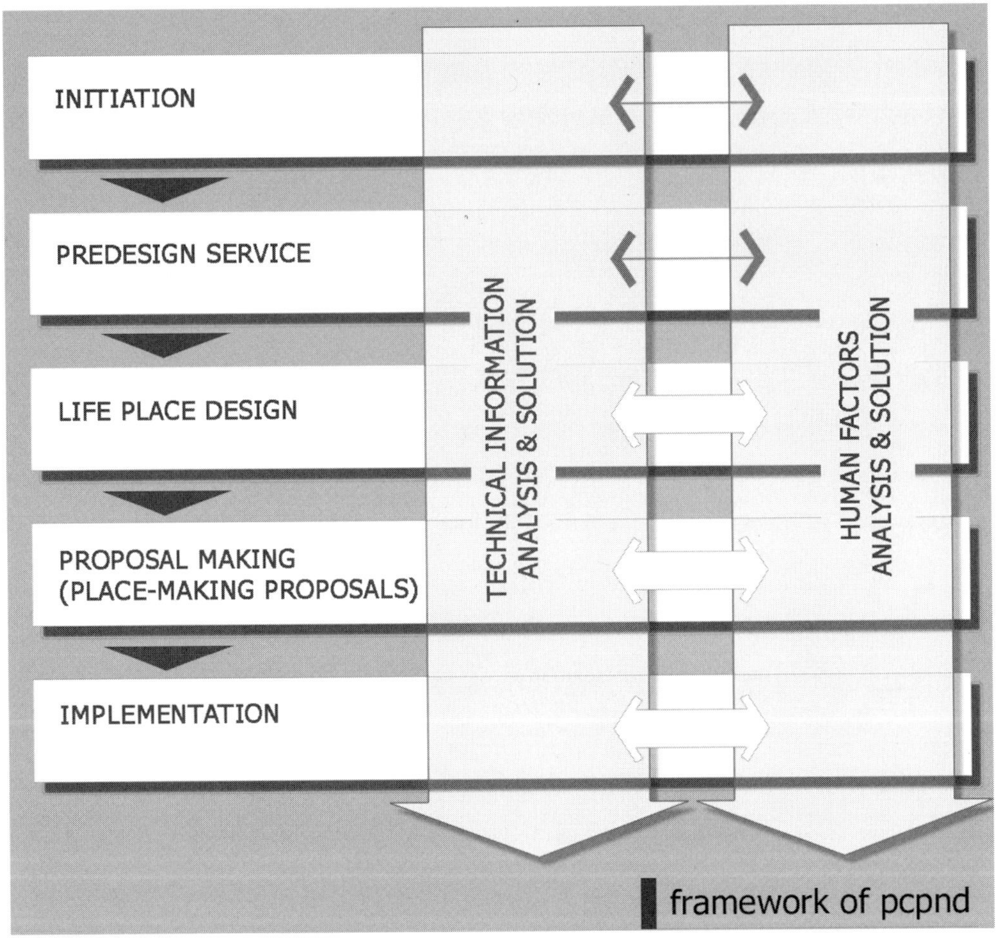

그림 1. PCPND 기본 구성 (X-축 2개 sub-axis, Y-축 5개 과정): 기존의 일반적인 계획프로세스와 비교하면 PCPND는 X-축에서 humen factors를 다루는 부축이 추가되고 Y-축에서 세 번째 과정 life place design이 추가된 형식이다.

과 용어들이 있다. 지구단위계획 지침, 교통과 도로와 주차장에 관한 전문상식과 규정들, 디자인 프로세스에 관한 제안들, 건축프로그래밍과 스페이스프로그램 방법들, 조닝과 공간구성의 법칙들이 그것이다. 지나치게 기계적으로 적용하는 타성을 버리고 창의력을 살려 응용하면 도움이 되는 것들이다. 이들이 모두 PCPND의 기술디자인 축**technical design sub-axis**이다.[3]

기술디자인 축에서 다루는 작업은 기존의 통상계획방식에 따른다. 현실적, 기술적, 기능적 합리성에 기초한 모든 계획의사결정을 포함한다. 여기에 기존의 통상계획이 도달하지 못한 주민 일상체험과 의미에 대한 계획적 배려를 인간디자인 축으로 모두 모아 큰 덩어리로 만들고 이것을 통상계획에 얹어 추가한 것이 PCPND의 두드러진 특징이다. PCPND는 통상계획의 큰 흐름에 새로이 추가된 인간중심계획의 흐름, 두 흐름이 만드는 밸런스를 말한다.[4]

PCPND는 전통적 설계방식을 배척하지 않는다. 비록 통상의 방법들이 휴머니즘을 소홀히 한 책임이 있다 하더라도 현실적 문제와 기술적 요건에 대응하는 그들의 냉철한 합리성은 존중되어야 한다. 기존의 통상계획방식에는 유구한 법칙이 엄연히 존재하며 그 법칙은 대단한 현실적 쓸모를 가지고 있다. 이런 현실여건과 전문상식과 기초규범들에는 인간중심철학에 앞서 먼저 존중되어야 할 것들도 있다. 더욱이 인간중심디자인을 완성하기 위해서는 이런 기술적 디자인의 원조가 절대적으로 필요하다. 우리는 도시주거계획에 있어서 기술과 인간, 두 줄기가 상대방이 있음으로 자기가 존재하며, 상대의 해결을 서로 지원하며, 상대를 제한하거나 억제하는 대신 서로의 창의성을 높이는 관계에 있음을 인지해야 한다. 이런 시각에서 보면 PCPND는 결국 기술과 인간의 상호 협력과 조화의 경지를 지향한다고 말할 수 있다.

PCPND Y-축: 5개 과정 5-phased Design Process

거주자의 삶과 주거생활경험을 존중하자는 취지를 위해 어떤 혁신적인 설계절차를 혁명처럼 내세울 필요는 없다. 이미 오랜 경험과 전통으로 구축된 기존의 설계과정은 나름대로 튼튼하고 필요하며 존중되어야 한다. 다만 PCPND는 기존 설계방식에 새로운 작업 한 부분을 얹어 추가하고 그 새로운 작업을 통해 기존 방식을 보완하자는 것이다. 이를테면 X축

---

3 기술디자인 축은 기존의 기술적, 기능적, 형태적 계획내용을 말한다. 이는 우리가 흔히 배우고 토론하는 익숙한 계획항목이다. 다음 부록에서 이에 대한 여러 문헌과 자료의 내용을 모아 정리해보았다.

4 Palmer(1981)는 그의 건축프로그래밍 저서에서 설계정보를 physical(입지, 공간, 기능, 동선 등), external(법규, 지형, 생태, 예산, 일정 등), human(행위, 지각, 태도, 선호, 경험요소, 조직구성 등)으로 나누고 있다. PCPND는 physical과 external을 technical로 모아 하나로 취급한다. 또 Pēna의 CRS 모델은 설계정보를 기능, 형태, 경제, 시간, 에너지 등 다섯 가지 카테고리로 나누어 살펴볼 것을 제안하고 있는데, 기능의 일부 내용을 제외하고는 모두가 여기에서 말하는 기술적인 내용들이다 (Pēna et al., 1977). 설계를 크게 기술적 처리와 인간사용정보 처리로 나누는 것은 Hershberger(1999)나 Cherry(1999) 등을 보아도 알 수 있다. 몇몇 실무/학자들은 특히 인간중심시각을 강조한 설계프로세스를 제시하고 있다 (humanistic approach to architectural programming, Kantrowitz & Associates, 1978, Farbstein & Associates, 1991, Duerk, 1993, Preiser, 1985, 1993). PCPND는 자기 고유 이론체계에 근거하고 있다는 점, 도시주거설계를 인간중심으로 재편할 것을 제안한다는 점 (기술적 설계정보를 인간중심계획의 보완수단으로 사용하자는 점), predesign(설계프로그래밍)에 한정하지 않고 기획에서부터 완성까지 전체 설계과정을 재구성한다는 점에서 지금까지의 제안들과는 다르다.

에서 인간디자인 축을 하나 얹은 것이고 이제 Y축에서 생활장소계획life place design 과정을 하나 추가한 것과 같다.

일반적으로 건축설계는 크게 네 과정을 거치며 진행된다 (물론 하나 다음에 둘이 되는 식은 아니고 과정들 사이에 작업들이 끊임없이 앞뒤를 오가고 소용돌이 치며 전개되는 방식이다). 그 네 개의 큰 과정은 설계발주와 기초자료분석initiation, 설계정보처리와 계획문제도출(기획 및 프로그래밍predesign services), 기본계획 및 계획확정(설계진행proposal making), 설계이양 및 실시(실시설계도면 작성 등implementation)를 말한다.[5] 도시주거계획의 과정도 이런 비주거 일반건축설계의 큰 틀과 크게 다르지 않다. PCPND에는 전통적인 4개 과정의 중간에 주민 생활체험에 관한 일련의 작업을 정리하여 설계완성단계로 넘겨주는 생활장소계획 과정이 추가된다.

이에 따라 PCPND는 5개 과정을 통해 흘러가게 된다. 또 각 과정은 개별적으로 2개 단계씩으로 구성됨으로 전체 작업은 5개 과정 10개 단계를 거치게 된다. 대부분이 전통적으로 익숙한 단계들이기 때문에 여기에서 일일이 서술할 필요는 없을 것 같다. 크게 보면, 설계시작과정initiation은 설계발주inception와 기초자료 및 프로젝트방향 분석 등 두 단계로 나뉘고, 기획프로그래밍과정predesign services은 기획과 프로그래밍 등 두 단계로, 생활장소계획과정life place design은 장소분석place analysis과 장소계획place design 등 두 단계로, 계획설계과정proposal making은 기본설계 및 평가와 본 설계 등 두 단계로, 마지막으로 실시과정implementation은 설계도서나 보고서로 종합하고communication 시공을 준비하는action 두 단계로 각각 구분되어 진행한다.

5 Snyder & Catanese(1979) 160-161쪽에는 미국 AIA를 비롯한 여러 전문기관 및 전문가들이 제안한 설계과정이 잘 정리되어 있다. 여러 교재들과 건축전문가들이 사용하는 용어는 다소 상이하다. 하지만 기본적으로는 여기에서 제안한 4개 과정으로 편안하게 정리되는 내용들이다. 시간이 지나 과정 안에서 수행하는 작업은 기술적으로 크게 진보하였으나 크게 4개 과정의 틀은 변함이 적다.

표 1. PCPND Y-축: 5개 과정 10개 단계

과정	단계	주요 작업내용
INITIATION (설계시작과정)	· INCEPTION/FAMILIARIZATION (발주 및 준비) · PRELIMINARY ANALYSIS (기초자료 및 설계방향 분석)	Contract Documents Kick-Off Meetings Site Visits Preliminary Programming Basic Definition of Problems and Goals
PREDESIGN SERVICE(기획프로그래밍과정)	· PLANNING (기획) · PROGRAMMING (프로그래밍)	Feasibility Analysis Fact Finding (Information Processing) Problem Identification Design Issues, Objectives, and Requirements Design Possibilities and Concepts
LIFE PLACE DESIGN (생활장소계획과정)	· PLACE ANALYSIS (장소분석) · PLACE DESIGN (장소계획)	Life Situation and Place Image Analysis Desired Life Situations and Goal-Setting Activity-in-Place Analysis (Activity Layout) Definition of Behavioral Resources of Environment Individual Place Design
PROPOSAL MAKING (계획설계과정)	· SCHEMES/EVALUATION (기본설계 및 대안평가) · DESIGN DEVELOPMENT (본 설계)	General Concepts and Alternatives Form and Space Development Test Solution, Selection From Alternatives, Modification Synthesis and Creative Leap Detail Design and Proposal
IMPLEMENTATION (실시과정)	· COMMUNICATION (설계도서 및 보고서) · ACTION (시공준비)	Presentation of Solutions Optimization Contract Documents Execution and Administration of Contract Other Post-Design Services (Postoccupancy Evaluation)

Y-축에서 주목할 과정은 물론 PCPND를 위해 특별히 추가된 세 번째 과정 즉 생활장소계획이다. 설계시작에서부터 기획프로그래밍 과정을 거쳐 준비된 여러 설계자료를 본격적인 계획설계과정으로 넘기기 전에 수행한다. 여기에는 2개 단계가 포함된다. 첫 단계에서는 주민생활과 행위패턴의 분석을 통해 주거지에서 기대되는 바람직한 거주생활의 양상들을 종합적으로 결정하며 (장소분석), 두 번째 단계에서는 이를 바탕으로 구체적인 계획언어(환경행위자원)를 도출하고 이를 장소로 구성하는 계획을 수행한다 (장소계획). 이 두 단계는 5개 세부작업, 즉 생활행위이미지를 수집 분석하는 작업 (image analysis), 목표로 삼을 주거생활양상들을 결정하는 작업 (desired life situations), 그 양상들과 관련된 주거행위를 정의하는 작업 (activity-in-place analysis), 이 행위들을 지원하는 제반 환경행위자원을 도출하는 작업 (resource definition), 마지막으로 환경행위자원으로부터 계획언어를 도출하여 개별 장소들을 계획하는 작업으로 이루어진다 (individual place design). 이 작업들은 모두 거주자 생활양상을 분석하고 주거행위의 건축환경적 자원을 도출하여 주민생활장소로 계획하는 방안을 궁리하는 과정이다. 직전 과정인 기획프로그래밍 분석작업에 이어서 주민생활 및 우선행동과 그 공간자원에 대한 분석작업을 수행하고 이를 이용하여 장소계획을 수행한 다음 그 결과를 다음 과정인 본격적인 계획설계로 넘긴다. 이와 같이 생활장소계획 과정은 기존 통상계획의 설계정보처리분석 과정과 계획설계 과정을 이어주는 역할을 하며 그 중간에서 인간중심 주거계획의 핵심을 이루는 주민생활과 장소경험에 관련된 작업을 관할한다.

PCPND X-축과 Y-축의 통합교차구성

이제 PCPND의 내용을 구성하는 X-축(2개 부축)과 PCPND의 과정을 요약한 Y-축을 통합해보자. 크게 보면 PCPND는 기술중심디자인과 인간중심디자인 등 두 축이 5개 과정, 10개 단계를 따라 병행의 관계로 진행하는 구조를 갖는다. 통상계획과 비교하면, X-축으로 인간중심디자인 축이 추가되었고 Y-축에는 생활장소계획 과정이 추가되었다.

첫 번째 특징은 기술과 인간에 대한 고려가 함께 진행되며 수시로 비교 종합된다는 점이다. PCPND는 기술과 인간 중 어느 하나도 소홀히 하지 않으며, 기술적 측면이 인간적 측면을 또 인간적 측면이 기술적 측면을 항상 의식하는 역학으로 구성되어 있다. 기술정보와 인간정보는 서로 긴밀한 관계를 가지며 상호 보완 내지는 강화의 역할을 갖는다. 기술디자인 작업과 인간 디자인 작업이 초기 과정(설계시작, 기획프로그래밍)에서는 상호 참고와 타협의 관계로 진행되다가 생활장소계획 과정에서 일차 조정을 거친 후 그 다음 과정부터는 상호 통합되어 하나의 계획안으로 발전된다.

두 번째 특징은 Y축에 추가된 생활장소계획 과정life place design이 기술디자인과 생활디자인 두 부축을 공고히 결합하고 더 나아가 전체적으로 PCPND의 X-축과 Y-축을 하나로 결속하는 일종의 '잠금 키' 역할을 수행한다는 점이다. 생활장소계획에 포함된 작업은 PCPND의 핵이다. 이전 작업과 이후 작업의 징검다리이며, 기술디자인과 인간디자인의 연결고리이다. 분석을 설계로 이전하는 중간지점으로서, 기술적 정보와 인간적 정보로 나뉘어 진행된 분석을 '기술+인간'의 설계로 묶어주는 연결지점이다.

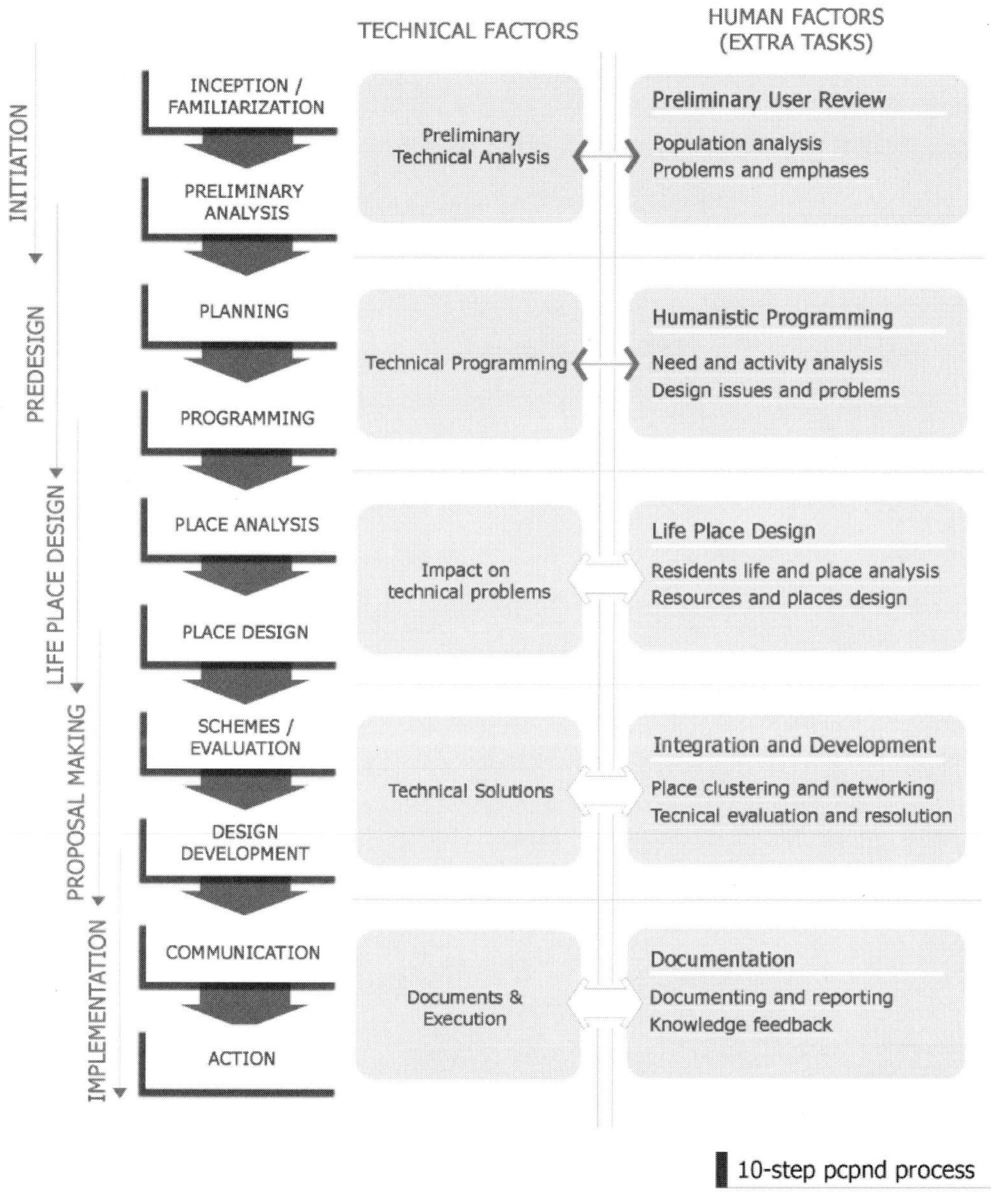

그림 2. PCPND 통합구성: 기술디자인과 인간디자인이 5개 과정 10개 단계를 따라 상호 조정, 보완, 통합의 과정을 거치며 진행된다. 생활장소계획 과정(life place design)이 전후와 기술-인간을 서로 연결하는 핵심적인 역할을 갖는다.

마지막 세 번째 특징은 X-축의 인간중심디자인 축을 떼어내어 그 작업절차를 별도의 5개 과정 10개 단계로 보다 정밀하게 정의할 필요가 있다는 것이다.[6] 설계시점에서부터 실시과정까지의 PCPND Y-축 5개 과정은 보다 일반적이며 종합적인 설계절차를 말하는 것이며, 이 책에서 중점을 두는 인간중심디자인의 5개 과정은 이보다 더 전문적이며 세부적인 작업을 말하기 위한 것이다. 물론 이것은 인간중심설계가 기존 기술중심디자인과 작업내용상 차이가 있기 때문에 어느 정도는 독립적으로 진행할 필요가 있음을 뜻한다. 예컨대, Y-축 기획프로그래밍 과정 중에서 기술프로그래밍이 다루어야 할 법규나 입지분석과 같은 설계정보는 거주자프로그래밍의 주거행위분석과는 내용상 차이가 있다.[7]

인간중심디자인 축의 전문적 작업과정을 전체 PCPND 5개 과정에 준하여 정리하면 인간중심계획은 거주자 기초분석preliminary user review, 거주자 프로그래밍humanistic programming, 생활장소계획life place design),[8] 장소통합계획integration and development, 문서정리기록documentation 등 다섯 과정으로 요약된다. 이 5개 과정은 PCPND의 기술중심디자인 축 5개 과정을 따라 진행되는 통상계획작업과 병행 진행하면서 각 과정별로 기술중심계획과 지속적으로 비교 조정되는 관계를 유지한다. 그림과 표를 참고하면 인간중심계획의 5개 과정, 10개 단계가 담고 있는 내용을 일견할 수 있다. 과정별 세부 작업내용에 대한 서술은 다음 장으로 넘긴다.

---

6 기술중심디자인 즉 기존의 통상계획은 나름대로 성실하게 수행되어야 마땅하다. 모든 현실적, 기술적, 기능적 설계요건은 면밀히 충족되어야 한다. 이미 많은 교재가 이 내용을 다루고 있기 때문에 여기에서는 기술중심디자인에 대한 세부 서술은 피하고 대신 인간중심디자인에 초점을 맞춰 서술을 전개하고자 한다.

7 따라서 PCPND를 원활히 수행하기 위해서는 2개 설계 팀이 필요할 수 있다. 한 팀이 하나의 축을 전담하는 것이 효율적이다. 일개 팀이 전체 설계작업을 수행해야 하는 경우에도 인간중심디자인 축은 (적어도 네 번째 과정의 초반 단계까지는) 다소 독립적으로 취급될 필요가 있다. 통상계획의 내용과는 다른 내용, 보다 전문적인 부분을 다루기 때문이다.

8 물론 이 생활장소계획(life place design)은 PCPND 전체 Y-축의 생활장소계획과 동일한 과정이다. 전체 PCPND 절차를 서술할 때 새로 추가된 것으로 지목한 부분이 그대로 인간중심디자인 축으로 이관된 것이다.

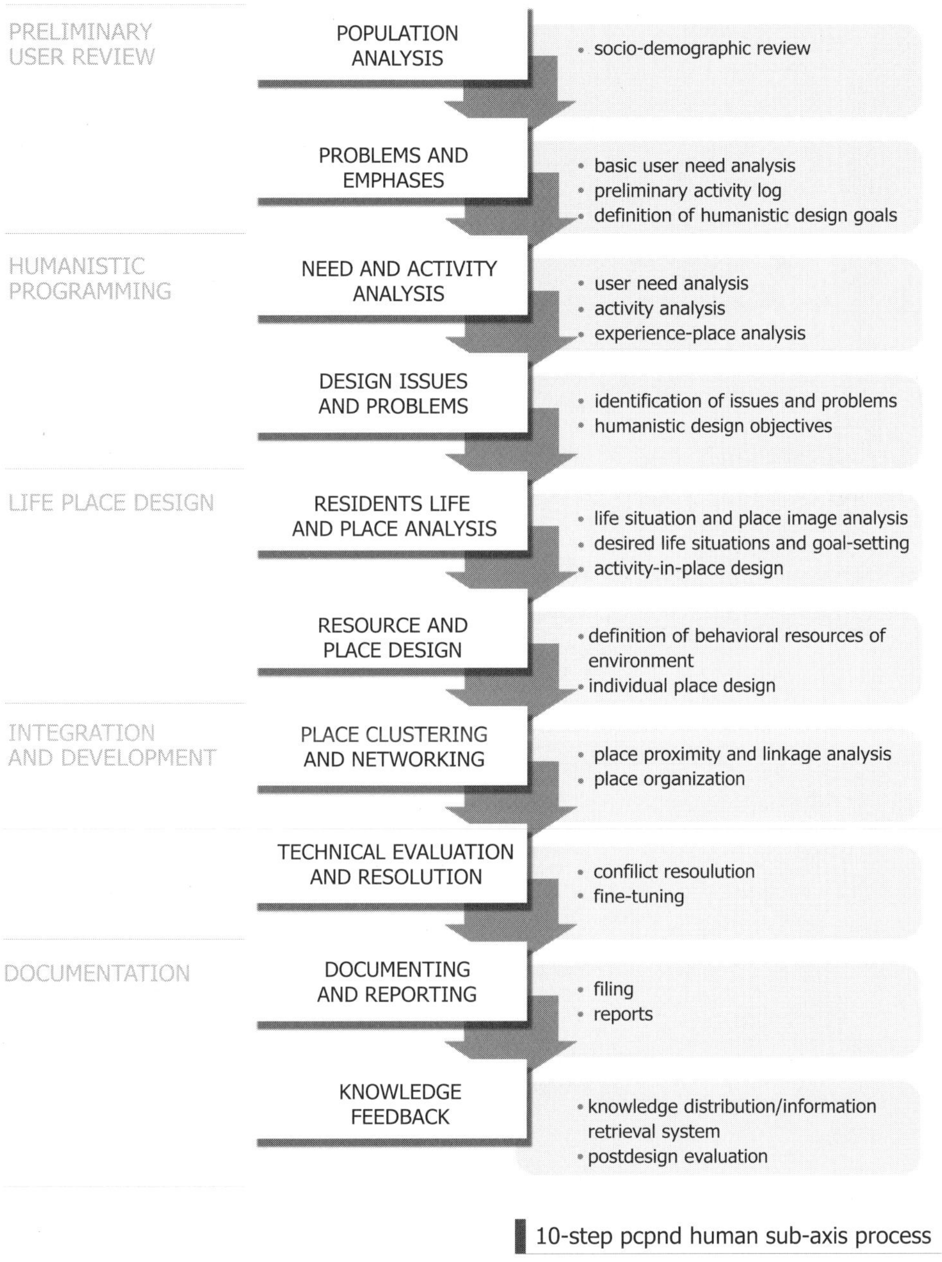

그림 3. PCPND 인간중심계획 부문의 절차

표 2. PCPND 인간중심계획의 과정/단계 및 단계별 주요 작업내용

5-phases	10-phases	주요 작업내용	작업방법 (예시)
Preliminary User Review	· Population analysis	Socio-demographic review: 예상 거주자 기본성격 이해 (가족구성, lifestyle, social class 등 설정, 가치관, 일상생활양상 이해)	- 통계자료 분석 - site visits (people-in-site imagination) - images of people 수집분석 - team brainstorming
	· Problems and emphases	Basic user need analysis (거주자 기본요구 이해) Preliminary activity log (주요 일상행위패턴 이해) Definition of humanistic design goals (최초 설계목표)	- 사례 문헌/자료 참고, 사례 사진 - noting, 표 작성, annotation 분석 (토지이용계획도 등 이용), diagrams, photos - 기존 지침 분석, 주요 일상생활 사진
Humanistic Programming	· Need and activity analysis	User need analysis (거주자 계층 및 요구 분석, 입주자 집단 계층별 요구/선호 분석) Activity analysis (주요 일상행위 도출 및 패턴 분석) Experience-place analysis (behavior settings, 지각경험, 이동/행위, 감정, 사회경험 등 일상경험의 발생장소유형 분석)	- 예상 입주자 집단계층별 요구분석표 - 행위유형표, 행위카드sorting, 사진분석 - 경험유형표, 주민 집단계층별 경험 - annotated plans and diagrams - observation and survey
	· Design issues and problems	Humanistic design objectives (세부적 설계목표 제시) Identification of issues and problems (주요 계획이슈)	- 유사 사례 관찰 (주민 일상행위 및 장소 관찰) - 이슈카드sorting, 사진, noting, 표 작성 등
Life Place Design	· Residents life and place analysis	Life situation and place image analysis (life situations/주거생활양상 이미지 수집 분석) Desired life situations and goal-setting (바람직한 생활양상 선택, 추가, 설계목표 구체화) Activity-in-place design (activity layout, 행위 system networking)	- desired life situations 이미지 수집 분석 - 장소, 행위성격, 행위주체별 sorting (card game) - 이미지 선택 및 추가 스케치 작성 - annotated plans, 도면 위 선택 이미지 layout - 표 분석, 행위카드 sorting and layout - workshops and brainstorming - Delphi method, opinion leaders
	· Resource and place design	Definition of behavioral resources of environment (바람직한 생활행위를 지원하는 환경행위자원 도출) Individual places design (환경행위자원과 계획언어를 사용하여 개별장소 계획, 장소의 주요 계획언어 구성과 종합)	- Translation of behavioral to architectural language (선택된 생활양상 이미지와 추가된 스케치에서 계획언어 도출) - 다양한 스케일, 다양한 행위주체, 다양한 일상행위 패턴, 다양한 공간별 장소 계획 (스케치)
Integration and Development	· Place clustering and networking	Place proximity and linkage analysis Place organization (adding, subtracting, overlapping, exchanging, clustering, and filling-in)	- Inter-place activity analysis (activity overlapping, exchanging, reinforcing, connecting, etc.) - Place proximity-relationship diagrams - Place layout drawings and annotations
	· Technical evaluation and resolution	Conflict resolution (장소계획의 실현 가능성 타진): Technical solutions와의 충돌 문제 해결, 상호보완 Fine-tuning (부분 조정 및 장소계획 완성)	- Trade-off, annotated plans, 스케치, drawings - Team resolution (전문분야간 조정) - 부분스케치 작성 및 계획 부분조정 - Consulting
Documentation	· Documentation and reporting	Filing (자료 분류 및 문서화 작업) Reports (보고서 작성, 보고, 타 프로젝트와의 차이 및 장단점)	- 자료 정리, 분류, 문서화 - 설계도서 완성, 설계보고서 작성 - 프로젝트 장단점 정리
	· Knowledge feedback	Knowledge distribution/Information retrieval system (지식과 경험의 공유 배포) Postdesign evaluation 계획 (설계작업의 평가, 주거지 입주 후 평가 등)	- 작품 및 효과의 홍보 - 보고서 배포, 학술발표, 세미나 - 입주 후 생활에 대한 지속적인 관심과 연구 - 입주 후 평가

PCPND 인간중심계획의 과정별 작업

PCPND는 전체적으로 기술과 인간 2개 축이 5개 과정, 10개 단계로 진행하는 구조를 갖는다. 기술과 인간 2개 축에서 PCPND가 특히 강조하는 부분은 인간디자인 축(human sub-axis)이다. 여기에서는 인간디자인 축의 5개 과정, 10개 단계를 개괄적으로 서술하기로 한다. 물론 기술디자인 축(technical sub-axis)과의 상호관계가 중요하며, 따라서 부분적으로 병행 서술하였다. 우선 각 과정과 단계의 핵심내용을 세부 서술하고, 이어서 PCPND 단축모델을 소개하기로 한다.

1. 거주자 기초분석 **Preliminary User Review**

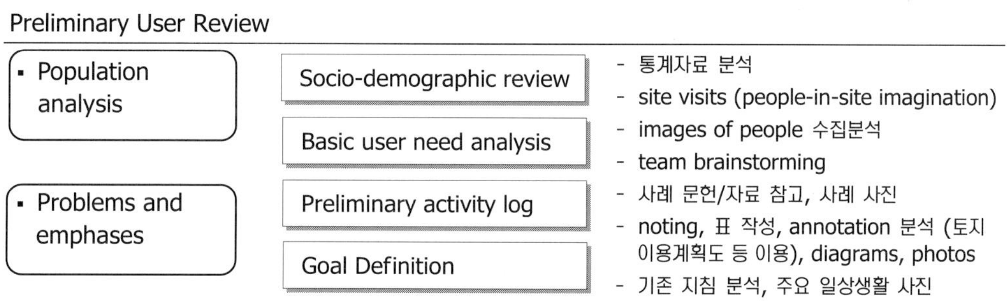

인간중심디자인은 향후 집에서 살아갈 거주자 집단의 기본적인 성격을 가늠하는 작업으로 시작된다. 설계목표 역시 주민의 일상주거생활과 장소체험에 관한 것으로 구성한다. 거주자 기초분석 과정에서는 크게 거주자 인구학적 특성분석과 기본목표 설정 등 두 가지 단계를 수행한다.

(1) 거주자 인구학적 특성 **Population Analysis**

기존 계획방식은 프로젝트의 성격과 목표를 개괄적으로 이해하고 입지를 개략적으로 분석하면서 시작된다. PCPND 인간중심디자인에서는 예상 거주자를 정의하는 작업으로 시작된다. 누구를 위한 계획인가, 어떤 사람들이 살아갈 것인가에 관한 실무자 스스로의 명확한 정의를 말한다. 인구학적 특성 (소득, 직업, 가족구성 등), 연령계층 성격, 라이프스타일에 대한 기본적인 이해가 필요하다. 이를테면 도심 주상복합주거, 도심 소형 원룸주거, 도시 외곽 집단주거 등의 거주자 계층은 명백히 서로 다른 특성과 가치관을 지니고 있을 것이다. 분양주택과 임대주택의 거주자를 구분해볼 필요도 있다. 유사 사례의 주민에 대한 실증조사를 수행하는 것도 중요하겠지만 PCPND에서는 별도의 조사를 권장하지는 않는다. 실무의 현실여건을 감안할 때 과학적이고 체계적인 현장조사보다는 기존 통계나 사례와 같은 문헌자료에 대한 개괄적 분석이 더 유용할 것이다.

주민에 대한 객관적인 시각과 함께, 살아갈 사람들을 가슴으로 공감하는 자세, 계획 팀 스스로의 창의적인 시각도 중요하다. 기술중심디자인에서 입지분석을 행할 때, 특히 프로젝트 현장을 처음 방문하는 시기에, 그 땅 안에서 생활을 운영해 나갈 주민을 가슴으로 느끼고 그들의 성격과 일상에 관한 나름대로의 결론을 그려볼 일이다. 주민 성격에 대해, 그리고 '우리가 과연 어떤 사람들을 위해 계획하는가' 에 관해, 실무 팀 안에서 충분한 토론을 거치면 주민의 근본적 성격을 이해하는데 크게 도움이 될 것이다.

(2) 계획기본목표 **Problems and Emphases**

기존 통상계획의 서두에도 나름대로 설계목표가 제시된다. 우리가 반복 사용하고 습관적으로 적용하는 통상적이고 추상적이며 무의식적인 기존 설계목표들은 PCPND에 맞지 않는다. 인간중심계획에서는 기존의 것보다 인간적인, 주거생활지향적인 목표를 만들어 볼 필요가 있다 (humanistic design goals). 어떤 주거생활이어야 하는가, 일상의 어떤 부분은 건축의 어떤 측면과 일치해야 하는가, 계획은 주민 주거경험의 어떤 양상을 어떻게 지원해야 하는가와 같은 명제들을 인간이나 생활의 언어로 표현해보아야 한다.

PCPND의 목표는 인간중심적이어야 할 뿐만 아니라 매우 구체적이고 현실적이어야 한다. 앞서의 거주자 특성에 대한 기본 이해로부터 거주자가 어떤 생활을 필요로 하며 어떤 주거환경을 요구할 것인지를 면밀히 토론할 것을 권장한다. 생활이라는 큰 덩어리를 부분과 조각으로 구분해보고 거주자도 연령집단 등으로 계층화하여 세부적으로 살필 것을 권한다. 이 단계에서 목표의 수준이나 밀도를 구분할 필요는 없다. 큰 목표도 필요하고 작은 부분목표도 쓸모가 있다.

인간중심적 설계목표를 제대로 만드는 일은 몇 번을 강조해도 지나치지 않을 만큼 중요하다. 이것은 '어떤 집을 지을 것인가' , '어떤 삶을 계획할 것인가' , '내가 짓는 집이 어떤 생활을

표 3. PCPND 인간중심 계획목표 예시 (2005년 인천 S지구 기본계획 발췌)

ACTIVE OUTDOOR LIVING	주민들이 되도록 외부공간으로 진출하도록 독려하는 계획이 되어야 한다. 집 안의 거주 보다는 집 밖에서의 생활을 지원하는 계획을 꾀한다. Communal Space로 진출했을 때 적절한 행위, 흥미 있는 사건이 존재해야 한다.
SINGLE-HOME ANALOGY	공동으로 살며 단독주거처럼 사는 생활은 어떤 것인가? 단독주택이 허용하는 주거체험을 풍족하게 부여하자. 공동주거와 단독주거를 기회와 옵션으로 펼쳐놓고 주민으로 하여금 선택의 풍요로움을 누리도록 노력해야 한다.
INTIMATE NATURE	보고 느끼고 감동하는 자연으로는 부족하다. 자연은 인간과 가까워야 한다. 물리적으로 가깝고 심리적, 기능적으로도 가까워야 한다. 집 안에도 자연이며, 집 밖을 나서면 자연이 가깝도록 계획하자. 항상 행위와 생활의 테두리 안에 있어야 한다. 내 것으로 이용하는 계획이어야 한다.
SCHOOL STRIP	학교 가는 일은 교육을 넘어 하나의 생활이다. 여러 행위들의 복합 현상이다. 아이들이 만나고 놀고 이야기하고 웃고 사고 먹으며 학교에 간다. 학교가 끝나면 더 많은 체험들이 기다린다. 집과 길과 녹지와 학교와 작은 공간들을 하나로 묶어 계획해야 한다. 학교 가는 일을 하나의 추억 덩어리로 만들어야 한다.
동류의식	'주변의 사람들은 나와 비슷한가'. 소셜믹스는 위험하다. 그것은 계획의 의도가 그리는 선을 벗어나는, 사람들 사이의 현상이다. 비슷하게 느끼는 사람들이 서로 모여 살아야 공동체가 살아난다. 동류의식을 돕는 배치가 되어야 한다.
도시생활 융합 (HOME RANGE EXTENSION)	주거는 단지 안에서 밖으로 흐른다. 주거생활은 집 생활, 단지생활, 도시생활의 유기적인 네트워크이다. 단지공간은 도시공간으로 접해야 하며, 단지 기능과 도시 기능은 상호보완이어야 한다. 주민은 도시로 진출해야 한다. 주민의 단지생활은 도시생활로 더 풍요로워야 한다.
생활 여유	'집에 오면 그 여유의 시간에 당신은 무엇을 합니까?' 취미와 운동과 산책이 고스란히 지원되는 계획이 되어야 한다. 하나의 취미에 접하면 그 옆에서 또 다른 취미를 맛보도록 계획하자. 한번 걷기 시작하면 충분히 걷도록 계획하자. 주민 스스로 여유에 동요하는 계획이 되도록 하자.
장소, 체험의 덩어리들	여러 장소들이 서로 연결되어 커다란 하나의 장소를 만든다. 각각의 장소는 고유한 공간적, 행위적 특성을 갖추어야 한다. 그 고유특성들이 서로 연결되어 네트워크를 구성해야 한다. 장소는 절대적으로 중요 행위, 흥미, 정서와 감정, 추억의 체험을 허용하는 것이어야 한다.
RETAIL SATELLITES	상가는 상업시설이 아니다. 상가는 사고, 보고, 먹고, 만나고, 이야기하고, 놀며 즐기고, 누구를 기다리는 무한한 일상경험의 잠재력을 지니고 있다. 뿔뿔이 흩어진 작은 상가들은 얼마나 무미건조한가. 상가 옆에는 다른 상가와 녹지와 작은 광장과 흥미로운 길들이 가깝게 있어야 한다. Satellite와 같은 자족적 덩어리로 만들어야 한다.

만들어야 하는가'에 관련된, 실무자의 절대절명의 책임과 연계된 문제임을 절감해야 한다. 필요하면 기술중심디자인 축에서 행하고 있는 입지분석, 설계지침 분석, 토지이용계획 분석, 설계사례 분석과 같은 기술적 내용을 참조할 수 있다. 또 온갖 사진과 도면 등 그래픽 자료를 활용할 수도 있다. 목표를 표나 다이어그램으로 정리하고 스케치를 통해 그려내면서 심도 있게 토론해야 한다. 여러 방법을 동원하여 이삭 줍듯이 자료를 수집하고 내용을 일일이 조율하며 하나하나 가다듬어 우리 시대 진정으로 '바람직한' 삶을 지향하는 계획목표를 조각해내야 한다.

그림 4. PCPND 인간중심계획 설계목표를 정하기 위해 메모, 스케치, 다이어그램을 이용하여 목표를 구상하고 이를 보드에 부착하여 토론하는 방법도 필요하다 (판교 주거지 마스터플랜 실습프로젝트 2005년)

2. 거주자 프로그래밍Humanistic Programming

Humanistic Programming

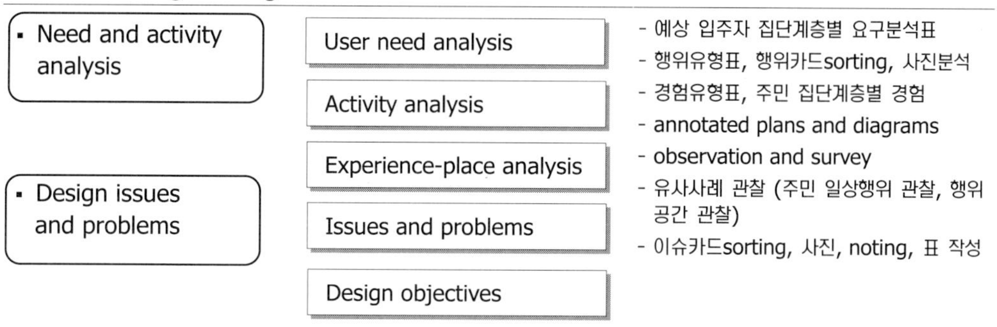

건축프로그래밍은 설계 이전에 수행하는 설계정보의 처리과정을 통칭한다. 우리는 이를 설계 이전 용역predesign services이라고도 한다. 한 프로젝트에 관련된 설계정보는 방대하다. 프로그래밍은 당면한 프로젝트의 고유여건에 초점을 맞춰 그 광범위한 관련정보의 연관성과 중요도를 가늠하고, 설계에서 해결해야 할 문제들을 가려 정의하며, 문제들의 해결을 위한 개괄적인 방안을 제안하는 작업이다.[9] 기본 취지로 본다면 PCPND 인간중심계획에서 수행하는 거주자 프로그래밍도 이와 다르지 않다. 하지만 세부 내용으로 보면 여기에서 말하는 프로그래밍은 주민체험이나 주거생활과 관련된 설계정보에 집중한다는 점에서 통상적인 프로그래밍과 다르다. 건축프로그래밍(기술중심계획 축의 프로그래밍)에서는 본시 면밀하고 체계적인 분석작업을 수행하지만 PCPND 인간중심계획 축에서는 그처럼 면밀하고 치밀한 프로그래밍을 권고하지 않는다. 뒤에서 논의하는 생활장소계획 과정, 즉 PCPND를 위해 새로이 추가된 장소계획 과정에서도 이와 유사한 분석작업이 보다 체계적으로 수행될 것이기 때문이다 (이를테면 두 과정에서 행하는 두 가지 연결된 분석작업을 통합하여 하나의 분석단계로 수행할 수도 있다). 거주자 프로그래밍 과정에서는 요구–행위 분석과 계획이슈 제시 등 두 가지 단계를 수행한다. 첫 단계는 주민의 중요 일상행위를 도출하는 작업이며 두 번째 단계는 그 행위의 실현을 지원하기 위한 계획이슈를 도출하는 작업이다. 이 일련의 작업들을 기술적 프로그래밍과

9 건축프로그래밍에 관한 여러 문헌을 참조하면 프로그래밍 즉 건축설계정보처리업무는 계획설계에 관련된, 설계를 통해 해결해야 할, 제반 문제점들을 도출하고 정의하는 작업으로 정의된다 (problem definition). Pēna et al.(1977)이 대표적이다.

병행하여 진행한다.

(1) 요구—행위 분석**Need and Activity Analysis**

요구는 추상적인 개념이다. 요구는 주거계획의 모든 논리와 작업의 기초로서 중시되어야 하지만 그 자체를 손에 잡히는 재료로 사용하기는 어렵다. 요구는 또 인간의 지각적, 인지적, 행위적, 의미론적 경험과 연관되어 있다. 요구 자체가 다면적이며 그 요구를 충족하는 채널 역시 다양하다. 요구는 또한 개인 차이가 심하다. 개인 안에서도 시간과 상황에 따라 변한다. 결국 그 자체를 계획적 목표 혹은 설계수단으로 사용하기는 어렵다. 설계를 위해서는 구체적이고 가시적이며 조작 가능한 현상으로 번역해야 한다.

PCPND는 인간행동에 주목한다. 주거요구가 주민의 일상행동으로 실현된다고 믿는다. 특히 주민의 주요 일상 즉 우선행동들에 집중한다. 주민에게 특별히 중요한 일상을 찾기 위해서는 체계적인 조사가 필요하다. 하지만 한 실무 프로젝트에서 믿을만한 조사결과를 만들어내는 일은 현실적으로 결코 쉽지 않다. 조사연구를 되도록 배제하는 PCPND에서는 결국 실무자 자신의 판단기준에 의존해야 한다. 우리가 스스로 정의하는 우리 시대 혹은 향후의 중요 거주일상들, 바람직한 주거생활의 부분들을 그려내야 한다. 주민이 무엇을 바랄 것인가, 어떤 행동을 필요로 할 것인가, 어떤 주거경험과 삶의 일상이 바람직한가 등에 관한 우리 스스로의 답변을 말한다.

이와 같이 PCPND의 프로그래밍에서는 해당 프로젝트에서 나타날 일상의 수레바퀴 가운데 어떤 행위상황이 중요할 것인지를 가늠해야 한다. 또 개개인의 변화무쌍한 생활패턴에 집착할 것이 아니라, 집단별로 혹은 연령계층별로 특징적인 주거생활에 주목할 필요가 있다. 사람들의 중요행위를 유아, 아동 (초교 저학년, 고학년), 청소년, 성인, 주부, 가족, 고령자 등의 행위로 구분해볼 수 있다. 계층간 혼합에 의해 진행되는 행위도 고려해야 한다 (주부+유아+아동, 고령자+소아 등과 같은 inter-group, mixed-group 행동들).

일상의 행위들은 극히 자연스럽게 흘러 주변의 다른 행위들과 연결된다. 학술연구에서는 개인별로 하루의 전형적인 일상을 정의하기도 한다 (activity logging). 또 자연스러운 행위흐름을 단편적 단위로 쪼개어 나누는 방법에 대해 논의하기도 한다 (Barker의 behavior episode). 우리 같은 집 짓는 실무자들은 이런 학술적 분석 대신에 주민의 일상적 상황에 관한 이미지를 구상해야 한다. '누가 (어떤 계층이) 어떤 행위를 어떤 공간여건에서 수행하는가' 와 같은 인간+행위+환경의 포괄적 단위에 관해 생각해야 한다. 이를 통해 주민의 주거요구를 가늠해야 한다.

표 4. 중요행위 분석 (예시)

	산책/stroll/거닐기(휴식형)	걷기/jogging/속보(운동형)	체조/요가/축구/테니스(동호회운동)	밖에서 마음껏 뛰어놀기	작업/업무(동네관리 등을 위한 모임들)	취미모임(독서모임,취미동호회)	체육활동(외부학원에서의 운동)	문화활동(쇼핑,인근문화시설 이용)	행사주최/참여(야외음악회,바자회 등)	친구/이웃/주민들과 어울리기	모이기/만나기/이야기하기	휴식/안식/완전한 Relax	아이들돌보기(외부에서)	자연 체험하기	일하기/숙제하기/과제하기	학교/학원 가기, 공부하러 가기	장보기(시장, 대형할인마트 등)	피크닉/여행 등 떠나기	집안에서 단란한 시간 보내기
유아,소아				◎					△	◎				◎	○				
초교 저학년				◎			◎	△	△	◎	◎	△		◎	○	◎		△	
초교 고학년	△			◎			◎	△	△	◎	◎			◎	○	◎		△	
청소년/teens	○			○	△	△	△	◎		△	◎	△		△	△	◎		△	
미혼 성인	○	◎	○			◎	◎	◎				○					△	○	
주부/성인	○	○	○		◎	◎	◎	◎	○		◎	△	◎	○		◎	◎		
주부/성인+유아/소아	△	△		○	◎				△	○	△	△	◎			◎		○	
부부, 가족	△	○		○	◎		△	○	○				○	△			△	○	◎
노인	◎	○			○	◎				◎	◎	○	◎	○			◎		○
mixed group, mass				◎					◎										

◎:최우선 고려　　○:우선 고려　　△:고려

물론 여기에는 실무자 나름대로의 상상력과 통찰력, 이상과 논리가 필요하다. 이를 위해서는 되도록 많은 문헌과 자료를 참고해야 한다. 기존 사례를 선별하여 방문하고 그 곳 주민들의 일상을 관찰해보는 일도 도움이 된다. 전문가 면담도 가능하며, 언론매체 등에 소개되는 인간생활의 화제들을 참고할 수도 있다. 여러 가능한 수단을 통해 긴 행위와 짧은 행위, 고분고분한 행위와 튀는 행위, 적극적 행위와 수동적 행위, 집단행위와 개인행위, 공적 일상과 사적 일상 등으로 분간하는 요령을 발휘할 수도 있을 것이다. 덧붙여, 시간에 따라 행위를 정리하는 것도 유용한 방법이다 (아침, 오전, 이른 오후, 늦은 오후, 저녁, 야간 등). 여러 중요 행위들의 우선순위를 가늠하는 작업도 고려할 수 있다. 주민계층과 중요 행위와 그 시간적, 공간적 상황들에 대한 분석결과를 표나 다이어그램으로 정리해두면 설계작업에 큰 도움이 된다. 각 행위를 작은 카드에 기입하고 카드를 이용하여 분류 정리하는 방법도 가능하다.

(2) 계획이슈와 문제 Design Issues and Problems

여기에서 계획이슈나 설계문제는 위에서 정한 주민계층별 중요 행위상황들을 실제로 실현하기 위한 계획적 고려사항들을 일컫는다. 행위 각각이 주민에게 중요하다고 판단된 것이기 때문에 계획이슈들도 설계에서 중요하게 다루어야 한다. 여기에서 도출된 계획이슈들은 PCPND 인간중심계획의 중요 관점들이며 앞으로 수행할 세부분석과 설계의 의사결정을 위한 기준지표라고 볼 수 있다. 지금까지의 생각들 즉 거주자 분석, 중요 일상행위 규명, 행위와 시공간 상황의 관계에 대한 판단 등을 종합하여 앞으로의 계획이 힘 기울여 풀어내야 할 중점적인 설계문제들을 도출해야 한다. 가족들의 저녁나절 편안한 산책, 주부와 아이들의 자연스런 일상모임 등이 중요한 행위양상이라면 이들을 지원하기 위한 계획적 요목은 무엇인가를 찾아야 한다. 앞서 제시했던 기본계획목표와 연관되는 작업이다. 이전 작업들의 결과로부터 계획이슈들을 면밀히 도출함으로써 향후 작업을 위한 계획적 지표 혹은 향후에 설계를 통해 해결해야 할 세부 설계문제들을 제시해야 한다. 이를테면 주민들의 주거지 외부공간에 대한 적극적인 사용이라는 설계목표를 위해 주민이 이용 가능한 외부공간들usable spaces을 만들자는 계획이슈가 제시될 수 있다. 또 주민이 스스로의 생활과 행위를 자신의 창조적이며 자발적인 방식으로 창출해 나간다는 명제active living를 목표로 한다면 가로공간의 창의적 사용을 위한 디자인이라는 하나의 설계문제를 도출해 볼 수 있다.

표 5. PCPND 인간중심계획의 설계이슈와 문제 (예시)

DESIGN OBJECTIVES	DESIGN ISSUES
ACTIVE LIVING	· Active use of communal spaces and community places · Identity and sense of ownership · Autonomy and self-control (사용 자율성, 경험 자기통제, 거주 자주성) · Continuity of self and 'us' (지속가능) · Usable spaces (resource-enriched, 자원이 풍부한 공간들) · Multi-purpose, multi-activity space · Behavioral overflow (한 공간의 밖으로 흘러 넘치는 행위들) · Connecting agents (장소와 장소를 연결하는 매개공간들) · Flexibility (adaptability, choice/variety, expansion/contraction)
ACCESSIBILITY	· Awareness, orientation, and legibility · Space connectivity and functional link (e.g., linked play) · Physical distance, functional distance, perceptual distance · Going to school, coming home from school
EXPERIENCE-ORIENTED	· Serendipity of daily experience (우연한 경험들, 경험이 경험을 촉발) · Experience-rich movement (학교 가는 길의 주거경험) · Socially mixed use (다양한 사회집단의 공동이용 공간) · Multi-experience (포용적 친화계획) · Space with various functional abilities (incentives, multi-purpose) · Variety of things and people to see · Street themes and street personalities · Linked places, linked experiences · Space dialectic (경계 배제, 사이 공간에서의 새로운 경험, 중복과 중첩) · Retail satellite (상가 등 중심부대시설의 집중화, 인근 장소들의 중첩)
PERCEPTION-ENRICHED	· View and visibility (inside to outside and vice versa) · Perceptual complexity (visual, auditory, olfactory, tactile) · Images of buildings and landscape elements · Regulation and quality of stimulation · Mood and ambience (spirit of place)
INTIMATE NATURE	· Near nature, behaviorally intimate nature (usable nature) · Nature-life integration · Participation in nature making and nature use · Preservation of and connectivity to current nature · Access to outside nature
SOCIAL CONTACTS AND CASUAL INTERACTIONS	· Circulations and intersections as activity nodes · Foyer design for small gathering behaviors · Near-home communal spaces · Home-to-home neighboring · Meeting places, spaces for shared activities · Social programs (부녀회, 운동서클, 취미동호회)

표 5. 계속

DESIGN OBJECTIVES	DESIGN ISSUES
COMMUNITY SENSE SENSE OF BELONGING SOCIAL COHESION	· Small-, mid-, big-neighborhood gradation (작은 동네, 중간 동네, 큰 동네 개별 구성과 상호 연결, 장소 매체로 연결되는 단계구성론, 생활권단계별 시설 배치) · Public-private grades · Design for friendship networking among neighbors · Design for inter-generation, cross-group interactions · Shared places, spaces without boundaries · Self control, self' s participation, self' s influence on spaces · Facilities for shared interests and common issues · Design that considers residents' social programs
SINGLE-HOME ANALOGY	· Individualized spaces (terraces, decks, gardens, etc.) · Privacy control (정보의 개방과 폐쇄에 대한 자기 통제) · Opportunities for personal control, personalization · Linking spaces (실내외 연결공간, 건물-동네 매개공간, 근거리-원거리 완충공간) · Front-and-back, territoriality, and personalization · Design for 'what do they do with extra time/money?' (라이프스타일) · Front yard (2-3개 주동이 공유하는 집 앞 마당)
HOME RANGE EXTENSION	· Inter-neighborhood connection, open-ended design (단지간 행위연결) · Cross-community spatial/functional networking (도시시설 네트워크) · Places and elements between neighborhood and city (매개공간들) · Neighborhood gradation with linking agents (매개 단계구성) · Access to community facilities (commercial, health, etc.) · Community-based social networks and programs (도시 사회활동 지원)
SAFETY AND SECURITY	· Accident-free, barrier-free design · Safety from vehicles · Being free from neighborhood crime fear · Natural surveillance, target hardening · Hazards management
HEALTH	· Facilitating daily exercises · Support for outdoor activities · Environmental: natural light, area ventilation, water, etc. · Psychological health: emotion, attention, relaxation, comfort · Design for family activities (social health)

3. 생활장소계획**Life Place Design**

Life Place Design

▪ Residents life and Place analysis	Life image analysis	- life situations 이미지 수집 분석 - 행위성격, 행위계층별 분석 (card game)
	Desired life situations	- 바람직한 생활양상 선택 및 추가 스케치 작성 - annotated plans, 행위이미지 layout
▪ Resource and Place design	Activity-in-place design	- 표 분석, 행위카드 sorting and layout - brainstorming, Delphi, opinion leaders
	Behavioral resources	- Translation of behavioral to architectural language (선택된 생활양상에서 계획언어 도출)
	Individual places design	- 다양한 스케일, 행위주체, 행위양상의 장소 개별 계획 (스케치)

PCPND의 중심은 장소 만들기에 있다. 장소는 요구–공간, 경험–환경 합일체이며 삶의 의미가 농축된 공간이다. 장소를 계획하기 위해서는 주민에게 필요하거나 중요하다고 판단되는 주거생활행위들(바람직한 주거생활양상)을 정의하는 작업이 필요하다. 장소를 계획하기 위해서는 또 그 바람직한 주거생활양상들을 지원하는 환경의 여건 즉 속성과 요소를 결정해야 한다. PCPND 인간중심계획의 세 번째 과정, 생활장소계획에서는 주거생활행위 분석과 장소계획 등 크게 두 단계를 수행한다. 이를 작게 구분해서 말하면 이 과정에서는 주거생활이미지 분석, 바람직한 주거생활행위 결정, 행위의 시공간적 배치, 환경행위자원의 도출, 개별장소계획 등 다섯 가지 작업을 수행하게 된다.

지금까지 단계들에서는 주로 정보와 자료의 조사분석을 다루었다. 물론 부분적으로는 계획적 의사결정도 수행하였지만 대체적으로 지금까지의 주요 작업내용은 자료를 분석하고 정리하여 계획의 방향을 정하는 일이었다. 지금부터의 단계들은 PCPND의 본격적인 계획과정을 다루고 있다. 프로젝트에서 실현하고자 하는 바람직한 주거생활의 세부적인 양상을 결정하고 그 주거행위들의 공간적 위치를 결정하며 행위 실현을 위한 계획언어를 결정하는 종합적이고 논리적이며 창의적인 계획작업이다.

(1) 주거생활행위 분석Residents Life and Place Analysis

이 단계에서는 계획이 지향하는 바람직한 주민생활 양상들, 계획에 의해 달성하고자 하는 행동양식들을 결정하고 그 목표행동들의 공간적 위치와 맥락을 결정한다. 이는 계획이 완성되고 입주가 끝난 후 궁극적으로 탄생하게 될 결과론적인 생활의 모습들을 미리 예상 확정하고 이를 계획의 목표로 정하는 일이다.

1) 주거생활이미지 분석Life Image Analysis

우리는 어떤 생활양상, 행동양식을 계획의 목표로 삼고 있는가? 프로젝트가 완성된 후 도시주거지에서는 어떤 행동들이 나타날 것을 기대하는가? 이를 정하기 위해 PCPND에서는 이미지 자료를 사용할 것을 제안한다. 하나의 이미지는 프로젝트에서 발생 가능한 하나의 주민 행동상황을 보여주는 것이어야 한다. 우선 다량의 생활 이미지 자료를 수집할 필요가 있다. 하나의 대표적인 행위에 대해서도 다수의 이미지를 수집해야 한다. 예컨대 주부들의 일상적 모임, 산책과 일상운동, 아이들의 바깥놀이 등 각 상황에 대해 모을 수 있는 최대량의 이미지를 모아야 한다.[10]

여기에서 상황 혹은 양상이란 행위주체actors, 행위특성activity, 행위발생공간setting의 3각 조합을 말한다. 따라서 하나의 이미지는 단순히 어떤 행동만이 아니라 행동주체와 시공간환경적 맥락을 함께 보여주는 것이 되어야 한다 (이미지가 보여주는 환경맥락은 향후 단계에서 환경행위자원을 정의하는데 큰 도움이 된다). 하나하나의 주거생활 단편을 보여주는 여러 이미지들을 수집하도록 한다. 길에서의 아동 놀이, 상가 옆 빈터에서의 고령자들 휴식, 자연에서의 일상행위, 주차장에서의 운동과 같은 도시주거생활의 여러 단편들, 생활의 모습들을 모아야 한다. 과거의 것에서부터 현재의 이미지까지, 국내와 해외를 포함하여, 여러 형태의 주거지로부터 이미지를 수집한다.

이를 위하여 다양한 방법을 사용할 수 있다. 여러 책과 보고서, 인터넷, 사진집, 언론매체

10 인간행동은 규모를 기준으로 볼 때 몇 가지 수준을 가지고 있다. 우리는 이 수준을 actone (제스처, 시각의 방향 등 마이크로 행동), activity grain (앉기, 이야기하기, 공 던지기 등 소행동), activity (behavior episode, 별도 목적으로 움직이는 개별행위), activity system (몇 가지 행위가 모여 만드는 행동양식, 행위패턴구조) 등으로 구분한다. 인간행동을 연구하는 ethologists, ecologists, 그리고 행동의미론자들의 논의들을 정리한 것이다. PCPND에서 말하는 바람직한 생활양상의 수준은 행위(activity)와 행위체계(activity system)를 말한다. 한 이미지는 하나의 단일행위는 물론 하나의 행동양식이나 행위체계를 암시한다.

그림 5. 이와 같은 주거생활 이미지들을 다량으로 수집하고 분류해야 한다. 각각의 이미지는 행위상황, 인간상황, 환경상황을 보여준다.

그림 6. 이미지들을 일정 크기로 인쇄하고 몇 가지 기본적 기준을 정해 이들을 분류하는 작업이 뒤따른다.

등 기존 자료로부터 수집하는 간접적인 방법도 가능하고, 자신이 직접 주거현장에서 관찰을 통해 중요한 삶의 현장들을 이미지로 기록하는 직접적인 방법도 유용하다. 특정 프로젝트를 위해서가 아니더라도 사람들 주거생활의 현장을 지날 때마다 수시로 기록해두면 좋다. 평소에 각가지 삶의 모습에 관한 데이터베이스를 구축하도록 한다.

모아진 이미지들을 개괄적으로 분류하는 기초분석작업이 필요하다. 본격적인 계획목표 행위들을 선택 결정하기 전에 수집된 이미지들을 계획가 나름대로 몇 가지 기준을 정해 정리하고 구분하는 작업이다. 이를테면 행위자 연령계층별 행위로 분류할 수 있다. 행위집단규모를 기준으로 집단행위와 단독행위 등으로 구분하는 것도 도움이 된다. 필요하다면 일상활동, 정규활동, 비정규활동과 같이 시간특성을 기준으로 삼아 정리할 수 있다. 운동과 건강, 모임과 행사, 휴식과 대화 등 가장 기초적인 행위특성에 따라 구분할 수도 있다. 컴퓨터의 그래픽 프로그램의 분류기능을 이용할 수도 있고 이미지들을 일정 크기로 인쇄하여 아날로그 방식으로 분류할 수도 있다. 사람과 행위특성에 따라 구분하되, 놀이터나 가로 등 공간유형에 따라 분류하는 방법은 바람직하지 않다.

자료를 몇 가지 카테고리로 정리하는 작업을 통해 주거행위 사이의 유사성과 차이점을 판단하고 생활양상들 사이의 상호 관계를 규명해야 한다. 이미지 내용분석content analysis과 같은 학술적 분석을 따로 수행할 필요는 없다. 하지만 여러 가지 방식의 분류와 유형화 분석을 통해 자료내용을 충분히 이해하고 또 어떤 이미지들을 추가로 수집해야 할 것인지를 판단할 필요가 있다.

2) 바람직한 주거생활행위**Desired Life Situations**

클라이언트들, 주민들에게 가장 중요한 주거생활행위는 무엇인가? 미래의 주거생활은 어떤 것이며 향후의 공동주거는 어떤 모습이 되어야 하는가? 어떤 주거생활양상이 바람직한 것인가? 이론이나 개념적 주장, 관념적이거나 추상적 제안은 우리 작업에 불필요하다. 우리는 관념적 답변을 넘어 구체적인 이미지로 이런 질문에 대답해야 한다.

사실을 말하자면, 이런 질문들에 대한 답변에는 광범위하고 장기적인 연구가 필요하다. 첫째는 우리가 생각하는 바람직함이 아니라 주민들의 실증적인 가치관을 알아야 하며, 둘째는 삶의 중요한 부분들, 중요하고 절실하며 명백한 단편들을 골라 찾아야 한다. 마땅히 체계적인 조사연구가 필요한 부분이다. 간편하게 이런 생활양상들이 바람직하다라고 넘어갈 일은 아니다. 하지만 정해진 기간 안에 계획을 완성해야 하는 실무자들로서는 장기적 연구를 감당할 수 없다. 적절한 자료수집, 최선의 논리, 자기의 이상과 신념, 팀웍과 자문 등으로 바람직함의 경계를 그려낼 수밖에 없다.

앞에서 수집한 이미지들은 하나하나가 생활의 단편상황을 보여준다. 이들은 거주자가 자신의 목적, 의도, 가치를 위해 하나의 공간을 이용하는 양상을 보여준다. 이미지들을 참고로 하여 적어도 네 가지 내용을 숙고해야 한다.

하나, 실무자는 자기의 고집스런 시각을 버리고 주민 한 사람 한 사람, 계층 하나하나의 시각으로 돌아가 그 바람직함이라는 수준을 조망해야 한다. 한 아이는 이 행위를 어떤 중요성으로 판단할까, 주부에게는 어떤 생활양상들이 어떤 가치를 함의하는 것일까를 고심해야 한다. 부언하자면, 설계자는 자신의 전문가적 권위를 모두 버리고 일반인의 세계로 성큼 들어서서 조망해야 한다.

둘, 앞서 프로그래밍 과정에서 정리한 설계목표와 계획이슈로 돌아가자. 설계목표와 계획이슈는 실무자가 판단할 때 '내 집이 어떤 주거가 되어야 하는가' 에 대한 스스로를 향한 지시이며 그것을 실천하기 위한 계획적 지표이다. 설계목표와 계획이슈를 바탕으로 수집된 이미지들을 그 중요도 혹은 적용 가능 순위로 정리해보는 작업이 반드시 필요하다.

셋, 지금까지 행한 인간중심디자인 축의 작업단계들은 물론이고 기술중심디자인에서 수행한 각종 기술적 자료분석의 결과들을 참고해야 한다. 토지이용계획, 설계지침, 동선과 주차, 녹지 네트워크, 주민 보행계획 등에 관한 당면한 기술적, 기능적 설계요구조건들은 바람직한 생활행위양상을 결정하는 작업에 큰 도움이 된다.

넷, 프로젝트 목표는 실무자 스스로가 만들어야 하며 이에 대한 결정도 실무자 자신의 책임이다. 자신이 가지고 있는 전문가적 식견과 신념을 동원하여 가장 바람직한 도시주거생활은 어떤 것이 되어야 하는가를 제안해야 한다. 주민이 살아갈 도시와 주거의 모양, 그 안에서 벌어져야 마땅한 주민들 일상생활의 양상, 공간들 안에서 나타나는 주민과 환경의 하모니 등은 결국 계획을 책임지는 실무자의 몫이다. 내가 설계하는 집은 어떤 생활을 담아야 하는가에 대한 굳건한 의사결정을 말한다.

만약 수집된 이미지들을 이런 네 가지 시각으로 응시하며 도시주거생활의 미래에 대한 어떤 굳건한 자기 목표를 세울 수 없다면 설계를 포기하거나 PCPND를 처음부터 다시 시작해야 한다.

스스로의 목표를 정제해나가면서 수집된 이미지 이외에도 여러 가지 메모와 스케치를 만들어나가도록 한다. 자료수집과 분석과 토론을 몇 차례든지 반복 수행하여 자기 목표를 충실하게 정립해야 한다. 자기가 성취할 '주민의 바람직한 주거생활양상' 에 관한 자료는 많을수록, 다양할수록, 구체적일수록 좋다. 선택된 이미지와 메모카드와 스케치카드가 보여주는 공간은 계획의 목표공간이며, 자료가 보여주는 생활양상은 계획을 통해 향후에 일어날 실질적 주민생활현상으로 유추되어야 한다. 바람직한 주거생활을 지시하는 수많은 이미지들을 모아보기 바란다. 하나의 목표행위를 위해서도 다수의 이미지들이 필요하다. 여기에서 다시 강조한다. 수집된 이미지가 보여주는 생활의 모습이 자신의 신념과 목표를 정확하게 대변해준다면 모르겠지만, 그렇지 않다면 자신이 바람직하다고 혹은 이상적이라고 믿는 생활양상을 스스로 메모하고 그려내야 한다.

3) 행위배치계획**Activity-in-place Design, Activity Layout**

이렇게 정리된 '바람직한 주거생활의 모습들' , 그 '행위와 사람과 공간의 앙상블들이 만드는 인간과 도시주거공간의 종합적인 관계들' 은 고스란히 내 설계의 바이블이다. 이제 관련 설계작업의 시작으로서 그 바람직한 생활양상 하나하나의 시공간적 맥락을 결정해야 한다. 바람직한 주거생활모습들(이미지, 메모카드, 스케치카드)을 도시주거 공간에 배치하는 작업을 시작해야 한다. 생활이미지들을 주어진 지리적 공간의 어디에 위치시킬 것인가에 관한 의사결정을 말한다.

행위배치계획은 목표행동들 하나하나의 공간적 맥락을 결정하는 작업이다. 이 작업에는 넓은 스케일의 밑그림이 필요하다. 다양한 밑그림을 이용해야 한다. 토지이용계획이나 마스터플랜 계획안과 같은 도시 스케일의 기초 도면을 이용할 수 있다. 또 기술중심디자인에서 시행한 대지분석 결과를 밑그림으로 이용할 수도 있다. 초기의 여러 계획초안들 즉 입지분석, 교통과 도로계획, 녹지체계, 수순환 분석, 보행계획분석, 조망과 경관계획 등에서 제시된 기초도면들 위에 주거생활이미지들을 붙여나간다.[11] 여기에서 중요한 것은 토지이용계획이나 기술

[11] 여기에서 수행하는 주민 행위의 공간적 배치는 Sanoff(1977, 1990, 2000)의 'participatory design' 에서 제안한 계획방법과 유사하다. Sanoff는 각각의 행위단위를 기호 형식의 그래픽을 담은 카드로 만들어 주민들로 하여금 워샵을 통해 배치하도록 제안하고 있다. PCPND에서는 설계자가 직접 배치한다.

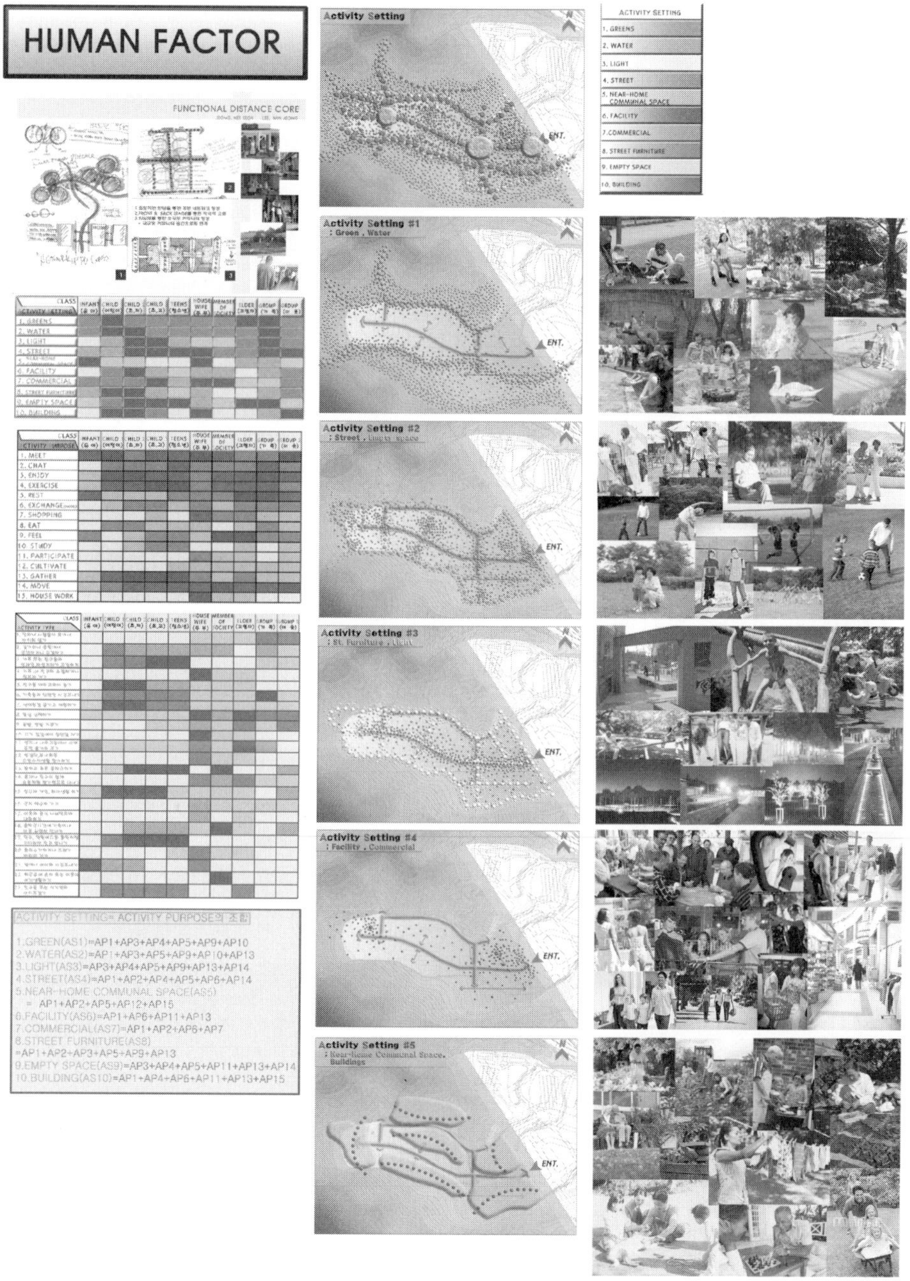

그림 7. 생활이미지들을 연령계층별로 분류하고 각각의 색점을 사용하여 주어진 대지 위에 배치하는 계획 초기작업을 보여준다 (판교 연립주택단지 프로젝트 이민정+정희석 실습계획안 2005년)

적 분석결과들을 이용하여 실무자가 나름대로 대지와 주변 지역 전체에 기능적, 의미론적 공간질서를 부여하는 일이다. 입지와 도시기능과 녹지체계 등을 포괄적으로 고려하여 지역의 공간구조를 나름대로 해석하고 그 구조 위에 주거생활행위 이미지들을 부착해나간다.

이 작업을 수행하는 실무자는 예외 없이 자신이 뽑아놓은 바람직한 생활양상들의 상호관계를 고려하게 될 것이다. 한 행위는 다른 행위들과 기능적으로 혹은 행위자나 행위상황과 같은 여러 측면에서 어떤 관계를 갖고 배치될 것이다. 실무자는 이 행위맥락들 사이의 멀고 가까움의 관계를 명확히 결정해야 한다. 말하자면 행위배치계획은 행위간 관계의 배치를 말한다.

또 거의 예외 없이 한 위치나 지역에 여러 이미지들이 겹쳐 부착되는 상황을 보게 될 것이다. 한 공간에서 여러 다른 시간에 여러 사람들에 의해 여러 행위들이 일어나는 상황을 말한다. 또 여러 주민계층이 그 공간을 공용한다는 것을 의미한다. 이것은 극히 당연한 현상이며 또 작업의 바람직한 결과이다 (따라서 행위집중현상을 찾지 못했다면 지금까지의 업무절차를 재고해야 한다). 사실을 말하자면, 우리 설계작업의 핵심적 목표는 이 행위집중공간들을 찾아내는데 있었던 것이다. 이런 생활중복공간들, 장소들은 PCPND 설계작업의 키워드이며, 이들의 공간적 배열과 상호관계는 앞으로 수행하게 될 도시와 대지의 전체적인 공간계획에 중요한 청사진이 된다.

(2) 환경행위자원과 개별장소 계획**Resource and Place Design**

이제 계획이 목표로 삼는 설계목표, 계획이슈, 생활양상, 행위배치가 대체로 마무리되었다. 이번 작업단계에서는 지금까지 구상한 바람직한 생활양상과 그들의 공간맥락을 자신의 구체적인 계획언어로 번역하는 방안을 찾아야 한다. 선택된 바람직한 생활양상의 현실 구현을 위한 계획적 수단을 결정하는 일이다. 이번 단계에는 행위로부터 자원을 도출하는 작업과 도출된 자원을 이용하여 장소를 계획하는 작업이 포함된다.

1) 환경행위자원**Behavioral Resources**

우리가 실현하려는 인간행동은 계획으로 저절로 번역되지 않는다. 번역에는 환경행위자원이라는 매개 언어가 필요하다. 모든 행동은 환경을 배경으로 삼으며 환경으로부터 자원을 취함으로써 현실 현상으로 나타난다. 따라서 자원을 매개로 이용함으로써 행동을 계획으로 번역할 수 있다.

여기에서 자원이라 함은 우리가 수집하고 선별한 바람직한 주거생활양상 혹은 목표 행동 상황에서 그 양상이나 행동의 발현에 이용된 제반 도시건축환경적 성질과 요소를 말한다. 여기에는 복도, 연못, 나무, 벤치, 캐노피와 같은 개개의 건축적 오브제도 포함될 수 있고 또 지금껏 우리가 능숙하게 사용하고 있는 기능, 배치, 입면, 동선, 위계, 축, 대칭과 같은 문법 혹은 구성원리도 포함될 수 있다. 덧붙여 속성이라고 일컫는 환경의 성질이나 정보 즉 개방감, 프라이버시, 인접성, 그늘, 바닥의 평탄함 등도 매우 중요한 자원으로 포함된다.

자원을 도출하는 작업은 실무자에게는 새로운 업무이며 또 그 자체가 쉽지 않은 작업이다. 그 이유와 방법에 대해서는 앞에서 자원에 대한 개념을 총괄적으로 논할 때 자세히 서술하였다. 여기에서는 그 중 중요한 부분들을 발췌하여 정리하기로 한다.

첫째, 자원은 물체나 오브제뿐만 아니라 속성 혹은 환경물성정보를 말한다. 벤치에 앉아 있는 행위에서 벤치를 자원이라고 말할 수도 있지만 그 보다는 앉을 수 있는 혹은 앉기에 적합한 벤치의 속성을 자원이라고 하는 것이 더 정확하다. 운동장, 주차장과 같은 형식용어보다는 운동장, 주차장에서의 특정 행위 성격에 직접 관련된 운동장과 주차장의 성질용어 혹은 물성용어를 사용하는 것이 더 효과적이다. 나무나 캐노피보다는 그것이 해당 행동에 제공하는 재료적 성질 즉 그늘 혹은 천장 면**overhead plane 12**을 자원으로 정의해야 하며, 미끄럼틀 보다는 게임의 장애물 혹은 흥미로운 놀이기구 등으로 표기하는 것이 좋다. 물체언어나 공간어휘보다는 물성언어 혹은 환경속성정보로 표현하는 것이 설계를 창의적으로 전개하는데 바람직하다.

둘째, 한 행위의 모든 자원을 열거하는 대신에 그 행위의 성격과 정확하게 연관되어 있는 핵심적인 자원을 정의해야 한다. 그 재료가 없어지면 행위가 사라지거나 행위의 본질이 크게 변할 것인가를 면밀하게 판단해야 한다. 한 행위와 연결된 다수의 환경적 요소(개체, 대상, 물성, 속성) 중에서 핵심적인 요소에 주목할 필요가 있다. 우리가 선정해놓은 바람직한 주거행위를 계획으로 실현하기 위해서는 이런 핵심적인 것들을 정확하게 잡아내야 한다.

셋째, 행위가 의존하는 핵심적 자원을 정의하는 일은 주관보다는 객관적인 작업이며 영감

12 '천장 면' 은 Ching의 책 'Space, form, order' 의 국문 번역본에 사용된 용어를 그대로 인용한 것이다 (정확히 Ching의 의도를 읽어낸 국문 표현이라고는 생각되지 않지만 다른 더 좋은 용어를 찾는 것도 쉽지 않다). 이 책은 건축의 계획요소, 공간구성요소를 속성의 의미로 해석한 몇 안 되는 저서 중 하나이다 (예, 벽 대신에 수직 면).

이나 의도보다는 사실과 원칙에 따라 행해져야 하는 작업이다. 실무자의 지나친 해석은 자원을 정확하게 도출하는 일을 그르치기 쉽다. 냉정한 분석적 접근이 필요한 부분이다. 이것은 논리적인 작업이기 때문에 정확한가 혹은 부정확한가, 맞는가 혹은 틀리는가에 대한 객관적인 판단이 가능하다. 결국 이 작업의 진위는 설계자가 이 행위재료를 얼마나 성실하게 합리적으로 또 논리적으로 찾아내는가에 달려있다.

표에서 보는 바와 같이 큰 항목이나 개괄적 속성으로 정의하는 것도 도움이 되지만 (표에서 제시된 자원은 개괄적 유형으로 예시한 것임) 행위에 따라 세부적으로 도출 정리하는 작업도 놓치지 말아야 한다. 예컨대 '공간규모' 의 경우는 '4-5인의 축구놀이에 적합한 정도의 공간규모' 로, 바닥속성은 '자전거나 인라인 타기의 흥미에 적절한 정도의 경사진 평탄면' 으로, 공간 연결성은 '놀이기구와 공놀이의 상호 놀이연결' 로 정리할 필요가 있다. 이처럼 자원은 관련 목표행동을 고려하여 그 행동과 함께 꼼꼼하게 정의되어야 한다.

표 6. 환경행위자원의 항목구분 (주거지 아동외부행위 예시)

공간자원	행위에 적합한 공간의 크기/규모 프라이버시, 사적 공간 선택사용, 영역성, 공간의 SECURITY 옆 공간(시설)과의 지각적/기능적 연결성, 집과의 근접성 옆 사람(집단)과의 지각적/사회적 연결성
사회적 자원 (친구, 동료, 가족 등)	공동행위자 SIGNIFICANT OTHERS (구경, 감시/보호, 주변의 다른 사람들/친구들) PEOPLE TO WATCH (보는 대상으로서의 사람들과 그들의 행위들)
환경요소/대상/물성 자원	행위재료 (모래, 물, 놀이기구, 농구골대 등) 기능지원성 (평탄견고한 바닥, 경사면, 기댈 수 있는 벽, 기어오르는 나무 등) 환경적 조건 (그늘, 시원한 바람 등)
지참요소 자원	행위용 지참물 (자전거, 장난감, 공 등) 마실 것, 먹을 것
상황자원	물리적 방해와 연관된 상황 (차량 통과, 사람들 통과에 따른 방해 등) 사회적 방해와 연관된 상황 (부모/성인의 통제, 훼방꾼, 사회적 위협인물 등)
프로그램자원	동호회, 바자회, 부녀회 등 특정 사회프로그램에 의한 행위들 정확한 규칙과 룰에 의해 행해지는 행위들

2) 개별장소 계획Individual Places Design

이제 본격적으로 장소를 계획하는 단계가 시작된다. 바람직한 행위들을 대지공간에 배치하는 작업, 공간 배열된 행위들로부터 자원을 도출하는 작업을 거쳐 이제 설계자가 스스로의 계획언어를 구사하여 그 공간들을 하나하나 장소로 계획해나가야 한다. 장소계획은 밑그림에 표기된 목표 생활행위들의 공간적 위치에서 이미 도출된 자원을 이용하여 그 공간을 단위장소로 계획하는 작업을 말한다. 행동—자원—장소의 순차적 번역을 통해 각 장소에서 목표한 행위들이 자연스럽게 발생할 수 있도록 계획하는 작업이다.

이것은 앞서의 분석과 토의를 통해 정리된 목표행위와 자원들을 나의 계획의도와 건축언어를 이용하여 하나의 계획으로 구현하는 방법에 관한 일이다. 그늘이라는 자원을 나는 어떤 계획으로 만들어낼 것인가, 평탄한 바닥은 어떻게 계획하는가, 미끄럼틀 대신에 경사진 자연 언덕의 면을 미끄럼 놀이로 제공할 수는 없는가 등에 관한 결정을 말한다. 이것은 창조에 관한 업무이며 설계를 담당하는 실무자들의 고유 영역이다. 자원은 환경의 요소나 물성 혹은 속성으로서 다소 개념적이라는 특성을 가지고 있다. 이로부터 구체적인 계획을 만들어나가는 일은 설계자의 의도와 창의적인 의사결정에 좌우되는 작업이다. 권한이 있는 만큼 책임도 뒤따른다. 창의적이긴 하지만 추구하는 바람직한 생활양상의 구현에 정확하게 조준된 것이어야 한다. 최종적으로는 장소의 계획에 의해 그 장소에서 의도된 행위가 나타나야만 한다.

PCPND에 대한 이 책의 논의에서는 설계자의 고유 권한에 관한 구체적인 서술은 피하기로 한다. 계획언어의 구사는 설계자 개개인의 어휘력에 달려있는 것이고 그 결과물은 설계자의 능력과 성실성에 달려있을 터이기 때문이다. 화려한 언어가 반드시 성공적인 것은 아니다. 계획의 성공은 주민의 중요하고 절실한 행위들과 미래가치를 담은 도시주거생활들이 그 계획에 의해 현실에서 발현되는가에 관한 기준으로 판단되어야 할 것이다.

깊은 생각, 치밀한 토론, 수많은 스케치가 필요함은 물론이다. 미리 정해놓은 계획이슈나 주거생활 이미지들과 자신의 계획작업을 서로 끊임없이 대조하고 평가하는 성실성이 필요하다. 미리 정리해놓은 자원 리스트에 입각하여 그 환경속성을 제공하는데 부족함이 없는 효과적인 방안을 마련해야 한다. 지금까지 목표와 뜻을 세우기 위해 애써왔음에도 불구하고 이제 와서 설계자가 그 뜻과 무관한 언어를 사용할 수는 없는 것이다. 각각의 장소는 이런 성실한 계획의 결과물이다. 구체적으로 계획된 공간이며, 우리가 미래의 바람직한 생활이라고 정한 것들이 일상적으로 발생하리라는 확신을 주는 공간이다.

장소는 하나의 단위공간이다. 그 단위는 절제된 소규모의 한 공간에서부터 여러 작은 부분이 모여 구성한 중대규모 공간까지 다양한 스케일을 포함한다. 장소는 한 구획의 거리나 하나의 작은 단위놀이공간이 될 수도 있지만, 동네 전체가 한 장소로 인식될 수도 있다. 하지만 여기에서 소개되는 PCPND 실무에서는 작은 공간단위에서 출발하는 것이 바람직하다. 소규모 장소들부터 먼저 계획하여 중대규모로 엮어나가는 귀납적 작업이 대규모 장소를 계획한 후 이를 작은 부분으로 나누는 연역적 작업에 비해 효율적이고 수월하기 때문이다. 계획의 용이성

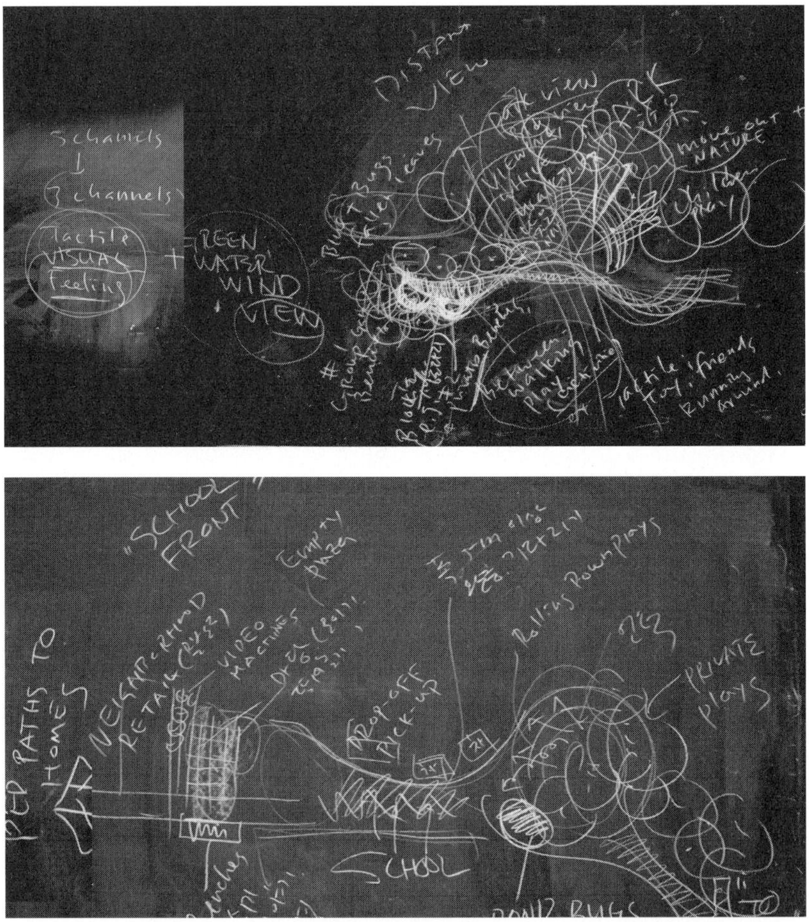

그림 8. 필자의 개별 장소계획 초기스케치들이다. 판교 주거지계획의 실습프로젝트에서 그린 것들이다. 이런 스케치들부터 시작하여 설계목표, 계획이슈, 바람직한 주거생활양상 등을 계속 참고하면서 수정, 대안 도출, 평가, 계획 등을 반복해야 한다.

을 위해서는 소수의 생활양상과 한두 가지 행위패턴에 집중하여 작은 계획언어부터 처리하는 이른바 미세장소계획**micro-scale place design**이 필수적이다.

4. 장소통합계획**Integration and Development**

Integration and Development

▪ Place clustering And networking	Place proximity/ Linkage analysis	- Inter-place activity analysis (activity overlapping, exchanging, reinforcing, connecting)
	Place organization	- Place proximity-relationship diagrams - Place layout drawings and annotations
▪ Technical evaluation And resolution	Conflict resolution	- Trade-off, annotated plans, 스케치, drawings
	Fine-tuning	- Team resolution (전문분야간 조정) - 부분스케치 작성 및 계획 부분조정

지금까지는 개별 장소들을 각각 계획하였다. 여기에서는 장소들의 상호관계를 정하고 개별 장소들을 상호 연결 혹은 분리 조정하여 하나의 통합된 외부공간계획을 완성해야 한다. 앞서 주거생활이미지의 공간배치에 의해 개별 장소들의 위치에 대한 아이디어는 어느 정도 정해진 상태이다. 여기에서는 도로나 주차장, 녹지체계 등에 관한 그간의 기술중심디자인 축의 모든 계획적 결정사항을 참고하여 각 장소의 계획적 특성들을 통합하거나 이어주는 작업을 수행한다. 한 장소가 인접한 다른 장소와 묶여 또 다른 장소로 증식하는 변증법적 진화, 일상행위들이 패턴으로 이어져 끊임없이 흐르는 유연한 흐름 등을 고려해야 한다.

(1) 장소구성계획**Place Clustering and Networking**

생활은 한 공간 안에 단절되는 법이 없다. 경험은 한 공간에서 다른 공간으로 흘러 하나의 흐름으로 완성된다. 장소들이 서로 연결 혹은 중첩되어야 비로소 하나의 통일된 도시주거계획이 성립된다. 장소의 연결은 곧 행위의 연결을 말한다. 장소를 서로 묶고 배치하는 작업에서는 일상행위의 흐름과 연결을 가장 중요한 기준으로 삼아야 한다. PCPND는 이처럼 어떤 작은 생활단위들은 서로 묶어 큰 흐름의 생활로 이어주고 또 어떤 다른 생활단위들은 서로 격리하여 독립성을 확보하는 이른바 인간행위의 계획이란 점이다.

기술중심디자인 축에서 수행한 결과들 그리고 인간중심디자인 축의 설계목표, 계획이슈,

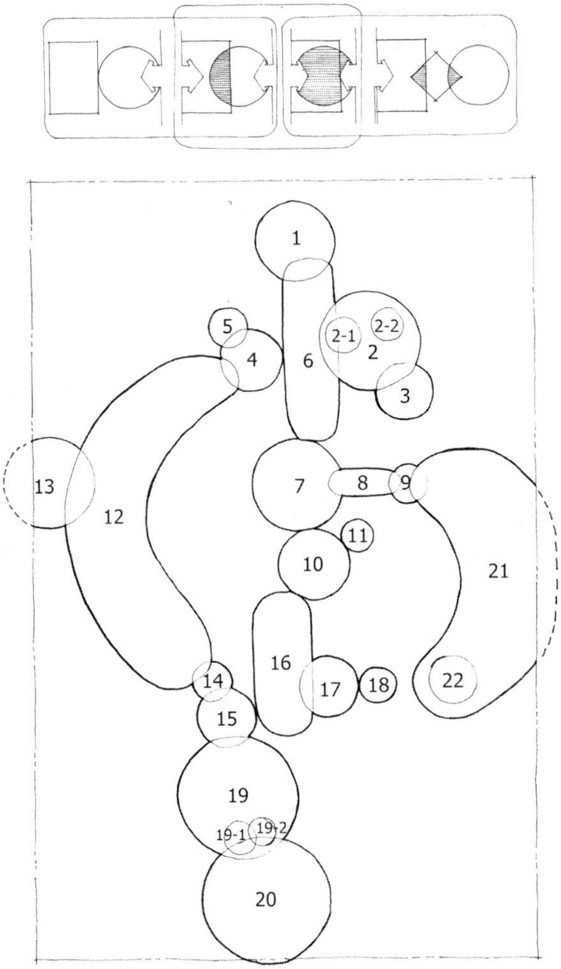

그림 9. 장소들의 인접, 중첩, 통합, 매개연결을 보여주는 개념적 다이어그램이다 (판교 공동주거지계획 PCPND 실습에서 사용된 것임).

바람직한 주거생활이미지 등을 바탕에 깔고 개별 장소들이 지정하는 행위들의 상호관계에 초점을 맞춰 장소들의 상호 연관성과 근접성을 판단한다. 장소에 대한 주민의 접근성도 함께 고려한다. 두 개별 장소가 경계를 서로 접하는 방식으로 배치되기도 하고neighboring, 또 서로가 일부 중첩되는 방식으로 연결될 수도 있다interlocking. 두 장소가 하나의 중간 규모 장소로 통합되는 계획이 탄생할 수도 있으며integrating, 두 장소가 별도의 매개 장소에 의해 연결되는 경

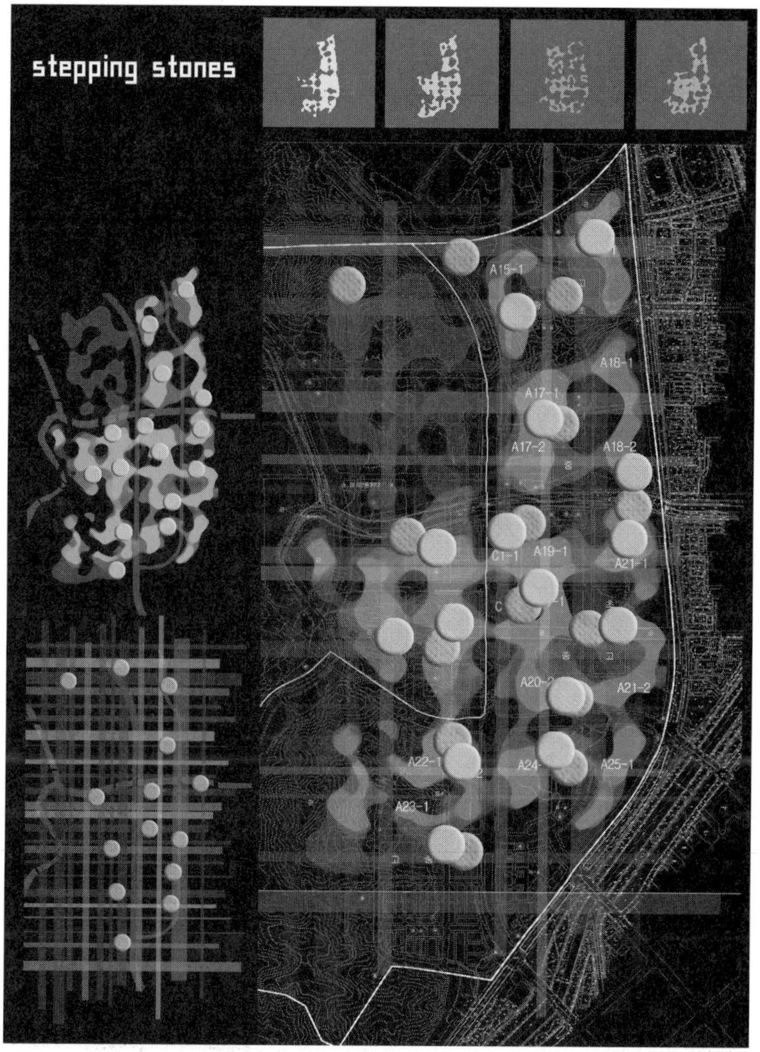

그림 10. 격자의 공간구조 위에 장소들을 일정한 흐름으로 배치하고 그 중에서 중심적인 장소들을 원으로 표시하였다 (판교 공동주거지 마스터플랜의 장소통합계획, 홍유석+전진우+박병화 실습계획안 2004년).

우도 고려해야 한다interceding. 이런 과정에서 한 장소의 공간과 행위와 의미가 추가되거나 일부 제거되는 현상이 나타나기도 한다. 장소들이 서로 연결되면서 장소들 사이에 행위의 상호 교환exchanging, 상호 보강reinforcing, 상호 연결connecting이 발생하는 현상을 주목해야 한다.

개별 장소들 사이의 상호 관계를 규명하는 작업을 진행하면서 여러 다이어그램을 그려보

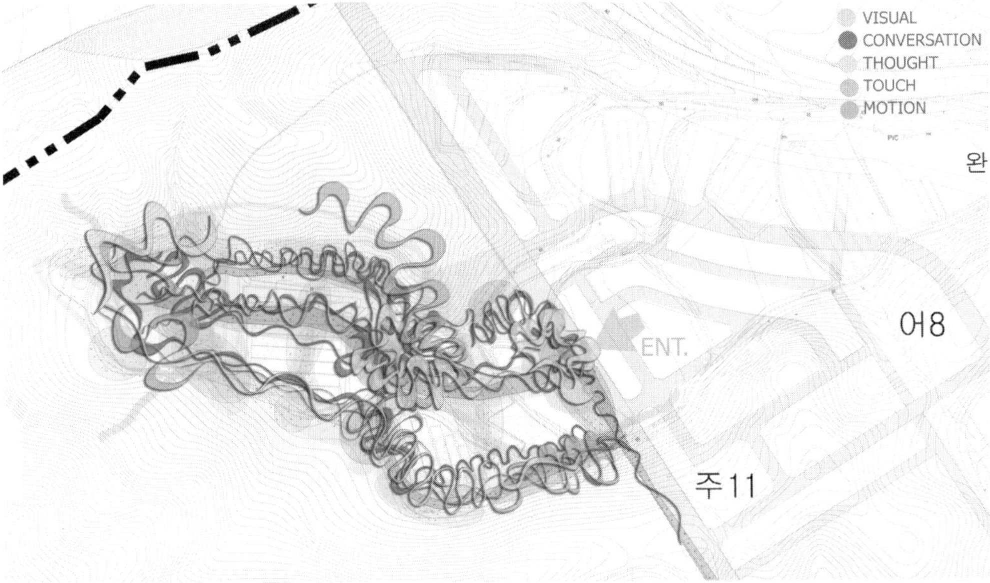

그림 11. 개별장소들을 우선 5개 개념으로 나누어 색으로 구분하고 이들을 유연한 흐름으로 배치한 후 종합 구성하였다. 선들이 중첩된 부분들이 중점적인 장소들이다 (판교 연립주택단지 프로젝트의 장소통합계획, 성수연+이혜원 실습계획안 2005년).

는 것이 바람직하다. 기술중심계획의 스페이스프로그램에서 버블다이어그램을 작성하는 작업과 유사하게, 각 장소의 규모를 고려하여 장소의 스케일을 대략적으로 결정하고 장소와 장소 사이의 경계연결, 중첩연결, 통합연결, 매개연결을 구분하는 방식으로 다이어그램들을 작성해나갈 수 있다.

앞 단계에서 이미 개별 장소의 계획이 완료된 상태이기 때문에 이 단계에서 수행되는 장소 상호 연결작업은 장소 경계부 혹은 중첩부의 세부계획에 초점을 맞출 필요가 있다. 장소간 관계에 근거하여 연결부의 세부계획을 완성하도록 한다. 통합연결일 경우에는 두 장소의 개별적인 계획을 하나의 계획으로 통합 수정하는 작업이 필요하고, 장소간 매개연결일 경우에는 장소들을 연결하는 중간 매개공간이 새로이 계획되어야 한다.

장소 연결이 진행되면서 부분적으로 배치계획을 수정해야 한다. 동선의 위치를 결정하고 각 동선의 특성을 규정하며 동선공간의 성격을 계획해야 한다. 기술중심디자인에서 제시된 동선들을 다시 검토하고 수정할 필요도 있다. 개별 장소 중에서 특히 중요하거나 규모가 큰 장소들부터 배치를 확정하고 여기에 연결되는 장소들을 추가하여 전체적인 배치를 완성해나간다.

이 단계에 도달해서는 이미 기술중심디자인에서 토지이용, 주동과 주요 시설의 배치, 도로와 주차장 등 계획이 어느 정도 확정된 상태이기 때문에 그 내용을 충분히 고려하여 전체적인 장소배치계획이 완성되어야 한다.

(2) 전체 계획안의 통합조정Technical Evaluation and Resolution

앞서 강조한 바와 같이 PCPND는 인간중심디자인과 기술중심디자인의 두 축이 동시에 진행되는 과정이다. 이 두 가지 축이 각각 5개 과정 10개 단계로 나뉘어 서로 긴밀한 관계를 유지하며 병행한다. 물론 PCPND는 통상계획(기술중심계획)에 새롭게 추가되는 인간중심디자인에 중점을 두고 있다. 따라서 지금까지의 인간중심계획을 기준으로 하여 기술중심계획을 조정하고 양 축의 통합을 도모해야 한다.

기존의 기술중심적 통상계획에 주민생활, 장소경험 등을 고려한 새로운 계획작업들이 추가되면서 두 가지 축의 작업결과 사이에 상충이 발생할 수 있다. 이를테면 법규나 설계지침에 의거한 주동배치와 부대시설계획 위에 장소배치계획이 부가되면서 시설계획과 장소계획 사이에 풀어야 할 문제점들이 나타나게 된다. PCPND 인간중심디자인에 집중하면서 동시에 여러 기술적 문제를 일일이 해결하기는 힘들다. 비록 인간중심디자인의 각 단계에서 기술적 문제들을 수시로 검토하기는 하지만 전체 작업의 마지막 단계에 이르러서 이 두 가지 축의 상충문제들을 집중적으로 검토하고 통합 조정할 필요가 있다.

이런 인간-기술 통합조정작업에서 고려해야 할 문제들은 다양하며 복잡하다. 기술적 디자인 축에서 작성한 건축프로그래밍의 여러 내용들을 다시 한번 면밀히 검토해야 하며, 기술적 설계조건의 필수적이고 중요한 내용 중에서 누락된 것이 있는지를 세심하게 확인해야 한다. 토지이용계획, 주동주호계획, 생태녹지계획, 조망경관계획, 도로주차계획, 부대시설계획 등을 차례로 검토하여 장소통합계획과 함께 수정해나가야 한다. 두 가지 작업을 담당했던 실무자들이 서로의 전문지식과 의사결정을 충분히 교환해야 하며 관련된 내용들의 비교우선순위를 결정해야 한다. 필요할 경우에는 일부 내용에 대해 외부 전문가의 의견을 얻어야 한다. 이런 일련의 작업을 통해 기술부문과 주민생활부문의 모든 상충문제에 대한 절충안이 만들어지고 계획에 대한 세밀한 조정작업이 수행되어 종합적인 하나의 계획안이 완성된다.

5. 자료정리 및 문서기록**Documentation**

Documentation

▪ Documenting and reporting	Filing	- 자료 정리, 분류, 문서화
	Reports	- 설계도서 완성, 설계보고서 작성
		- 프로젝트 장단점 정리
		- 작품 및 효과의 홍보
▪ Knowledge feedback	Knowledge distribution	- 보고서 배포, 학술발표, 세미나
	Postdesign evaluation	- 입주 후 생활에 대한 지속적인 관심과 연구
		- 입주 후 평가

PCPND의 여러 작업단계를 거치면서 하나의 단계가 완료될 때마다 작업과 의사결정에 관련된 모든 자료를 꼼꼼하게 정리해야 한다. 기록으로 정리하여 남겨둘 내용은 다양하다. 설계 전 작업과 모든 설계과정에 사용했던 일체의 기술자료를 구분 정리하여 보관해야 한다. 모든 의사결정의 절차와 결과를 면밀하게 기록하고 정리할 필요가 있다. 회의록과 스케치, 사용했던 이미지들과 카드들이 적절히 분류되어 기록으로 보관되어야 한다. 설계의 중간작업과 결과들을 문서자료 혹은 그래픽자료로 작성하여 작업의 순서에 따라 정확하게 정리하는 일도 중요하다. 팀 작업의 결과는 물론이고, 개인별로 작업한 내용들까지도 여럿이 공유할 수 있도록 일목요연하게 문서화 한다. 일부 도면은 기술디자인 팀으로 넘겨 설계도서나 계약도서에 포함해야 할 것이다. 설계 종료시점에서는 그간의 모든 작업내용과 자료와 기록이 체계적으로 수집 정리되었는지를 확인해야 한다. 자료와 결과를 취합하여 설계보고서 형식으로 보관하는 것도 바람직하다 (간단한 요약보고서보다는 위의 기록을 모두 담은 종합적인 설계보고서가 바람직하다). 중요한 기록들은 보고나 발표를 위해 별도로 요약할 필요가 있다.

한 프로젝트에서 얻은 독특한 경험과 자료와 지식을 전문가집단과 공유하는 자세가 중요하다. 우선 프로젝트 전체를 스스로 평가하여 설계과정과 작업내용의 특징과 과실을 파악하고 이를 기록에 포함시킨다. 설계과정과 최종결과물을 자신이 과거에 수행했던 프로젝트와 비교하는 일도 필요하다. 이를 통해 한 프로젝트의 설계과정과 작업결과에 담겨있는 장단점을 명확하게 밝혀낼 수 있다. 덧붙여 다른 실무자들이 수행한 계획사례들과 비교 분석하여 현재 프로젝트의 특성과 효과를 도출하는 작업도 필요한 일이다. 이와 같은 설계 후 자체 평가 **postdesign evaluation**의 모든 교훈들은 철저히 기록되고 또 관심집단에게 널리 홍보되어야 한다. 설계보고서를 배포하고 작품 출간계획을 세우며 그 내용을 발표회나 세미나를 통해 전달하도록 한다. 가능하면 온라인 데이터베이스 네트워크를 통해 자신의 작업을 소개하고 전문가 집단과 의견을 교환하는 것도 바람직하다.

덧붙여 말하건대, PCPND는 주민 입주 후 나타날 주거생활과 장소경험에 초점을 맞춰 진행되는 설계절차이다. 주민의 실제 이용과 생활과 경험에 대한 신중하고 체계적인 예상이라고 할 수 있다. 따라서 프로젝트가 완공되어 실제로 주민들이 입주한 이후에 현장에서 발생하는 실제 생활의 현상들은 PCPND를 수행하는 실무자가 결코 간과할 수 없는 중요한 평가지표가 된다. 자신이 계획한 도시주거지의 일상 현실에서 어떤 생활이 일어나고 있는가? 계획과정에서 추론했던 생활과 장소경험에 대한 예상들이 실제로 현장에서 실현되고 있는가? 나의 계획을 사람들은 그들의 일상적인 삶을 통해 어떤 방식으로 사용하고 있는가? 입주 후 평가는 그 방법론의 적절성과 심도를 떠나 전문지식의 건설적인 축적과 양도를 위해 필요한 작업이다.[13] 자기 계획에서 벌어지는 삶의 현장을 계획 당시의 예상과 비교 평가하는 작업은 자신이 앞으로 수행할 모든 계획을 위해 필요하며, 더 나아가 우리 모두의 차세대 도시주거 실무를 위한 필수적인 과정이다.

13 PCPND에서 Post-occupancy evaluation(POE, 입주후평가)는 의도적으로 배제된다. POE는 그 목적과 내용과 방법 등 측면에서 볼 때 계획설계의 한 과정으로 포함될 성질의 것이 아니다. 하지만 설계가 끝나고 그것이 시공되어 입주가 진행된 후에 나타나는 주민들의 실제 사용과 현실 현상들은 고스란히 자기 의사결정의 성공과 오차를 판단하는 지표가 될 것이다. POE에 대해서는 Francescato et al.(1977), Howell(1977), Kantrowitz & Nordhaus(1980), Moore(1982), Daish et al.(1982), Farbstein & Werner(1982), Goodrich(1982), Preiser et al.(1988) 등을 참조하기 바란다. 국내의 강인호(1994) 등도 좋은 참고문헌이다.

PCPND 단축모델

PCPND는 기술적 설계와 인간중심 계획을 종합한 광범위한 작업을 포함하고 있다. 이 두 가지 작업이 각각 5개 과정, 10개 단계를 거치며 때로는 독립적으로 때로는 상호의존 관계로 진행한다. 그 작업이 단순하다거나 쉽다고 말할 수 없다. 각 단계에서 처리해야 할 작업의 분량과 복잡함도 만만치 않다. 적은 인원으로 짧은 시간 안에 계획설계를 마쳐야 하는 경우에는 앞에 소개된 절차를 고스란히 밟아 작업을 진행하는 일이 현실적으로 부담스러울 것이다. 더욱이 기술중심디자인을 수행하기에도 빠듯한 작업일정 안에서 인간중심계획을 추가로 수행해야 한다는 것이 그리 쉽게 느껴지지 않을 것이다.

PCPND가 추구하는 목적을 완수하려면 절차 하나하나를 충실히 밟고 지나가는 것이 필요하다. 그러나 PCPND가 여러 현실적 제약 속에서 일하는 실무자들에게 과중한 부담을 준다면 실무자들은 PCPND 과정과 그 소중한 취지 자체를 거부할 수도 있다. 더군다나 이 작업을 처음 접하는 실무자에게는 그 내용을 이해하고 적용하는 일이 복잡하게 느껴질 수 있다. 이것이 여기에서 하나의 단축모델을 제시하는 이유이다. 간략하게 축약된 설계과정을 몇 번 연습하면 그 적용이 용이해질 뿐만 아니라 전문가 스스로 이 절차의 일부를 수정하여 나름대로의 PCPND를 만들어내는 창의성도 발휘하게 될 것이다. 큰 부담 없이 실제로 적용해봄으로써 PCPND의 의도와 취지를 이해하는 일이 중요하다.

여기에서 제시하는 단축모델은 앞의 정규 모델이 가지고 있는 내용 중에서 앞부분의 분석과정과 뒷부분의 정리과정을 과감하게 축약하고 여기에 기술중심계획의 중요 내용을 혼합하여 실무형으로 압축한 것이다. 정규모델에 비해 작업단계가 증가한 것을 볼 수 있을 것이다. 기술중심계획의 몇 가지 작업이 추가되었고 또 인간중심계획의 작업단계를 세분화하여 제시하였기 때문이다. 이 축약모델은 실무작업의 효율성을 극대화하기 위한 것이다. 아래에서 단계들을 묶어 작업내용을 간략히 서술하겠지만, 단계별 내용을 제대로 이해하기 위해서는 앞의 정규 모델에서 서술한 내용을 반드시 참고해야 한다. 인간을 위한, 인간을 향한 실무자들의 업무는 결코 성급하게 진행되어서는 안 된다. 간략하게 압축한 절차라 할지라도 하나하나의 단계 안에 포함된 핵심적인 작업들을 꼼꼼하게 처리해야 할 것이다.

그림 12. 12단계 PCPND 단축 모델 (*표시 부분은 기술계획 부문으로서 편이상 한 단계로 축약 제시하였음)

1. 기초분석, 프로젝트 목표, 기술프로그래밍

기초분석 및 프로젝트 목표: 첫 번째 단계는 기초적인 자료를 모아 검토하고 프로젝트의 기본 성격을 규명하여 설계의 나아갈 방향과 목표를 정하는 작업이다. 자신이 계획하고자 하는 도시주거지의 기본적인 모양과 양상에 대한 전체적인 개념을 구상하고 주요 공간에 대한 목표 이미지를 정한다. 도시계획시설의 기본 성격, 주호와 주동의 기본적인 형태, 부대시설과 외부공간의 특성 등을 개괄적으로 정의하여 도시주거지의 잠정적인 모양새를 스스로 가늠하는 작업이다. 유사 사례의 매스와 입면, 외부공간 디자인 사례들, 주거지의 각종 공간과 형태 개념들을 수집 참고하면 도움이 된다. 이로부터 자기 프로젝트 디자인의 목표를 이미지와 서술 형식으로 정리한다.

기술적 프로그래밍: 두 번째 기술적 프로그래밍은 초기에 집중적으로 수행할 일이기는 하지만 이와 동시에 전체 프로세스에 걸쳐 그 내용에 대해 지속적으로 수정 보완하고 추가 분석해야 하는 작업이기도 하다. 특히 인간중심계획의 각 단계와 병행하여 지속적으로 보완되어야 한다. 프로그래밍은 주어진 설계조건(입지, 계획규모, 법규와 지침 등)을 이해하고 다양한 설계자료와 정보를 수집 분석하여 향후 계획이 해결해야 할 각가지 문제와 요구사항을 정의하는 작업이다. 기본설계조건, 지침, 법규, 사례와 같은 기초자료를 정확하게 검토해야 한다. 또 입지, 지형과 지역, 교통과 환경, 토지이용과 기능분포, 개발현황과 미래동향, 동선, 주동과 주호, 배치, 주차, 구조와 설비 등에 관한 정보를 면밀히 수집 분석하여 설계에서 처리해야 할 계획적 문제들과 그 해결방향을 제시해야 한다 (프로그래밍의 세부 절차와 작업내용은 전문 문헌을 참고하기 바란다. 다음 부록에서 도시주거계획에 적용 가능한 각가지 기술적 고려사항과 계획 이슈들을 종합 정리하였다).

2. 인간중심계획 부문

단축모델에서 인간중심계획은 계획이슈에서부터 기술디자인 통합조정까지 9단계로 나뉘어 수행된다.

인간중심설계목표 및 계획이슈: 인간중심디자인의 기초작업으로서 우선 예상 거주자의 기본성격, 가족구성, 소득계층, 임대비율, 거주역사 등을 개괄적으로 이해해야 한다. 유사 거주자 집단에 관한 자료를 참고하는 것이 바람직하다. 어떤 사람들이 어떤 방식으로 살아갈 것인가를 논리적으로 검토하고, 동시에 프로젝트 완성 후의 주민 삶에 관한 풍부한 상상력을 동원해야 한다. 먼저 설계목표를 결정한다. 여기에서 설계목표는 예상 거주자들의 주거경험과 일상행위들이 어떤 형식으로 전개되어야 하는가에 대한 실무자 스스로의 정의라고 할 수 있다. 실무자의 신념과 경험, 충분한 토론과 예측, 기본자료와 유사사례의 검토 등에 근거하여 각각의 주요 공간에서의 주민생활 목표를 구체적으로 정리해야 한다.

인간중심계획을 위한 계획이슈들은 거주자에 대한 기본적 이해, 설계목표 등에 근거하여 보다 세부적인 계획항목 혹은 실행지침의 형식으로 도출한다 (앞의 정규 모델에 대한 서술에서 구체적으로 예시하였다). 설계목표와 계획이슈는 향후 작업을 위해 정확하게 기록해둘 필요가 있다. 각종 기본도면을 이용하여 스케치와 다이어그램을 작성하고 메모, 표의 형식으로 꼼꼼하게 정리하고 분류해야 한다 (이 단계에서 수행한 작업은 향후의 디자인, 계획평가와 대안 선정, 보고서 작성 등 일체의 작업에 큰 도움이 될 것이다).

주거생활이미지 분석: 다음은 주거생활이미지를 수집하는 단계이다. 실무자가 당면 프로젝트를 위해 수집할 수 있는 주거생활의 이미지는 무궁무진하다. 과거의 것과 현재의 것, 국내외의 주거행위, 각종 주거형식에서의 생활양상 등 다양한 이미지를 수집할 필요가 있다. 향후 설계를 위해 행위자(행위집단), 행위성격, 공간환경맥락을 판독할 수 있는 이미지를 수집한다 (이 세 가지 내용을 포함한 이미지를 양상 이미지 혹은 상황 이미지라고 부른다). 삶의 부분적인 양상을 보여주는 기존 사진이미지, 유사사례에서 취득한 생활이미지, 관찰사진 등 여러 원천으로부터 폭넓게 다량의 생활 이미지를 수집해야 한다.

수집한 이미지들을 행위자, 행위성격, 공간맥락 등의 기준에 따라 적절하게 분류하고 그 내용을 개략적으로 분석해본다. 이미지로부터 주민계층을 읽고 연령층별로 혹은 구성특성에 따라 분류할 수 있다. 또 행동들만 별도로 가려내어 리스트를 만들어보고, 행위들의 미세한 차이를 가려내어 몇 가지 행위들을 묶어 행동패턴으로 취합하는 작업도 필요하다. 이 작업으로부터 부족한 부분을 가려내어 추가로 이미지를 수집 보충한다.

바람직한 주거생활: PCPND에서 가장 중요한 작업 중 하나는 수집된 이미지들로부터 설계자의 목표와 계획이슈에 근거하여 해당 프로젝트를 위한 가장 바람직한 주거생활이미지를 선정하는 작업일 것이다. 선정된 자료들은 설계자가 도달하고자 하는 목표 주거생활모습들을 대표한다. 각각의 이미지가 인간, 행동, 환경을 통합한 구체적인 하나의 상황을 나타내기 때문

에, 여기에서 정하는 바람직한 주거생활이미지들은 매우 구체적이며 현실적인 인간중심 설계 목표를 보여줄 것이다. 말하자면 자신의 계획에 의해 궁극적으로 실현하고자 하는 주민 주거생활의 생생한 모습들이다. 선정된 바람직한 생활양상의 목표이미지들을 주민계층, 행위성격, 환경맥락 등의 기준으로 다시 한번 분석 분류하는 작업이 필요하다.

이 작업을 수행하다 보면 이미 수집된 이미지들이 자기의 설계목표를 충분히 보여주지 못한다는 것을 깨닫게 될 것이다. 수집한 이미지들만 가지고는 자신이 재현하고자 하는 바람직한 생활양상을 만족스럽게 표현하지 못하는 경우이다. 따라서 이 단계에서는 수집한 이미지들과는 별도로 실무자가 스케치, 메모 등의 형식으로 자신이 그리는 주거생활양상들을 따로 작성하여 추가해야 할 것이다. 프로젝트의 핵심인 만큼 충분한 생각과 토론과 논의를 거쳐 스스로 만족할만한 수준의 작업을 수행해야 한다.

행위 공간맥락 구상: 선정된 주거생활 목표이미지들을 모두 일정한 크기로 만들고 여기에 따로 작성한 스케치와 메모를 같은 크기의 카드에 부착하여 정리해두면 앞으로의 설계에 도움이 될 것이다. 컴퓨터 그래픽프로그램을 사용해도 좋다. 선정된 주거생활 목표이미지와 카드를 주어진 지역의 공간에 배치하는 작업을 수행한다. 이것은 자신이 선정한 행위들의 공간적 위치와 맥락을 구상하는 과정이다.

토지이용도나 지형모델과 같은 기초도면 위에 이미지와 카드를 하나하나 부착해나가는 방법을 고려해볼 수 있다. 기술디자인 부문에서 수행한 각종 중간 계획성과물들을 이용하여 그 위에 선정된 이미지들을 배치하는 방법도 가능하다. 예를 들어서 토지이용계획 위에 지형분석 도면, 녹지 네트워크 계획, 보행 네트워크 계획 등을 첨가한 도면이 있으면 이를 이용하여 선정된 이미지들을 배열하는 방법도 생각해볼 수 있다. 주동과 각종 시설물의 배치계획 초안도 크게 도움이 된다. 한 이미지가 여러 공간에 배치될 수 있고 또 한 공간에 여러 이미지가 부착될 수 있다. 이미지가 보여주는 주거행위들의 상호관계와 패턴을 고려하여 그 연결과 끊음을 결정하고 전체적인 공간적 질서를 구상해야 한다. 이 작업에 의해 앞으로의 장소계획이나 외부공간계획이 결정되기 때문에 행위데이터를 최대한 신중하게 배치할 필요가 있다.

환경행위자원 도출: 설계자에 의해 선택된 바람직한 주거생활이미지는 계획에 의해 실현할 미래의 주거생활양상을 보여준다. 계획이 완성된 후 거주자들이 그 계획된 공간 안에서 실제로 보여주기를 기대하는 일상적인 주거행위를 말한다. 이제 공간 배치된 행위언어를 계획언

어로 번역하는 작업을 수행해야 한다. 우선 지금까지 작업한 일상 주거생활이미지들과 그들의 공간맥락을 기초로 하여 행위 발생과 직접 연관된 환경행위자원을 도출한다. 자원은 해당 행위를 지원하는 핵심적인 환경요소와 개체, 물리적 속성과 사회문화적 특성, 상황적 요인들을 포함하는 개념이다. 개체나 물질적 대상뿐만 아니라 행위의 발현과 성격에 관여하는 환경속성이나 성질을 말한다. 행위에서 자원을 찾기 위해서는 그 자원이 없어지거나 변형되면 행위도 함께 사라지거나 변형되는가를 판단할 필요가 있다. 이미 공간 배치를 끝낸 생활이미지의 행위들 하나하나로부터 행위의 환경적 자원을 면밀하게 도출하되 행위 별로 핵심적인 자원에 주목해야 한다. 밝혀진 자원들을 모두 모아서 종합적으로 정리할 필요는 없다. 자원들은 각 공간별로 취합하여 해당 공간의 계획을 위해 직접 사용할 수 있도록 정리해야 한다.

계획언어 창출과 장소 계획: 자원은 건축적 요소뿐만 아니라 다수의 환경속성 혹은 기능정보를 포함하고 있다. 따라서 그 자체가 어떤 물질적 형태나 위치와 같은 계획적 정보를 구체적으로 제시하지는 않는다. 예컨대 바퀴놀이를 위한 5% 정도의 경사를 갖는 20-30m 길이의 평탄바닥을 계획하는 방법은 무수히 많을 것이다. 또 그 계획의 결과물은 당연히 개개 설계자마다 다를 것이다. 지금까지의 작업 결과로 바람직한 생활양상의 공간배치를 완료하였고 공간별 환경행위자원들을 취합하였다. 각각의 공간에서 자원을 계획요소로 번역하는 작업은 우리 실무자 개개인의 고유한 창의와 논리에 달려있다. 자신의 경험과 신념에 따라 여러 관련 자료를 참조하여 많은 스케치를 그려내야 한다.

각 자원을 계획요소로 번역한 후에는 이 계획요소들을 하나의 공간 안에 구성하는 이른바 장소계획이 필요하다. 대개의 경우 하나의 장소가 다수의 목표행동과 자원들 그리고 다양한 계획요소들을 포함하게 된다. 한 장소 안에서 다수의 요소들이 하나의 행위를 위해 계획될 수도 있고 반대로 하나의 계획요소가 여러 행위들에 사용되도록 계획될 수도 있다. 이런 요소들을 어떻게 조직하여 하나의 통합된 장소로 계획하는가 역시 개별 실무자의 능력과 성실성에 좌우된다. 여러 계획대안들을 그려내면서 각각의 대안이 과연 목표로 했던 바람직한 주거생활들을 효과적으로 실현할 수 있는지를 확인해야 한다.

개별 장소의 계획을 완성한 후에는 인접 장소들 사이의 관계에 대한 계획을 수행해야 한다. 각각의 장소가 지원하는 목표행동들 사이의 관계에 초점을 맞춰 장소간 인접배치, 중첩연결, 통합, 매개연결 등을 결정하고 그 연결부위의 계획을 추가한다. 한 장소의 효과가 인접 장소의 연결에 의해 강화되거나 소멸된다는 점을 감안하면 이 시점에서 개별장소의 계획을 부분적으로 수정할 필요성도 알게 될 것이다. 덧붙여 장소들을 상호 연결해나가면서 전체 지역에 걸친 커다란 장소들의 구조와 흐름을 동시에 구상해야 한다. 개별장소들의 부분적 연결들이 전체 주거지 계획에 어떤 영향을 미치는가를 계속 주시하면서 장소의 통합적 네트워크, 주거생활의 종합적인 흐름 등을 구성하고 이를 통해 전체 계획을 완성해나간다.

설계대안, 디자인평가, 설계발전: 지금까지 PCPND의 인간중심디자인을 중점적으로 논의하면서 통상계획의 설계절차와 기술적 작업내용에 대한 서술은 대부분 배제하였다. 하지만 도시주거계획에는 인간중심디자인 이외에도 수많은 관점과 문제들이 있으며 그들을 하나씩 해결하는 절차들이 인간중심계획과 함께 병행해야 한다는 점을 알아야 한다. 기존의 설계과정론에 관한 문헌에서는 이들 작업을 일반적으로 크게 설계대안의 도출, 대안에 대한 평가와 수정, 계획안의 발전 등으로 압축하고 있다. 이들은 법규, 경제, 규모, 생태를 포함한 모든 기술적, 기능적, 물리적, 지각적 관점들의 합리적 해결을 위한 설계자의 성실한 노력의 결과들이다. PCPND 인간중심디자인의 현 단계쯤에는 이런 결과들이 거의 마무리된 상태로 정리되어 있어야 한다.

기술디자인 통합조정: 이 단계에서는 설계 팀 앞에 놓여진 기술중심디자인과 인간중심디자인의 개별적 작업결과들이 보여주는 상충의 문제들을 꼼꼼하게 조정한다. 물론 지금까지의 작업을 통틀어 각 단계에서 수시로 상호 참고와 검토를 반복한 것은 사실이다. 이 단계에서의 통합조정이라 함은 기술과 인간 두 작업과정의 상충문제를 마지막으로 종합 검토하는 작업을 말한다. 어느 쪽에 서서 보는가, 어디에 더 많은 무게를 두는가는 실무자의 스타일이나 가치관 혹은 개별 프로젝트의 고유 성격에 달려있다. PCPND는 물론 인간중심디자인에 무게를 두어야 한다고 주장한다. 개개의 계획마다 인간을 위한다는 목적이 앞서야 하며, 기술은 인간중심계획의 문제들을 푸는 수단이라고 믿기 때문이다. 물론 핵심적인 기술적 요구조건, 필수적인 현실여건에 대해서는 인간중심계획이 양보할 일이다. 하지만 이런 제약 안에서 가장 바람직한 생활장소계획을 완성하는 일이 실무자의 능력이라고 말할 수 있다.

3. 종합구성, 설계완성 및 실시

종합구성계획: 두 가지 흐름으로 진행된 설계작업의 결과 일체를 상호 비교하고 상충문제

들을 해결하며 부분 수정을 거듭하여 종합적인 전체 계획안을 완성한다. 최종 설계안은 지형, 교통, 주동, 주호, 배치, 시설, 가로망, 주차장, 조경과 녹지, 조망과 경관, 구조와 설비 등 일체의 기술적 내용이 해결된 것이어야 한다. 기본 설계조건과 설계지침들을 검토하고 당초 계획목표와 프로그래밍의 반영 여부를 다시 한번 확인한다. 동시에 개별장소 계획과 장소의 연결 구성안이 실무자가 의도한 바람직한 미래 주거생활을 완전하게 지원하는 것인지를 전체적으로 판단하고, 특히 초기 단계에서 설정했던 인간중심의 모토가 제대로 실현될 것인지의 여부를 종합 검토한다. 전체 참여 실무자들의 토론과 협의를 통해 각 작업단계에서 중요한 오류가 없는지를 마지막으로 크게 짚어보고 전체적으로 만족스런 계획이 되었는지를 최종 확인한다.

설계완성 및 실시: 지금까지의 모든 작업결과를 정리하여 최종 결과물을 설계도서로 작성하고 보고서로 정리한다. 모든 자료와 문서, 기록을 정리하는 작업도 이 단계에서 마무리한다. 시공을 위한 각종 준비업무도 필요하다. 계약에 따라 설계도서와 기타 결과물을 발주처에 이양하고, 동시에 계획안과 보고서를 여러 채널을 통해 홍보한다. 설계 전체 과정에 대한 자체 평가, 시공에서 요구되는 설계 관련 업무, 입주 후의 현장 평가 등 각종 설계 후 업무에도 관심을 기울여야 한다. 한 작업의 마무리는 다음 작업의 시작을 의미한다. 끊임없이 연결되는 주민 일상생활의 복리를 위한 주거계획의 일환으로서 다음 프로젝트를 미리 염려하고 준비하는 자세가 필요하다.

부록2

도시주거 기술계획항목 예시

인구 및 주택		
인구 계획	총인구 규모	수용 총 인구수
	인구구성 특성	라이프싸이클 (가족구성), 라이프스타일 특성, 소득계층, 주거역사 특성 등
		인구계층 및 세대 특성 (취학아동인구, 고령자인구, 가구주/세대주 특성 등)
	인구밀도 및 주거수준	면적당 인구, 세대당 인구, 시설별 이용인구 밀도 등
	인구밀도 배분	주거지 지역(Zone)별 인구밀도, 인구의 공간적 배분, 주구 구성, 이용유형별 배분 (주간인구, 상주인구, 이용인구 등 구별)
	도시계획시설 개발밀도	교통시설, 공원 및 녹지, 공공편익시설 등 도시계획시설의 규모, 시설배치의 균형 (인접지역 토지이용 및 도시계획시설 고려)
주택계획	총 공급주택 규모	
	공급주택의 유형	분양/임대 세대수 및 용지면적 비율, 단독/연립/아파트 세대수 및 용지면적 비율 등
	공급주택 유형별 배분	주택유형별 공간배치 및 위치 결정, 용지 결정 및 배분, 주구 구성
	선호주택유형	거주자 주택유형 선호 파악
주택개발밀도	용적률	지역종합용적률, 획지별 용적률, 주거단지 용적률 등
	높이, 층수	획지별 최고 및 최저 층수 한도, 건물높이제한 등
	주동밀도계획	계획주동의 개수, 동별 세대수 등
	기타 녹지율, 도로율 등 개발밀도 관련지표 참조	

토지이용 및 획지

토지이용 기본계획	용도 및 기능	대상 지역 내 위치할 용도 및 기능의 계획 (계획대상지 수용능력 등 감안, 장래 토지이용 및 수요 예측, 장래 지역개발 및 토지이용변화 수용)
	용도별 밀도 및 토지	용도별 밀도계획 및 필요 토지규모
	토지용도 배분	합리적인 토지이용을 위한 토지용도 배분 (용도별 입지, 용도간 연계 및 보완, 상충기능의 분리, 보완적 용도의 집적 등 고려)
	기타 고려사항	지역 환경맥락 고려, 지역 향토문화환경의 고려
기본개념 및 개발테마계획	사업 특화	학원, 연구, 문화, 역사, 환경공생, 레저위락 등 특화 고려
	아이덴티티	사업지구 특징적 이미지 부각 및 문화상징성 보존, 주변맥락과 고유이미지 복원으로 단지의 정체성 확보
생활권 계획	생활권 설정 및 위계	생활권 구성단위 구상, 생활권별 인구규모 및 생활환경수준, 생활권별 부대복리시설, 정주단위 위계화
	자족적 생활권 체계	지역 / 도시 자족권 고려, 생활권 위계에 따른 인구규모 및 공공시설 배치계획
	기타 고려사항	생활권 공간 및 동선 계획 보행권, 통학권, 일상생활권, 행정단위권 교통수단별 단위생활권 생활동선계획(차량, 자전거, 보행 등) 및 생활권 상호 동선계획 생활권별 공동체 의식 형성과 주민 교류기회 확대 방안 주민들간의 동질성 및 연대의식 형성, 지역문화 및 가치관 공유
획지 및 가구	획지계획	획지규모, 적정 거주밀도, 필지구획 (동선, 세장비, 배치 가능성, 교통 및 단지 출입부 등 고려)
	획지밀도 및 주택	가구별/획지별 용적률 배분, 획지별 주택유형 및 층수/층고
	획지별 특성화 계획	획지 특성 다양화, 획지 특성에 부응하는 계획지침 구상
기타 토지이용 관련 기술적 계획항목 참조		

도시기반 및 공급처리시설

상수	수도/일반수도/전용 공업용수도	계획급수량 산정 계획급수인구산정 - 계획1인1일 급수량 산정 - 계획1일 최대급수량 산정 - 계획시간 최대급수량-소화수량산정
	기타 배수지 (배수시설 규모 및 위치) 등	
하수/배수 및 수질오염 방지시설	계획오수량	계획1인1일 오수량 산정-계획1일 최대오수량-계획시간최대 오수량
	계획1인1일 오수량 산정-계획1일 최대오수량-계획시간최대 오수량	
유수지	유수시설, 저류시설 등	
폐기물처리시설	폐기물 (생활폐기물/사업장 폐기물/지정폐기물) 처리방법 및 처리시설계획	
열공급 설비	지역난방설비 등	
공동구	공동구 설치 및 위치 계획, 원활한 작업이 가능한 규모 계획, 도시내 미관 증진 등	
기타 도시기반시설 (쓰레기 집하 및 처리 등) 고려, 도시계획 기반시설 지표 참조		

공공편의시설		
학교	규모	취학율, 취학인구 등에 의한 학교유형 및 유형별 규모, 부지면적 등 산정 (예, 초등학교는 근린주구 2000~3000세대 당 1개소, 중/고교는 2개 근린주구당 1개소 등), 인근지역 기존학교 조사 (위치, 규모, 이용밀도 등)
	위치	근린주구별 학교 배분, 학교 주변 부적합 시설 고려, 학교 주변환경 고려 및 정화구역 설정, 보행접근계획 (안전성, 쾌적성 등)
	기타 지자체 교육청 협의, 도시계획전문집단 협의	
공공청사	필요시설 및 규모	동사무소, 보건소 (시군구별로 1개소), 소방서, 경찰서, 파출소, 우체국 등
	위치	토지이용현황을 고려한 위치선정, 접근의 용이성, 유사기능 집적, 다목적 건물
도서관	이용인구 계획	이용인구 규정, 인구 산정, 이용자 도보거리 위치
	특성화 계획	도서관 특성화 (아동도서관 등)
기타 연구시설 (지역 연구개발 특성화 고려), 문화시설 (지역문화발전, 문화시설 유형 및 이용객), 사회복지시설 (아동, 노인, 장애인 복지시설, 보육시설 등), 종교시설 (위치 및 교통처리 계획, 유치원 및 사회복지시설과의 통합), 의료시설, 유통시설 (재래시장 및 도매센터, 농수산물시장 및 공판장, 가축시장, 대형할인매장, 백화점, 쇼핑센터 등의 규모 및 위치, 교통처리 등), 운동장, 유원지, 자동차정류장 (여객자동차터미널, 화물터미널, 공영차고지 등), 주유소/가스충전소 등 고려		
공공시설 규모 및 배분 계획	계획인구 1만~3만	어린이공원, 소규모근린공원, 완충녹지(대로이상,철도변), 초등학교/중고등학교, 동사무소, 파출소, 우체국, 근린도서관 등
	계획인구 3만~10만	위의 시설, 소방서, 파출소, 상수공급시설(배수지), 쓰레기집하장, 운동장, 공영주차장, 종교시설, 도서관 등
	계획인구 10만~20만	위의시설, 구청 및 구민회관, 소방서, 경찰서, 문화시설, 버스터미널, 하수처리시설, 쓰레기 처리시설, 지역난방시설, 가스공급시설, 사회복지시설 등
	계획인구 20만 이상	위의시설, 시청 및 시민회관, 법원/등기소, 화장장/묘지, 교정시설, 폐기물 처리시설 등

교통		
교통계획	광역교통계획	광역교통계획 관련자료 조사 및 분석
	교통량	통행방식별, 교통수단별, 통행주체별 교통량
	도로망계획	교통망, 도로망, 적정 도로율 등
	기타 교통계획 및 교통영향평가 전문가집단 협의	
도로	도로유형	형태별 (일반도로/보행자전용도로/자전거도로/고가도로/지하도로 등) 기능별 (주간선도로/보조간선도로/집산도로/국지도로/특수도로 등) 규모별 (광로/대로/중로/소로 등)
	도로망	지역 도로망 계획, 대중교통시설과의 연계, 보행로 계획 등
	도로계획	통행량, 도로선형, 노폭, 종단경사, 횡단경사, 부대복리시설 접근성, 도로변 시설 및 휴식공간, 통행 안전성 및 쾌적성, 스쿨 존 등
	단지출입부 및 진입도로	단지 진출입 구간, 단지 진입도로
	보행로	보행네트워크, 각 시설에 대한 보행 접근성 및 연결성, 녹지체계와의 연관성, 대중교통수단 접근성 등
	환경친화형 도로계획	보행네트워크, 각 시설에 대한 보행 접근성 및 연결성, 녹지체계와의 연관성, 대중교통수단 접근성 등
	기타 교통계획 전문가집단 협의	
주차	주차소요	주차수요 예측 및 주차장 규모 산정
	주차방식	노상주차, 지상/지하, 자주/기계, 주차전용 건물 등 주차방식 계획 및 주차방식별 주차규모

도시지역 맥락 분석 및 계획		
조형적 맥락	조형맥락 분석 및 계획	지역/광역 스카이라인과 의장적 경관, 지붕 및 층고 등 주동경관
	건물형태	도시 인접지역 건물매스와의 맥락
	주동 의장	주동 재료 및 색채계획, 의장 텍스쳐, 매스 컨텍스트, 도시 이미지와 단지 이미지의 관계 등
공간적 맥락	도시공간구조 및 공간질서	도시/지역의 공간구조 및 질서, 오픈스페이스 네트워크 (광장, 공원 등), 가로망 등 분석, 향후동향 예측 및 단지계획 맥락연결 구상
환경적 맥락	입지환경분석 및 계획	향, 일조, 바람, 단지환기 등 미시기후 분석 및 이용
	인접지역 환경성 고려	인접지역 일조 영향 및 주동배치계획, 인접지역 건물과의 향 관계, 인근의 환경위해시설 (쓰레기, 소음, 공해 등) 대책
	환경생태 맥락계획	광역 생태네트워크, 생태연결, 주변 환경요소 (산, 하천, 바다, 녹지, 공원) 연계이용 등
역사지리적 맥락	통시적 맥락	지역 역사성, 향토성 분석, 지역 장소성의 의미, 역사맥락의 구현 및 확장
	문화 모뉴먼트 이용	지역 전통 및 유무형 문화 보존, 문화재의 상징성 및 역사성 해석
기능적 맥락	도시기능구조 분석	지역의 시설 및 도시기능 분석, 향후 기능변화 예측, 기능적 연결 조화 및 확장, 기존 도시기능의 공유/공용/보완
	접근성 및 연계	인근 도시기능(상업업무 등)에 대한 접근성 및 근거리 교통수단 분석, 광역보행네트워크, 직주근접 도모, 사회/경제적 지속가능성 고려

지구단위계획 및 영향평가		
지구단위계획 지표	관련법규 및 지구단위계획수립지침 참조, 지구단위계획의 목적 및 의의 숙지	
	대상 및 주변지역의 인구/산업 현황, 토지 및 건축물 이용현황, 교통현황, 기존 경관 등을 고려한 구역지정의 필요성 및 기대효과, 각종 기초조사를 통한 지구단위계획의 방향	
	용도지역지구	용도지역지구 변경 및 지정, 허용용도 제한 등
	개발밀도	인구밀도, 개발세대수, 용적률, 녹지율, 도로율 등
	토지이용계획	토지이용, 주택용지계획, 도시계획시설 등 위의 용도지역지정과 함께 고려
	가구 및 획지 규모와 조성	적정 가구 및 획지계획, 대지분할 등
	도시경관조성계획	경관분석 및 경관계획, 가로경관 및 보행환경 개선, 도시경관, 건축물 외관, 문화재/산수변/특정건축물의 조망권 확보, 야간경관계획 등
	가로망 및 교통 처리계획	기본 교통영향평가 관련내용 (교통량, 교차로 기하구조 등), 도로망계획, 보행로 계획 등
	건축계획	용도 (건축물의 용도, 층별 용도, 용도의 복합, 용도복합의 비율 등), 건축선 (건축한계선, 건축지정선, 벽면한계선, 벽면지정선 등) 건폐율, 용적률, 높이/층수 등 계획 건축물의 배치, 대지 안 공지, 건물 형태 및 의장 등
	도시계획시설 및 공공편의시설	각종 도시계획시설의 적정 규모 및 위치, 교통처리계획, 기타 공공시설계획 (주차장, 광장, 공원, 녹지, 공개공지, 학교, 공공청사 등)
	도시기반시설 설치계획	상하수도, 전기, 통신 등 시설의 처리공급수용능력, 시설규모, 배치 등
	환경생태	생태조사, 환경친화계획 및 생태복원, 도시생태 및 생활환경의 훼손 등에 대한 처리
	기타 도시계획 및 개발계획에 대한 지구단위계획 관련 내용 검토 (예, 에너지 사용계획 등)	
환경영향평가	관련 법규 및 지침 참조, 전문가집단 협의	
교통영향평가	관련 법규 및 지침 참조, 전문가집단 협의	
인구영향평가	관련 법규 및 지침 참조, 전문가집단 협의	
재해영향평가	관련 법규 및 지침 참조, 전문가집단 협의	

입지분석 및 단지기본계획		
지형	지형분석	지형조건의 분석, 상위계획 상 계획고 분석
	계획고	자연지반고, 단지계획고, 도로계획고, 성토 및 절토 계획
	성토와 절토	단지 정지계획, 절토/성토 합리화 계획, 상습침수지역의 성토계획
	지형이용계획	터파기 및 지하구조물, 옹벽 등 최소화 계획, 지형과 단지/건물 스카이라인 (지역 조형적 컨텍스트 및 주동 스카이라인 계획에서 지형 이용), 지형과 교통 도로 계획 (도로계획고 결정 등), 지형의 주차장 이용계획, 자연배수계획 등
교통	교통현황분석, 광역 및 지역 교통계획 분석, 지역도로망, 대중교통 분석, 교통영향평가 의결사항 참조 환경 및 생태	
환경 및 생태	지역/단지 생태조사	녹지, 공원, 보행로, 수경, 임야 및 수목, 기타 기존 환경생태 조사
	생태보존구역 및 복원	생태보존가치 결정, 보존구역 설정, 개발 후 생태복원프로그램 구상, 환경생태 연결네트워크 구상 등
	대지환경분석	Macro, Micro 환경분석 (지역 및 단지의 기후, 바람, 일조, 소음, 공해 등의 현황 및 장래동향 분석), 환경저해요인에 대한 대책 구상, 재해 및 침수지역 확인 및 대책
조망 및 경관	조망 및 경관 현황	지역 및 단지의 조망환경,경관환경 분석, 인근 조망요소를 고려한 계획
	조망 및 경관 기본계획	단지에서 외부로의 조망 (조망 포인트 결정), 외부에서 단지로의 조망 및 경관, 주요 시설(자연요소, 랜드마크 등)의 조망 활용, 정지 및 이동 조망, 조망 확보를 위한 주동배치 및 주동형태 계획, 휴먼스케일 조망 고려
인문사회현황	지역 토지이용 및 개발	입지의 문화권, 상권, 교육환경 등의 현황 및 장래동향 분석, 기존 도시기반시설의 영향 및 이용 가능성 검토
	지역 커뮤니티	지역의 커뮤니티 및 인구학적 특성 분석, 지역 커뮤니티와의 맥락 및 연결 구상
지반	토질 및 지질, 토양 분석, 연약지반 대책, 성토 등의 필요 조사, 지하수위, 배수처리계획 등 (구조 및 토목 기술자, 전문엔지니어 협의)	
단지 규모	단지규모계획	지역의 커뮤니티 및 인구학적 특성 분석, 지역 커뮤니티와의 맥락 및 연결 구상
	단지개발밀도	용적률, 부대복리시설 규모 등
평형 계획	평형	주호평형 및 평형별 세대수 결정, 평형배분 및 평형혼합 구성계획 (단지당 평형별 3개 타입 등), 평형 배치계획
	분양/임대 구성	분양/임대 면적 및 세대수 비율, 분양/임대별 기본배치구성 계획
주동 계획	주동	주동별 평형 배분계획, 주동 매스 및 입면 구상
	주동규모 및 유형계획	주동유형계획, 주동 차별화 계획, 2호/4호/6호 조합, 층수 계획, 주동유형별 세대수 배분계획 등
	기본배치구상	주동유형별 기본배치계획, 근린주구 및 커뮤니티 생활권 계획, 부대복리시설의 배치 등 기본구상

입지분석 및 단지기본계획

토지이용 및 밀도 계획	단지 토지이용	주동, 상가 및 부대복리시설, 도로, 주요 외부공간 등의 유형, 규모, 위치 등 구상, 각종 시설의 네트워크 구상
	부대복리시설	단지 내 부대복리시설 결정, 계획적 특성 구상
	외부공간 및 녹지	주요 외부공간 및 외부시설, 녹지 등 유형 및 규모 구상
교통 및 도로 기본계획 구상	도로 및 가로	주변지역 교통 및 접근성 분석, 차량 진출입부 및 기본 차량동선계획 수립, 도로망 기본계획, 가로 특성화 계획 구상
	보행	보행네트워크 구상, 각종 도시계획시설 및 부대복리시설에 대한 보행 접근성 및 연계성 구상
	주차	주차방식 구상, 주차장 규모 및 배분계획, 주차장 진출입 동선 등

단지계획

커뮤니티계획	공동체/근린주구 단위	입주자 사회적 특성 정의 (가족구성, 라이프스타일, 소득계층, 선호평형 등)
		생활권 계획 (단계구성론), 단위공동체 규모, 공동체단위별 특성, 범위, 경계
		공동체단위 개별계획: 단위별 공용시설 정의, 단위별 동선 프로그래밍 등
		공동활동공간 제공 (커뮤니티센터, 마을마당 등)
	동류의식, 동질성	공동체단위별 공동체 의식, 동류의식, 동질성 인식 등 제고 노력 (근린이웃단위에 유사평형 배분 등
	공동관심	주민 공동관심사 파악, 이를 위한 공간 및 시설계획
		동호회, 취미단체, 운동모임 등 커뮤니티 프로그램 파악 및 적절한 공간계획
		바자회, 발표회, 주민친목회 등 이벤트 성격의 행사를 위한 공간시설계획
		공동행위 기회 증대 (공간시설계획을 통한)
		주민참여, 주민이 함께 가꾸어 나가는 생활환경 (예: 마을화단, 공동꽃밭, 텃밭, 시민농원, 동물원, 학습원, 식물원 등)
	공간/시설 계획	진입부 아이덴티티
		소규모 공동생활 단위를 위한 앞 마당, 출입현관 등에 대한 신중한 계획
		단지 및 소생활권 영역성 증대, public-private grade
		동류의식, 동질감 고취를 위한 제반 계획적 대책
		Walkability에서 Usability로 (행위 참여를 통한 커뮤니티 만남)
	주인의식	주거지 계획, 관리, 행사 등에 대한 주민참여
		주거지 계획적 요소에 대한 주민 자발적 통제의식 및 주민 스스로의 변경
	영역의식	영역의 위계와 흐름, 영역 네트워크 (영역 조닝계획)
		영역성 증대를 위한 공간계획

정체성과 인지성	마을 아이덴티티	'한국적' 정체성, 주거지 특성, 전통의 Syncretism, 우리 주거문화 등 정의
		문화유산, 마을 상징물 등의 재해석 통한 지역 정체성 보존 (유적 보존, 계획적 재해석, 고유명칭 및 마을이름 사용 등)
		단지(동네) 전체의 분위기(ambience) 계획, 이미지 일관성 계획, 다양함 속의 통일감/전체성 등단지(동네) 전체의 분위기(ambience) 계획, 이미지 일관성 계획, 다양함 속의 통일감/전체성 등
	단지 상징성	랜드마크 (계획 랜드마크와 생활 랜드마크), 진입부 혹은 중앙부 등
		특징적 Gate, 입구감/인지성
		단지의 장소성 (authenticity), 지역의 역사적/공간적 맥락
	길 아이덴티티	주요 길 테마, 다양하고 특징적인 가로경험
	건물 인지성	층고 변화, 가각부 건물매스, 스카이라인 등에 의한 동네 인지성
	근린주구 아이덴티티	생활권별 주동계획형식, 층수, 의장, 배치 등 차별성 부여 (작은 사회 정체성)
		소생활권 (작은 동네) 및 단위공동체 공용공간의 차별화 및 상징성
		주동 출입부/현관공간, 앞마당 및 그 출입부 등 작은 상징성/테마계획
	Orientation	전체적 인지성 제고를 위한 각종 계획적 노력 (배치, 가로망, 싸인 시스템, 시각적 개방 등), Wayfinding
	Front & Back	단위공동체별로 Front Stage와 Back Stage 정의 (기능, 시설, 공간, 동선 프로그램), Front: 게이트, 앞마당 등, Back: 꽃밭, 아동동물원, 쓰레기처리장, 퇴비장 등
부대복리 및 생활편의 시설	커뮤니티 시설 및 규모	커뮤니티시설 스페이스 프로그래밍 (종류, 규모, 이용자, 행위/용도 등), 집회소/회의실, 교육실/취미실/실습실, 라운지, 독서실/대여문고, 청소년독서실, 체력단련실, 생활체육시설, 골프연습장/스쿼시, 수영장/사우나, 관리실, 노인정, 경비실, 쓰레기처리공간, 연못/꽃밭/텃밭, 행정민원업무 대행
		시설 배치계획, 생활권별 시설배분계획 (통합상가/분산상가, 종합복지관 등, 단지 외부의 기존 커뮤니티 시설 활용 및 연계/집중화), 이격거리 및 기능분산
		시설 형태/의장 계획 및 외관 인지성, 차별적 건물계획
	커뮤니티 중심형성	블록별/단지별, 공동체단위별 커뮤니티 중심으로 형성 (연계시설 집중배치, 동네의 centralized 중심기능)
	시설간 연계	커뮤니티 시설의 상호연계 및 네트워킹, 기능 상호보완, 사용 융통성 등 (독립적인 용도를 가지면서 동시에 유기적 연결 및 융통적 사용 구상)
	건물 인지성	커뮤니티 시설 주변의 각종 오픈스페이스(휴게소, 공원, 텃밭, 놀이터 등)

부대복리 및 생활편의 시설	접근성 및 동선	커뮤니티 시설의 보행 및 자전거 접근성, 일상적 이용 고려, Barrier-free
		각 시설과 인접 외부공간 사이의 상호 접근
		각 시설에 대한 거주자 차량접근 고려, 차량 일시정차 및 주차 고려
		조업주차, 서비스차량 접근 및 주정차, 물품하역 등 고려
	커뮤니티	커뮤니티 프로그램 (취미모임, 동호회, 운동모임, 탁아 등 소프트웨어) 구상 및 이를 위한 적절하고 쾌적한 시설 제공
	환경계획	소음, 악취 등 위해환경요소 예측 및 대책, 조경식재 등을 이용한 차단 등
		전망, 일조/채광, 환기, 실내의장, 발코니 및 테라스 등 고려한 쾌적하고 흥미로운 시설 계획
가로조성계획	가로활성화	차량과 보행의 관계 (보차공존), 가로활용 및 가로행위 유도, 가로에서의 사회교류활동
		연도시설 및 가로 인접기능 계획
		상시이용계획, 목적동선계획, 대중교통수단 및 부대복리시설 연결
		생태네트워크, 수순화체계 등과 통합 조화
	가로 테마	가로 특성화 계획, 가로기능 다양화, 가로 용도 및 테마 차별화
		보행 및 차량 이동시 가로공간 또는 가로경관 경험, 가로지각경험
	연속성	가로 연속성 (필로티 등), 도시가로와의 연결, 산책로 등
	휴먼스케일	보행도로의 규모와 폭, 도로의 스케일, 주변 경관의 체험 스케일
	차량통행속도	차량 속도 통제계획, 보차공존 등 적용, 관통도로 배제, 선형 조정 및 바닥마감, 험프, 각종 표지판 등
	가로공간계획	가로 시각적 개방 (인접 건물계획 셋백, 인접 오픈스페이스계획 등), 가로변 건물의 입면계획 고려, 인접건물 저층부 개방
		가로 공간 내 공간 (가로 상의 다양한 소규모 공간), 가로 옆 공간
		가로 파사드 (인접건물 입면계획, 돌출 발코니, 데크, 고층부 후퇴, 저층부 평면계획, 알파룸 등)
		Street Furniture, 가로수경 및 조경계획 등
	안전성	보행 안전성

차량동선과 도로	차량출입	지역교통망, 주변도로 위계, 지역 주요시설 등 고려한 단지 차량진출입구
		부출입구 필요성 검토, 부출입구 위치 결정 (선형, 노폭, 차선 등)
		출입부 단지 진출입도로 계획
	도로계획	단지 교통량 및 교통흐름 결정 (주동배치, 부대복리시설 등 고려)
		단지 도로망 계획 (도로망 유형별 장단점 이해), 단지도로 위계
		도로계획 (선형, 노폭 및 차선, 경사도, 바닥마감재료, 기타 도로안전시설 등)
		서비스차량 및 긴급차량 동선계획, 회차 및 조업공간
		부대복리시설과 커뮤니티 시설 차량 접근 및 주차
	동선 합리화 계획	단지 차량통행거리, 통과도로 등 최소화
		환경친화형, 지형순응형 도로 (절토부, 옹벽 등 최소화)
		주차장으로의 이동 및 연결
		도로 입체화 계획 (생태네트워크, 보행네트워크 교차부)
		차량통행 소음 등 문제 (인접도로 소음처리 포함, 방음벽, 경사둔덕 등, 주동배치 조정에 의한 도로소음피해 저감)
		차량속도 통제, 단지도로 선형 조정, 각종 안전시설
		보행과의 관계: 보차병행, 보차공존, 보차분리 등에 따른 적절한 계획대책
		도로경관계획, 도로녹지계획, Street Furniture
		차량통행, 도로, 보행 등에 대한 창의적인 시각 및 새로운 계획
보행동선과 보행로	보행동선	거주자계층별 각종 일상동선 파악 (대중교통 접근로, 등교/하교, 인접지역 시설연결 등)
		보행접근 가능 지역시설, 교통거점 등 파악, 최대 보행거리 및 접근범위 결정
		보행로계획, 보행네트워크 구상, 보행동선 연속성 확보, 생활권 연계, 단지 내외부의 각종 커뮤니티 시설과 외부공간들을 유기적으로 연결
		다양한 경로선택 허용, 보행로까지의 유기적인 접근 (주동 출입현관으로부터)
		보행동선 교차점 증대 계획 (잦은 교차에 의한 주민 만남기회 증대), 보행 교차부 중점계획 (교차부에서의 휴식, 대화, 놀이 등)
	보행 경험	보행로 상 혹은 그 주변의 여러 계획요소, 녹지 및 생태요소, 보행동선 인접 연결시설, 생태네트워크/수순환체계 등과 연계된 보행
		보행동선 위 혹은 그 인접지역에서의 각종 외부행위 및 활동 고려 (놀이 등), 보행로 상에서의 다양한 행위 유도
		보행로 경관계획, 지각경험, 보행쾌적성 (녹지생태적 요소)
	보행로 계획	보행로 선형, 길이, 굴절, 경사, 폭, 마감, 부수시설 및 장비, 안전시설 등
		차량통행 및 차량동선과의 관계, 보차분리 세부계획
		보행 안전성 확보 (차량, 범죄, 안전사고 등으로부터의 안전)
		노유자, 장애자 등 고려한 보행로 계획
	여가동선	산책로, 조깅로, 자갈길, 황토길, 지압길 등, 다양한 운동공간/시설과 연계, 동선의 쾌적성 확보, 보행동선체계와 연결

주차계획	주차배분	단지 주차장 배분 및 개별 주차장 배치
		주동별 균형배분 및 분산배치 계획 (1개 주차장 공유 세대규모)
		입주자 주차, 편의시설 주차, 기타 주차 등 분리 (주상복합의 경우 거주자 주차와 상업/업무 주차 구회)
	주차장 유형	단지 입구 및 도로변의 공용주차장, 장애인주차, 조업주차, 긴급주정차 고려
		지상주차, 지하주차, 데크주차, 경사지 이용 주차, 피로티주차, 주차구조물(건물) 등
		자주식과 기계식(수직순환식, 수평순환식, 다층순환식, 2단식 주차, 단식 주차, 승강기주차, 승강기슬라이드식 주차 등)
		새로운 합리적 주차유형 개발, 주차장 입체화
		주차장 유형 선정 및 혼합배분, 지상/지하 주차비율 (접근성, 방범, 채광, 경제성 등 고려하여 가급적 지상주차 활용)
	주차장 진입 및 동선	주차장 진입부 결정 및 진입계획, 단지 차량통행 최소화 방안
		주차장에서부터 주동까지의 접근성, 이동경로계획
		주차장 차량 통행방식 및 동선계획 (운행 흐름, 유연성, 효율성), 회차공간
		주차장 보행동선계획, 쾌적성(채광, 녹지, 벤치 등 amenity)
	다목적성	다기능 주차, 프로그램 주차, 융통적 사용 및 기능 가변성을 위한 주차장 내 각종 시설 및 마감계획
	긴급차량, 서비스차량	서비스 차량 통행계획, 가각 정리, 긴급차량의 보행로 겸용 등
	주차장 환경	주차장 채광 및 환기계획 (자연채광, 자연환기로 쾌적성 증대 및 에너지 절약)
		지형, 녹지, 옥외공간, 하천 등 활용 주차, 자연친화형 주차
	안전	방범계획 (출입통제, 자연감시, 시각개방 등), 패닉(비상콜 버튼)시스템, 채광과 조명
		Target Hardening (시건장치, 잠금장치, 카드키 등)
		주차장 진입로 및 경사로 안전성 계획 (진입부 및 경사로 출입부에서의 안전사고 예방계획)
		차량통행 안전계획 (통행속도 통제 등)
	주차장 경제성 계획	충분한 주차대수를 확보하되 주차 1대당 계획면적은 최소화하는 합리적 계획
		지하주차장 터파기 최소화 (암반, 지반토질 등 고려하여 지하주차 계획)
		지형 및 환경 여건을 활용한 주차장 계획 (경사지 주차, 데크주차, 하천부지 주차 등)
		지하주차장 에너지 절감계획 (자연채광, 자연환기)

옥외공간계획	외부공간 프로그래밍	필요공간/필요시설 (부대복리시설, 생활편이시설, 보행로 등), 공간/시설별 용도와 기능, 규모 (예: 동선광장, 교차로 광장, 역전광장, 주요시설광장, 중심대광장, 근린광장, 경관광장, 지하광장, 건축물부설광장, 입체광장 등)
		단위공간 계획, 단위시설별 계획 (예: 놀이터 일조 공급, 통풍, 그늘, 부모의 보호 및 대기휴식, 시각개방, 휴게공간, 바닥마감, 안전성 및 차량동선으로부터의 이격, 식수, 배치요건, 놀이터 경계 및 인접 권장과 격리권장시설, 소음 통제, 흥미부여, 창의적 놀이, 연령계층별 시설 등)
		외부공간 배치와 구성, 시설간 연계 및 접근성, 공간의 질서/위계/구조
		외부공간의 통합 및 연결개념 (Linked Spaces, 예: 근생과 휴게)
		공간 조닝/블로킹, 상호 이격거리, 집중과 분산배치 계획
		개별 공간/시설의 다목적, 다기능 계획 (주민들의 변형 조작에 의한 가용성), 다양한 행위 유발 계획
		주야간 이용자 및 이용행태 변화에 따른 유기적 변화 고려
		휴먼 스케일을 고려한 외부공간 계획
	생활권과 공동체	단위공동체, 생활권 구분 등과 함께 고려. 단위공동체별 필요공간 및 시설
		주거지 외부, 단지 외부의 지역 도시계획시설과의 연결 (광역 네트워킹)
	옥외공간 환경계획	일조, 통풍/바람, Micro Climate
	외부공간 접근성	이용거리 계획, 이용수단 고려
		보행네트워크와의 관계, 옥외공간 유기적 연계와 네트워킹, 보행접근성
		주거지 외부공간 상시이용을 위한 계획적 제안들
		Barrier-free (노약자, 장애자 등)
	공간위계, 영역위계	공적공간-사적공간 위계, 사적 영역으로의 접근에 따른 전이 및 흐름 고려
		전이/완충/매개 공간계획
	의미, 상징	전통적 공간구성원리 등, 한국적 어낼로지, 마당공간 등의 개념
	앞마당	주동 출입부 전면 인접 매개영역공간, Semi-private
	차량동선과 고려	차량과의 격리 혹은 연계 결정
	입체화, 지형/경사 이용	계단, 경사지(녹지), 인공데크(지반), 필로티, 벽천광장, Sunken 등
	지하공간이용	지하공간과 연결 (예: 지하주차장 인접 선큰가든), 쾌적성, 채광/환기, 접근성 고려
	자연환경계획요소도입	옥외공간 환경친화 및 생태계획, Green/Blue/보행 네트워크
	기타 각 옥외공간 및 부대시설별 관련 법규와 계획지침 참조 (예, 어린이놀이터 관련 법규 및 계획지침)	

녹지조경계획	기본녹지	토지이용계획 등 상위계획에서 제시된 각종 녹지의 성격, 규모, 위치 등 분석 반영 (근린공원, 어린이공원, 도시자연공원, 묘지공원, 체육공원, 완충녹지, 경관녹지 등)
		각 녹지공간과 조경시설의 배치구성, 지구내 공원녹지체계 구축, 도시경관 향상
		기존자연환경 보존보호, 지구내 보존대상 생태환경의 분석 및 보존대책
	주거지 연결	주거단지 인접 녹지를 단지계획과 긴밀히 연결하여 계획
	단지내 녹지	단지내 녹지 조성의 규모 및 배치 (녹지 및 조경의 적정 분산배치, 집중과 분산이 조화를 이룬 녹지 네트워크의 구상)
		단지 외곽 녹지와의 연계, 광역녹지네트워크
	단지 자연환경계획	주동, 부대시설, 학교, 보행로, 주동현관, 휴게소 등과 연결 통합된 녹지
		일상적 이용에 편리한 녹지, 일상생활과 함께 하는 자연, 시민의 건강과 이용을 고려한 자연환경계획, 접근성 및 이용권 고려
		테마를 지닌 녹지, 녹지조경 테마의 네트워크
	녹지의 다용도 이용	완충녹지 등의 입체적 활용 (경사지나 지하의 주차장 활용 등)
		각 녹지조경공간의 이용 최대화, 다목적화 계획

자연생태환경계획	보존 패러다임	환경생태 보존가치 조사(생태환경조사) 및 보존방안, 보존과 희생의 구분, 자연훼손 최소화, 환경부하 최소화, 자연 가운데 주거개발의 의식
		생태 서식지, bird bath, 산란장 등 보존 (대체서식환경 조성과 함께 고려)
		친환경 시공: 생태와 지행을 고려하는 시공, 시공차량 이동이나 자재 보관 등 모든 공정에서 생태보존 우선
		기존보다 나은 생태환경 완성
		지형보존개발, 절토나 옹벽의 췻소화, 경사지 이용계획, 자연지반 보존이용
		자연녹피율 증대계획, 표토 보존, 토양의 생태적 기능 유지
		수계보존계획, 수공간 보존 (기존 하천, 저수지 등), 수상생물생태 파괴 최소화
		지하층 면적 및 지하공간 (지하주차 등) 최소화로 자연지반 및 생태계 보존, 지하수 순환, 지하생태계 연결
	자연친화/지속가능 개발	생태환경의 복원: 가장 자연답게, 보존과 일체화 조성, 생태녹화 (생태학적 배식원리)
		생태환경 경험: 꽃밭, 공동채원, 식물원, 동물원, 약초원, 인공산 등 참여형 생태공간 조성, 환경지식 고양을 위한 안내 및 학습시스템
		광역기후 및 미기후 보존, 바람길 계획, 생태경관 통경축 등
		소생태계 조성 및 소생태계 네트워킹: 비오톱, 실개천, 수로, 생태광장, 생태학습원, 자연형 정원, 소동물 생태적 안정 환경 등
		수순환체계, 수경시설 적극 계획
		생태통로 확보, 보존생태지역 사이의 연결, 생태터널 등
		그린네트워크, 블루네트워크, 보행네트워크, 옥외공간네트워크의 통합 연계조화 계획

자연생태환경계획	그린네트워크	광역적/지역적 그린네크워크 구상, 생태거점과 생태거점의 연결
		녹화량 확보 (녹화 위치, 규모, 유지관리, 성장 등 고려), 다양한 식재, 지역기후 및 토양에 적합한 식재, 유실수 녹화, 향토수종 채택
		옥상, 벽, 발코니, 데크, 실내, 아트리움, 지상부, 지하부로 연결되는 수직 생태네트워크 연결
		옥상녹화, 주차장 상부 녹화, 경사지 이용 주차장, 프로그램주차 (잔디블록 주차 등) 등 차량공간의 녹화계획, 도로율 감축, 도로 폭 축소, 도로포장 투수성 재료 사용
		보행 장려 계획: 보행로, 자전거도로, 산책로, 조깅코스 등, 녹지체계와 연계된 보행로 구성
		투수성 마감, 투수율 높은 재료 사용 (투수성 블럭포장, 마사토 포장, 자갈수지포장, 비포장 도로 등), 지하수 함양, 하수도에 의한 우수처리 부하 감량, 지중 생태계 보호
		우량표토 확보, 인공지반 토심 확보 (식물 생육에 필요한 충분한 토심 및 배수율 확보)
		모든 휀스를 생울타리, 생태울타리로 대체
	블루네트워크	기존 수계 및 수생태환경 조사, 보존, 활용. 지역과 단지의 수순환체계 정비
		실개천, 수환경, 수생동식물, 수경시설 등 물을 이용한 녹지생태환경 적극조성
		우수 활용: 우수조 및 저수조(단지 저수조, 지하 저수조, 지붕저수조 등), 저류지 (상시저류지, 쇄석공극저류지), 저장 우수의 방화용수, 연못, 분수/벽천, 녹지관수용 사용
		중수 이용: 화장실, 조경용수, 방화용수 등으로 사용
		배수로: 개방 배수로
기타 '친환경 건축물 인증제도' 등 기준 참조		

에너지 및 자원 재활용	자연에너지 이용	풍력, 태양열 이용 에너지 생산 및 활용, 태양전지를 이용한 단지시설물 에너지 수요 충당, 하수열 이용계획
	에너지검약형 계획	에너지 절약형 주동배치계획 (일조, 자연통풍 등 확보), 자연채광 (아트리움, 선큰가든 등), 자연환기, 에너지 절약형 가로등, 벽면녹화, 옥상정원, 실내녹화, 개구부 차양, 지하층 자연채광
	건축재료 재활용	재활용형 건축재료 사용, 건축폐기물 최소화, 폐자재 활용계획 (환경조형물이나조경시설 등에 재생, 재활용 자재의 이용)
		자연소멸/유기재료의 활용, 음식물쓰레기 재활용 (퇴비 등)
		물(우수, 중수)의 재활용, 생활용수 및 조경용수로 사용
	무공해 저환경부하 자재	무공해 자재 사용, 자연정화 자재 사용, 인체/환경 유해 자재 사용 억제 (대체자재 개발)
	Green Construction	분진, 수질오염 등 공해요인을 최대한 억제하는 시공
조망과 경관	거점경관	주요 경관부, 진입부, 경계부 등에 경관거점 및 경관 오브제 고려, 식별성 제고 (특화된 형상, 입면 및 외관)
		주요 경관거점을 주요 일상주거행위의 장소로 이용
	지역경관, 지구경관	경관지역 계획, 특징적 경관성격을 갖춘 지역공간 (문화재보존지역, 하천, 근린공원, 문화가로, 광장경관, 야외공연시설 등)
		주거지 전체 혹은 단지 전체의 통합경관 고려 (단지 전체를 조닝경관으로)
		지역 경관요소에 대한 통경축 및 시각개방, 이동에 따라 다양하게 전개되는 단지경관
		지구중심부 혹은 단지 내에 경관지표단지 또는 경관지표동 계획, 단지별 1개소 이상의 주제정원과 테마수목.
	건물경관	선형경관, 이동경관, 경관의 anthropometry(휴먼스케일)
		보행로, 상업지역 보도 등의 연도시설 저층부 계획 (연속경관요소로 계획), 보행환경 개선 및 다양하고 흥미로운 지각 오브제
		주 녹지축(urban green ring, 하천 축, 교통녹지 축, 보행녹지 축 등)의 경관, 상징적 축으로 계획 (인지성, 상징성 참조)
	건물경관	입면계획, 매스계획, 의장계획 등을 통해 건물을 우수경관요소로 활용
		주요 가로변, 보행로변 건물의 시각적 개방감 (수평, 수직), 지각적 변화와 분절, 다양하고 흥미로운 경관요소
		단위주거동의 진입공간을 특화된 경관요소로 연출
	조망	외부에서 내부로의 조망 (인접도로, 인접건물, 주변 산지로부터의 inward 조망), 내부에서 외부로의 조망 (건물에서 외부, 단지 주요 거점에서 외부로의 outward 조망)
	기존 경관요소 보존	자연경관, 보존녹지의 경관, 하천경관, 도시 스카이라인 맥락 등 고려
		인접경관 조망을 위한 통경선(visual corridor)
		절개면, 축대 및 옹벽 등 경관위해요소의 경관개선계획

주호주동계획		
주호계획	규모계획	주호평형 계획, 평형별 세대수, 평형별 차별화 계획
	스페이스 프로그램	주호 개별공간 계획, 주호평면 구성
	주호플랜의 다양성	개성과 선호에 따른 선택, 주문식 주택, 수요자 참여계획 등을 고려한 주호형식의 다양화
	주호동선	동선 합리화, 동선공간의 효율성, 각실의 출입문 위치, 등
주호평면계획	공간구획성	평면공간의 조닝, 구역계획 (가족구성, 영역, 프라이버시, 생활기능, 설비 등을 고려한 구역)
	주호모듈 및 치수	안목치수 기준 모듈 구성 (구조, 자재, 시공, 주차장 등 함께 고려), 각실의 치수계획 (anthropometry), 가구 및 설비를 고려한 실 치수 계획
	주호 Bay 계획	주개구부 방향(전면)의 Bay, 전면 배치 실 결정
		치수계획: 주호 전면 폭 대 깊이 비율(가로:세로), 치수비율에 의한 전체 주동의 치수비율 결정
		일조 조망을 고려한 개구부 계획
	주호 어메니티	인근 환경 및 조망요소를 고려한 평면계획 (공원, 하천, 바다, 도시야경 등)
		실내의장계획, 실내이미지와 분위기, 실내조명
		각종 가구 및 설비기구 계획 (주방가구, 냉장고, 식탁, 응접세트 등)
		정보통신 서비스시스템, 유비쿼터스 계획, 보안방범시스템, 재해방지시스템 등 고려, 첨단시스템 도입에 따른 평면계획의 변화 고려
		주호의 환기 및 통풍, 주호 각실의 자연채광과 환기
	서비스공간	주방 및 식당계획, 가사동선계획,
		출입현관계획 (진입부 계획: 테라스 진입, 마당 진입, 현관전실 등)
		발코니 등 서비스 공간의 다양화, 서비스공간의 개조 및 확장 가능성 고려, 에어컨 실외기, 발코니 식재 등
		수납공간 및 붙박이장 계획 (적정 위치, 충분한 규모)
	평면계획아이디어	변화하는 라이프스타일과 주거요구 반영한 각종 계획아이디어 (재택근무, 접객중시형, 고령세대형, DUAL LIVING, 3세대 동거형, 알파룸, 여가공간, 운동공간, 서재, Den, 기능/면적 가변형 등)
	수요자 참여계획	주문식, 옵션제, 메뉴방식, 수요자계획, 선택형(인테리어, 자재, 색채, 평면, 수납공간 등 선택)
	단부, 측부 주호 차별화	저층부, 최상층, 측부 세대 차별화 계획 (복층형, 다락방, 테라스형, 옥상정원, 개인정원 및 완충정원, 1층 알파룸, 최상부 오메가룸 등)
	가변형, 융통형 계획	장래 수요변화에 대응하는 유연한 평면계획, 개조 가능성 고려, 실 가변형 (기능과 면적의 가변성), 수납공간의 가변성 및 입체화, 부엌 가변성, 세대간 통합 가능성 (상하 좌우 세대 통합) 등
		수요 변화, 사용방식 변화에 대응하는 리모델링이 가능한 구조, 설비, 유지관리계획, 가변성을 위한 모듈 시스템

주동계획	규모계획	주동의 세대수 조합, 평형 조합, 층수 등 규모
	스페이스 프로그램	주동 안에 필요한 제반 공간과 시설의 결정, 공간별 용도 및 사용자, 위치 등 결정, 주동 안 제반 공간/시설의 Space Relationships, Zoning & Blocking, Clustering
	주동계획형식	탑상형, 판상형, 조합형, 테라스형 등 제반 주동형식의 개발, 입지조건, 주변환경, 지형, 조망, 기후 등 조건을 고려한 주동형식 개발
		입지특성, 사용자 특성(라이프스타일, 가족구성, 소득계층, 사회계층 등)을 고려한 주동계획형식
		주동평면형식 (주호조합형식, 계단실/홀/복도형 등, 공용공간의 형식 등)
		주동 동선계획 (입주자 동선, 서비스 동선 등), 동선 합리화 및 효율성, 동선의 안전성 및 쾌적성 등 종합 고려
		랜드마크, 단지의 정체성 및 인지성 등을 고려한 주동매스계획
		주동 입면계획 형식 개발, 재료계획
	주동 공용공간 계획	주동코아계획, 코어(계단, 엘리베이터, 설비공간, 식재공간, 휴식공간 등)의 규모 및 위치, 동별 공용면적 합리화 방안 (데드 스페이스 제거 등)
		서비스 및 설비 계획, 쓰레기 처리 계획
		공용공간의 자연채광 및 환기 (외기에 접하는 공용공간 계획)
		주동 코아의 소마당, 홀 등의 개념, 식재휴게공간의 고려, 마당개념을 도입
	주동 출입부	출입현관부분의 스페이스 프로그램, 우편함 등의 서비스 설비 계획
		실내외 연계, 출입부 외부의 마당 및 휴게공간 계획 (포치의 개념)
	주동 어메니티 및 배치	향 및 일조계획, 인동거리 등
		주동 인접지역의 공간 및 환경요소 고려 (단지 부대복리시설이나 완충녹지, 광장 등 계획시 주동계획과의 연계, 인접한 근린공원 및 도로 등 고려, 단지경계부의 각종 환경여건 고려, 이격거리 확보 혹은 층수 조정 등)
		주동 각부 프라이버시 확보 (시각 및 청각 프라이버시)
		주동배치의 다양화 (획일성 탈피), 대지여건 및 지형에 부응 조화하는 주동배치계획
		녹지 접근 및 인접연계 계획, 근린공원, 자연환경, 생태녹지 등 연결배치
	주동 개방감	주동의 시각적 개방감 (조망, 통경축), 환경 개방감 (바람길, 자연채광)
		옥내외의 연계성 강화계획, 1층 및 저층부의 옥외공간 연계

Index

색인

민병호 (閔丙昊)

서울 생으로 서울고등학교와 서울대학교 건축학과, 동 대학원에서 설계실무와 POE를 공부하고 미국 위스콘신 대학에서 과학철학, 연구방법론, 도시건축환경심리를 공부하였다. 한국건설기술연구원을 거쳐 현재 아주대학교 건축학부 교수로 재직하고 있다. 주거계획과 인간 도시주거경험에 관한 해외논문 위주로 다수의 학술논문을 발표하였으며 도시주거설계 실무에도 지속적으로 참여하고 있다, 저서로는 일본에서 출간된 '건축계획독본 (A Reader in Architectural Planning)' 의 집필에 공저자로 참여하였고 '라퓨타를 찾아서: 아동을 위한 주거단지계획' 을 썼다. 위스콘신 대학, 일본 오사카 대학, 대한주택공사 등에서 학술연구부문 수상경력이 있다.

2006년 5월 31일 1쇄 발행 | 민병호 지음 | 발행인 김기현 | 발행처 ***Spacetime*** · 시공문화사 | 등록 1993.3.12 제 000018 | 편집디자인 space | 인쇄 예림인쇄사 | 제본 문종문화사 | 용지 대림지업(주)

120-796 서울시 서대문구 현저동 200 극동상가 5층 | 전화 02-3147-1212 | 팩스 02-3147-2626

e-mail spacetime@korea.com www.sktime.co.kr

ISBN 89-5592-064-4

정가 19,000원